HISTOIRE DES PLANTES

MONOGRAPHIE

DES

PALMIERS

15404. — L.-Imprimeries réunies, rue Mignon, 2, Paris.

HISTOIRE DES PLANTES

MONOGRAPHIE
DES
PALMIERS

PAR

H. BAILLON

PROFESSEUR D'HISTOIRE NATURELLE MÉDICALE A LA FACULTÉ DE MÉDECINE DE PARIS
DIRECTEUR DU JARDIN BOTANIQUE DE LA FACULTÉ, PRÉSIDENT DE LA SOCIÉTÉ LINNÉENNE DE PARIS

ILLUSTRÉE DE 68 FIGURES DANS LES TEXTES

DESSINS DE FAGUET

PARIS
LIBRAIRIE HACHETTE & Cie
BOULEVARD SAINT-GERMAIN, 79
LONDRES, 18, KING WILLIAM STREET, STRAND

1895

CXXXIV

PALMIERS

I. SÉRIE DES CORYPHA.

L'étude de cette série peut être commencée par l'analyse des *Chamærops*[1] (fig. 175-182) qui existent en Europe et donnent souvent dans nos jardins leurs fleurs hermaphrodites ou polygames. Dans

Chamærops humilis.

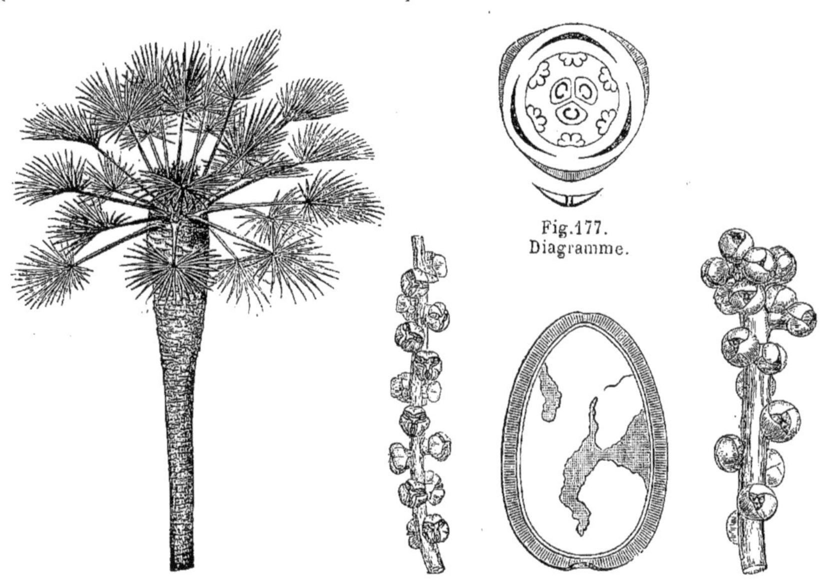

Fig. 177. Diagramme.

Fig. 175. Port. Fig. 176. Fleurs mâles. Fig. 179. Fruit, coupe longitudinale. Fig. 178. Fleurs femelles.

les premières, le réceptacle convexe a un calice de trois sépales, libres ou plus souvent unis inférieurement, ordinairement étroits et

1. L., *Gen.*, ed. I, n. 887 ; ed. VI, n. 1219. — ADANS., *Fam. des pl.*, II, 25. — J., *Gen.*, 39. — LAMK, *Ill.*, t. 900. — K., *Syn.*, I, 303 ; *Enum.*, III, 248. — NEES, *Gen. Fl. germ.*, *Monoc.*, III, n. 36. — MART., *Hist. nat. Palm.*, 248 (part.). — ENDL., *Gen.*, n. 1759. — B. H., *Gen.*, III, 924, n. 86. — DRUDE, in *Engl. u. Prantl Pflanzenfam.*, Lief. 1, II, 3, p. 31, fig. 24, D. — *Chamæriphes* PONTED., *Anthol.*, 147, t. 8, 10. — GÆRTN., *Fruct.*, I, 26, t. 9.

aigus. L'un d'eux est antérieur. Les pétales, plus grands et alternes, sont libres ou à peine unis à leur base, valvaires ou légèrement imbriqués dans le bouton[1]. Les étamines, parfois stériles, sont au nombre de six[2], superposées trois aux sépales, et trois aux pétales. Leurs filets, monadelphes vers la base, sont à ce niveau plus ou moins unis à la corolle. Leur portion libre, triangulaire, supporte une anthère basifixe, introrse, à deux loges indépendantes dans leur portion inférieure et déhiscentes en dedans par une fente longitudinale[3]. Le gynécée, rudimentaire dans les fleurs mâles, est formé de trois carpelles oppositisépales. Chacun d'eux a un ovaire libre, uniloculaire, à paroi épaisse, surmonté d'un petit style arqué et réfléchi, papilleux sur les deux lèvres de sa face interne. Vers la base

Chamærops humilis.

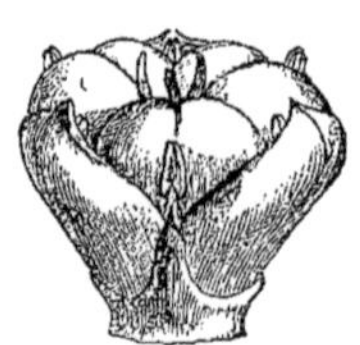

Fig. 180. Fleur.

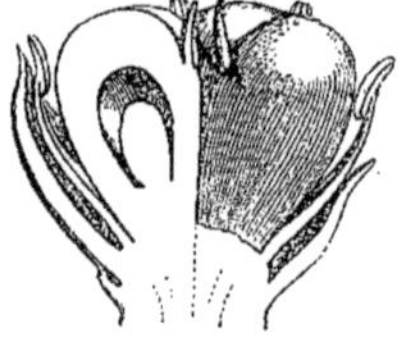

Fig. 181. Fleur, coupe longitudinale.

Fig. 182. Fleur, le périanthe enlevé.

de l'ovaire s'insère un ovule ascendant, anatrope, dont le micropyle se dirige en bas et en dehors[4] et se trouve en partie appliqué contre un petit obturateur formé par une dilatation extérieure du pied épaissi de l'ovule. Le fruit se compose d'un, deux ou trois carpelles ovoïdes ou sphériques, aplatis ou anguleux en dedans quand il y en a plus d'un, couronnés des restes du style, à péricarpe charnu, fibreux dans ses couches profondes. La graine est sphérique, ellipsoïde ou oblongue, dressée. De son hile basilaire part un raphé peu distinct qui se partage en branches lâches et irrégulières. Sous les téguments se voit un albumen dur, corné, irrégulièrement ruminé; et dans un point variable du dos de la semence, au-dessous de son milieu, l'embryon excentrique[5] est enchâssé dans une logette presque cylindrique.

On distingue deux *Chamærops*, de la région Méditerranéenne

1. Le périanthe ne s'accroît pas ou à peine après l'anthèse.

2. Parfois aussi de neuf ou plus.

3. Le pollen est ellipsoïde, avec un sillon longitudinal et une bande ponctuée, dans le *C. humilis* (H. Mohl, in *Ann. sc. nat.*, sér. 2, III, 310). Sur le pollen des Palmiers en général, Drude, *loc. cit.*, 20.

4. Le tégument ovulaire est double.

5. Sa situation varie d'une graine à l'autre.

occidentale: le *C. humilis* L. et le *C. macrocarpa* Guss.[1] Ce sont des arbres inermes, qui vivent généralement en groupes; à tige souvent courte, exceptionnellement élevée, cespiteuse, divisée dès la base, chargée des gaines d'anciennes feuilles détruites. Leurs feuilles forment un grand bouquet terminal, rapprochées, mais alternes; le limbe en éventail, presque semi-orbiculaire ou atténué en coin à la base. Ses divisions profondes sont étroites, rigides, bifides, plissées-indupliquées. Le pétiole, que termine une courte pointe nommée ligule, est grêle, convexe sur ses deux faces, avec des bords lisses ou dentés-épineux. Il se dilate inférieurement en une gaine qui finit par se partager en un réseau de fibres tenaces. Entre les feuilles, dans l'aisselle de quelques-unes d'entre elles, se développent au printemps les inflorescences dites spadices, dressées, courtes et comprimées, denses, dont le pédoncule aplati porte des bractées alternes. Leurs branches axillaires, pressées et ramifiées, sont entraînées au-dessus de ces bractées sur l'axe principal; et leurs divisions portent les fleurs à pédicelle court ou très court, accompagnées parfois d'une ou deux bractéoles irrégulièrement disposées. L'ensemble de l'inflorescence est primitivement enclos dans de larges feuilles alternes modifiées et qu'on appelle les spathes, grandes bractées dont le nombre varie de deux à quatre et qui deviennent plus ou moins coriaces. La supérieure est complète, et les inférieures se fendent à un certain moment pour laisser sortir les axes chargés de fleurs[2]. Quand celles-ci sont unisexuées, elles se trouvent disposées, ou dans une même inflorescence, ou dans des spadices différents.

Si maintenant nous comparons au genre précédent les Dattiers[3] (fig. 183-189) dont on a souvent donné le nom à une tribu (*Phœnicées*), nous verrons que leurs fleurs mâles ont un court calice gamosépale à trois dents, et trois pétales bien plus longs, épais et rigides, obliquement oblongs-lancéolés, à bords valvaires ou coupés en biseau et chevauchant un peu les uns sur les autres. En dehors d'eux et sur un même court renflement du réceptacle s'insèrent six étamines

1. Peut-être variété du précédent. CAV., *Ic.*, II, t. 115 (*Phœnix*). — WENDL. F., in *Bull. Soc. bot. Fr.*, VIII, 429. — ANDR., *Bot. Rep.*, t. 599. — LAMB., in *Trans. Linn. Soc.*, X, t. 8. — NEES, *Gen. Fl. germ.*, *Monoc.*, III, n. 36. — DR., in *Bot. Zeit.* (1877), 698, t. 6, fig. 34, 35. — BOISS., *Fl. or.*, V, 46. — *Bot. Mag.*, t. 2152. — WALP., *Ann.*, V, 818 (part.).

2. Jaunes, petites.

3. L., *Gen.*, ed. I, n. 886; ed. VI, n. 1224. — J., *Gen.*, 38. — GÆRTN., *Fruct.*, I, t. 9. — LAMK, *Ill.*, t. 893. — TURP., in *Dict. sc. nat.*, Atl., t. 154, 155. — MART., *Hist. nat. Palm.*, III, 257, 320, t. 120, 124, 136, 164. — ENDL., *Gen.*, n. 1763. — B. H., *Gen.*, III, 921, n. 80. — BECC., *Males.*, III, 345, t. 43. — DR., *Pflanzenfam.*, 28, fig. 22, 23. — *Elate* L., *Musa Cliff.*, 12. — *Phoniphora* NECK., *Elem.*, III, 303. — *Fulchironia* LESCH., in *Desf. Cat. H. par.* (1829), 29. — ? *Dachel* ADANS., *Fam. des pl.*, II, 25.

(rarement trois ou neuf), qui ont des filets courts, dressés, subulés, unis à leur base par un empâtement commun, et des anthères dressées, allongées, dorsifixes vers leur base, déhiscentes longitudinalement suivant le bord des loges ou un peu en dehors. Au centre

Phœnix dactylifera.

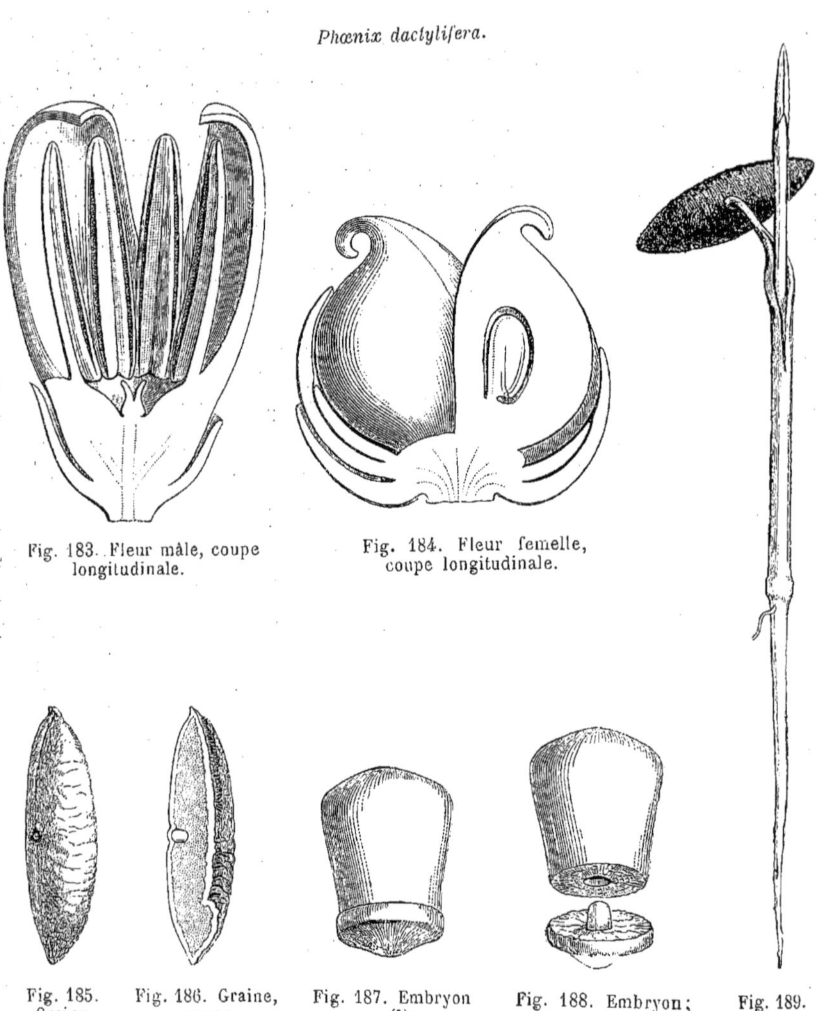

Fig. 183. Fleur mâle, coupe longitudinale.

Fig. 184. Fleur femelle, coupe longitudinale.

Fig. 185. Graine.

Fig. 186. Graine, coupe longitudinale.

Fig. 187. Embryon ($\frac{2}{1}$).

Fig. 188. Embryon; le cotylédon détaché.

Fig. 189. Germination.

du réceptacle se trouve assez souvent un petit rudiment de gynécée, de forme variable, et qui peut même faire complètement défaut. La fleur femelle est presque sphérique, à réceptacle convexe peu proéminent. Son calice gamosépale a la forme d'un sac assez profond, dont les bords sont découpés de trois courtes dents; deux d'entre elles postérieures. La corolle est formée de trois pétales hypogynes, larges, concaves, obtus, fortement imbriqués. En dedans d'eux se voient six staminodes, ou trois seulement, alternipétales, courts et aigus. Le gynécée supère consiste en trois carpelles alternipétales, dont les ovaires indépendants se touchent largement par deux faces obliques formant en dedans par leur rencontre un angle dièdre net; ils sont surmontés d'une zone stigmatifère oncinée. Vers la base de son angle interne, chaque ovaire donne insertion à un ovule ascendant, anatrope, à micropyle extérieur et inférieur[1]. Le fruit[2] n'est le plus souvent représenté que par un seul des carpelles bien développé; les deux autres s'étant fréquemment arrêtés dans leur développement ou ayant disparu. Ils sont, suivant les variétés, ovoïdes ou oblongs, charnus, avec un épicarpe et un mésocarpe membraneux. La graine dressée est plus ou moins allongée-fusiforme. Son bord ventral est creusé d'un profond sillon longitudinal, rugueux, et ses téguments recouvrent un albumen corné, très dur. Celui-ci, dans une cavité dorsale, loge un petit embryon subcylindrique[3], souvent aussi plus ou moins rapproché de la base de la semence.

Le genre habite les régions chaudes de l'Afrique et de l'Asie. Il est formé d'arbres inermes, subacaules ou à stipe robuste ou grêle, unique ou fasciculé, dressé ou incliné et chargé dans sa portion supérieure de bases foliaires persistantes. Les feuilles forment un grand bouquet terminal: elles sont arquées et étalées, composées d'un limbe irrégulièrement penné, dont les divisions sont également ou inégalement distantes, ensiformes ou lancéolées, rigides, acuminées, à base assez large et à bords entiers, qui s'indupliquent dans toute leur étendue ou seulement vers leur base; d'un pétiole épais, plan-convexe, souvent garni de pointes latérales rigides[4]; d'une gaine courte et finalement partagée en faisceaux de fibres sur ses bords. Les fleurs, ordinairement dioïques[5], sont disposées sur les branches d'un ou plusieurs spadices interfoliaires, primitivement dressés, puis penchés ou pendants, qui sont d'abord enveloppés par une longue spathe complète, comprimée, coriace, s'ouvrant en long par le ventre, puis par le dos. Les fleurs[6] sont alternes et sessiles sur les divisions plus ou moins

1. Le tégument est double.
2. Jaune, rouge ou brun.
3. Ou turbiné. Sa gemmule est entourée par la base d'un épais cotylédon subcylindrique.
4. Représentant (?) des pinnules avortées.
5. Exceptionnellement monoïques ou parfois polygames.
6. Généralement d'un jaune pâle, petites.

sinueuses de l'axe, et accompagnées chacune d'une petite bractée qui peut complètement manquer.

On a distingué beaucoup d'espèces très variables dans le genre Dattier : il n'y en a probablement qu'une dizaine[1].

Livistona australis.

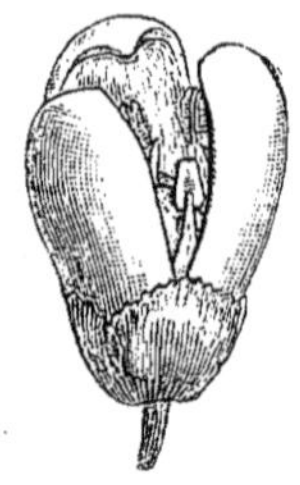

Fig. 190. Fleur (4/1).

Fig. 192. Gynécée.

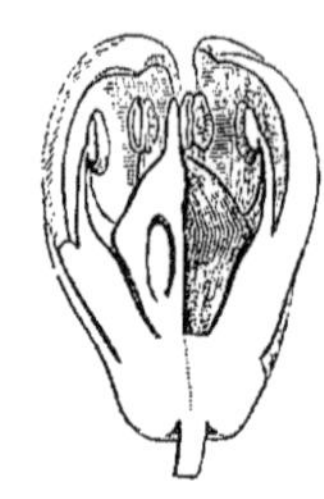

Fig. 191. Fleur, coupe longitudinale.

Par ce qui précède, on voit que les *Phœnix* se distinguent surtout des *Chamærops* par les feuilles, pennées dans les premiers, digitées dans les derniers; par des étamines à peu près indépendantes et par un albumen non ruminé. Ce sont des différences que nous verrons assez souvent exister dans des genres qu'on n'hésite pas à laisser indivis dans d'autres groupes naturels de la même famille.

Très voisins également des *Chamærops* et des *Phœnix* sont les *Trachycarpus*, de l'Asie tempérée, et les *Livistona* (fig. 190-192), de l'Asie et de l'Océanie tropicales, qui ont des fleurs : les premiers polygames-monoïques, et les derniers hermaphrodites, avec des étamines qui ne se dégagent qu'assez haut du périanthe épaissi à sa base.

Rhapis flabelliformis.

Fig. 193. Port (1/10).

Le *Nannorhops*, beau palmier de l'Orient, très analogue aux *Chamærops* et possédant, comme eux, des feuilles digitinerves et une corolle valvaire, a des carpelles qui prennent un si grand développement par leur région dorsale dans la période de maturation, que leur style devient basilaire ou à peu près. Il est, au contraire, terminal dans les *Rhapi-*

1. W., *Spec.*, IV, 730. — K., *Enum.*, III, 254. — JACQ., *Coll.*, Suppl., t. 15; *Fragm.*, t. 24. — TURP., in *Mém. Mus.*, III, t. 15. — ROXB., *Pl. corom.*, I, t. 74; III, t. 273. — GRIFF., in *Calc. Journ. Nat. Hist.*, V, 344; *Palms brit. Ind.*, 136, t. 128; 128, A; 129 A, B. — MIQ., *Fl. ind. bat.*, III, 62; *Palm. Arch. ind.*, 14, 26. — BRAND., *For. Fl.*, 553. — DEL., *Fl. Egypt.*, t. 62. — T. ANDERS., in *Journ. Linn. Soc.*, XI, 13. — DR., in *Bot. Zeit.* (1877), 638,

dophyllum, des portions les plus chaudes de l'Amérique du Nord, qui ont la corolle imbriquée, et des feuilles digitinerves, de même que tous les genres suivants.

Les *Acanthorhiza*, de l'Amérique centrale, ont aussi des pétales imbriqués dans leurs fleurs polygames-dioïques. Leurs styles indépendants sont allongés, et les branches de leur spadice sont situées dans l'aisselle de bractées spathacées.

Les *Rhapis* (fig. 193), de la Chine et du Japon, sont d'humbles

Sabal Adansonii.

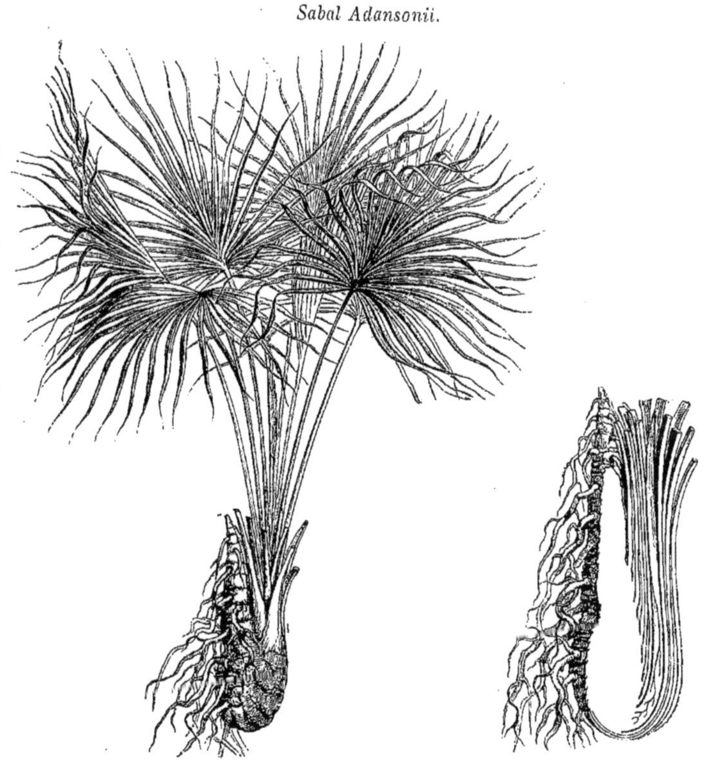

Fig. 194. Port. Fig. 195. Base du stipe, coupe longitudinale.

palmiers à feuilles digitées et à fleurs dioïques, construites à peu près comme celles des *Chamærops*, mais avec une corolle gamopétale, tridentée, et six étamines dont l'anthère est extrorse.

Les *Corypha*, de l'Asie tropicale, sont, au contraire, de grande taille, à larges feuilles orbiculaires en éventail ; mais ils sont mono-

t. 6, fig. 27-33. — Boiss., *Fl. or.*, V, 47. — Rich., *Fl. abyss.*, 348. — Balf. f., *Bot. Soc.*, 298. — Becc., *Males.*, III, 347 ; in *Hook. f. Fl. brit. Ind.*, VI, 424. — Walp., *Ann.*, V, 819, 844.

carpiens et se terminent par une grande inflorescence très ramifiée. Leurs petites fleurs sont hermaphrodites, à corolle légèrement imbri-

Sabal Adansonii.

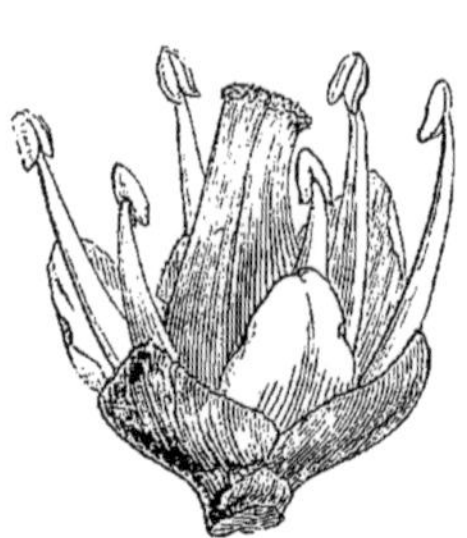

Fig. 196. Fleur.

Fig. 197. Fleur, coupe longitudinale.

quée; et leurs carpelles indépendants renferment à la maturité une graine dont l'albumen est homogène, avec un embryon terminal.

Sabal umbraculifera.

Fig. 198. Inflorescence.

Dans les *Sabal* (fig. 194-198), les fleurs sont aussi hermaphrodites; les feuilles, digitées; les ovaires, indépendants et contigus, surmontés de styles qui se collent les uns aux autres à un certain âge et forment ainsi une épaisse colonne conique, en apparence unique. La graine a un albumen homogène, avec une profonde cavité basilaire et un embryon dorsal. Ce sont des palmiers peu élevés, de l'Amérique tempérée et tropicale, dont le stipe, tronqué à sa base, se relève souvent en croc pour porter au dehors du sol son extrémité inférieure avec les racines adventives qu'elle émet.

Le *Teysmannia altifrons* est un beau palmier malais, qui a des feuilles digitées, des fleurs hermaphrodites, à styles collés les uns aux autres en une courte colonne; un fruit chargé en dehors de verrues pyramidales; des graines à albumen ruminé et à embryon basilaire.

Le *Serenœa*, des mêmes régions que les *Rhapidophyllum*, en ont presque tous les caractères. Mais leurs fleurs sont hermaphrodites, à corolle valvaire, à ovaires libres, avec de longs styles dressés; et le rachis de leur spadice est pourvu d'une longue gaine foliaire.

Le *Colpothrinax*, de Cuba, a des fleurs hermaphrodites, analogues à celles du genre précédent; mais leurs styles se collent les uns aux

Thrinax radiata.

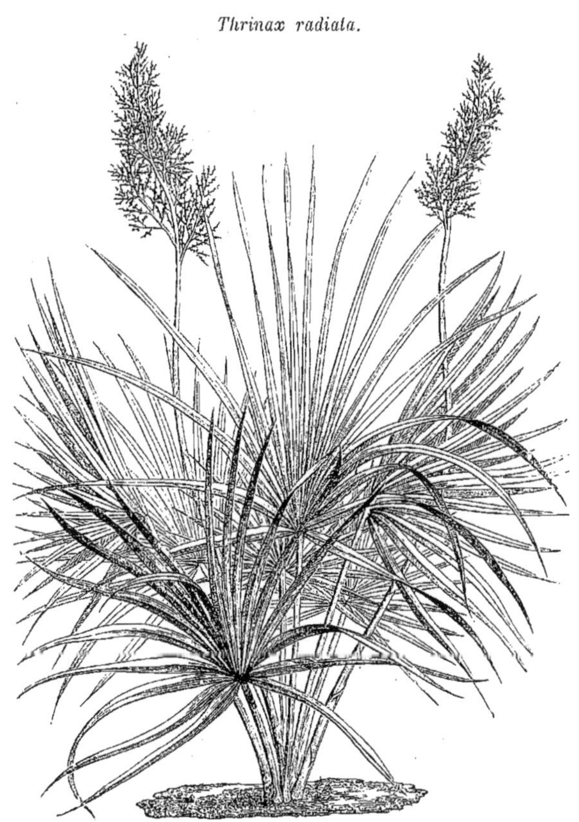

Fig. 199. Port.

autres; le rhachis du spadice est nu, non engainé; et l'embryon, à peu près basilaire dans le *Serenœa*, est ici nettement dorsal.

Le *Cryosophila*, du Mexique, imparfaitement connu, est un petit palmier épineux, qui avait été primitivement rapporté au genre *Corypha* et qui se distingue surtout par la longueur de ses étamines.

Les *Brahea*, plantes des parties méridionales de l'Amérique du Nord, ont des fleurs hermaphrodites, à corolle valvaire, à styles rapprochés en une courte colonne trigone; des graines à albumen profondément excavé à la face ventrale, et à embryon dorsal. Les branches de leur spadice sont dépourvues de gaines. Celles-ci existent dans les *Erythea*, de Californie, qui ont l'embryon rapproché de la base de la graine et qui ne sont peut-être pas génériquement assez distincts.

Les *Thrinax* (fig. 199), des Antilles et de la Floride, sont des palmiers souvent peu élevés, qui, avec les caractères généraux des types précédents, ont un périanthe gamophylle très réduit ou presque nul. Leur ovaire est réduit à une loge uniovulée, et leur style se dilate à son sommet en une sorte d'entonnoir. Leur albumen est homogène ou légèrement ruminé, et leur embryon est subapical.

Les *Trithrinax*, de l'Amérique du Sud, d'abord confondus avec le genre précédent, ont, au contraire, trois carpelles distincts; une corolle plus développée, imbriquée, et des étamines monadelphes. Par là, ils se rapprochent des *Copernicia*, grands palmiers à cire de l'Amérique tropicale, qui ont des fleurs hermaphrodites, à corolle valvaire, et des semences à albumen ruminé.

Les *Pritchardia*, qui ont été observés dans l'Océan Pacifique et au sud-ouest de l'Amérique du Nord, ont des fleurs hermaphrodites, à corolle gamopétale, dont le tube persiste après la chute du limbe valvaire. Leur style est allongé et pyramidal.

Les *Licuala*, petits palmiers frutescents, de l'Asie et l'Océanie tropicales, ont des fleurs hermaphrodites, dont le calice a inférieurement la forme d'une cupule ou d'un tube. La corolle valvaire est trilobée; et à sa gorge s'insèrent les étamines dont les filets courts s'unissent en un anneau circulaire. Au fond du tube se voient les carpelles, dont les ovaires ont le sommet tronqué ou concave, et dont le style est partagé à son sommet en trois dents stigmatifères. Les spadices, ordinairement grêles, ont un rhachis engainé; et les spathes multiples qui les accompagnent, sont tubuleuses, à orifice oblique et bifide, ordinairement persistantes.

Nipa fruticans.

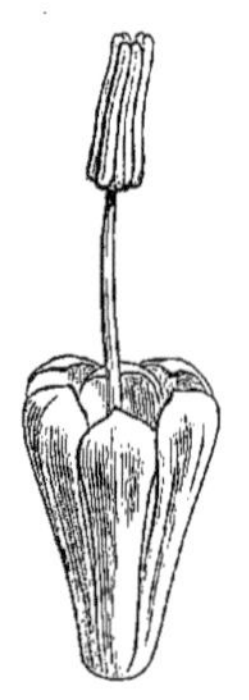

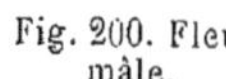

Fig. 200. Fleur mâle.

Fig. 201. Carpelle mûr, coupe transversale ($\frac{1}{3}$).

Le *Nipa fruticans* (fig. 200, 201), autrefois rapporté à une famille spéciale, peut être considéré comme représentant une sous-série anormale (*Nipées*) des Coryphées. C'est un humble palmier de l'Asie et de l'Océanie tropicales, qui a des fleurs mâles à trois étamines unies en une colonne centrale, et des fleurs femelles à périanthe hexamère rudimentaire. Leur gynécée est formé de trois carpelles indépendants, uniovulés; et le fruit composé représente un gros syncarpe sphérique, formé de carpelles durs, hexagonaux, à sommet pyramidal. Les feuilles sont longuement pinnatiséquées, à segments lancéolés; et les fleurs mâles, placées au-dessous des femelles dans une même inflorescence générale, sont là disposées en chatons cylindriques.

II. SÉRIE DES RONDIERS.

Le Rondier, seule espèce du genre *Borassus*[1] (fig. 202-204), est un grand palmier à fleurs dioïques. Dans les mâles, dont le bouton est claviforme, il y a trois sépales membraneux et glumacés, qui sont cunéiformes, imbriqués, obtus et comme tronqués à leur sommet légèrement infléchi. Au-dessus d'eux, le réceptacle prend la forme d'un étroit cône renversé, dont la base, supérieure, porte la corolle, l'androcée et le gynécée rudimentaire. Les pétales sont assez longuement obovales, imbriqués, puis étalés. En dedans d'eux se voient six étamines, plus courtes, à court filet subulé et à anthère oblongue, attachée par la base du connectif au-dessous de laquelle se prolongent les deux loges, libres inférieurement et déhiscentes en dedans par des fentes longitudinales. Le rudiment de gynécée est central, formé d'une petite masse pleine que surmontent trois branches courtes ou allongées et sétiformes, et qui peut faire totalement défaut. Dans la fleur femelle, qui est très volumineuse relativement aux mâles, et à peu près sphérique, le réceptacle court et convexe porte trois sépales épais, courts et larges, obtus, fortement concaves en dedans et étroitement imbriqués dans le bouton. Avec eux alternent autant de pétales de même forme, souvent plus courts, fortement imbriqués ou tordus. En

1. L., *Gen.*, ed. I, n. 890; ed. VI, n. 1220. — LAMK, *Ill.*, t. 898. — ENDL., *Gen.*, n. 1745. — K., *Enum.*, III, 221. — MART., *Hist. nat. Palm.*, III, 219, 318, t. 108, 121, 162. — B. H., *Gen.*, III, 939, n. 116. — DR., in *Bot. Zeit.* (1877), 635, t. 5, fig. 6-9; *Pflanzenfam.*, 40, fig. 28-30. — *Lontarus* GÆRTN., *Fruct.*, I, 21, t. 8. — J., *Gen.*, 39.

dedans de leur base s'insèrent sur eux quelques staminodes, souvent inégaux. Le gynécée se compose d'un ovaire presque sphérique, ou un peu anguleux, creusé de trois loges alternipétales (plus rarement de deux ou de quatre loges), qui peuvent devenir bien distinctes dans leur portion supérieure. Un style très court, qui surmonte l'ovaire,

Borassus flabellifer.

Fig. 202. Rameau de l'inflorescence mâle.

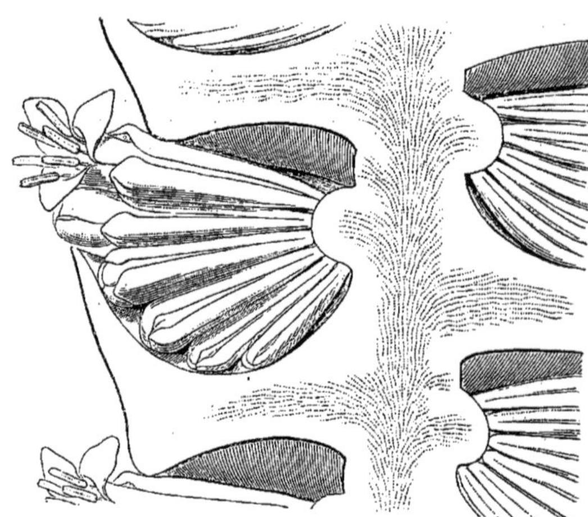
Fig. 203. Portion d'inflorescence mâle, coupe longitudinale.

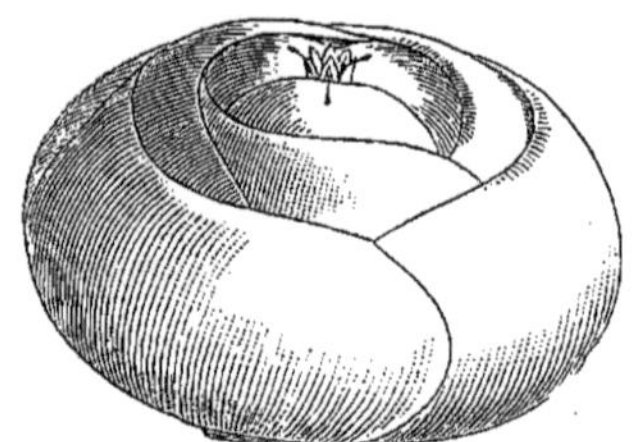
Fig. 204. Fleur femelle.

se partage presque immédiatement en autant de lobes récurvés et stigmatifères qu'il y a de loges à l'ovaire. Dans chacune des loges se voit un ovule anatrope qui s'insère à la base de l'angle interne et dirige son micropyle en bas et en dehors. Le fruit est gros, sphérique ou à peu près, surmonté des restes du style. Son exocarpe charnu, de médiocre épaisseur, renferme un ou quelques noyaux osseux, fibreux en dehors, comprimés de dehors en dedans et à peu près obcordés. Leur sommet est perforé, et leur paroi interne présente deux saillies rentrantes qui peuvent se mouler sur la face ventrale de la graine. Celle-ci, plus ou moins profondément trilobée en haut, adhère par son tégument extérieur à l'endocarpe. Elle contient un albumen homogène, corné et creux, vers la partie supérieure duquel se trouve l'embryon peu volumineux.

Le *B. flabellifer*[1] a un épais et long stipe, chargé des cicatrices annulaires des feuilles tombées. Il est d'ailleurs inerme et souvent plus ou moins renflé vers le milieu de sa hauteur. Ses énormes feuilles forment une large cime au sommet de la tige. Elles ont un grand limbe digitinerve et en éventail, multifide, plissé, à divisions indupliquées et bifides au sommet; les bords lisses. Le court rhachis dont partent ces segments est prolongé en une ligule rigide. Le pétiole, épais et spinescent sur ses bords, se dilate inférieurement en une courte gaine. Les inflorescences se développent dans l'intervalle des feuilles. Ce sont de grands spadices, simplement ramifiés, qui portent de larges et épaisses bractées, entourant l'axe et formant avec les bractéoles plus petites de nombreuses fossettes dans lesquelles sont logés les petits groupes floraux mâles, c'est-à-dire des cymes scorpioïdes contractées, dont les petites fleurs sortent à tour de rôle de l'intervalle des bractées pour venir s'épanouir au dehors. Les fleurs femelles, peu nombreuses, sont solitaires ou géminées dans l'aisselle de leur bractée, distante de la bractée suivante qui, comme elle et comme le périanthe femelle, s'accroît pendant la maturation autour des fruits en partie enchâssés dans l'axe épais et les appendices persistants qu'il porte. La patrie de ce palmier est probablement l'Afrique tropicale; il se retrouve, peut-être spontané, vers l'embouchure de l'Indus, et il est fréquemment cultivé dans les régions tropicales de l'Asie et de l'Océanie.

Très voisins des *Borassus* sont les quatre genres *Lodoicea*, *Latania*, *Chamæriphos* et *Medemia*, tous de l'ancien continent:

Le *Lodoicea* des Seychelles a, comme le Rondier, des cymes mâles pluriflores et unipares, logées dans les alvéoles de l'axe du spadice. Mais ses fleurs sont polyandres, et son fruit volumineux est bilobé.

1. L., *Spec.*, 1187. — BECC., in *Hook. f. Fl. brit. Ind.*, VI, 482. — *B. flabelliformis* MURR., *Syst.*, ed. XIII, 827. — ROXB., *Pl. corom.*, I, 50, t. 71, 72; *Fl. ind.*, III, 790. — GRIFF., *Notul.*, III, 167. — THW., *En. pl. Zeyl.*, 329. — KURZ, *For. Fl.*, II, 329. — BRAND., *For. Fl.*, 544. — BL., *Rumphia*, II, 88. — MIQ., *Fl. ind. bat.*, III, 45. — BALF. F., *Bot. Soc.*, 299. — *B. æthiopum* MART., *Hist. nat. Palm.*, III, 220, 318. — *B. dichotomus* WH., in *Grah. Cat. Bomb.*, 226. — *Lontarus domestica* RUMPH., *Herb. amboin.*, I, t. 10. — BUCH., *Dec.*, IV, t. 1. — HAM., in *Mem. Wern. Soc.*, V, 314. L'espèce est figurée par RHEEDE, *H. malab.*, I, t. 9, 10.

Les *Latania*, des îles Mascareignes, n'ont plus qu'une fleur polyandre dans chaque alvéole, et leur fruit est entier.

Les *Chamæriphes*, de l'Afrique tropicale et de Madagascar, ont les fleurs solitaires ou géminées dans les alvéoles ; mais elles sont hexandres. Leurs fruits sont à un, deux ou trois lobes.

Les *Medemia*, de l'Afrique tropicale orientale et de Madagascar, diffèrent peu des *Chamæriphes*, dont ils ont les fleurs. Mais leur ovaire trimère devient d'ordinaire un fruit unicarpellé, avec deux carpelles généralement rudimentaires ; leur péricarpe subéreux ou spongieux est lisse ou rugueux ; et leur graine est plus ou moins profondément ruminée, avec un embryon à situation variable.

Les *Pholidocarpus* forment une sous-série anormale (*Pholidocarpées*), qui a été attribuée par certains auteurs à la série précédente et se rapproche en même temps des Rotangées. Ce sont des palmiers de l'Asie et l'Océanie tropicales, qui ont le port et le feuillage des Rondiers, un pétiole épineux, un fruit mucroné, à péricarpe dur et tesselé en dehors, avec des graines à insertion latérale, et un abondant albumen dur et ruminé. Leur embryon charnu est basilaire.

III. SÉRIE DES ROTANGS.

Les fleurs des *Rotang*[1] (fig. 205-208) sont unisexuées ou polygames, monoïques ou dioïques. Le réceptacle de leur fleur mâle porte près de sa base un petit calice gamosépale, à trois divisions plus ou moins profondes, parfois imbriquées. Au-dessus de lui, il se dilate plus ou moins en une masse qui peut devenir charnue et qui, plus haut, porte la corolle et l'androcée. Les pétales, alternes avec les divisions du calice, sont libres ou unis à la base, valvaires dans le bouton. Les étamines, généralement au nombre de six, superposées trois aux divisions de la corolle, et trois à celles du calice, sont ordinairement monadelphes à la base de leurs filets subulés, et ont une anthère dorsifixe, oblongue, linéaire ou sagittée ; les deux loges déhiscentes en dedans suivant leur longueur. Au centre se voit souvent un rudiment

1. L., *Fl. zeyl.*, 209 (1747). — ADANS., *Fam. des pl.*, II, 24. — *Calamus* L., *Spec.*, I, 325 (1753); *Syst.*, ed. X, n. 395; ed. XII, n. 439; *Gen.*, ed. VI, n. 436. — MURR., *Syst.* (1774), n. 279. — J., *Gen.*, 37. — LAMK, *Ill.*, t. 770. — GÆRTN., *Fruct.*, II, 267, t. 139. — ENDL., *Gen.*, n. 1736. — K., *Enum.*, III, 204. — MART., *Hist. nat. Palm.*, III, 207, 331, t. 112, 113, 116, 128, 160, 175, 176. — BL., *Rumphia*, III, 28, t. 146-154, 163; 163, B. — DR., in *Bot. Zeit.* (1877), 637, t. 5, fig. 1, 2; *Pflanzenfam.*, 41, fig. 41. — B. H., *Gen.*, III, 931, n. 102. — *Palmijuncus* RUMPH., *Herb. amboin.*, V (1747), 97 (nom. vix gener.). — O. K., *Revis.*, 731.

de gynécée. Dans les fleurs femelles, il y a même périanthe et même réceptacle, plus ou moins épaissi, que dans les mâles. Les étamines sont stériles, avec ou sans rudiment d'anthère. Le gynécée est libre, à ovaire surmonté d'un style épais ou allongé, à trois branches entières, stigmatifères en dedans. Les loges oppositisépales de l'ovaire sont très incomplètes, ou parfois même il devient nettement uniloculaire. Il y a, en face des sépales, trois ovules basilaires, dressés et anatropes, à micropyle inférieur et extérieur[1].

Sur l'ovaire se développent à un certain âge des poils squamiformes dont la tête dilatée et réfléchie, aplatie et ciliée, grandit

Rotang (Calamus) ciliaris.

Fig. 205. Fleur mâle, coupe longitudinale. Fig. 206. Fleurs femelles. Fig. 207. Fleur femelle, coupe longitudinale. Fig. 208. Gynécée.

rapidement[2] et s'abaisse sur la tête des squames voisines pour former des séries régulières[3] de plaques finalement imbriquées, lisses et dures, recouvrant un péricarpe charnu, mince ou finalement sec, apiculé des restes du style. Dans sa cavité il n'y a le plus souvent qu'une graine, lisse ou parcourue de sillons sinueux, à tégument souvent un peu charnu, avec un large corps chalazique, intérieur et latéral, recouvert d'un albumen en forme de calotte hémisphérique, dur, continu ou légèrement ruminé. Vers son point le plus convexe ou plus bas se trouve l'embryon, dont les téguments embrassent le sommet et présentent à ce niveau comme une petite calotte circulaire.

1. A double enveloppe ; l'endostome tubuleux.
2. Beaucoup plus par le bas qu'en haut.
3. Suivant lesquelles le développement de ces écailles spiralées se fait de haut en bas.

Les Rotangs sont des palmiers rarement dressés. Bien plus souvent grêles et flexibles, ils s'accrochent et grimpent sur les arbres voisins[1]. Leurs tiges et leurs branches, armées d'aiguillons nombreux et puissants, sont ordinairement grêles, longues, avec des cicatrices annulaires distantes. Les feuilles sont alternes, pinnatiséquées. Leurs divisions, linéaires, lancéolées, ensiformes ou elliptiques, entières au sommet, ont leurs nervures et leurs bords souvent chargés de soies. Leur rhachis se prolonge souvent en une baguette ou un cordon rigide, sans folioles, tout chargé d'aiguillons qui servent à accrocher la plante. Le pétiole, long ou court, trigone, se dilate en une gaine chargée d'aiguillons, parfois prolongée en ligule ou en ocrea. Les inflorescences sont des spadices, courts ou longs, disposés en grappe plus ou moins ramifiée, avec des divisions courtes ou longues, droites ou arquées, enroulées en crosse et portant des fleurs sessiles, articulées, souvent géminées. Dans ce cas, il n'est pas rare que l'une d'elles soit femelle ou hermaphrodite, et l'autre mâle. Chacune d'elles occupe l'aisselle d'une bractée qui peut être très courte, orbiculaire ou à peu près. Il y a d'ailleurs d'autres bractées ou spathes en dehors de la base des diverses divisions de l'inflorescence; et l'axe principal de celle-ci peut se prolonger, comme les feuilles, en un cordon rigide et armé d'aiguillons servant aussi à soutenir et à accrocher la plante.

Des auteurs très compétents ont séparé du genre Rotang les *Dæmonorops*[2], que d'autres y laissent à titre de section, parce que les spathes extérieures y sont cymbiformes, enveloppent d'abord les intérieures, et se détachent de bonne heure; en même temps que les fleurs sont ordinairement plus longuement pédicellées. Dans tout un groupe de Rotangs, les spadices sont contractés; et les spathes, qui persistent toutes lors de l'anthèse, sont aplaties, avec des gaines peu développées ou nulles (*Platyspathæ*). Dans deux autres sections du genre, les spadices sont plus lâches et étalés (*Coleospathæ* et *Piptospathæ*). La dernière n'a qu'une ou deux spathes inférieures qui persistent; et les spathelles de la base des divisions de l'inflorescence se détachent à la floraison; tandis que dans la précédente, toutes les spathes persistent,

1. Sur la façon dont s'accrochent et grimpent les Rotangs et les *Dæmonorops*, TREUB, in *Ann. Jard. Buitenz.*, III, 172, 175. Les aiguillons jouent ici un rôle analogue à celui des crocs des *Ourouparia*, *Strychnos*, *Hugonia*, etc.

2. BL., in *Schult. f. Syst.*, II, 1333. — ENDL., *Gen.*, n. 1740. — K., *Enum.*, III, 201. — MEISSN., *Gen.*, 254 (265). — SPACH, *Suit. à Buff.*, XII, 61. — MART., *Hist. nat. Palm.*, 198, t. 117, 125. — *Dæmonorhops* HASSK., *Cat. Hort. bogor. alt.*, 64. — BECC., in *Hook. f. Fl. brit. Ind.*, VI, 462. — *Dæmonorophus* LEME, in *Dict. d'Orb.*, IV, 575. Le type du prétendu genre était le *Calamus niger* W. (*Palmijuncus niger* RUMPH., *Herb. amboin.*, V, 101, t. 52. — BUCH., *Dec.*, V, t. 2).

et toutes sont tubuleuses, avec un limbe peu développé ou nul. Mais il y a de nombreux intermédiaires entre ces diverses sections.

Ainsi conçu, le genre renferme au moins deux cents espèces[1] qui sont originaires des régions les plus chaudes de l'Asie, de l'Océanie et de l'Afrique.

Les organes végétatifs sont analogues à ceux des Rotangs dans un petit groupe auquel ils donnent leur nom (*Eurotangées*), et qui comprend les genres asiatiques et océaniens *Plectocomia*, *Plectocomiopsis*, ? *Myrialepis*, *Ceratolobus* et *Korthalsia*; tandis que la tige dressée se termine par une couronne de grandes feuilles dans les Sagoutiers (*Metroxylon*), qui forment un autre petit groupe (*Metroxylées*) avec les *Pigafetta* et les *Zalacca*; tous ayant d'ailleurs la même organisation fondamentale des fleurs, avec des fruits écailleux, et tous étant originaires de l'Asie et de l'Océanie tropicales.

Les *Eugeissona* ont à peu près les mêmes organes de végétation que les Sagoutiers; mais ils se séparent des trois genres précédents en ce qu'ils sont cespiteux, monocarpiens, avec des spadices terminaux, dressés, longuement pédonculés, solitaires ou en petit nombre, étroits quoique composés, avec une seule gaine ou de très peu nombreuses gaines à la base du spadice, et de petites gaines secondaires presque distiques et fortement imbriquées autour des rameaux sur lesquelles elles passent graduellement à l'état de simples bractées; d'où résulte un aspect tout particulier de l'inflorescence totale (*Eugeissonées*).

Raphia Ruffia.

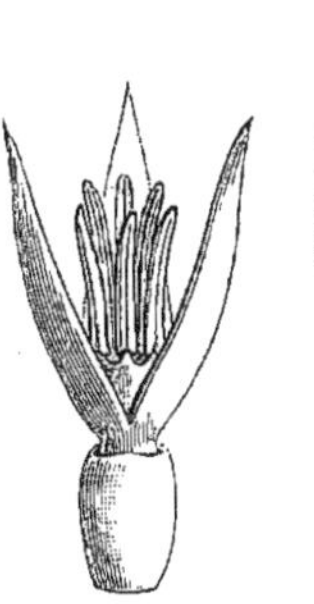

Fig. 209. Fleur mâle. Fig. 210. Fruit.

Dans la sous série à laquelle donnent leur nom les *Raphia* (fig. 209, 210), les fleurs sont polygames-dioïques; ou bien les mâles et les femelles sont placées dans une même inflorescence. Les rameaux du spadice sont échelonnés sur

1. GRIFF., in *Calc. Journ. Nat. Hist.*, V, 26, c. ic.; *Palms brit. Ind.*, 33, t. 185-216, C; 216, B (*Dæmonorops*); App., XX. — BL., *Rumphia*, II, t. 131-137; III, 2, 28, t. 138-154, 163; 163, B. — MIQ., *Fl. ind. bat.*, III, 81, 103, 749; Suppl., 90, 255, 592; *Palm. Arch. ind.*, 17. — THW., *En. pl. Zeyl.*, 330, 431. — KURZ, *For. Fl.*, 515. — BENTH., *Fl. austral.*, VII, 134. — MANN et WENDL. F., in *Trans. Linn. Soc.*, XXIV, 429, 436, t. 38, B-D; 41, F; 43, B-E. — WENDL. F., in *Bot. Zeit.* (1859), 158. — T. ANDERS., in *Journ. Linn. Soc.*, XI, 8. — DR., in *Bot. Zeit.* (1877), 637, t. 5, fig. 1, 2. — BECC., *Males.*, I, 87 (*Dæmonorops*), 88; III, 59; in *Hook. f. Fl. brit. Ind.*, VI, 436. — WALP., *Ann.*, V, 829, 856 (pleraque sub *Calamo*).

l'axe principal qui les porte suivant une disposition pectinée, et les graines albuminées ont un embryon à peu près horizontal.

Les *Raphia* sont monocarpiens; mais à cette sous-série (*Raphiées*) se rapportent encore trois genres voisins, polycarpiens, de l'ancien continent : les *Oncocalamus*, *Ancistrophyllum* et *Eremospathe*, qui ont à peu près le mode de végétation des Rotangs et des feuilles à rhachis prolongé.

Mauritia aculeata.

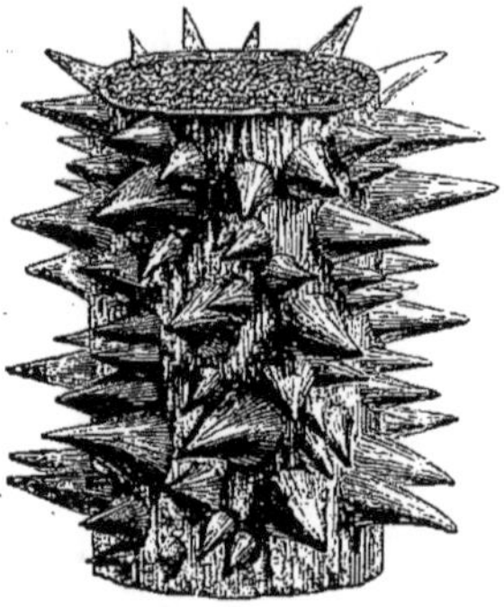

Fig. 211. Tronçon de tige.

Dans une petite sous-série américaine, formée du seul genre *Mauritia*, les fleurs sont monoïques, dioïques ou polygames. Le calice peut être entier ou denté. Le fruit rappelle beaucoup celui des genres précédents, avec des graines lisses, à embryon ventral ou situé plus bas. Les tiges sont dressées, polycarpiennes, souvent chargées d'aiguillons (fig. 211), comme dans les *Raphia;* les feuilles sont en éventail ou pennées-flabelliformes. Les grands spadices, composés-distiques ou subdistiques, ont des ramules florifères cylindriques, amentiformes, ou courts et comprimés, avec les fleurs unilatérales, bifariées ou pressées en spirale, accompagnées de spathelles en entonnoir ou en hélice; les bractéoles souvent unies en une cupule biailée ou bicarénée (*Mauritiées*).

IV. SÉRIE DES ARÉQUIERS.

Le plus usité des *Areca*[1], l'*A. Catechu* (fig. 212-216), a des fleurs monoïques et régulières. Les mâles ont, sur un court réceptacle conique, trois sépales très petits, souvent inégaux, libres ou quelque peu unis à la base, parfois légèrement imbriqués. Avec eux alternent trois pétales beaucoup plus grands et plus épais, ovales-aigus, valvaires ou à peine imbriqués dans leur portion inférieure[2]. Sur le

1. L., *Spec.*, II, 1189 (1753); *Gen.*, ed. VI, n. 1225. — ADANS., *Fam. des pl.*, II, 25. — J., *Gen.*, 38. — GÆRTN., *Fruct.*, I, 19, t. 7. — LAMK, *Ill.*, t. 895. — MART., *Hist. nat. Palm.*, 160, 311 (part.), t. 102, 149. — ENDL., *Gen.*, n. 1278 (part.). — BL., in *Ann. sc. nat.*, sér. 2, X, 371; *Rumphia*, II, 64, t. 99. — K., *Enum.*, III, 183, 637 (part.). — WENDL. F. et DR., in *Linnæa*, XXXIX, 175, t. 1, fig. 1. — DR., in *Bot. Zeit.* (1877), t. 6, fig. 16, 17; *Pflanzenfam.*, 76, fig. 42. — B. H., *Gen.*, III, 883, n. 1. — BECC., *Males.*, I, 17, 97 (part.).

2. Ils sont ordinairement à ce niveau légèrement coupés en biseau.

réceptacle, plus ou moins dilaté en écailles peu nettes, s'insèrent plus haut six étamines, dont trois oppositipétales souvent un peu plus grandes. Toutes ont un filet subulé, qui s'attache à la base du connectif d'une anthère sagittée, à loges linéaires, libres dans leur moitié inférieure ou à peu près, déhiscentes en dehors ou vers les bords par une fente longitudinale. Au centre, un gynécée, rudimentaire et supère, se présente sous forme d'une courte colonne bientôt partagée en trois

Areca Catechu.

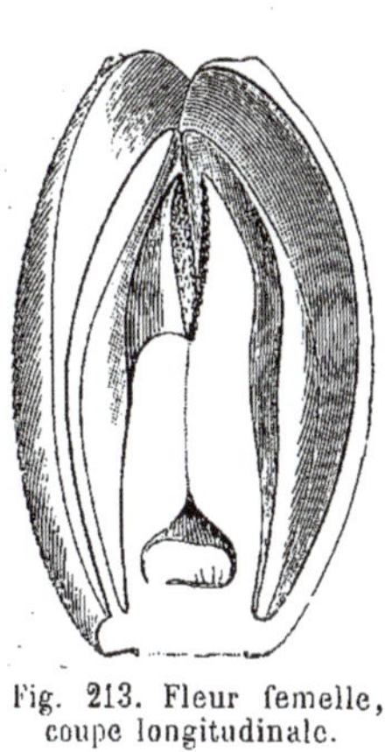

Fig. 213. Fleur femelle, coupe longitudinale.

Fig. 216. Graine.

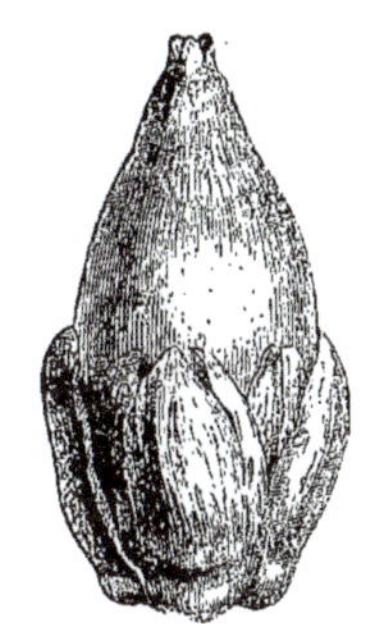

Fig. 214. Fruit (½).

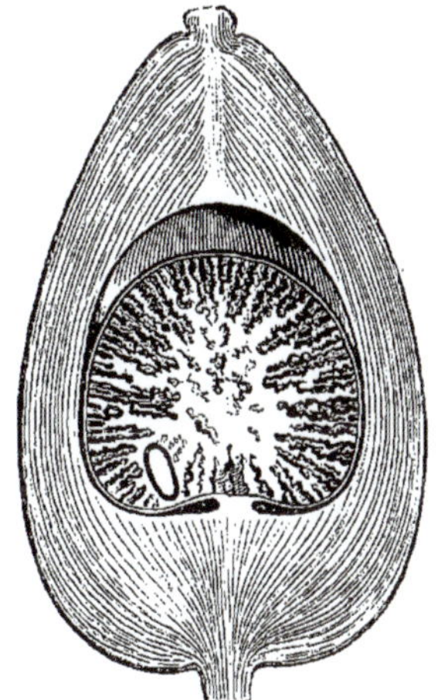

Fig. 215. Fruit, coupe longitudinale.

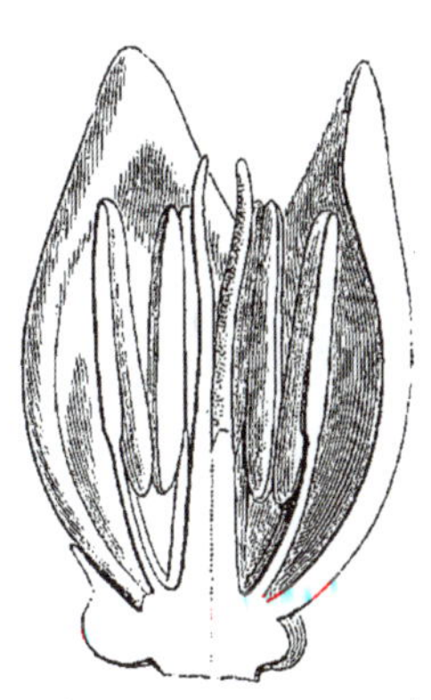

Fig. 212. Fleur mâle, coupe longitudinale.

longues branches coniques et charnues. Dans la fleur femelle, bien plus grande que la fleur mâle, le réceptacle convexe porte six folioles du périanthe, bisériées, orbiculaires, concaves, étroitement imbriquées et un peu accrescentes après la floraison. En dedans d'elles se trouve une courte collerette hypogyne, découpée de six dentelures obtuses et représentant un androcée rudimentaire. L'ovaire libre est ovoïde, surmonté de trois branches stylaires stigmatifères épaisses. Dans sa loge ordinairement unique, un placenta basilaire supporte un ovule horizontal, allongé en travers et déprimé, dont le sommet présente en dessous un micropyle peu visible, qui regarde le plancher de l'ovaire[1]. Le fruit ovoïde, entouré du périanthe durci, est couronné des restes du style ou de leur cicatrice. Son péricarpe est épais, coriace et fibreux[2], embrassant une graine dressée, hémisphérique, à ombilic basilaire et à tégument chargé des branches ascendantes et ramifiées-réticulées du raphé. L'albumen est dur, profondément ruminé, et loge inférieurement un petit embryon presque cylindrique, plus ou moins excentrique et oblique.

Les Aréquiers sont des arbres élevés ou humbles, des régions les plus chaudes de l'Asie et de l'Océanie. On en connaît une quinzaine d'espèces. Leurs stipes inermes sont solitaires ou cespiteux, portant des cicatrices annulaires de feuilles. Celles-ci forment un large bouquet terminal et sont pinnatiséquées, à segments à peu près égaux, lancéolés, acuminés et plissés; les bords récurvés à leur base. Souvent les segments terminaux sont confluents et, par suite, bifides ou plurifides, ou tronqués. Le rhachis a une coupe transversale triangulaire, convexe sur le dos, anguleuse et aiguë sur la face dans sa partie supérieure; tandis qu'en bas elle présente une gouttière qui se prolonge sur le pétiole, souvent épais, dilaté inférieurement en une longue gaine. Les fleurs, petites quand elles sont mâles, beaucoup plus grosses si elles sont femelles, sont monoïques, disposées sur un même spadice qui est dit infrafoliaire; ce qui signifie que la feuille dans l'aisselle de laquelle il s'était développé, s'est détachée de bonne heure de la tige. Ce spadice est large ou contracté, suivant les espèces. Son pédoncule, souvent épais, se divise en une grappe simple ou composée, portant des bractées très petites ou à peu près nulles, plus rapprochées d'un côté de l'axe que de l'autre. Les fleurs femelles sont en petit nombre ou solitaires vers la base des axes; et les mâles, beaucoup plus nombreuses, s'échelonnent sur la portion supérieure des mêmes rameaux, solitaires ou géminées, distiques ou unilatérales. Le spadice est primitivement enveloppé de spathes de taille variable, au nombre de trois ou plus, caduques. L'inférieure est complète; et les supérieures, de plus en plus petites, sont souvent bractéiformes.

Il y a des Aréquiers qui, au lieu de six étamines, n'en ont que trois, oppositipétales. L'axe principal de leur inflorescence ne s'épaissit pas, et les fleurs femelles sont éloignées les unes des autres. Ce sont les caractères d'une section *Euareca*. Dans une autre section qui a été

1. Son tégument très épais est double.

2. Criblé de raphides grêles et rigides.

nommée *Axonianthe* et *Balanocarpus*, l'inflorescence n'est qu'une fois ramifiée; son axe principal s'épaissit beaucoup, et les fleurs femelles sont bien plus rapprochées les unes des autres.

Tout à côté des Aréquiers se placent les trois genres *Pinanga*, *Cyphophœnix* et *Miscophlœus*, des régions tropicales de l'Asie ou de l'Océanie, qui ont l'ovule disposé de même et ne diffèrent les uns des autres que par leur albumen, tantôt ruminé et tantôt continu, ou par la disposition sur les axes du spadice de leurs fleurs monoïques groupées en glomérules dont une fleur femelle occupe le centre; les latérales étant mâles. Les *Cyphophœnix* ont six étamines; les *Miscophlœus* en ont neuf; et les *Pinanga*, un nombre indéfini; variations que nous retrouverons d'ailleurs en passant d'un genre à l'autre dans la plupart des groupes secondaires de la série des Arécées.

Les *Kentia*, de l'ancien monde, jadis confondus avec les *Areca*, en ont presque tous les caractères : monoïques, à glomérules triflores; les fleurs mâles insymétriques, hexandres; les femelles, à périanthe imbriqué, avec des staminodes; l'ovaire uniloculaire, surmonté d'un style à trois branches et contenant un ovule basilaire. Le genre est voisin des suivants (*Kentiées*), dont les caractères distinctifs, généralement de valeur minime, seront énumérés au *Genera*. Ce sont les *Exorrhiza*, *Carpentaria*, *Gulubia*, *Cyphokentia*, *Hydriastele*, *Vitiphœnix*, *Ptychandra*, de l'ancien continent; les *Œnocarpus* et *Euterpe*, américains. A l'ancien monde aussi appartiennent les *Oncosperma*, *Acanthophœnix*, *Deckenia*, *Phœnicophorium*, *Verschaffeltia*, *Nephrosperma*, *Roscheria;* à l'Amérique, les *Jessenia*. Viennent ensuite les *Clinostigma*, *Heterospatha*, *Iguanura*, *Sommieria*, *Calyptrocalyx*, *Linospadix* (*Bacularia*), *Gigliola*, *Howea*, *Oreodoxa*, *Nenga*, *Nengella*, *Gronophyllum*, *Leptophœnix*, *Archontophœnix*, *Dictyosperma*, *Ptychoraphis*, *Rhopaloblaste*, *Actinorhytis*, *Loxococcus*, *Ptychosperma*, *Coleospadix*, *Balaka*, *Normanbya*, *Ptychococcus*, *Drymophlœus*, *Cyrtostachys*, *Veitchia*, *Kentiopsis*, *Hyospathe*, *Prestoea*, *Dypsis*, *Trichodypsis*, *Haplodypsis*, *Haplophloga*, *Neodypsis*, *Dypsidium*, *Neophloga*, *Phlogella*, *Phlogidium*, *Phloga* et *Ravenea*.

Les *Caryota* (fig. 217-221), beaux arbres monocarpiens, asiatiques et océaniens, ont des fleurs monoïques; chaque spadice contenant des fleurs des deux sexes ou d'un seul. Les mâles, symétriques, ont une corolle valvaire et un nombre indéfini d'étamines, sans rudiment de gynécée. Les corolles sont valvaires aussi dans la fleur femelle. Le genre donne son nom à une sous-série (*Caryotées*) dans laquelle l'ovaire triloculaire a un style terminal ou excentrique. Toutes les

Caryota urens.

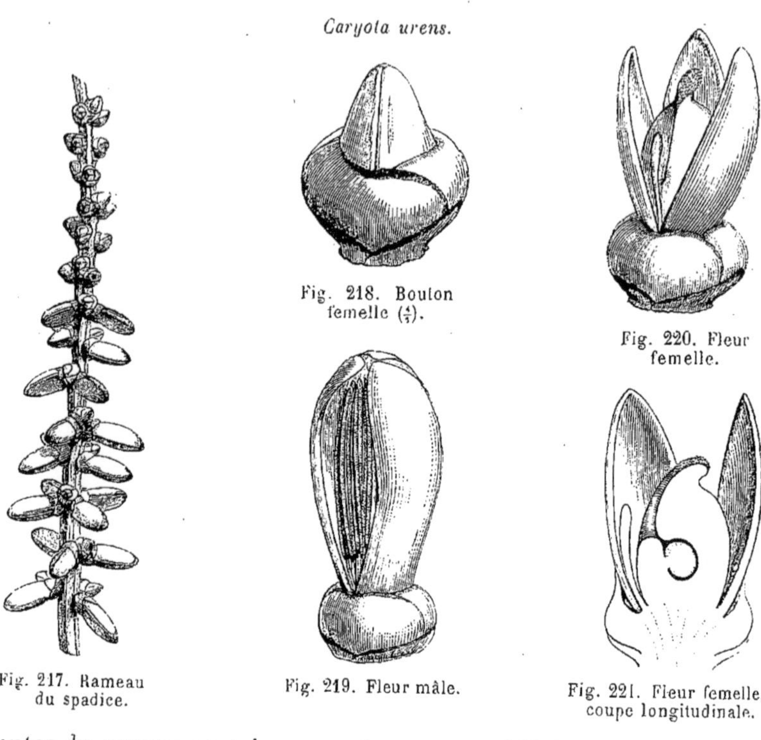

Fig. 217. Rameau du spadice.

Fig. 218. Bouton femelle (4/1).

Fig. 219. Fleur mâle.

Fig. 220. Fleur femelle.

Fig. 221. Fleur femelle, coupe longitudinale.

plantes du groupe sont inermes, à segments foliaires obliquement ou

Saguerus Gomutus.

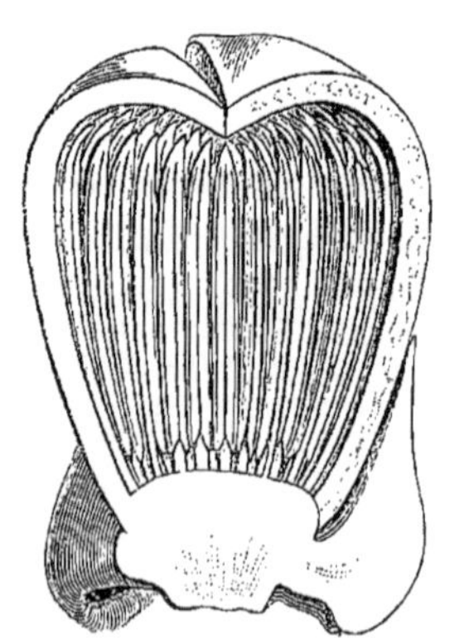

Fig. 222. Fleur mâle, coupe longitudinale (4/1).

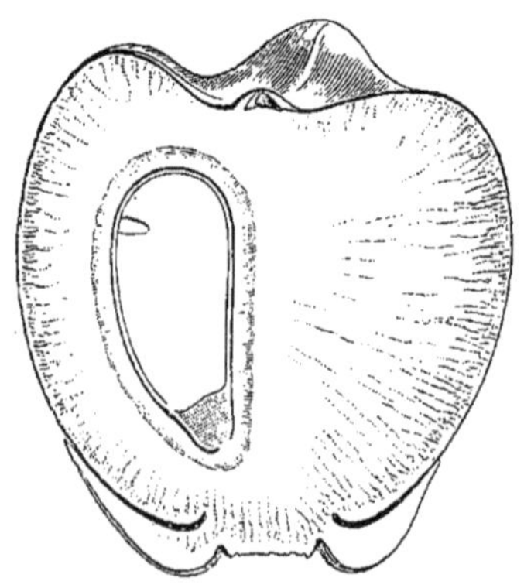

Fig. 223. Fruit, coupe longitudinale.

abruptement prémordus. Les spathes sont nombreuses dans les *Caryota* eux-mêmes, les *Saguerus* (fig. 222, 223) et les *Didymosperma*, qui ont tous des étamines nombreuses et le style terminal; tandis qu'avec le même style, les *Wallichia* sont hexandres. Dans les *Orania*, la fleur mâle a de même six étamines; mais son périanthe est insymétrique; et dans la fleur femelle, le style est finalement basilaire.

Les *Chamædorea* (fig. 224-226), palmiers de l'Amérique tropicale occidentale, abondants surtout au Mexique, inermes, dressés ou couchés à terre, peu élevés ou rarement grimpants à l'aide des divisions modifiées de leurs feuilles, ont des fleurs presque toujours dioïques, à petit calice cupuliforme et à pétales valvaires ou imbriqués, libres ou unis. Leurs six étamines sont légèrement unies à la base de la corolle; et celle-ci est plus nettement gamopétale dans la fleur femelle, avec ou sans staminodes. Dans le fruit, peu volumineux et formé d'un, deux ou trois carpelles sphériques ou oblongs, les restes du style sont finalement basilaires. Ces plantes ont des feuilles simples, bifides au sommet, ou pinnatiséquées. Leurs spadices, simples ou composés, interfoliaires ou quelquefois infrafoliaires, sont pourvus de trois petites spathes ou plus, membraneuses ou coriaces.

Chamædorea elegans.

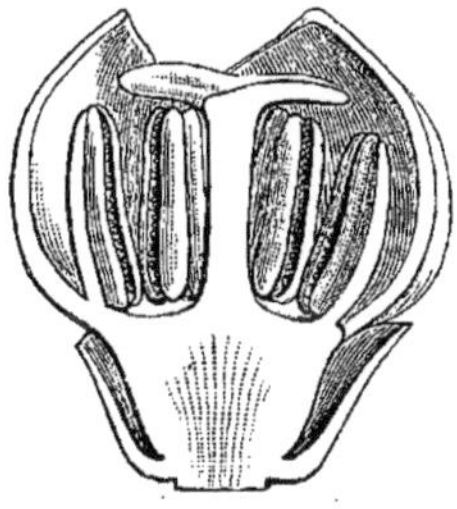

Fig. 225. Fleur mâle, coupe longitudinale ($\frac{8}{1}$).

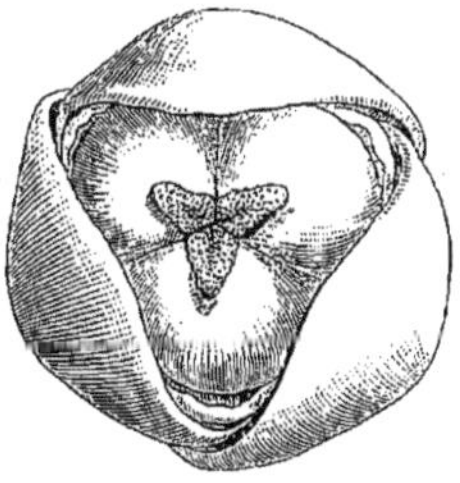

Fig. 224. Rameau du spadice mâle.

Fig. 226. Fleur femelle.

A côté de ce genre et dans une même sous-série (*Chamædorées*) se rangent les types en général très voisins *Nunnezharoa*, *Kunthia*, *Gaussia*, *Hyophorbe*, *Pseudophœnix*, *Synechanthus* et *Reinhardtia*, genres américains, sauf toutefois les *Hyophorbe*, qui appartiennent aux îles Mascareignes.

Les *Ceroxylon* (fig. 227-229) sont des palmiers de grande taille, qui croissent dans les Andes de la Colombie et du Vénézuela, et dont les fleurs sont monoïques ou polygames, articulées. Elles ont un calice gamosépale et une corolle gamopétale, à lobes valvaires. Les étamines sont le plus souvent au nombre de neuf, ou plus; les alternipétales insérées dans le sinus qui sépare les pièces du périanthe, à filet renflé à sa base, et à grosses loges de l'anthère profondément séparées. L'ovaire, quand il est bien développé, est profondément trilobé, et un ou deux de ses lobes sont stériles. Le style devient basilaire dans le fruit qui est simple ou double et dans lequel les graines sont ascendantes, comme étaient les ovules. Les feuilles sont

Ceroxylon andicola.

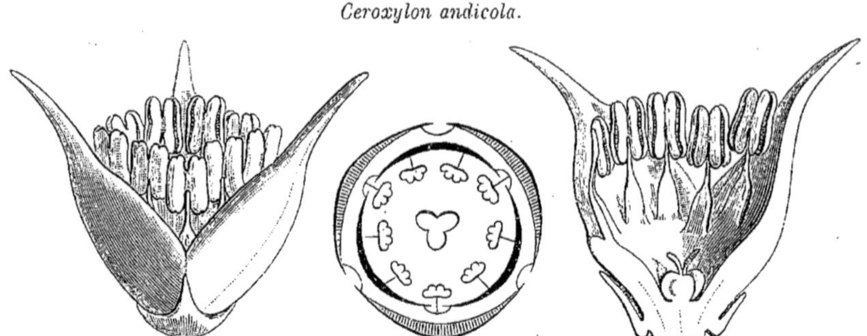

Fig. 227. Fleur mâle (4/1). Fig. 229. Diagramme. Fig. 228. Fleur mâle, coupe longitudinale.

grandes et pinnatiséquées; et les spadices, très longs et très composés, sont interfoliaires.

Dans cette même série (*Ceroxylées*) se placent les genres très analogues *Juania*, *Wettinia*, *Iriartea* et *Catoblastus*. Ils ont l'ovaire plus ou moins profondément lobé, sauf dans les *Juania*, dont le style est inséré près du sommet du fruit, et dans les *Iriartea;* et presque toujours les étamines sont en nombre supérieur à six. Ce sont aussi des plantes américaines, à grandes feuilles pinnatiséquées.

Geonoma stricta.

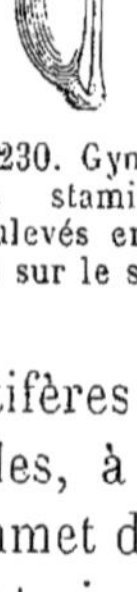

Fig. 230. Gynécée; les staminodes soulevés ensemble sur le style.

Dans les *Geonoma* (fig. 230), les fleurs monoïques ou dioïques ont une corolle glumacée. Les mâles, plus ou moins insymétriques, ont les pétales valvaires et les étamines monadelphes, unies, ainsi que les staminodes de la fleur femelle, en une coupe ou en un tube exsert. Les fleurs femelles ont la corolle gamopétale, imbriquée, et un ovaire à trois loges. Mais d'eux d'entre elles avortent; si bien que le style devient comme gynobasique, avec trois branches stigmatifères exsertes et finalement révolutées. Ce sont des palmiers grêles, à tige arundinacée et à feuilles alternes ou rapprochées du sommet des branches, entières, bifides ou plus ou moins irrégulièrement pinnatiséquées. Ils sont nombreux dans l'Amérique tropicale.

Dans la sous-série à laquelle ils donnent leur nom (*Géonomées*), on range les genres voisins *Asterogyne*, *Calyptrogyne*, *Welfia*, américains, de même que les *Manicaria*, dont le fruit (fig. 231), souvent tricoque, est chargé de verrues pyramidales plus ou moins proéminentes; les *Leopoldinia*, du Brésil; les *Bentinckia*, asiatiques; les *Podococcus* (fig. 232) et *Sclerosperma*, de l'Afrique tropicale occidentale, peu élevés : les premiers à spadice simple, avec un fruit stipité, allongé, souvent accompagné de deux loges stériles plus ou moins développées, et atténué à sa base en un pied défléchi; les derniers à spadice également simple, mais épais et fusiforme, dont les fleurs mâles sont polyandres, occupant seules le sommet de l'inflorescence, ou, dans sa portion inférieure, insérées l'une à droite et l'autre à gauche d'une fleur femelle.

Manicaria saccifera.

Fig. 231. Fruit.

Les Cocotiers (fig. 233-236), dont on a fait le type d'une tribu (*Cocoinées*), ont les fleurs monoïques. Dans la portion inférieure des branches du spadice, on voit souvent des fleurs femelles accompagnées d'une, deux ou trois fleurs mâles latérales. Plus haut, sur les mêmes axes, il n'y a plus que des fleurs mâles géminées ou même solitaires. Le court réceptacle de la fleur mâle porte un petit calice de trois folioles, indépendantes, lancéolées ou triangulaires, aiguës, valvaires ou cessant de bonne heure de se toucher. La corolle, plus grande de beaucoup, est à peu près régulière ou insymétrique. Ses folioles, coriaces, dressées, oblongues-aiguës, sont valvaires; puis elles se séparent pour s'étaler en dehors. Les étamines, au nombre de six, s'insèrent sous un petit rudiment de gynécée, simple ou trilobé, qui peut même faire totalement défaut. Chacune d'elles a un filet subulé et une anthère oblongue ou linéaire. Ses deux loges sont indépendantes l'une de l'autre au-dessous de l'insertion du filet qui s'unit à la base du connectif vers le milieu ou à peu près de la hauteur de l'anthère, et elles s'ouvrent en dedans par une fente longitudinale. Dans la fleur femelle, plus volumineuse que les mâles, les trois sépales et les pétales alternes

Podococcus Barteri.

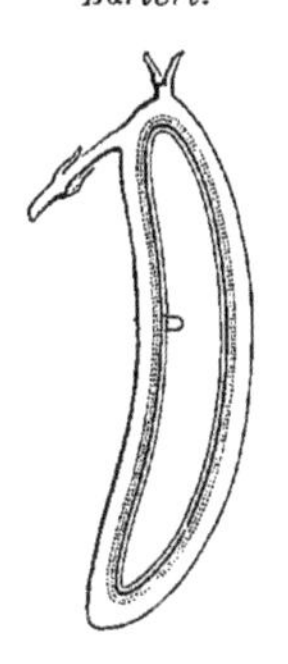

Fig. 232. Fruit, coupe longitudinale.

sont larges, concaves, coriaces et imbriqués, plus ou moins aigus au sommet. L'androcée est réduit à une courte collerette membraneuse, entière ou dentée ; et l'ovaire libre, ovoïde ou sphérique, est creusé de trois loges alternipétales et surmonté d'un style partagé en trois branches dressées, puis étalées, aiguës et stigmatifères sur leurs bords qui se replient étroitement en dedans l'un sur l'autre. Dans chaque loge il y a un ovule ascendant ou presque basilaire, anatrope, à micropyle extérieur et inférieur. Souvent deux de ces ovules s'arrêtent de bonne heure dans leur développement. Le fruit, petit ou très gros, ellipsoïde ou ovoïde, arrondi ou à trois angles obtus, a un

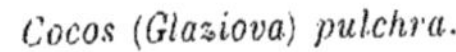

Cocos (Glaziova) pulchra.

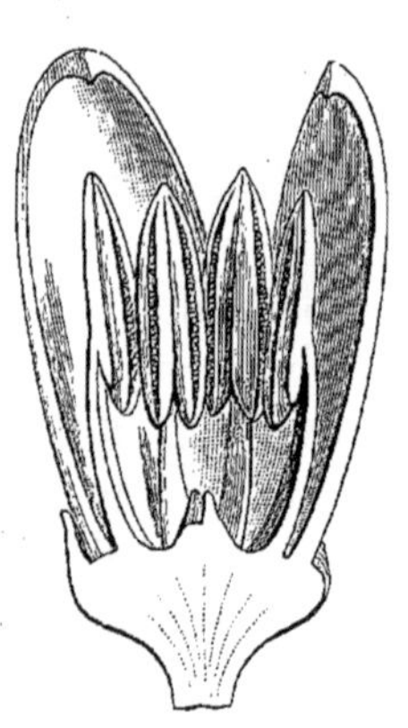

Fig. 233. Fleur mâle, coupe longitudinale.

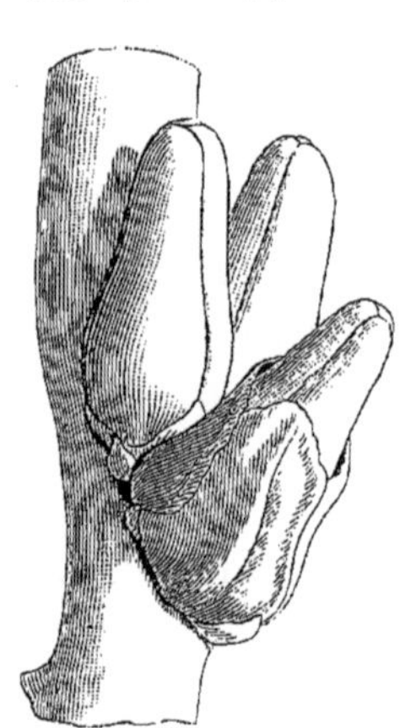

Fig. 234. Glomérule triflore.

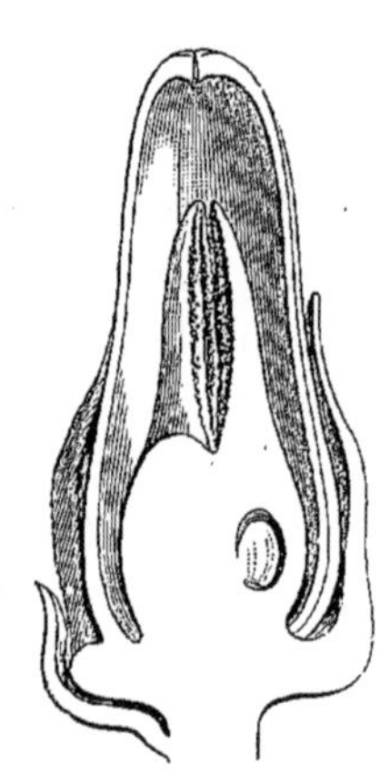

Fig. 235. Fleur femelle, coupe longitudinale.

sommet obtus, intrus ou rostré. Son épais exocarpe est fibreux ; et son endocarpe osseux, très dur, fibreux en dehors, est perforé vers la base de trois trous qui conduisent dans une cavité monosperme. La graine a une enveloppe brune, parcourue d'un réseau formé par les ramifications du raphé. L'albumen est homogène, plein et fibreux dans une direction radiante, ou bien creux et rempli d'un liquide laiteux. L'embryon excentrique se trouve placé en face d'un des trois trous du noyau.

Ce sont des arbres ou arbustes, énormes ou d'humble taille, inermes, à tige grêle ou très épaisse, annelée en travers et souvent chargée de bases foliaires persistantes. Les feuilles, souvent grandes, réunies au sommet du tronc, sont pinnatiséquées, avec des segments lancéolés ou ensiformes. Leurs bords sont lisses et récurvés, parfois dentés ou plus ou moins profondément découpés en haut d'un côté; ils ont une ou plusieurs nervures. Le pétiole est concave en dedans, inerme ou épineux sur ses bords; il se continue avec une côte aiguë au sommet, obtusément trigone; et la gaine est courte, fibreuse, ouverte. Les spadices interfoliaires, dressés d'abord, puis penchés, ont les divisions de leur axe dressées ou pendantes. Leur spathe inférieure est courte, fendue au sommet; la supérieure, plus grande, fusiforme ou claviforme, coriace ou ligneuse. Les fleurs sont petites et nombreuses sur les divisions du rhachis.

Cocos botryophora.

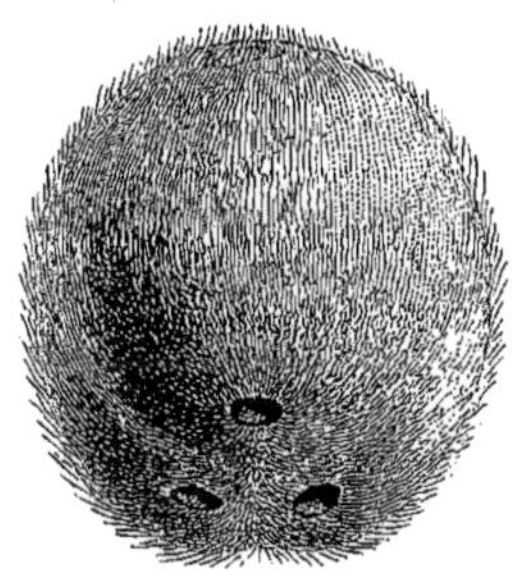

Fig. 236. Endocarpe.

Il y a un Cocotier bien connu qui croît sur toutes les plages tropicales des deux mondes, le *Cocos nucifera* L. Les autres espèces sont de l'Amérique tropicale et sous-tropicale; on en a décrit une trentaine.

Les trois genres américains *Barbosa*, *Rhyticoccos* et *Arikuryroba*, mal connus, ne paraissent différer des *Cocos* que par quelques caractères secondaires tirés de leur fruit.

Près d'eux se placent aussi les *Allagoptera*, du Brésil et de la Bolivie, qui ont des spadices simples et des étamines nombreuses; le *Jubæa*, à fleurs polyandres et à endocarpe percé de trois trous situés vers le milieu de sa hauteur; les *Attalea*, qui ont de six à vingt-quatre étamines et des pétales lancéolés, étroits ou très petits; les *Orbignya*, qui ont de nombreuses étamines à loges d'anthère longues et tordues, avec un nombre de loges ovariennes qui varie de deux à sept. Tous ces genres sont également originaires de l'Amérique méridionale.

Les *Elæis*, qui habitent l'Afrique tropicale et le nord-est de l'Amérique du Sud, donnent aussi leur nom à une sous-série (*Elæidées*). Ce sont des palmiers à feuilles pinnatiséquées, qui ont des fleurs mâles hexandres plongées dans les axes du spadice; les filets staminaux libres ou monadelphes. Les fleurs femelles ont les pétales libres, tordus ou imbriqués; des staminodes unis en cupule et un style à trois grandes branches stigmatifères révolutées. Le fruit a un endocarpe percé de trois trous situés dans son hémisphère supérieur. Le *Barcella odorata*, du Brésil, très voisin des *Elæis* auxquels on l'avait jadis rapporté, ne s'en distingue guère que par un spadice à long pédoncule et à branches lâches, avec une spathe intérieure ligneuse. C'est un palmier subacaule et à segments foliaires flasques.

Les *Bactris* (fig. 237, 238) sont le type d'une sous-série très particulière (*Bactridées*) dans laquelle la corolle est gamopétale. Celle de la fleur femelle du genre *Bactris* peut même l'être dans toute l'étendue de sa hauteur. Le fruit a un endocarpe osseux, monosperme, percé de trois trous situés vers le milieu de sa hauteur ou plus haut. Les fleurs mâles sont plus petites que les femelles; et les feuilles pinnatiséquées, groupées au sommet des axes, ont leurs divisions pennées, acuminées.

Bactris balanophora.

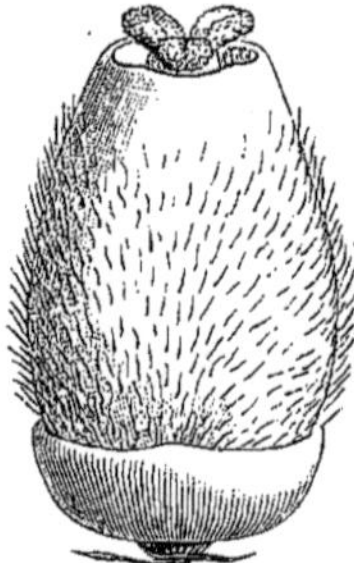

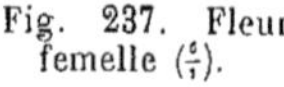

Fig. 237. Fleur femelle ($\frac{6}{1}$).

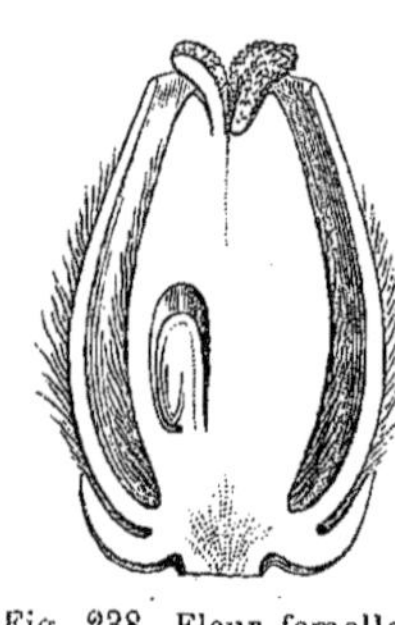

Fig. 238. Fleur femelle, coupe longitudinale.

Avec les caractères des *Bactris*, les *Atitara* ont des fleurs femelles plus petites que les mâles; des fruits à endocarpe mince; une tige grimpante, allongée, soutenue par des épines que porte l'extrémité de leurs feuilles latérales, étirée comme il arrive dans certain Rotangs.

Les *Astrocaryum* ont les fleurs mâles des *Bactris*, mais plongées dans les alvéoles des axes du spadice. Leur tige est dressée, et leurs feuilles terminales ont les segments prémordus. Leurs fruits ont un noyau dur, assez semblable à celui des *Bactris*.

Dans les *Martinezia*, la corolle valvaire de la fleur femelle n'est plus gamopétale qu'à sa base. Les fleurs mâles, non plongées dans des alvéoles du spadice, ont six anthères incluses; et les segments des feuilles sont semblables à ceux des *Astrocaryum*.

Les *Acrocomia*, dont la corolle de la fleur femelle est construite comme celle des *Martinezia*, mais imbriquée, ont des étamines à grandes anthères exsertes et des fleurs mâles plongées dans des alvéoles des divisions du rhachis de l'inflorescence. Les divisions de leurs feuilles sont aiguës ou acuminées.

Tous ces genres de Bactridées appartiennent aux régions chaudes ou tempérées des deux Amériques.

V. SÉRIE DES PHYTELEPHAS.

Les palmiers exceptionnels qu'on nomme *Phytelephas*[1] (fig. 239-242) ont des fleurs dioïques. Les mâles, à peu près régulières ou légèrement irrégulières, ont, sur un réceptacle peu élevé, un petit

Phytelephas macrocarpa.

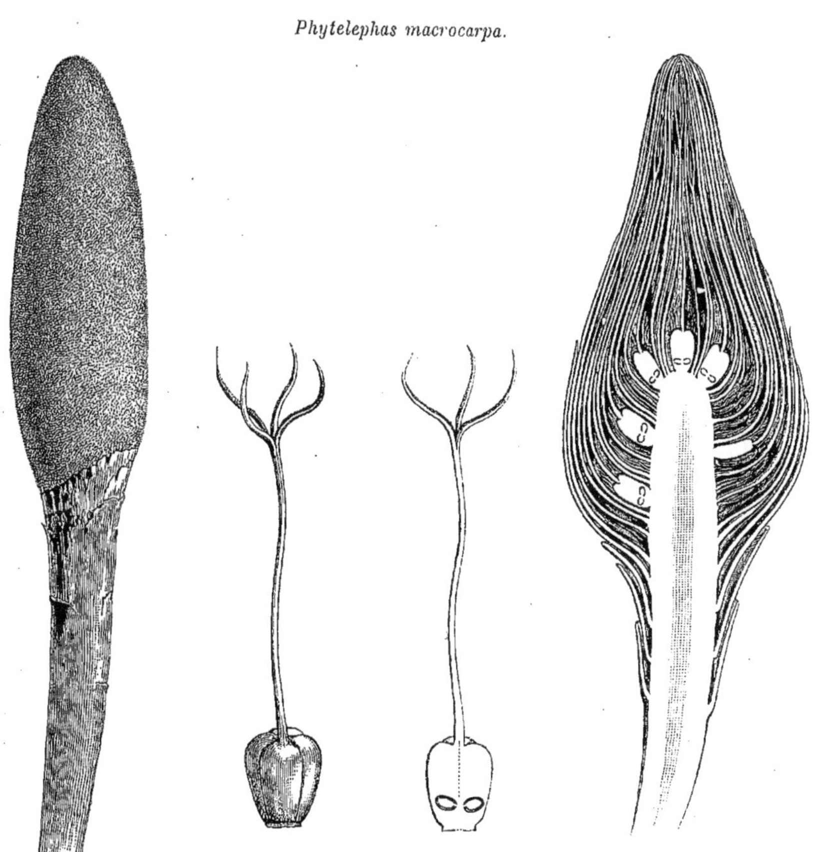

Fig. 239. Inflorescence mâle. Fig. 241. Fleur femelle. Fig. 242. Fleur femelle, coupe longitudinale. Fig. 240. Inflorescence femelle, coupe longitudinale.

périanthe cupuliforme, dont les bords sont découpés de dents inégales en nombre indéterminé, cessant de bonne heure de se toucher. En dedans se voient de très nombreuses étamines, dont les filets sont

1. R. et PAV., *Fl. per. Syst.*, 299. — MART., *Hist. nat. Palm.*, III, 306. — ENDL., *Gen.*, n. 1716. — K., *Enum.*, III, 109. — GAUDICH., *Voy. Bonite Bot.*, t. 14-16, 29, 30. — B. H., *Gen.*, III, 921, n. 79. — DR., *Pflanzenfam.*, 86, fig. 62-64. — *Elephantusia* W., *Spec.*, IV, 1158.

libres, dressés, grêles, subulés, et s'attachant à la base ou un peu au-dessus d'une anthère linéaire, étroite et longue, souvent apiculée-mucronée, à deux loges parallèles unies jusqu'en bas, ou à ce niveau indépendantes dans une très courte étendue, et là égales ou inégales, déhiscentes chacune par une fente longitudinale. Dans les fleurs femelles, bien plus grandes que les mâles, le périanthe est beaucoup plus développé, composé de trois sépales triangulaires, acuminés, imbriqués, et de six à douze pétales linéaires-oblongs, un peu charnus, acuminés et imbriqués. L'androcée est représenté par de nombreux staminodes à anthère stérile. Au centre se voit un ovaire libre, obovoïde ou presque sphérique, charnu, qui, dans sa portion inférieure, est creusé d'un nombre de loges qui varie de trois à neuf, et que surmonte un long style cylindrique, partagé supérieurement en autant de branches stigmatiques, divergentes et subulées, qu'il y a de loges à l'ovaire. Dans l'angle interne de chacune de celles-ci s'insère un ovule presque horizontal ou plus ou moins obliquement ascendant, anatrope, à micropyle inférieur. Le fruit est formé de nombreuses baies obpyramidales, cortiquées et rapprochées en tête, qui sont surmontées du style et recouvertes de tubercules à facettes, inégalement proéminents. L'endocarpe est crustacé, fragile ; et chacune des loges, variables en nombre, renferme une graine ascendante. Celle-ci, presque sphérique ou obovoïde, avec des angles inégaux et obtus, présente vers le bas un large hile, et sa surface extérieure est parcourue des branches du raphé. L'albumen homogène a la consistance et la couleur de l'ivoire; il renferme tout près du hile un petit embryon.

Les *Phytelephas* habitent le Pérou et la Colombie. Ils ont une tige épaisse, courte et couchée, radicante, ou plus rarement assez longue et dressée. Leurs grandes feuilles terminales sont pinnatiséquées, à segments alternes, fasciculés ou fastigiés, linéaires-lancéolés et acuminés; les bords récurvés à leur base. Les fleurs sont disposées en épis à pédoncule squamigère : les mâles pendants, cylindriques ou sphériques; et les femelles dressés, plus épais. Les fleurs sont pourvues de petites bractées, et l'inflorescence est protégée par deux spathes allongées, complètes, coriaces ou ligneuses et à déhiscence ventrale. On en a jusqu'ici distingué trois ou quatre espèces[1].

1. H. B. K., *Nov. gen. et spec.*, I, 83. — MART., *Consp.*, 5. — HOOK., *Kew Journ.*, I, 204, t. 6, 7; in *Bot. Mag.*, t. 4913, 4914. — SPACH, *Suit. à Buff.*, XII, 29. — *Fl. serres*, t. 496, 497. — SEEM., in *Kew Journ.*, III, 303; *Bot. Her.*, 205, t. 45-47 ; in *Bonplandia* (1855), 270, t. 1, 2. — KARST., in *Linnæa*, XXVIII, 275; *Fl. columb.*, I, 165, t. 82. — SPRUCE, in *Journ. Linn. Soc.*, IV, 186. — WALP., *Ann.*, III, 494. — *Bot. Mag.*, t. 4913, 4914.

Les plus anciens auteurs considéraient les Palmiers comme formant un groupe bien distinct. En 1737, LINNÉ[1] en décrivait déjà six genres : *Phœnix*, *Chamærops*, *Corypha*, *Coccus*, *Borassus* et *Caryota*, auxquels il ajoutait, seize ans plus tard, les *Areca* et *Elate*. En 1763, ADANSON[2] en énumérait onze genres. Malheureusement, en 1764, LINNÉ[3] réunissait dans un même Ordre les Palmiers et les Hydrocharidacées. En 1841, KUNTH[4] divisa la famille en cinq tribus, conservées par la plupart des auteurs qui suivirent. En 1824, le grand monographe des Palmiers, PH. DE MARTIUS, au début[5] de ses études approfondies sur cet admirable groupe des *Principes*, y établissait six séries : des Sabalinées, Coryphinées, Lépidocaryées, Borassées, Arécinées et Cocoïnées. Il avait commencé l'année précédente la publication de son ouvrage capital : *Historia naturalis Palmarum*[6], qui ne fut terminé qu'en 1850, et dans lequel H. MOHL traita de l'anatomie[7], et UNGER de la paléontologie de ces plantes. En 1847, leur étude fut pour ainsi dire complétée dans le *Palmetum Orbignianum*[8]. Parmi les spécialistes qui ont perfectionné l'œuvre en décrivant un grand nombre de genres et d'espèces, la plupart cultivées dans nos serres, il faut particulièrement citer BLUME[9], GRIFFITH[10], MM. H. WENDLAND[11], DRUDE[12] et BECCARI[13], aux travaux si remarquables desquels doivent forcément recourir tous les auteurs qui veulent aujourd'hui étudier de près et décrire cette famille[14].

1. *Meth. sex.*, 22 ; *Gen.*, 886.
2. *Fam. des pl.*, II, 22, Fam. 6.
3. *Ord. nat.*, Ord. 1.
4. *Enum.*, III, 168.
5. *Palm. Fam.*, 3.
6. « Opus tripartitum.... Vol. I : de Palmis generatim ; II, III : Expositio Palmarum systematica. »
7. Naturellement toute spéciale et étudiée par un grand nombre d'auteurs : H. MOHL, *Verm. Schrift.*, 129. — WENDL., in *Bot. Zeit.* (1879), 145. — KARST., in *Berl. Akad.* (1847), 73. — EICHL., in *Abh. d. Preuss. Akad.* (1885), 28. — KNY, in *Abh. bot. Ver. prov. Brand.* (1881), 94. — DR., in *Bot. Zeit.* (1877), n. 38-40 ; *Pflanzenfam.*, 8. — PFITZ., in *Ber. deutsch. bot. Ges.* (1885), 32. — SOLL., in *Giorn. bot. ital.* (1884), 50.
8. In *d'Orbigny Voy. Amér. mérid.*, VII.
9. *Comm. Palm. Ind. or.* (*Rumphia*).
10. *Palms of british India.*
11. *Ind. Palmarum... quæ in hort. europ. coluntur* (1864). — WENDL. F. et DR., in *Linnæa*, XXXIV, 153 (1875). — WENDL. F. et MANN, in *Trans. Linn. Soc.*, XXIV, 421.
12. In *Mart. Fl. bras.*, III, II ; in *Engl. u. Prantl Pflanzenfam.*, II, 3, p. 1 (1887).
13. *Malesia*, I-III ; in *Ann. Jard. Buitenz.*, II, 77 ; in *Giorn. bot. ital.*, XX, 177 ; in *Malpighia*, I ; in *Hook. f. Fl. brit. Ind.*, VI, 405.
14. Ce que nous avons fait nous-même dans les cas trop nombreux où des matériaux suffisants n'étaient pas à notre disposition pour l'étude des caractères génériques. L'opinion énoncée par plusieurs auteurs, que les genres ont été trop multipliés, notamment parmi les Arécées, et distingués par des caractères de trop peu d'importance, est peut-être fondée ; mais, en général, nous avons accepté ces genres dont les spécialistes reconnaissent la nécessité dans leurs ouvrages, surtout alors que la vérification matérielle des faits nous était impossible. Dans la pratique, il paraît que ces genres sont justifiés, ne fût-ce que par l'examen des organes végétatifs, ainsi que l'a établi M. O. DE KERCHOVE DE DUNTERGHEM, dans son livre de vulgarisation intitulé : *Les Palmiers* (1878). Plusieurs ouvrages analogues, destinés aux horticulteurs ou aux gens du monde, ont été publiés, notamment : SEEMANN, *Hist. of the*

Elle comprend actuellement environ un millier d'espèces, réparties entre 149 genres, eux-mêmes groupés ici en cinq séries :

I. CORYPHÉES[1]. — Spadices interfoliaires, à spathes 1-∞. Fleurs hermaphrodites, polygames ou dioïques, parfois nues (*Nipées*) ; les carpelles indépendants, à ovules ascendants. Fruit à 1-3 carpelles; le style terminal ou basilaire. — Arbres à feuilles rarement pinnatiséquées (*Phœnicées*), ordinairement orbiculaires ou semi-orbiculaires, cunéiformes à la base, digitinerves et plissées; les segments indupliqués en estivation. — 21 genres.

II. BORASSÉES[2]. — Spadices interfoliaires, à spathes ∞. Fleurs dioïques : les mâles disposées sur des axes amentiformes, cylindriques, plongées dans des fossettes interposées aux bractées, où elles sont solitaires ou 2-∞, en cyme unipare. Ovaire à trois loges, surmonté du style. Fruit à 1-3 noyaux; les graines ordinairement adhérentes au péricarpe. — Arbres à feuilles digitées-flabelliformes. — 6 genres.

III. ROTANGÉES[3]. — Spadices terminaux ou axillaires, à spathes ∞, distiques, incomplètes et vaginiformes, rarement 1 ou en petit nombre. Fleurs hermaphrodites ou unisexuées. Ovaire à 1-3 loges, complètes ou incomplètes, à style terminal; les ovules ascendants. Fruit chargé de poils dilatés en écaille et s'imbriquant régulièrement, tessellé-loriqué. Graines libres, ombiliquées. — Arbres ou lianes grimpant à l'aide de crocs du sommet des feuilles, qui sont pennées ou flabelliformes. — 15 genres.

IV. ARÉCÉES[4]. — Fleurs monoïques ou dioïques, souvent en glomérules 3-flores; la médiane femelle. Carpelles libres ou bien plus souvent unis en un ovaire à 1-3-∞ loges, entier ou lobé. Style terminal ou basilaire. Ovule dressé, ascendant, transversal ou descendant, à micropyle généralement inférieur. Fruit à 1-∞ graines,

Palms and their allies (1856). — BOLLE, *Die Palmen* (1857). — M.-MASTERS, in *Gardn. Chron.* (1884-85). Dans les *Kew Garden's Reports* ont aussi paru des listes des Palmiers cultivés dans ce grand établissement (1882).

1. SPRENG., *Anleit.*, II, I, 203 (Ord.). — B. H., *Gen.*, III, 879, Trib. 3. — *Coryphinæ* H. B. K., *Nov. gen. et spec.*, I, 298 (Sect.). — MART., *Palm. Fam.*, 7 (Ser.). — DR., *Pflanzenfam.*, 28, Unterfam. 1. — *Phœniceæ* SPRENG., *loc. cit.*, 198 (Ord.). — B. H., *Gen.*, III, 879, Trib. 2. — *Phœnicinæ* MART. — ENDL., *Gen.*, 253. — *Nipaceæ* AD. BR., *Enum. gen.*, 15 (Fam.).

2. MART., *Palm. Fam.*, 7. — B. H., *Gen.*, III, 881, Trib. 5. — *Borassinæ* MART. — ENDL., *Gen.*, 250 (Trib.). — DR., *Pflanzenfam.*, 38 (Unterfam. 2).

3. *Calameæ* H. B. K., *Nov. gen. et spec.*, I, 310 (Sect.). — K., *Enum.*, III, 200 (Trib.). — *Lepidocarya* MART., *Palm. Fam.*, 7 (Ser.). — *Lepidocaryinæ* MART. — ENDL. — *Lepidocaryeæ* B. H., *Gen.*, III, 880, Trib. 4. — *Lepidocaryinæ* DR., *Pflanzenfam.* 41 (Unterfam. 3).

4. LINDL, *Veg. Kingd.*, 138 (Trib.) — B. H., *Gen.*, III, 883, Trib. 1. — *Arecinæ* MART., *Palm. Fam.*, 7 (Ser.). — ENDL., *Gen.*, 245 (Trib.). — *Arecaceæ* REICHB., *Consp.*, 72 (Trib.). — *Ceroxylinæ* DR., *Pflanzenfam.*, 53 (Unterfam. 4). — *Cocoinæ* H. B. K., *Nov. gen. et spec.*, I, 301 (Sect.). — MART., *Palm. Fam.*, 7 (Ser. 6). — B. H., *Gen.*, III, 881, Trib. 6.

libres ou adhérentes à l'endocarpe ; le hile variable ; l'embryon assez souvent (*Cocoïnées*) opposé à un pertuis de l'endocarpe. — Arbres ou rarement lianes, à feuilles pinnatiséquées. — 104 genres.

V. Phytéléphasiées[1]. — Spadices dioïques, interfoliaires, amentiformes, allongés ou capités. Fleurs mâles à périanthe court ou 0, ∞-andres. Fleurs femelles à 5-10 pétales, à staminodes ∞. Fruit 4-∞-loculaire, à long style terminal. Fruits unis en un gros syncarpe, charnus et cortiqués. Graine à albumen éburné et plein. — Arbres peu élevés, à grandes feuilles pinnatiséquées. — 1 genre.

On voit que ces divisions sont basées sur des caractères souvent spéciaux à la famille et qui d'ailleurs ne nuisent guère, dans leurs variations, à son homogénéité. Avec des fleurs qui sont, en somme, construites sur le type liliacé, les Palmiers ont un port et des organes de végétation tout particuliers et que tout le monde connaît. Ce sont des arbres ou arbustes de longue durée, ou plus rarement des végétaux monocarpiens qui ont une inflorescence terminale une seule fois développée, ou dont les inflorescences axillaires s'épanouissent successivement de haut en bas. La racine principale est parfois, par exception parmi les Monocotylédones, un long pivot (fig. 189) qui persiste assez longtemps. Ailleurs, suivant la règle, il se détruit de bonne heure, et des racines adventives se développent sur le bas de la tige. Quelquefois elles sont aériennes et jouent le rôle de haubans qui soutiennent le stipe, comme dans les *Iriartea;* ou bien, comme dans les *Acanthophœnix*, elles se développent en épines ramifiées qui sont des organes de défense. Parfois, comme dans certains *Sabal* (fig. 193, 194) ou l'*Howea Belmoreana*, la base de la tige prend, par suite d'accroissements inégaux, la forme d'un croc et ramène au niveau du sol ou au-dessus de lui la cicatrice qui siège à sa partie inférieure et à laquelle correspondait d'abord la base de la racine principale. Cette portion développe des racines adventives qui peuvent être en partie aériennes. La tige, assez fréquemment sobolifère, est dressée ou couchée, souvent renversée par les vents à cause du peu de solidité que lui donnent des racines trop faibles. Parfois aussi elle est grêle, sarmenteuse, d'une longueur démesurée, et elle se fixe aux arbres voisins à l'aide de crocs ou de pointes qui représentent des folioles modifiées. Exceptionnellement, comme dans le *Chamæriphes thebaica*, le stipe se divise dichotomiquement[2]. Sa surface peut être

1. Ad. Br., *Enum. gen.*, 15 (Fam.). — *Phytelephanteæ* Mart., *Consp.*, 5. — *Phytelephantinæ* Dr., *Pflanzenfam.*, 86 (part.).

2. Le Dattier peut (Dybowski) se ramifier.

glabre et lisse. Souvent cependant, elle est annelée des cicatric foliaires, et, dans l'intervalle de celles-ci, chargée d'aiguillons c forme et de dimensions variables (fig. 211). Les feuilles[1] so alternes; mais le plus souvent elles se détruisent de bas en haut, sa quelquefois leur base qui persiste sur le tronc. Les supérieures seul forment au sommet de la tige un bouquet terminal dont les dimen sions peuvent être énormes. Les premières feuilles sont ordinaire ment entières et rectinerves, avec une sorte de glande terminale appareil excréteur dont l'existence est passagère. Bientôt les feuille se découpent, suivant leur mode de nervation, tantôt penné et tantô digité; disposition à laquelle on a attaché une assez grande impor tance pour la classification. Rarement la feuille est bipinnée, comm dans les *Caryota*. Les divisions plus ou moins profondes de la feuill et qu'on nomme ses segments, sont souvent longues et étroites linéaires ou lancéolées, aiguës ou obtuses, assez fréquemment acu minées, piquantes même. Ou bien leur sommet est bifide, inégalemen prémordu ou lacinié; surtout quand la foliole est trapézoïde, avec u bord plus large que les autres et des veines plus ou moins divergente en éventail. La disposition des nervures est ainsi flabellée dans le feuilles digitées; auquel cas le pétiole se termine, non loin de la base du limbe, par une saillie plus ou moins accentuée, qu'on a nommée *ligule*. Quant aux segments foliaires, ils ont leurs bords indupliqués ou rédupliqués dans la préfoliaison, et l'on retrouve longtemps la trace de ce mode de disposition dans la portion qui avoisine leur base. Quelquefois la feuille ne présente, en fait de découpures, qu'un profond sinus apical, et plus souvent les segments supérieurs sont confluents en nombre variable. La côte (*rhachis*) ou nervure médiane des feuilles pinnatiséquées est ordinairement convexe en dehors, et carénée ou en tout cas plus aiguë en dedans. Le pétiole, souvent très long, qui lui fait suite, est variable de forme; si bien que sa section transversale représente un cercle ou un demi-cercle, ou porte une échancrure plus ou moins profonde en dessus, alors que sa face est canaliculée. Ses bords sont entiers ou découpés de dents épineuses, ou dissociables en fibres longitudinales. Inférieurement il se dilate en une gaine quelquefois très longue, fermée ou ouverte, dont les bords ou même toute la largeur peuvent se dissocier en une toile fibreuse longtemps persistante. Le sommet de cette gaine proémine parfois en

1. EICHL., in *K. Abh. Akad. Wissench. Berl.* (1885). — DR., *Pflanzenfam.*, 9, 12, fig. 9-11

ocrea aigu. Les inflorescences[1] sont des *spadices*. Nés à l'aisselle d'une feuille, ils demeurent intrafoliaires quand cette feuille persiste à l'époque de la floraison. Si, au contraire, elle s'est alors détachée, le spadice n'occupe plus que l'aisselle d'une cicatrice; et, extérieur aux feuilles sus-jacentes, il prend le nom d'infrafoliaire. Il est subsessile ou porté par un pédoncule de longueur variable, souvent pendant; et de même la portion de son axe principal, qui se divise plus ou moins, est de longueur très variable; si bien que l'axe composé ou décomposé a les divisions éloignées les unes des autres ou, au contraire, très rapprochées et comme flabellées. Les spadices sont protégés par des bractées spéciales, souvent très développées, qui sont des *spathes*. Quelquefois très nombreuses et plus petites, moins épaisses, elles occupent les bases de toutes les divisions des axes principal et autres des spadices, formant à ces bases une sorte de gaine tubuleuse. Bien plus souvent, une seule de ces spathes ou quelques-unes occupent la base de l'inflorescence totale, autour de laquelle elles prennent la forme d'une grande enveloppe naviculaire, épaisse, coriace, glabre ou chargée d'aiguillons, uni- ou bicarénée, déhiscente suivant son bord ventral, entière ou bipartite et persistant plus ou moins longtemps au-dessous des fleurs épanouies. Celles-ci sont souvent articulées avec les axes des spadices qui les supportent; elles en occupent, fréquemment reportées d'un seul côté, ou la surface, ou des fossettes creusées dans l'axe ou formées de bractées rapprochées les unes des autres. Au niveau d'une fossette, la fleur peut être solitaire, ou géminée; ou bien trois fleurs sont rapprochées en un glomérule dans lequel la médiane est femelle, et les latérales mâles. Ailleurs il n'y a de fleurs femelles que dans la portion inférieure des axes; et les mâles, bien plus nombreuses, sont supérieures. Assez souvent, les spadices sont unisexués ; les fleurs étant monoïques ou dioïques. Souvent aussi elles sont polygames-dioïques ou monoïques, ou bien hermaphrodites. Des glomérules unipares-scorpioïdes au niveau de chaque bractée se présentent rarement, soit pauciflores (*Chamæriphes*), soit multiflores (*Borassus*). Une fleur ou un glomérule floral est ordinairement axillaire d'une bractée, avec deux bractéoles latérales qui peuvent être très réduites ou même disparaître, indépendantes l'une de l'autre ou unies en cupule. Le périanthe est ordinairement double, trimère. Trois sépales, dont un antérieur, libres ou unis, sont valvaires ou

1. Sur la disposition des inflorescences en général, voy. DR., *Pflanzenfam.*, 15, fig. 14-18.

plus souvent imbriqués. Les trois pétales alternes, ordinairement plus grands, très exceptionnellement plus petits (*Nenga*), sont valvaires, tordus, imbriqués, ou imbriqués dans leur portion inférieure dilatée et valvaires vers le sommet atténué. Très souvent leur tissu est épais et coriace. La corolle peut être dialypétale, plus rarement gamopétale. Ses pièces sont régulières ou plus ou moins irrégulières; ce qui rend la fleur insymétrique. Les étamines sont hypogynes ou plus ou moins unies à la corolle, portées parfois par sa gorge. Elles peuvent être réduites à un verticille oppositisépale ou oppositipétale. Plus ordinairement l'androcée est diplostémoné; trois étamines oppositipétales sont généralement les plus grandes. L'anthère, variable de forme, est biloculaire, presque toujours introrse ; et presque constamment aussi ses deux loges sont indépendantes l'une de l'autre dans leur portion inférieure. Les filets sont libres ou monadelphes. Le nombre d'étamines peut devenir considérable dans la fleur mâle. Dans la fleur femelle, elles sont souvent réduites à l'état de staminodes, décrits parfois comme des disques dans le cas de monadelphie. Le gynécée est normalement tricarpellé; rarement les carpelles sont en nombre supérieur. Les ovaires peuvent être libres, avec des styles terminaux ou gynobasiques. Plus souvent ils sont unis en une masse uni- ou pluriloculaire. Le style, ordinairement à trois divisions, présente de grandes variétés de forme, rarement long et grêle (*Pritchardia*), souvent trapu et à lobes stigmatifères épais. Il n'y a normalement qu'un ovule par loge ou par feuille carpellaire, à double enveloppe et à micropyle inférieur; si bien que les ovules anatropes ou hémitropes sont dressés ou ascendants, et que les ovules descendants peuvent être orthotropes. Toutes ces variations se retrouvent dans le fruit qui est plus ou moins charnu ou fibreux, avec souvent un endocarpe très dur, perforé de trois trous dans une couple de groupes secondaires, notamment dans les Cocoïnées. Les graines varient beaucoup d'un genre à un autre quant à la situation de leur hile, à la nervation de leur raphé, à la nature de leur albumen dur ou charnu, plein ou creux, continu ou ruminé; à la situation et à la direction de leur embryon[1]. Outre la disposition des écailles du fruit des Rotangées, dont il a déjà été question, le fruit peut être muriqué

1. Sur la forme des embryons, H. MICHEELS, in *Bull. Soc. roy. bot. Belg.* (1892), 174. Sur les jeunes palmiers, le même, in *Mém. Acad. sc. Brux.* (1890). Sur le fruit et la graine en général, DR., *Pflanzenfam.*, 21, fig. 19-21, 29, 31, 32, 36, 38, 55, 62, 63, 65, etc. Sur la valeur des organes pour la classification, le même, in *Mart. Fl. bras.*, III, II, 255, 270.

d'une façon variable dans plusieurs autres genres de séries différentes (*Manicaria*, *Sommiera*, *Teysmannia*, *Phytelephas*) ou chargé d'aiguillons (*Bactris*, *Astrocaryum*, etc.).

La plupart de ces caractères font défaut dans les familles qu'on a le plus rapprochées des Palmiers, c'est-à-dire les Pandanacées, les Cyclanthacées, secondairement les Aracées, certaines Liliacées, Graminées et Rapatéacées. Les Pandanacées sont ligneuses, mais à tige ramifiée et émettant des racines adventives aériennes. Leurs feuilles carénées sont indivises, généralement serrulées, rectinerves. Leur périanthe est nul; leurs étamines, en nombre indéfini, à anthère allongée et dressée. Leur ovaire uniloculaire est uni avec les ovaires voisins en groupes variables. Leurs ovules peuvent être solitaires et subbasilaires dans chaque ovaire; mais leur nombre peut être indéfini. Le fruit forme un syncarpe épais, comme dans les *Nipa* et les *Phytelephas* qui servent de transition entre les Palmiers et les Pandanacées, mais qui ont les feuilles des premiers. Les Cyclanthacées, également intermédiaires aux Pandanacées et aux Palmiers, sont des herbes vivaces ou des arbustes inermes. Leurs feuilles sont en éventail, ou entières ou bipartites, à nervures parallèles; elles sont condupliquées dans l'estivation. Leurs fleurs sont disposées en cercles parallèles ou sur une spire continue; les mâles nues ou périanthées et polyandres; les femelles à ovaire plus ou moins infère, avec des placentas pariétaux et pluriovulés. Leur fruit est formé de baies distinctes ou confluentes. Les Aracées n'ont été comparées aux Palmiers qu'en qualité de « spathiflores ». Leur spathe est unique, et leur spadice est simple, épais et continu. Leurs feuilles et leurs fruits n'ont d'ailleurs rien de commun avec ceux des Palmiers.

Parmi les Graminées, les seules Bambusées ont pu être considérées comme les analogues des Palmiers, à cause de leur tige dure et souvent élevée; mais cette tige est un chaume; les feuilles ligulées sont entières; les fleurs ont des glumelles, des glumes et des glumellules caractéristiques, et le fruit est souvent un caryopse. Parmi les Liliacées, les Flagellariées et les Lomandrées se rapprochent, d'après R. Brown, des Palmiers. Mais les *Flagellaria*, qui rappellent un peu les Rotangs, ont des feuilles simples terminées en vrille; des ovules anatropes et descendants, une drupe à noyau uni- ou biloculaire, et une graine à albumen farineux et à embryon lenticulaire, voisin du hile. Les *Hanguana*, qui ont le port d'un petit palmier dressé, mais à feuilles entières, ont les fleurs, les fruits et les graines des *Flagel-*

laria; mais leur petit fruit est une baie. Les Rapatéacées sont des herbes à feuilles simples; et parmi elles, les *Spathanthus* ont une spathe que l'on peut comparer à celle des Aracées et des Palmiers; mais leurs cymes florales sont portées sur la nervure médiane de cette spathe; leur corolle gamopétale est délicate et plissée; leur fruit réduit à un carpelle est finalement déhiscent, et leur graine a un embryon lenticulaire et apical, analogue à celui des Flagellariées. Dans la pratique, il est, en somme, toujours très facile de distinguer un palmier de quelque autre Monocotylédone ligneuse que ce soit.

La distribution des Palmiers à la surface du globe a été l'objet de nombreuses recherches[1]. Ce sont, d'une manière générale, des plantes des régions tropicales et de toutes les parties du monde, abondantes en Amérique, en Asie et en Océanie, plus nombreuses qu'on ne l'avait longtemps cru en Afrique et à Madagascar ou aux autres îles de la côte orientale. Les exceptions les plus frappantes quant à la distribution de ces plantes dans les zones extratropicales sont celles des *Chamærops* et des *Rhopalostylis* qui atteignent le 44ᵉ degré de latitude, les uns en Europe, les autres à la Nouvelle-Zélande. Les Dattiers, qui ne mûrissent pas leurs fruits dans le midi de la France, descendent en Afrique jusqu'au 34ᵉ degré sud. En Asie, le *Nannorhops Ritchieana* s'élève au nord jusqu'au même degré. Dans l'Amérique du Nord, quelques Sabalées s'avancent jusqu'à 35 et 36 degrés; et la limite méridionale du *Jubæa spectabilis* est, au Chili, le 37ᵉ degré. Toutes les Rotangées vraies sont des régions les plus chaudes de l'ancien monde, tandis que les Mauritiées sont américaines et que les Raphiées sont de l'Afrique tropicale, sauf une espèce de *Raphia* qui se retrouve du Nicaragua à l'embouchure de l'Amazone. Toutes les Borassées sont africaines, soit continentales, soit des îles voisines de la côte orientale. Par contre, on ne rencontre qu'en Amérique les Cocoïnées proprement dites, les Bactridées et une couple des trois ou quatre Élæïdées connues. Parmi les Coryphées, on observe dans l'Amérique centrale des *Acanthorhiza*, *Copernicia*, *Brahea*, *Thrinax;* et, dans les régions les plus chaudes de l'Amérique du Nord, des

1. R. BR., in *Flind. Voy.*, 577. — MART., *Die geogr. Verhältn. d. Palm.*, in *Münch. gel. Anzeig.*, VI (1838), 627 ; VIII (1839), 958. — ENDL., *Enchirid.*, 136. — LINDL., *Veg. Kingd.*, 135. — DR., *Dei geogr. Verbreit. d. Palm.*, in *Peterm. geogr. Mitteil.*, XXIV (1878), 15, 94; in *Mart. Fl. bras.*, III, II, 269-282, 565, 574; *Pflanzenfam.*, 24.

Sabal, *Pritchardia*, *Rhapidophyllum*, *Cryosophila*, *Serenœa*, *Erythœa* et *Thrinax*. D'autres *Pritchardia* sont océaniens, de même que certains *Livistona* et *Licuala*. Mais la plupart des espèces de ces deux derniers genres sont asiatiques. Les *Rhapis* et *Trachycarpus* sont chinois, japonais ou des montagnes de l'Inde. Les *Corypha* appartiennent tous à l'Asie tropicale, comme les *Teysmannia* et plusieurs *Licuala*. Le *Nipa fruticans* s'étend des bouches du Gange à Ceylan, aux Philippines, à la Nouvelle-Guinée et au nord de l'Australie. Les *Colpothrinax* et certains *Thrinax* habitent les Antilles. Enfin, les vrais *Chamœrops* sont tous de la région Méditerranéenne, et les Dattiers fructifient bien dans l'Asie et dans l'Afrique tropicales et sous-tropicales. Les *Phytelephas* sont tous péruviens et colombiens. En dehors des Cocoïnées, les palmiers sont bien plus nombreux dans l'ancien monde que dans le nouveau. A celui-ci appartiennent exclusivement les *Euterpe*, *Œnocarpus*, *Jessenia*, *Hyospathe*, *Prestoea*, *Oreodoxa*, *Iriartea*, *Catoblastus*, *Dictyocaryum*, *Wettinia*, *Ceroxylon*, *Juania*, *Pseudophœnix*, *Synechanthus*, *Reinhardtia*, *Chamœdorea*, *Kunthia*, *Nunnezharia*, *Gaussia*, *Geonoma*, *Asterogyne*, *Welfia*, *Calyptrogyne*, *Manicaria* et *Leopoldinia*. Toutes les Euarécées et Ptychospermées sont des tropiques de l'ancien monde, de même que les Iguanurées, les Linospadicées, les Caryotées. A l'Australie et aux îles voisines appartiennent, outre les *Howea* et *Archontophœnix*, des *Kentia*, *Hydriastele*, *Caryota*, *Arenga*, *Cyphokentia*, *Ptychosperma*, *Clinostigma*. Madagascar possède en propre les *Phloga*, *Phlogella*, *Neodypsis*, *Haplophloga*, *Haplodypsis* et *Dypsis*. Maurice et les Seychelles sont la patrie des *Acanthophœnix*, *Deckenia*, *Dyctiosperma*, *Nephrosperma*, *Roscheria*, *Hyophorbe*, *Phœnicophorium* et *Verschaffeltia*. Dans l'Afrique tropicale occidentale croissent les *Sclerosperma* et les *Podococcus*. Les *Cyphokentia* sont néo-calédoniens, de même que les *Kentiopsis* et les *Cyphophœnix*. Toutes les autres Arécées appartiennent aux portions les plus chaudes de l'Océanie et de l'Asie.

USAGES[1]. — Cette question si intéressante remplirait des volumes. Nous nous bornerons, bien entendu, à des indications sommaires. Tous les organes de ces belles plantes peuvent être utilisés. Les fruits

1. ENDL., *Enchirid.*, 156. — LINDL., *Veg. Kingd.*, 136. — GUIB., *Drog. simpl.*, éd. 7, II, 126. — ROSENTH., *Syn. pl. diaphor.*, 147, 1091. — DR., in *Mart. Fl. bras.*, III, II, 581; *Pflanzenfam.*, 25. — H. BN, *Tr. Bot. méd. phanér.*, 1109.

de plusieurs espèces célèbres servent à l'alimentation. Les dattes, fruits du *Phœnix dactylifera*[1] (fig. 183-189), sont « un des plus riches présents faits à l'homme ». Il y en a beaucoup de variétés, qui, en certaines saisons, forment la base de l'alimentation de plusieurs peuplades africaines et asiatiques. Leur chair est nutritive, stomachique, émolliente, pectorale. Elle sert à préparer des gâteaux, une pâte alimentaire, des sirops, des électuaires. On en retire une sorte de vin, une eau-de-vie, du sucre. La graine ramollie et pilée se donne comme aliment au bétail; et les fleurs mâles elles-mêmes se consomment en Algérie comme analeptiques, aphrodisiaques et prolifiques. Quelques autres *Phœnix* sont, comme le précédent, utiles par leur bois, leurs feuilles qui servent aux constructions, et par leurs fibres dont on confectionne des tissus grossiers. Les principaux sont le *P. sylvestris*[2], qui, dans l'Inde, produit un sucre assez estimé; le *P. spinosa* THONN.[3], de l'Afrique tropicale occidentale, dont on extrait une sorte de sagou; le *P. reclinata* JACQ.[4], qui, en Afrique, fournit un fruit alimentaire, une graine substituée parfois au café, un bourgeon terminal comestible, des tiges employées à confectionner des cannes. Dans l'Indo-Chine, le *P. farinifera*[5] est surtout un arbre à fécule et, par suite, à liqueurs alcooliques. Les Cocotiers sont plus célèbres encore que les Dattiers comme arbres à fruits utiles, attendu qu'ils ont été transportés sur les plages maritimes de presque tous les tropiques[6]. Nous voulons surtout parler du *Cocos nucifera*[7], que les anciens ont probablement connu, et dont les gros fruits s'appelaient *Noces des Indes* et étaient aussi nommés *Chicorins*. C'est une espèce dont les variétés et les formes sont nombreuses. On emploie son bois à mille usages. On mange son bourgeon terminal, cru ou

1. L., *Spec.*, 1658. — MICHX, in *Journ. Phys.*, LII. — DESF., *Sur la culture et les usages du Palmier-Dattier*, in *Obs. phys.*, XXXIII, 381; *Fl. atl.*, II, 438. — LESS., *Description et propriétés du Palmier-Dattier*, in *Ann. marit.* (1821), 463. — CHARD., *Voy.*, III, 339. — MÉR. et DEL., *Dict. Mat. méd.*, V, 268. — DYBOWSKI, in *Ann. agron.*, XV (1889). — *Fl. méd.*, III, fig. 148, 148 *bis*.

2. ROXB., *Hort. beng.*, 73; *Fl. ind.*, III, 787. — MART., *Hist. nat. Palm.*, III, t. 136. — BRAND., *For. Fl.*, 554. — BECC., *Males.*, III, 347, 364, t. 43, fig. 3; in *Hook. f. Fl. brit. Ind.*, VI, 425. — *Elate sylvestris* L., *Spec.*, 1189 (part.). — *Katon-Indel* HAM. GRIFFITH semble douter, à cause des dimensions du fruit, que les planches 22, 25 de RHEEDE (*Hort. malab.*, III) représentent cette espèce.

3. *P. leonensis* LODD.

4. BECC., *Males.*, III, 346, 366.

5. ROXB., *Pl. corom.*, I, 55, t. 74; *Hort. beng.*, 73; *Fl. ind.*, III, 785. — BECC., *Males.*, III, t. 44, fig. 28-37. (Voy. p. 291, not. 3.)

6. CH. RÉGNAUD, *Hist. nat., hyg. et écon. du Cocotier* (thès. Fac. méd. Par., 1856), donne (p. 64) un aperçu complet de la Distribution géographique du *Cocos nucifera*.

7. L., *Spec.*, 1118. — MART., *Hist. nat. Palm.*, III, 123, t. 62, 75, 88. — K., *Enum.*, III, 285. — ROXB., *Fl. ind.*, III, 614. — BRAND., *For. Fl.*, 556. — KURZ, *For. Fl.*, II, 540. — BL., *Rumphia*, III, 82. — HOOK., *Journ. Bot.* (1870), t. 1. — BECC., in *Hook. f. Fl. brit. Ind.*, VI, 481 (*Tingra, Narala, Nalikera, Kobri, Siraphala, Nériula, Narcol, Nior, Bahiou, Naxi, Polyhaha, Kaluku, Kalupa*, etc.).

cuit, comme chou-palmiste[1]. On fait de nombreux tissus avec les fibres de sa gaine foliaire. Sa sève fermentée constitue un des *Toddy*[2] les plus estimés. De sa tige s'extrait un sucre de Jagre[3] d'un prix peu élevé. Son *caire*, c'est-à-dire le brou de sa drupe, sert à fabriquer des cordages. L'endocarpe, gratté et poli, s'emploie à la confection d'une foule d'ustensiles de ménage ou de fantaisie. Alors que son exocarpe est encore vert, son albumen est à l'état d'une crème blanche, sucrée et rafraîchissante. Plus tard, l'amande durcie dans ses couches extérieures est encore un aliment agréable et plus nourrissant. Les couches profondes, encore liquides, constituent l'eau ou le lait de coco, boisson qu'on dit délicieuse quand le fruit est bien frais, et qui passe pour extrêmement saine. En vieillissant, elle rancit et peut fournir une sorte de vinaigre. L'huile ou beurre de Coco se retire aussi des amandes; nouvelle, elle sert aux usages culinaires; mais elle est surtout brûlée pour l'éclairage dans presque tous les pays intertropicaux. Elle sert encore comme médicament et à mille usages domestiques et industriels. Le tourteau s'emploie à l'alimentation des animaux, et les pauvres s'en nourrissent même en temps de disette. Du bois et des feuilles incinérées du *C. nucifera* on peut extraire des sels alcalins en quantité. L'endocarpe est, dans l'Inde, considéré comme un combustible de premier ordre; et, dans les îles de l'Océan Indien, son charbon passe pour valoir la houille pour le travail des forges et des usines. C'est bien aussi, en un mot, « l'arbre béni » qui suffit à tous les besoins de l'homme et « le plus beau présent qu'ait pu lui faire la divinité ». Pour les Indiens de l'Amérique tropicale, le même rôle providentiel appartient à de nombreuses espèces du même genre. Le *C. Yatay* MART.[4] est recherché, dans les forêts brésiliennes, pour son bois; ses feuilles, textiles quand elles sont adultes, comestibles quand elles sont jeunes et tendres; son fruit alimentaire. Pour cette espèce, comme pour beaucoup d'autres, les migrations d'une peuplade sauvage sont souvent expliquées par ce fait qu'elle abandonne des localités où elle a peu à peu détruit toutes les forêts de *Cocos*. Le *C. coronata* MART.[5] a une moelle qui peut servir à préparer un pain insipide. Le bois lui-même, réduit en fragments ténus, fournit une pâte alimentaire encore plus particu-

1. Nous verrons que ce nom est donné au gros bourgeon terminal, employé comme légume, d'un grand nombre de palmiers divers.

2. Nom des sèves sucrées et fermentescibles, alcooliques, des palmiers en général.

3. Non commun à tous les sucres de palmiers, d'origine également très diverse.

4. DR., in *Mart. Fl. bras.*, III, II, 421.

5. DR., *loc. cit.*, 417 (*Aricuri, Urcari, Coqueiro cabeçado*).

lière. Les fibres servent à faire des nattes, des cordes et des vêtements. Les feuilles s'emploient à recouvrir les huttes. Les fruits exprimés fournissent une huile qui sert à des usages variés. Le *C. oleracea* MART.[1] se cuit comme légume vert. Le fruit du *C. Datil* MART.[2] est alimentaire. Le *C. schizophylla* MART.[3] a des feuilles qui se tressent en nattes, et des fruits qui passent pour un médicament tonique et astringent. Ceux du *C. capitata* MART.[4] sont considérés comme un aliment sain. On engraisse le bétail avec ceux du *C. æquatorialis* BARB.-RODR.[5]. Les piliers des cases, les chevrons des toitures et un grand nombre d'outils domestiques, d'armes, d'ustensiles de pêche, sont fabriqués avec le bois, les pétioles du *C. botryophora* MART.[6] et de bien d'autres espèces[7] dont les feuilles servent de tuiles, de litières. Dans plusieurs pays de l'Amérique tropicale, l'endocarpe très dur des *Cocos* et d'un certain nombre de palmiers d'autres genres sert à fabriquer des coupes qui peuvent être artistiquement polies ou sculptées, des pièces d'armes et d'ornements, des colliers, des bracelets. C'est souvent dans des récipients en cocotier qu'on conserve les huiles économiques ou la sève sucrée des *Œnocarpus*, *Astrocaryum*, *Acrocomia*, *Elæis*. Les diverses préparations que subit la fécule du Manioc avant d'être bonne à manger s'opèrent souvent dans des récipients d'écorce d'*Atitara*, laquelle a la réputation de résister à l'action destructive de la portion âcre de ces fécules. Dans ces régions, les Européens eux-mêmes ne dédaignent pas les fruits en partie charnus de certains palmiers, tels que le *Cocos nucifera* et le *Bactris speciosa*, assez souvent cultivés dans ce but. La chair des *C. Yatay* et *Datil* peut être mangée; celle des fruits des *Euterpe edulis* et *oleracea* fournit par expression une liqueur agréable, épaisse, acidule. Sur les bords de l'Orénoque, on a dit, non sans raison, que le seul *Mauritia flexuosa*[8], pour ne prendre qu'un exemple, pouvait

1. DR., *loc. cit.*, 416 (*Quariroba, Coqueiro amargoso*).
2. DR., *loc. cit.*, 417 (*Datil*).
3. DR., *loc. cit.*, 422 (*Ariri, Alicur, Aricuri*).
4. DR., *loc. cit.*, 424 (*Cabeçado, Guarirova do campo*).
5. *En. Palm. nov.*, 38. — *C. Inajai* TRAIL, in *Trim. Journ.* (1877), 79.
6. DR., *loc. cit.*, 408 (*Pali, Patioha*).
7. Notamment les *C. campestris* MART. (*Acumio*); *Geriba* BARB.-RODR. — *C. Martiana* DR. et GLAZ. (*Gariba, Palmito amargoso, Baba de boi*); *Mikaniana* MART. (*Pati, Cocos amargoso, C. verde, Guariroba*); *Syagrus* DR., *loc. cit.*, 406 (*Jata, Jata-uva, Piririma*); *acromioides* DR. (*Giraba, Giriuva*); *comosa* MART. (*Guariroba do campo*); *Weddellii* DR.; *macrocarpa* BARB.-RODR. — *C. Procopiana* GLAZ. (*Maria Rosa*); *orinocensis* SPR. — DR., *loc. cit.*, 127 (*Corozito*); *speciosa* BARB.-RODR. (*Pupuntarara*); *pityrophylla* MART. — DR., *loc. cit.*, 428 (*Palma real*); *petræa* MART. — DR., *loc. cit.*, 425 (*Acumara*); *leiospatha* BARB.-RODR. — DR., *loc. cit.*, 425 (*Mocuma, Coquinho do campo, Coqueiro do campo*), etc.
8. L. F., *Suppl.*, 454. — G.-F.-W. MEY., *Prim., Fl. esseq.*, 283. — MART., *Palm. bras.*, 44, t. 40. — WALL., *Palm.-tr. Amaz.*, 37, t. 2, fig. 2; t. 17. — DR., *Fl. bras.*, III, II, 290,

suffire à fournir aux tribus indiennes tout ce qui est nécessaire à l'existence : des fruits qu'elles peuvent manger frais ou dont elles peuvent extraire une sorte de farine alimentaire; un liquide sucré ou fermenté retiré du péricarpe; des feuilles très larges qui servent à couvrir les huttes; des solives pour les soutenir et qui sont empruntées au stipe; les pétioles dont on fait des arcs flexibles, et les gaines fibreuses dont on fabrique des cordes, des vêtements, des nattes, des hamacs. L'arbre même tout entier sert aux familles de refuge à l'époque des crues subites des cours d'eau et des marais.

L'huile d'un grand nombre de palmiers est alimentaire ou peut servir à divers usages économiques. Le plus souvent cité est l'arbre à l'huile de palme[1], qui abonde sur la côte occidentale de l'Afrique tropicale et qui se retrouve au Brésil, où il a peut-être été transporté. Sa graine, à téguments très durs, donne une matière grasse, sorte de beurre qui est propre aux usages culinaires, mais qui généralement est, dit-on, consommé sur place par les habitants; tandis qu'on extrait surtout de la portion charnue et rouge du péricarpe l'huile qui s'obtient par expression et ébullition dans l'eau. Fraîche, elle a une odeur agréable et sert aussi à faire la cuisine. Mais, épaissie avec l'âge et plus ou moins rance, elle sert encore à oindre les membres, à traiter les maladies, aux usages industriels et principalement à la fabrication des savons. Le bourgeon terminal de ce palmier est, comme celui de tant d'autres, comestible, et son bois sert de combustible. Dans l'Amérique tropicale, il y a une autre espèce du même genre, l'*E. melanococca*[2], qui sert exactement aux mêmes usages et dont le fruit est riche en matière grasse. On cite encore comme

t. 62, fig. 2; 63, fig. 1; 64, fig. 2; 65, fig. 1; 67, fig. 2; tab. phys., 41. Au Brésil, le *M. armata* MART., *Palm. bras.*, 45, t. 41-43; *Palm. Orbign.*, 20, t. 14, 21, a des fruits comestibles et produit des bois de construction (*Ruriti bravo*). Le *M. aculeata* H. B. K., *Nov. gen. et spec.*, 1, 311. — *M. gracilis* WALL. — *M. linnophylla* BARR.-RODR. (ex DR., *Fl. bras.*, t. 62, fig. 4; 63, fig. 2; 64, fig. 1) a des fruits qui deviennent agréables quand on les fait macérer dans l'eau (*Ullia do Baré*, *Cahuaia*, *Caranai*). Le *M. Martiana* SPRUCE. — *M. aculeata* MART., *Palm. bras.*, t. 39, 44, a de larges feuilles qui servent à couvrir les cases (*Caronas*). Les espèces de la section *Lepidocaryum* ont des usages analogues.

1. *Elæis guineensis* L., *Mantiss.*, 137. — JACQ., *Amer.*, 280, t. 172; *ed. pict.*, 136, t. 257. — GÆRTN., *Fruct.*, I, 17, t. 6. — MART., *Palm. bras.*, 68, t. 54, 56; in *Münch. Gell. Anz.*, IX (1839), 379; *Palm. Orbign.*, 91. — DR., *Fl. bras.*, III, II, 457, t. 105, fig. 1. — DESCOURT., *Fl. Ant.*, t. 408. — GUIB., *Drog. simpl.*, éd. 7, II, 132. — HANAUSEK, in *Just Jahrb.* (1882), 615 (*Avoira de Guinée*, *Coco de dente*).

2. GÆRTN., *Fruct.*, I, 18, t. 6. — MART., *Palm. bras.*, 64, t. 33, 55. — KARST., in *Linnæa* (1856), 241. — DR., *Fl. bras.*, III, II, 458, t. 105. — *Alfonsea oleifera* H. B. K. (*Noli*, *Caiavé*), qui donne de même par son péricarpe et ses graines des huiles très usitées, et dont une laine dite de *Noli*, récoltée dans l'aisselle des feuilles, est employée en médecine. Le fruit fait, dit-on, partie de la *Chicha* des Colombiens. Le *Barcella odora* TRAIL, in *Trim. Journ.* (1877), 81. — DR., *Fl. bras.*, 400, t. 106, est le *Piaçaba brava* des Brésiliens et donne des fibres rudes de qualité secondaire.

palmiers à huile l'*Euterpe oleracea*[1], dont le chou-palmiste est le plus célèbre de tous; plusieurs *Acrocomia*, *Astrocaryum* et *Allagoptera* (*Diplothemium*).

La cire est un des produits les plus intéressants de certains palmiers américains, notamment du *Ceroxylon andicola* H. B.[2] (fig. 227-229). Dans les Andes du Pérou, cette cire, mélangée d'une sorte de résine, exsude des feuilles et du stipe, principalement au niveau des cicatrices foliaires. On la récolte en grattant ces surfaces; puis on la purifie par fusion : elle sert aux mêmes usages que la cire d'origine animale. Le *Copernicia cerifera*[3] est un autre arbre américain qui, au Brésil, donne la cire dite de *Carnauba*[4]. Elle recouvre la surface des feuilles, dont l'épiderme l'a excrétée[5]; on la détache en les secouant fortement. La poudre qui s'en sépare est fondue en une masse jaunâtre, à cassure lisse et non grenue : c'est une cire extrêmement analogue par toutes ses propriétés à celle des abeilles.

La sève sucrée des palmiers est en général fermentescible ; on en retire à volonté, suivant les pays, du sucre ou des boissons alcooliques, généralement connues dans l'Inde et les régions voisines sous le nom de *Toddy*. Les sucres reçoivent ceux de *Jagre*, *Jaggery*. On extrait, dans l'Inde, aux Maldives, aux Moluques, une sève sucrée ou *Callou* du *Cocos nucifera*. En lui ajoutant de la chaux, on prévient le développement des acides et la fermentation. La sève étant obtenue de la section du jeune spadice ; et, dans un sol favorable, il peut s'en écouler toute l'année, surtout si l'on bat la surface de la spathe avec

1. MART., *Palm. bras.*, 29, t. 28-30. — WALL., *Palm. Amaz.*, 23, t. 7. — GRISEB., *Fl. brit. W.-Ind.*, 517. — DR., *Fl. bras.*, III, II, 462, t. 107 (*Palmito, Joçara, Juissara, Pina*). Ses fruits servent à préparer d'excellentes confitures. L'*E. edulis* MART., *Palm. bras.*, 33, t. 32 (*Palmito inal-pultem, Cão-sy*) sert aux mêmes usages. L'*E. Catinga* WALL., *Palm. Amaz.*, 27, t. 8 (*Assai de catinga*) et sa variété *aurantiaca* ont aussi des fruits à conserves délicieuses. On emploie de même le fruit de l'*E. precatoria* MART., *Palm. Orbign.*, 10, t. 8, fig. 12; t. 18, fig. A. — *E. mollissima* SPRUCE? (*Palmito molle, Guasai, Assai-miri, Palm-tr. de Rosario*) dont le chou est bon et qui sert, à Matogrosso, à la fabrication d'une sorte de vin.

2. *Pl. æquin.*, 1, t. 1, 1 *b*. — H. B. K., *Nov. gen. et spec.*, I, 307 (*Iriartea*). — WENDL., in *Bonplandia*, VIII (1860), 69. — DR., in *Gœtt. Nachricht.* (jan. 1878); in *Bot. Zeit.* (1878), 184; in *Mart. fl. bras.*, III, II, 545. — GUIB., *Drog. simpl.*, éd. 7, II, 134. — H. BN, *Tr. Bot. méd. phanér.*, 1414. Les *Klopstochia*, qui sont congénères, donnent aussi, dans les Andes de Colombie, une cire exploitée. Ce sont les *C. Klopstochia* MART. (*K. cerifera* KARST., *Fl. columb.*, I, 1, t. 1), *utile*, *interruptum* et *quindiuense* KARST. (*Palma de cera*).

3. MART., *Palm. Orbign.*, 41, t. 1, fig. 3, t. 24; *Hist. nat. Palm.*, III, 242. — M.-A. DE MACEDO, *Notice sur le Palmier Carnauba* (1867). — DR., in *Mart. Fl. bras.*, III, II, 547, t. 128; *Pflanzenfam.*, fig. 7, 48, J. — *Corypha cerifera* MART., *Palm. bras.*, 56, t. 49, 50; t. suppl. 50, A ; 51, fig. 5.

4. *Caruahyba, Caronda*. Les usages de ce palmier sont d'ailleurs multiples. Ses racines sont employées en médecine. Son bois sert à construire des habitations et des navires. Avec ses feuilles on couvre des toitures. Ses fibres servent à faire des cordages. Ses spadices et ses fruits sont alimentaires. Ses feuilles déchiquetées fournissent une sorte de Pitte.

5. H. BN, *Anat. et phys. végét.*, 45, fig. 61.

une baguette; on reçoit le *callou* dans un vase fixé au-dessous de l'inflorescence. Si on le laissait fermenter, on obtiendrait du *toddy*. Mais en l'évaporant en consistance sirupeuse, on coule le liquide dans des endocarpes de Cocotier. Par le refroidissement, il s'y prend en masses ou pains ronds de *jagre*, dont le poids représente environ un cinquième de celui du *callou*. Quand le sucre est bien séché, on l'enveloppe de feuilles et on le livre au commerce. Dans les pays où la sève du Cocotier est de préférence employée à la préparation des liqueurs alcooliques, on tire souvent le *jagre* du Rondier (*Borassus flagellifer*[1]) (fig. 201-203). Celui que préparent les indigènes est un sirop épaissi, jaunâtre et gluant[2], qui rappelle certaines mélasses. Mais les procédés de fabrication européenne permettent à plusieurs usines établies à la côte de Coromandel et ailleurs, de livrer chaque année au commerce chacune plusieurs milliers de tonneaux d'un sucre de *Borassus* solide, blanc et de belle qualité. On extrait aussi, dans l'Inde française, beaucoup de *jagre* de la sève du Dattier. Ce sucre[3] est de qualité supérieure, facile à obtenir et laisse moins de déchet que celui du Rondier. A Travancore et à Ceylan, on fabrique aussi du *jagre*, mais en petite quantité, avec la sève du *Caryota urens* (fig. 217-221), que nous verrons de préférence exploité pour la production de la fécule. A Java, le sucre de palmier le plus estimé est celui du *Nipa fruticans*[4] (fig. 199, 200). Ce petit palmier donne cependant un *jagre* brun, graisseux et en grande partie incristallisable, qui a un arrière-goût salé : ce qui vient de ce que la plante, vivant dans des criques à eau saumâtre, est souvent inondée par la mer montante. On coupe les bourgeons à fleurs en travers, et l'on adapte au-dessous de la section un vase de terre où s'amassent souvent en une nuit un ou deux litres de sève sucrée qui rend moitié de son poids de sucre; celui-ci s'obtient par évaporation dans une bassine jusqu'à consistance sirupeuse; le sucre est alors coulé dans des petits paniers et livré tel à la consommation. Le *Saguerus Gomutus*[5],

1. Voy. p. 257, not. 1.
2. En tamoul, le *Pana'm karkandu*.
3. En tamoul, le *Peris'u vellam*.
4. Voy. p. 257, not. 1.
5. *Borassus Gomutus* LOUR., *Fl. cochinch.*, 759 (1790). — *Arenga saccharifera* LABILL., in *Mém. Inst. Fr.*, IV, 209 (1804). — MART., *Hist. nat. Palm.*, 191, t. 108; 161, fig. 4. — MIQ., *Fl. ind. bat.*, III, 35. — GRIFF., in *Calc. Journ. Nat. Hist.*, V, 472; *Palms brit. Ind.*, 164, t. 135, A. — KURZ, *For. Fl.*, II, 534. — BECC., in *Hook. f. Fl. brit. Ind.*, VI, 421. — H. BN, *Tr. Bot. méd. phanér.*, 1413. — *A. Griffithii* SEEM. — WENDL. F., in *Kerch. Palm.*, 232. — *Gomutus saccharifer* SPRENG., *Syst.*, II, 622. — *Saguerus Rumphii* ROXB., *Fl. ind.*, III, 626. — *S. pinnatus saccharifer* WURMB. (1779), ex *Verh. Bat. Gen.*, I, 350 (nom. haud specif.). — *S. saccharifer* BL., *Rumphia*, II, 128, t. 123, 124 (*Ejow, Ejuh*). Le *S. obtusifolius* — *Arenga obtusifolia* MART., *Hist. nat. Palm.*, III, 191, t. 147, 148, 161. — MIQ., *Fl. ind. bat.*, III,

qui est assez commun sur les côtes basses et dans les vallées marécageuses de l'Asie et de l'Océanie tropicales, arbre dont le suc sert aussi à préparer un *toddy* estimé des Chinois, et de l'Arack dit de Batavia, fournit un *jagre* également fort coloré et de consistance graisseuse, qui s'obtient en perçant les spathes avec un long bâton pointu au moment où les fruits vont nouer. On incise alors la partie lésée quand le liquide y afflue, et l'on prépare le sucre par évaporation. Les véritables Sagoutiers, comme le *Metroxylon Rumphii*[1], donnent aux Javanais un sucre[2] qui est le plus estimé de tous, préféré même dans le pays au sucre de canne. On l'obtient en faisant bouillir la sève pendant deux heures, avec des « Fèves de *Rémirié* » ; après quoi le sirop, devenu épais en quelques minutes, est battu comme le beurre et mis en formes. La sève s'obtient également du *M. Sagu*[3]. Mais ces arbres sont surtout célèbres par la production des fécules alimentaires et analeptiques qu'on considère comme les vrais Sagous. Les auteurs les plus anciens[4] ont rapporté que, dans l'Océanie tropicale, les Sagoutiers adultes et dans lesquels la fécule est à son maximum de développement, étaient coupés au ras du sol, puis fendus en longues bûches, lesquelles étaient battues à l'aide d'instruments particuliers pour séparer le bois et la moelle des grains de fécule qu'on entraîne par un courant d'eau en leur faisant traverser un crible de fibres de palmier qui retient dans ses mailles les débris des portions non utiles, lesquels servent à faire une sorte de tourteau dont on nourrit les porcs. Les sagous étaient ensuite séchés, empaquetés dans des feuilles de palmier et livrés au commerce. D'après M. BECCARI[5], le *M. Rumphii* est aujourd'hui cultivé

36. — BECC., in *Hook. f. Fl. brit. Ind.*, VI, 421. — *A. Westerhoutii* GRIFF. — *Gomutus obtusifolius* BL. — *Saguerus Langkab* BL., *Rumphia*, II, 131, t. 96, 125. — O. K., *Revis.*, 735, donne tous les produits du *S. Gomutus* : sucre, boissons alcooliques, chou-palmiste, graines comestibles, péricarpes employés dans la médecine et l'économie domestique, bois de chauffage et de construction, feuilles usitées pour la confection des nattes et de la corderie, etc.

1. MART., *Hist. nat. Palm.*, III, 213, 313, t. 102, 159. — MIQ., *Fl. ind. bat.*, III, 140. — BENTL. et TRIM., *Med. pl.*, n. 278. — BECC., in *N. Giorn. bot. ital.*, III, 30; in *Hook. f. Fl. brit. Ind.*, VI, 481, n. 2. — *Sagus Rumphii* W., *Spec.*, IV, 404. — ROXB., *Fl. ind.*, III, 623. — O. K., *Revis.*, 736. — *S. genuina* BL., *Rumphia*, II, 150. — *S. farinifera* GÆRTN., *Fruct.*, 186, t. 120, fig. 3 (*Bi*, *Bariam*, *Wariam*).

2. Voy. J.-L. SOUBEIR., in *Journ. pharm. et chim.* (1857), XXXI.

3. ROTTB., in *N. Saml. K. Dansk. Vid. Skrift.*, II, 527. — MIQ., *Fl. ind. bat.*, III, 147. — BECC., in *N. Giorn. bot. ital.*, III, 29 ; in *Hook. f. Fl. brit. Ind.*, *loc. cit.*, n. 1. — *M. inermis* MART., *loc. cit.*, 215. — *Sagus lævis* RUMPH., *Herb. amb.*, I, 76. — BL., *Rumphia*, II, 147, t. 86. — GRIFF., in *Calc. Journ. Nat. Hist.*, V, 20; *Palms brit. Ind.*, 24. — *S.? Kœnigii* GRIFF., *loc. cit.*, 19, 22, t. 181. — *S. Rumphii* BL., *loc. cit.*, 126, 227 (non MART.). — *S. inermis* ROXB., *Fl. ind.*, III, 623 (*Sagu*, *Rambia*).

4. MARCO-POLO rapporte qu'il a fait usage de mets délicats préparés avec le sagou, dans « le royaume de Fanfur » (1269). — A. STECK, *Diss. inaugur. de Sagu* (1757). — RUMPH., *Herb. amboin.*, I, 75, t. 17, 18.

5. *Malesia*, I, 91.

dans toutes les localités marécageuses de la région occidentale de la Nouvelle-Guinée, où il a été introduit. Le *M. Sagus* se distingue immédiatement par l'absence d'épines; ce qui fait qu'il est plus facilement détruit dans sa jeunesse par les porcs sauvages. A Amboine, on se contentait autrefois, pour se nourrir de la fécule des *Metroxylon*, de préparer des mets grossiers avec des fragments broyés de la tige. Ces mets sont cuits dans des vases de terre chez les Papous, comme à Amboine et aux Moluques; tandis qu'à Ramoi, la fécule est grillée dans un cylindre de bambou que le feu carbonise pendant que la fécule est amenée à point. Ailleurs on en fait des pains longs ou carrés, ou des bouillies qui se mangent avec des baguettes. La culture des Sagoutiers s'étend, dit-on[1], de la Nouvelle-Guinée jusqu'à Vanikoro. Il y a une espèce de Sagoutier jusqu'aux îles Viti, le *Metroxylon vitiense*. Elle ne diffère du *M. Rumphii* que par les dimensions de son fruit. M. BECCARI a fait remarquer que les instruments qui servent aujourd'hui à l'extraction du sagou sont analogues les uns aux autres dans toutes ces régions océaniennes. On y trouve toujours une partie, qu'elle soit de bambou, de fer ou de pierre, qui sert à diviser ou à broyer les tissus féculifères de la tige, pour pouvoir en extraire le sagou. Les populations qui se nourrissent uniquement de cet aliment ont été considérées par beaucoup de voyageurs comme chétives, malingres et atteintes de certaines maladies cutanées d'origine parasitaire. Il est certain que, comme l'ont admis les plus anciens auteurs, le sagou est un aliment incomplet, qui peut rendre de grands services en hygiène et en thérapeutique, mais qui, comme les féculents en général, ne saurait suffire à l'homme s'il ne lui est adjoint une certaine dose d'aliments albuminoïdes. Il y a des palmiers d'autres genres qui fournissent également de la fécule alimentaire, notamment, dans l'Inde, le *Phœnix farinifera*[2], et, dans l'Afrique tropicale, le *P. spinosa* THONN. L'*Oreodoxa regia* K. produit, aux Antilles, une sorte de sagou; le *Caryota urens* L., dans l'Asie tropicale, une fécule alimentaire dont on fait une sorte de pain; le *Corypha umbraculifera* L., à Ceylan et dans l'Inde; le *C. Gebanga* BL., à Java; le *C. Saribus* LOUR., aux Moluques; le *C. sylvestris* MART., dans les îles de la Sonde, etc.

1. MIQ., *Fl. ind. bat.*, III, 142.

2. Voy. p. 284, not. 5. MART., *Hist. nat. Palm.*, III, 274 (part.). — GRIFF., in *Calc. Journ. Nat. Hist.*, V, 348; *Palms brit. Ind.*, 140 (part.). — BRAND., *For. Fl.*, 556. — STEAV., in *Proc. Agric. Soc. Madr.*, n. ser., IV (1886), 346. — BECC., in *Hook. f. Fl. brit. Ind.*, VI, 426. — ? *P. pusilla* TRIM., in *Journ. Linn. Soc.*, XXIII, 173. — BECC., *Males.*, III, 349, 402, t. 44, fig. 28-37.

Les *Raphia* sont, dans les deux mondes, des arbres dont les usages sont aussi multiples que ceux des Cocotiers. A Madagascar, le *R. Ruffia*[1] (fig. 209, 210) est peu usité comme bois de construction. De ses feuilles on fait des tissus, des vêtements, des cordages, des nattes. Sa graine est employée comme médicament, et son péricarpe écailleux donne un charbon utile. Le *R. vinifera*[2] est exploité dans l'Afrique tropicale occidentale pour la production de boissons sucrées et alcooliques[3]. C'est une forme de la même espèce qui, dans l'Amérique du Sud, sous les noms de *R. tædigera*[4] et de *R. nicaraguensis*[5], sert à faire des charpentes et des toitures de hutte, tirées de son bois et de son feuillage. Les pétioles épais et résistants, séchés, puis fendus, s'emploient à de nombreux usages domestiques et industriels. Le *Mauritia vinifera*[6] joue, au Brésil, à peu près le même rôle économique que les Sagoutiers dans la Malaisie. Sa sève fermentée constitue une sorte de vin. La portion charnue de son fruit s'emploie à la préparation d'un aliment qu'on dit fort agréable, et les fibres de ses fruits sont utilisées dans un grand nombre de cas divers.

Les palmiers peuvent contenir des sucs astringents, dont le plus anciennement célèbre est celui des Rotangs, désigné sous le nom de *Sang-dragon* de palmier[7]. Sous la zone dure et écailleuse qui enveloppe le fruit du *Rotang Draco*[8] se trouve une couche charnue qui n'a pas grande épaisseur et est imprégnée de cette substance résinoïde rouge. Celle-ci peut même passer en dehors des squames; et

1. MART., *Hist. nat. Palm.*, 217. — K., *Enum.*, III, 217. — JOHNST., *Dendr.* (1768), I, 160. — H. BN, *Tr. Bot. méd. phanér.*, fig. 3445 (sph. *Metroxylon*). — *R. lyciosa* COMMERS. — *R. polymitra* COMMERS. (ex MART.). — *R. pedunculata* PAL.-BEAUV., in *Journ. Bot.*, II, 87; *Fl. owar. et ben.*, I, t. 44, fig. 2; 46, fig. 2. — *Sagus Ruffia* JACQ., *Fragm.*, 7, t. 4, fig. 2. — *S. farinifera* GÆRTN., *Fruct.*, II, t. 120, fig. 3. — TURP., in *Dict. sc. nat.*, Atl., t. 159, 160. — *S. pedunculatus* POIR., *Dict.*, V, 524. — *S. pedunculata* POIR., *Suppl.*, IV, 13; *Ill.*, t. 771, fig. 2. — *S. Poitei* MÉR. et DEL., *Dict. Mat. méd.*, VI, 159. — *Metroxylon Ruffia* SPRENG., *Syst.*, II, 139. — *Rafia* BORY, *Voy.*, I, 178. — *Canna textoria* DUP.-TH., *Prodr. phyt.*, 2.

2. PAL.-BEAUV., *Fl. owar. et ben.*, I, 75, t. 44-46. — DR., in *Bot. Zeit.* (1876), 804; *Fl. bras.*, III, II, 287, t. 61, fig. 1; 62, fig. 1, B-D (*Jubati, Jupati*).

3. On les nomme *Bourdon*. Le fruit, dépouillé de ses écailles et fermenté, donne aussi une sorte de piquette à saveur butyreuse.

4. MART., *Palm. bras.*, 54, t. 45-48; *Hist. nat. Palm.*, III, 246. — WALL., *Palm.-tr. Amaz.*, 43, t. 2, fig. 1; 16.

5. ŒRST., *Palm. centr.-amer.*, in *Nat. For. Vid. Medd. Kjob.* (1858).

6. MART., *Palm. bras.*, 42, t. 38, 39; *Palm. Orbign.*, 20, t. 13, 21. — DR., *Fl. bras.*, III, II, 391 (*Buruiti, Borti, Bruti, Palma real, Carandai, Guaza, Guary*).

7. Pour les distinguer de ceux des *Draco* et des *Pterocarpus*.

8. *Palmijuncus Draco* RUMPH., *Herb. amboin.*, V, 114, t. 58, 116. — O. K., *Revis.*, 732. — *P. accedens* O. K. — *Calamus Draco* W., *Spec.*, II, 203. — PLENCK, *Pl. off.*, t. 276. — NEES, *Pl. off.*, 17, t. 3, 4. — HAYN., *Arzngew.*, 10, t. 3. — ROXB., *Fl. ind.*, III, 774. — MART., *Palm.*, t. 116, fig. 9. — K., *Enum.*, III, 210. — HANB. et FLUCK., *Pharmacogr.*, 609. — H. BN, *Tr. Bot. méd. phanér.*, 1413. — *C. Rotang*, var. β L. — *Dæmonorops Draco* MART. — *Dsjerenang* KÆMPF., *Amœn. exot.*, 552 (*Rotang-jernang, Battan-palm*).

au temps de RUMPHIUS, on l'obtenait en secouant les fruits dans un sac de toile rude. Ses mailles donnaient passage au médicament qui, fondu à une douce chaleur, se pétrissait en sphérules qu'on enveloppait de feuilles de palmier. Un produit de qualité inférieure est encore obtenu par l'ébullition des péricarpes concassés dans l'eau que surmonte bientôt une couche de la résine, rassemblée alors en tablettes. Ailleurs, le Sang-dragon est en pains ou en galettes, ou encore, comme en Annam, coulé dans des tiges de bambou. C'est non seulement un remède, mais un produit industriel, employé comme matière colorante et pour la fabrication des vernis. Dans les Aréquiers, c'est la graine[1] qui renferme le suc astringent, comme il arrive surtout dans celle de l'*Areca Catechu*[2] (fig. 212-216), bel arbre des localités humides de l'Asie et de l'Océanie tropicales, et qu'on croit d'origine malaise. Les populations asiatiques tiennent en grande estime cette semence comme masticatoire; ils l'ajoutent aux gommes pour leur donner de la force; ils l'emploient pour adoucir la gorge et favoriser la digestion. C'est aussi un vermifuge énergique[3]. On fabrique des poudres dentifrices avec l'albumen carbonisé. Un certain nombre des propriétés qu'on attribue à cette graine jeune employée comme masticatoire, doivent sans doute être rapportées aux feuilles du Bétel, à la chaux, au camphre ou aux Cardamomes qu'on leur adjoint. Quoique l'opinion que l'on extrait du Cachou de la graine ait été contestée, il est encore admis par bien des auteurs qu'elle en fournit deux sortes : le *Cuttacumbou*, qui est consommé dans l'Inde même comme masticatoire, et le *Cashculti*, qui s'importe surtout en Europe pour les usages médicaux. Le bourgeon terminal de cet arbre se mange aussi comme chou-palmiste. Son écorce fibreuse sert à faire des cordages et des toiles grossières d'emballage.

Nous passerons maintenant en revue, d'une façon sommaire, les

1. *Noix d'Arec, de Bétel, Fôfal, Pin-lang.*

2. L., *Spec.*, ed. I, 1189. — MART., *Hist. nat. Palm.*, III, 169, t. 102. — K., *Enum.*, III, 184. — ROXB., *Pl. corom.*, I, t. 75; *Fl. ind.*, III, 615. — BL., *Rumphia*, III, 65, t. 102, A; 104. — GRIFF., in *Calc. Journ. Nat. Hist.*, V, 153; *Palms brit. Ind.*, 47. — MIQ., *Fl. ind. bat.*, III, 8. — KURZ, *For. Fl.*, II, 536. — GAMBL., *Man. ind. timb.*, 421. — SCHEFF., *Arec.*, 9; in *Ann. Jard. Buitenz.*, I, 144, t. 1, V; 3, fig. 2. — GUIB., *Drog. simpl.*, éd. 7, II, 130, fig. 347. — HAYN., *Arzneigew.*, VII, t. 35. — BENTL. et TRIM., *Med. pl.*, n. 276. — H. BN, in *Dict. enc. sc. méd.*, sér. 1, VI, 40; *Tr. Bot. méd. phanér.*, fig. 3446, 3447; 3454 (sphalm. *Elæis*). — HANB. et FLUCK., *Pharmacogr.*, 607. — BECC., in *Hook. f. Fl. brit. Ind.*, VI, 405. — TH. OSENBRUG, *Inaug. Diss.* A. Catechu (Marburg, 1894). — *A. hortensis* LOUR., *Fl. cochinch.*, 568. — *A. Faufel* GÆRTN., *Fruct.*, I, 19, t. 7, fig. 2 (*Betel-nut-Palm, Goovaka, Pissanga*).

3. Cette graine ne renfermerait pas, paraît-il, de *Catéchine* (FLUCK.), mais un principe astringent mal déterminé, assez analogue au rouge de Ratanhia et de Quinquina. Sur ses divers alcaloïdes : *Amer. Journ. Pharm.* (1889), 133; *Nouv. Rem.* (1889), 184.

principaux usages d'importance secondaire qui sont relatifs à un grand nombre d'espèces de cette famille. Le *Chamærops humilis*[1] (fig. 175-182) a des jeunes pousses comestibles qui se vendent, dit-on, en Sardaigne[2], surtout dans les temps de disette. On emploie ses fruits, dans le nord de l'Afrique, à l'alimentation de l'homme et surtout des porcs. On fait des brosses avec les racines. Les feuilles servent à confectionner des paniers, des nattes, des balais, des cordages ; on en use comme litière. Outre leurs fruits comestibles, les *Phœnix* fournissent aussi des fibres textiles et des bois de construction et de foyers. On chauffe les fours avec les vieilles feuilles. Intactes, celles-ci sont l'objet d'un grand commerce, parfois dorées ou argentées, pour l'ornementation des maisons et des temples. Sèches, elles servent à fabriquer des tapis, des chapeaux et une foule d'ustensiles. La bourre qui occupe leur base est surtout utilisée par les Arabes. Très jeunes, elles sont comestibles, notamment en salade. En Égypte, on fait un bon vinaigre avec les péricarpes fermentés; et en Espagne, une poudre dentifrice et une sorte d'encre de Chine avec le charbon des graines torréfiées. La sève sucrée obtenue par incision de la base du bourgeon terminal est aigrelette, fermentescible et d'une saveur plus ou moins agréable; c'est le *Laybi* des Arabes[3]. Les *Trachycarpus*, dont les fruits ne sont pas comestibles, ne sont utilisés que pour leur bois, leurs feuilles et leur bourre; ils servent à la fabrication de cordages, de nattes, de chapeaux; notamment les *T. excelsa* WENDL. F.[4] et *Fortunei* WENDL. F.[5], vulgairement nommés dans nos jardins Chanvres

1. L., *H. Cliff.*, 482; *Spec.*, 1637. — LAMK, *Dict.*, IV, 714. — LAMB., in *Linn. Trans.*, X, t. 8. — VIV., *Fl. lyb.*, 62. — NEES, *Gen. Fl. germ.*, *Monoc.*, 10, t. 2, 3. — MART., *Palm.*, 248, t. 120; 124, fig. 2-5; t. 16, fig. 4. — K., *Enum.*, III, 248. — *Phœnix humilis* CAV., *Ic.*, II, 12, t. 115. — *Chamæriphes major* GÆRTN. — *C. minor* GÆRTN., *Fruct.*, I, 26, t. 9, fig. 4 (*Palmier nain*, *P. des Deux-Siciles*, *P. éventail*, *Palmetto*).

2. *Margalions velus* (VALER., *Voy. en Corse*, II, 353).

3. Sur le Dattier, voy. surtout le très intéressant fascicule IV des *Amœnitates exoticæ* de KÆMPFER : *De Palma dactylifera in Perside crescente* (659, t. 1-3). — DYBOWSKI, in *Ann. agron.*, XV, n. 10. Le nombre des variétés du *P. dactylifera*, surtout quant à la forme et aux qualités du fruit, est considérable. Le prétendu genre *Microphœnix* NDN, « hybride de *P. dactylifera* et de *Chamærops humilis* », a des fruits assez longs, sucrés, mais peu charnus. On dit que cet hybride a lui-même été fécondé par le *Trachycarpus*. Ce qui a été dit des usages des organes végétatifs du *P. dactylifera* s'applique plus ou moins aux *P. reclinata* JACQ., *sylvestris* ROXB., *paludosa* ROXB., *farinifera* ROXB., *pusilla* GÆRTN., *spinosa* THONN. (*Fulchironia senegalensis* LESCH., in *Desf. Cat. pl. Mus. par.* (1829), 29). Sur la structure des fruits de Dattier, *Journ. N. York M. Soc.*, VIII, 107, t. 37. On a falsifié le café avec des graines torréfiées de Dattier.

4. *Chamærops excelsa* THUNB., *Fl. jap.*, 130 (part.). — SMITH, in *Rees Cyclop.*, n. 2. — MART., *Palm.*, 251, t. 125, fig. 2, 3. — K., *Enum.*, III, 250. — MIQ., *Prol.*, 329. — CARR., in *Rev. hort.* (1877), 233. — BECC., in *Hook. f. Fl. brit. Ind.*, VI, 436. — KÆMPF., *Amœn. exot.*, 898.

5. *Chamærops Fortunei* HOOK., *Bot. Mag.*, t. 5221 (*Chusan Palm*) (var.? du précédent).

de Chine ou du Japon et les *T. Martiana* WENDL. F.[1] et *Khasyana* WENDL. F.[2], de l'Inde. Les *Livistona* sont souvent cultivés dans nos serres sous le nom erroné de *Latania*. Au Népaul, le *L. Jenkinsiana*[3] sert à faire des nattes, des chapeaux, des toitures. Les feuilles du *L. Saribus*[4], espèce cochinchinoise, servent aux mêmes usages que celles du précédent; on en fait aussi des éventails et des parasols. Son fruit s'emploie, avec la saumure ou le vinaigre, à la préparation d'un aliment assez agréable. Le *L. australis*[5] (fig. 190-192) donne un chou-palmiste. Le *L. rotundifolia*[6] est recherché pour son bois et ses feuilles. Celles-ci servent à envelopper le tabac, à fabriquer des écrans et des stores. Le *L. Diepenhorstii* HASSK., de Sumatra, a un fruit dur et un albumen résistant avec lesquels on fabrique des objets artistiques. En Perse et dans les montagnes de l'Inde, on réduit en poudre les folioles desséchées du *Nannorhops Ritchiœana* WENDL. F.[7] pour traiter les coliques et diverses affections abdominales. Avec les fibres on fabrique des sandales qui s'exportent dans diverses régions de l'Asie. Il y a tout intérêt à introduire cet arbre dans notre colonie algérienne. En Géorgie, on mange le fruit du *Rhapidophyllum Hystrix*[8]; on dit qu'il se substitue aux pailles des *Carludovica* de Panama. Les Indiens du Brésil emploient à un grand nombre d'usages domestiques l'*Acanthorrhiza Chuco*[9]. En Chine et au Japon, on fait des cannes qui s'importent en Europe[10], avec les petits palmiers souvent cultivés comme ornementaux du genre *Rhapis*, tels que le *R. flabelliformis*[11] (fig. 193); le *R. cochin-*

1. In *Bull. Soc. bot. Fr.* (1861), 429. — BECC., in *Hook. f. Fl. brit. Ind.*, VI, 436. — *Chamœrops Martiana* WALL. — MART., in *Wall. Pl. as. rar.*, III, t. 211.

2. GRIFF., in *Calc. Journ. Nat. Hist.*, V, 341; *Palms brit. Ind.*, t. 227, A-C. — BRAND., *For. Fl.*, II, 526. — KURZ, *For. Fl.*, II, 526. — GAMBL., *Man. ind. timb.*, 418 (var.? du précédent).

3. GRIFF., in *Calc. Journ. Nat. Hist.*, V, 334; *Palms brit. Ind.*, t. 226, A, B. — BECC., in *Hook. f. Fl. brit. Ind.*, VI, 435 (*Tako-pat*). Les chapeaux se nomment *Ihapees*.

4. *L. cochinchinensis* MART., *Hist. nat. Palm.*, III, 242. — BECC., in *Hook. f. Fl. brit. Ind.*, VI, 434. — *L. spectabilis* GRIFF., in *Calc. Journ. Nat. Hist.*, V, 336; *Palms brit. Ind.*, t. 226, C. — *Corypha Saribus* LOUR., *Fl. cochinch.*, 212. — *Saribus cochinchinensis* BL., *Rumphia*, II, 49 (*Cây-tlo*).

5. MART., *Hist. nat. Palm.*, III, 241. — K. *Enum.*, III, 242. — WENDL. F. et DR., in *Linnœa*, XXXIX, 232. — BENTH., *Fl. austral.*, VII, 147. — *L. inermis* WENDL. F. et DR., *loc. cit.*, 229. — *Corypha australis* R. BR., *Prodr.*, 267.

6. MART., *Hist. nat. Palm.*, III, t. 135, fig. 5. — K., *Enum.*, III, 241. — *Corypha rotundifolia* LAMK. — MART., *loc. cit.*, t. 102.

7. Voy. p. 310, not. 6.

8. WENDL. F. et DR. — *Chamœrops Hystrix* FRAS., in *Pursh Fl. Am. sept.*, I, 240. — CHAPM., *Fl. S. Un.-St.*, 439. — MART., *Hist. nat. Palm.*, III, 250, t. 125, fig. 4. — K., *Enum.*, III, 249 (*Palma de escoba*).

9. DR., in *Mart. Fl. bras.*, III, II, 554. — *Thrinax? Chuco* MART., *Palm. Orbign.*, 45, t. 8, fig. 1; t. 25, fig. B (*Chuco*).

10. *Ground Rattons*, en Angleterre.

11. AIT., *H. kew.*, ed. I, 3, 473. — JACQ., *H. schœnbr.*, III, t. 316. — MART., *Hist. nat. Palm.*, III, 253, t. 144. — K., *Enum.*, III, 251. — *Bot. Mag.*, t. 1371. — *Chamœrops excelsa* THUNB. (part.). — *Nunnerhazia* (sph.) H. BN, *Dict. Bot.*, II, 438, fig. (*Surotsiku, Tsu-tsong*)

chinensis[1], dont on utilise le bois et les feuilles; les *R. major* Bl. et *humilis* Bl. Le *Corypha umbraculifera*[2] a un fruit alimentaire; et des incisions pratiquées à la base de ses spathes découle un liquide qui s'épaissit au soleil, mais qui n'est pas une boisson agréable : c'est plutôt un vomitif et, au dire des négresses indiennes, un abortif. Les graines dures servent à faire des colliers et des bracelets qui, teints en rouge, imitent bien le corail. Le bois sert aux constructions; on en fait des clôtures. Avec les feuilles on recouvre les huttes; elles constituent des éventails gracieux qu'on orne souvent de peintures. On en forme des livres sur les pages desquels on pique les caractères avec un petit stylet de fer. La bourre de la gaine sert à fabriquer des chapeaux et des vêtements. Le *C. Talliera*[3] a, comme l'espèce précédente, une sorte de sagou dans le parenchyme de sa tige. Aux îles Andaman, le *C. macropoda* Kurz[4]; au Bengale, le *C. elata* Roxb.; à Java et aux Moluques, les *C. Gebanga* Bl.[5] et *sylvestris* Bl.[6] ont absolument la même utilité que le *C. umbraculifera*. La racine du *C. sylvestris* est usitée comme astringente. Aux Antilles, le *Sabal umbraculifera*[7] (fig. 198) a des feuilles qui servent à contrefaire les pailles de Panama et dont on fabrique des chapeaux d'un prix peu élevé. Le tronc de cette espèce est dur à la périphérie, rempli à l'intérieur d'une sorte de pulpe qui s'extrait facilement; c'est ainsi qu'on en peut faire des conduites pour les eaux. Le *S. Palmetto*[8], de l'Amérique du Nord, a des tiges assez résistantes pour servir à la con-

1. Mart., *Hist. nat. Palm.*, III, 254. — K., *Enum.*, III, 252. — *Chamærops cochinchinensis* Lour., *Fl. cochinch.*, 808.

2. L., *Spec.*, 1657 (part.). — Gærtn., *Fruct.*, I, 18, t. 17. — Lamk, *Dict.*, II, 130; *Ill.*, t. 899. — Buch., *Decad.*, I, t. 8. — K., *Enum.*, III, 236. — Roxb., *Fl. ind.*, II, 177. — Mart., *Hist. nat. Palm.*, III, 232, t. 108, 127 (part.). — Griff., in *Calc. Journ. Nat. Hist.*, V, 319; *Palms brit. Ind.*, 116. — Thw., *En. pl. Zeyl.*, 329. — Dalz., *Bomb. Fl.*, Suppl., 94. — Kurz, *For. Fl.*, II, 525. — Brand., *For. Fl.*, 549. — Becc., in *Hook. f. Fl. brit. Ind.*, VI, 428. — *Codda-panna* Rheed., *Hort. malab.*, III, 1, t. 1-12.

3. Roxb., *Pl. corom.*, III, 251, t. 255, 256 *Fl. ind.*, II, 174. — Mart., *Hist. nat. Palm.*, III, 231. — K., *Enum.*, III, 236. — Griff., in *Calc. Journ. Nat. Hist.*, V, 317; *Palms brit. Ind.*, 114, t. 220, E, F. — Becc., in *Hook. f. Fl. brit. Ind.*, VI, 428. — *Talliera bengalensis* Spreng. — *T. Tali* Mart., in *Rœm. et Sch. Syst.*, VII, 1306 (*Tali*).

4. In *Journ. As. Soc. beng.*, XLIII, II, 197, t. 15; *For. Fl.*, II, 525. — Becc., in *Hook. f. Fl. brit. Ind.*, VI, 429.

5. Mart., *Hist. nat. Palm.*, III, 233. — K., *Enum.*, III, 237. — *Taliera Gembanga* Rœm. et Sch., *Syst.*, V, 1307. — *Gembanga rotundifolia* Bl. — *Cabang* Rumph., *Herb. amboin.*, I, 55 (ex K.).

6. Mart., *Hist. nat. Palm.*, III, 233. — K., *Enum.*, III, 237. — *C. Utan* Lamk, *Dict.*, II, 131. — *Lontarus sylvestris* Rumph., *Herb. amboin.*, I, 53, t. 11. — Buch., *Dec.*, X, t. 4. — *L. Utan* Rumph., *loc. cit.*, 56. — *Gembanga sylvestris* Bl. — *Taliera sylvestris* Bl.

7. Mart., *Hist. nat. Palm.*, III, 245, t. 130; t. T, fig. 5; Z, fig. 1. — K., *Enum.*, III, 245. — *Corypha umbraculifera* Jacq., *Fragm.*, 7, n. 47 (non L.). — *Sabal Blackburniana* Kirkl. — Rœm. et Sch., *Syst.*, III, 245 (ex K.).

8. Lodd., in *Rœm. et Sch. Syst.*, VI, 1487. — K., *Enum.*, III, 247. — *Corypha Palmetto* Walt., *Fl. carol.*, 119. — *Chamærops Palmetto* Michx, *Fl. bor.-amer.*, I, 206; *Arbr.*, t. 10. — Pursh, *Fl. Am. sept.*, t. 240. — Nutt., *Gen. amer.*, I, 231 (*Palmetto*).

struction de quais, de radeaux, de navires, et, comme on l'a vu, dit-on, pendant la guerre de l'Indépendance, à celle des forteresses. Les feuilles s'emploient à couvrir les huttes. Le *S. Adansonii*[1] (fig. 194-197), des mêmes régions, passe pour avoir une moelle comestible. Ses fruits le sont à peine, quoi qu'on en dise. Le *Teysmannia altifrons*[2], de la Malaisie et de Sumatra, est employé aussi à couvrir les cases. On mange son fruit, qui est de la grosseur d'un œuf de pigeon. Dans l'Amérique du Nord, le *Serenœa serrulata*[3] a des fruits charnus dont on extrait une huile médicinale, préconisée contre les névralgies; avec ses folioles on fabrique des brosses et un solide papier d'emballage. Les feuilles du *Brahea dulcis*[4] servent de litière et de couverture pour les toitures. On le cultive comme plante d'ornement, de même que le *B. calcarea* LIEBM. et aussi que l'*Erythea edulis* et l'*E. armata*[5]. Les fruits du premier sont comestibles. Les *Thrinax parviflora* SW., *multiflora* MART. et *argentea* LODD.[6] servent aux mêmes usages que les *Brahea*. C'est avec la paille de la dernière de ces trois espèces que se fabriquent les chapeaux dits *Chip-hats*. En Colombie, les habitations indiennes sont souvent recouvertes des feuilles du *Trithrinax mauritiæformis* KARST.; et il en est de même de celles du *Copernicia cerifera*[7], dont le bois sert aux constructions, dont la racine est médicamenteuse, substituée aux salsepareilles; dont les fibres sont employées à faire des cordages, et dont le spadice et le fruit sont des aliments estimés. La plante fournit aussi une sorte de liège. Le *Licuala acutifida*[8] a des pétioles rigides et qui prennent un beau poli; on en fait des cannes dites *Penang-layers*. Avec les feuilles du *L. spinosa*[9] et du *L. Rumphii* BL., on enveloppe le tabac à

1. GUERS., in *Bull. Soc. philom.*, n. 67, t. 25. — MART., *Hist. nat. Palm.*, III, 246, t. 103, fig. 2; t. Y, fig. 4. — K., *Enum.*, III, 246. — *Bot. Mag.*, t. 1434. — *Corypha minor* MURR. — *Chamærops glabra* MILL. — *C. acaulis* MICHX. — *Rhapis acaulis* W.

2. REICHB. F. et ZOLL., in *Linnæa*, XXVIII, 657. — MIQ., *Fl. ind. bat.*, III, 740. — BECC., in *Fl. brit. Ind.*, VI, 483. — RIDL., in *Trans. Linn. Soc.*, ser. II, *Bot.*, III, 392 (*Daun Payoh*).

3. Voy. p. 315, not. 2 (*Palmier-scie*).

4. MART., *Hist. nat. Palm.*, III, 244, t. 137, 162. — K., *Enum.*, III, 245. — *Corypha dulcis* H. B. K., *Nov. gen. et spec.*, I, 300.

5. S.-WATS., in *Proc. Amer. Acad.*, XI, 120, 146; *Bot. Calif.*, II, 211, 485.

6. *H. par.*, in *Desf. Cat.*, ed. III, 31. — K., *Enum.*, III, 253. — *Palma argentea* JACQ., *Fragm.*, 38, t. 43, fig. 1. Les *T. pumilio*, *radiata* et *barbadensis* LODD., souvent confondus avec cette espèce dans les jardins botaniques où plusieurs sont quelquefois cultivées, peuvent servir également aux mêmes usages.

7. Voy. p. 288, not. 3.

8. MART., *Hist. nat. Palm.*, III, 236, t. 135, fig. 3, 4. — GRIFF., in *Calc. Journ. Nat. Hist.*, V, 327; *Palms brit. Ind.*, 122, t. 222, A, B. — BECC., in *Hook. f. Fl. brit. Ind.*, VI, 433 (*Plass-tikoos*).

9. WURMB., in *Verh. Bat. Gen.*, II, 469. — ROXB., *Fl. ind.*, II, 181 (part.). — GRIFF., in *Calc. Journ. Nat. Hist.*, V, 321. — BL., *Rumphia*, II, t. 82, 88. — MART., *Hist. nat. Palm.*, III, 235, 318, t. 135. — MIQ., *Fl. ind. bat.*, III, 53; Suppl., 254. — BECC., *Males.*, III, 74; in *Hook. f. Fl. brit. Ind.*, VI, 431. — *L. ramosa* BL., in *Rœm. et Sch. Syst.*, VII, 1303. — *L. horrida* BL., *Rumphia*, II, 41, t. 89, fig. 1. — *L. paludosa* KURZ, in *Journ. As. Soc. beng.*, XLIII, 528; *For. Fl.*, II, 528.

fumer. On mange les fruits du *L. peltata*[1], dont les feuilles servent de toiture. Celles du *L. Bissula* Miq., des Célèbes, s'emploient à la confection de tissus grossiers. Le *Nipa fruticans*[2] n'est pas seulement un palmier à vin et à sucre. Ses jeunes fibres se mangent et se confisent au sirop. Ses jeunes feuilles servent aussi à envelopper les cigares. Le bois est utilisé pour les constructions. Le péricarpe grillé donne un bon charbon de palmier. Le Cocotier des Seychelles[3] a toutes les propriétés générales du Rondier, dont il est si voisin par son organisation. Ses gros fruits bilobés[4] ont été longtemps un objet de curiosité: ils étaient portés par la mer à d'assez grandes distances, sans qu'on connût leur véritable patrie. Ils passaient pour résister à l'action de tous les venins et servaient à faire des vases incassables[5]. L'albumen est comestible, mais médiocre, de même que l'huile qu'on en extrait, et astringent; ce qui l'a fait vanter comme antidysentérique. Les feuilles énormes servent à de nombreux usages domestiques, remarquables surtout par l'élégance des paniers et autres ouvrages délicats de vannerie fine qu'on confectionne avec leurs lanières étroites. Jeunes, elles servent à faire des chapeaux souples et légers. De leurs côtes, on fabrique des balais, et du duvet qui couvre leur base, des matelas. Les *Chamæriphes* sont presque tous des arbres utiles, plus connus sous le nom d'*Hyphæne* ou de *Doums*. Le *C. thebaica* O. K.[6], de l'Afrique tropicale orientale, remarquable par la fréquente ramification de son stipe, bien connu, croit-on, des anciens, a des fruits peu sapides, à odeur de pain d'épice, dont on mange le sarcocarpe spongieux. C'est aussi un médicament : infusé dans l'eau avec des dattes, il se donne aux fébricitants. Les *C. coriacea*[7], *guineensis*[8], *turbinata*[9], *ventricosa* O. K.[10]

1. Roxb., *Fl. ind.*, II, 179. — Ham., in *Mem. Werner. Soc.*, V, 313. — Mart., *Hist. nat. Palm.*, III, 234, t. 162. — K., *Enum.*, III, 238. — Becc., in *Hook. f. Fl. brit. Ind.*, VI, 430. — *Gardn. Chron.* (1872), fig. 350 (*Chattah-patte*).

2. Voy. p. 321, not. 5.

3. Voy. p. 323, not. 2.

4. *Coco des Maldives, Coco de mer, Cul-de-négresse.*

5. *Vaisselle de l'Isle Praslin.*

6. *H. thebaica* K., *Enum.*, III, 227 (part.). — A. Rich., *Fl. abyss.*, 349. — Boiss., *Fl. or.*, V, 46. — *Fl. serres*, t. 2152, 2153. — *H. crinita* Gærtn., *Fruct.*, II, 13, t. 82, fig. 4. — Mart., *Hist. nat. Palm.*, III, 226, t. 131-133. — *H. cucifera* Pers., *Syn.*, II, 623. — *Corypha thebaica* L., *Spec.*, 1657. — *Douma thebaica* Poir., *Suppl.*, II, 519. — Lamk, *Ill.*, t. 900. — Turp., in *Dict. sc. nat.*, Atl., t. 157, 158. — *Cucifera thebaica* Del., *Fl. ægypt.*, I, 57 (1824), in *Descr. Eg.*, XIX, 20, 117, t. 1, 2. — *Dome* Poc., *Reis. or.*, I, 281, t. 73 (*Palmier de la Thébaïde, P. pain-d'épice*).

7. *Hyphæne coriacea* Gærtn., *Fruct.*, I, 28, t. 10, fig. 2. — R. Br., in *Tuck. Cong. App.*, 457. — K., *Enum.*, III, 227. — ? *Corypha africana* Lour., *Fl. cochinch.*, 264.

8. *Hyphæne guineensis* Thonn. et Schum., in *Dansk. Vid. naturv. Afhund.*, IV (1829); in *Bull. univ. sc. nat.*, XXIV, 330. — ? Johnst. (H.), *Riv. Cong.*, 10.

9. *Hyphæne turbinata* Wendl. f.

10. *Hyphæne ventricosa* Kirk. — Johnst. (H.), *loc. cit.*, 195.

ont, dit-on, des propriétés analogues. Plusieurs d'entre eux donnent par incision une sorte de vin de palme et ont un bourgeon terminal comestible. Le véritable Latanier[1], des Mascareignes, est aussi un arbre des plus utiles par son bois; par ses feuilles qui servent à une foule d'usages domestiques; par son fruit, dont la chair est astringente et sert à préparer des émulsions antiscorbutiques; par ses graines, dont l'albumen est amer et purgatif; par sa sève, qui est également antiscorbutique et se transforme facilement en vinaigre. Dans la Malaisie, le *Pholidocarpus Ihur* Bl. est aussi recherché pour les nombreux emplois de ses feuilles dont on fait des nattes et des tissus; de son bois, appliqué aux constructions; de sa moelle, dont on extrait une fécule alimentaire; de son fruit et de son albumen, qui sont comestibles; de sa sève, qui sert à préparer divers mets de poissons et de crustacés; de sa racine, qui est médicinale, astringente.

La plupart des Rotangs sont utiles. On confectionne avec leurs tiges fendues des sièges dits « cannés »; et l'on se sert de ces tiges comme cannes, principalement de celles des *R. Linnæi*[2], *verus*[3], *niger*[4], *micracanthus*[5], *latispinus*[6], *rudentum*[7], *Royleanus*[8], *petræus*[9], *equestris*[10], *rhomboideus*[11], *viminalis*[12], *scipionum*[13], *heteroideus*[14], *ornatus*[15], *spectabilis*[16], *Manan*[17], *Blancoi*[18], *albus*[19], *gramino-*

1. *Latania Commersonii* Mart.

2. *Calamus Rotang* L., *Spec.*, 463. — W., *Spec.*, II, 202. — K., *Enum.*, III, 207, n. 12 (excl. syn. plerisq.).

3. *Calamus verus* Lour., *Fl. cochinch.*, 261 (non W.). — Spreng., *Syst.*, II, 17. — Mart., *Hist. nat. Palm.*, III, 209. — K., *Enum.*, III, 208, n. 15. — ? *Palmijuncus verus latifolius* Rumph.

4. Rumph., *Herb. amboin.*, V, 101, t. 52. — *Palmijuncus niger* Rumph. — *Dæmonorops melanochætis* Bl., in *Rœm. et Schult. Syst.*, VII, 1333. — K., *Enum.*, III, 202. — ? *Calamus niger* W. — *C. Rotang* β L., *Spec.*, 463.

5. *Calamus micracanthus* Griff., *Palms brit. Ind.*, 72. — *Dæmonorops micracanthus* Becc., in *Hook. f. Fl. brit. Ind.*, VI, 467.

6. *Calamus latispinus* Host (Rosenth., *Syn. pl. diaphor.*, 151).

7. *Calamus rudentum* Lour., *Fl. cochinch.*, 260. — Lamk, *Dict.*, VI, 304. — Mart., *Hist. nat. Palm.*, III, 211. — K., *Enum.*, III, 210.

8. *Calamus Royleanus* Griff. (Rosenth.).

9. *Calamus petræus* Lour., *Fl. cochinch.*, 260. — Spreng., *Syst.*, II, 17 (part.). — K., *Enum.*, III, 206, n. 8.

10. *Calamus equestris* W., *Spec.*, II, 204.— Mart., *Hist. nat. Palm.*, III, 203, t. 113, 128. — K., *Enum.*, III, 204, n. 1. — *Palmijuncus equestris* Rumph., *Herb. amboin.*, V, 110, t. 56, 57, fig. 1.

11. *Calamus rhomboideus* Bl., in *Rœm. et Schult. Syst.*, VII, 1327. — Mart., *Hist. nat. Palm.*, III, 212. — K., *Enum.*, III, 212, n. 36.

12. *Palmijuncus viminalis* Rumph., *Herb. amboin.*, V, t. 55, fig. 2. — *Calamus viminalis* W., *Spec.*, II, 203. — Nees, *Pl. off.*, t. A, B — K., *Enum.*, III, 203, n. 3. — Becc., in *Hook. f. Fl. brit. Ind.*, VI, 444. — *C. extensus* Mart. — *C. Pseudo-Rotang* Mart.

13. *Calamus scipionum* Lour., *Fl. coch.*, 260. — K., *Enum.*, III, 206, n. 7. — Mart., *Hist. nat. Palm.*, III, 342. — Griff., *Palms brit. Ind.*, 43. — Becc., in *Hook. f. Fl. brit. Ind.*, VI, 461. — *C. micranthus* Bl., *Rumphia*, III, 53, t. 157 (part.).

14. *Calamus heteroideus* Bl. (Rosenth.).

15. *Calamus ornatus* Bl., in *Rœm. et Sch. Syst.*, V, 1326. — Mart., *Hist. nat. Palm.*, III, t. 116, fig. 2. — K., *Enum.*, III, 205, n. 2. —Becc., in *Hook. f. Fl. brit. Ind.*, VI, 460.— *C. ovatus* Reinw. — *C. aureus* Reinw. (ex Mart.)

16. *Calamus spectabilis* Bl. (Rosenth.).

17. *Calamus Manan* Teysm. (Rosenth.).

18. *Calamus Blancoi* K., *Enum.*, III, 595, n. 50. — *C. gracilis* Blanc., *Fl. d. Filip.*, 267.

19. *Calamus albus* Pers., *Syn.*, I, 383 (var.? (K.) du *C. rudentum* Lour.).

sus[1], *cæsius*[2], *melanoloma*[3], *pisicarpus*[4], *asperrimus*[5], *Cawa*[6], *crinitus*[7], *scandens*[8], *longipes*[9], *periacanthus*[10], *palembanicus*[11], *adscendens*[12], *barbatus*[13], etc. On mange les fruits des *R. barbatus*, *maximus*, *Manan* et de quelques espèces de l'Afrique tropicale; les jeunes pousses des *R. Linnæi*, *petræus*, *heteroideus*, *adscendens*. La sève de plusieurs espèces sert de boisson ; celle du *R. Blancoi* est astringente, anti-aphteuse. A Java, on extrait des tiges du *Plectocomia elongata*[14] un suc qui sert à traiter les affections fébriles et dont on peut préparer une liqueur fermentée. C'est aussi une plante à fibres textiles et à sparteries. Ces derniers usages sont encore, à Java, ceux du *Ceratolobus glaucescens* Bl. Quant aux *Korthalsia*[15], leurs tiges flexibles sont employées comme celles des Rotangs. Les feuilles des Sagoutiers sont usitées comme textiles et en litière. On mange les fruits des *Zalacca edulis* Reinw., *Wallichiana* Mart., *macrostachya* Griff.; et leurs feuilles sont employées à couvrir les habitations, comme celles de l'*Eugeissona tristis*[16]. On peut faire des liens avec les lanières de leur limbe ou de leur pétiole; usage auquel nous

1. *Calamus graminosus* Bl. (Rosenth.).

2. *Calamus cæsius* Bl., *Rumphia*, III, 57. — Mart., *Hist. nat. Palm.*, III, 340. — Becc., in *Hook. f. Fl. brit. Ind.*, VI, 456. — *C. glaucescens* Bl., *Rumphia*, III, 65.

3. *Calamus melanoloma* Mart., *Hist. nat. Palm.*, III, 207, t. 116, fig. 3. — K., *Enum.*, III, 206, n. 6.

4. *Calamus pisicarpus* Bl. (Rosenth.).

5. Bl., in *Rœm. et Schult. Syst.*, VII, 1327. — Mart., *Hist. nat. Palm.*, 212. — K., *Enum.*, III, 212, n. 35.

6. *Calamus Cawa* Bl. (Rosenth.).

7. *Dæmonorops crinitus* Bl. (Rosenth.).

8. *Dæmonorops scandens* Bl. (Rosenth., *loc. cit.*, 1093).

9. *Calamus longipes* Griff., in *Calc. Journ. Nat. Hist.*, V, 68; *Palms brit. Ind.*, 78, t. 203, A, B. — *C. strictus* Miq., *Palm. Arch. ind.*, 28. — *Dæmonorops longipes* Mart., *Hist. nat. Palm.*, III, 329, t. 176. — Becc., in *Hook. f. Fl. brit. Ind.*, VI, 471. — *D. strictus* Bl., *Rumphia*, III, 19, t. 163, A, B.

10. *Dæmonorops periacanthus* Teysm. (Rosenth.).

11. *Dæmonorops palembanicus* Bl. (Rosenth.).

12. *Dæmonorops ascendens* Bl. (*Ratanpella*).

13. *Calamus barbatus* Mackl., in *Bull. sc. nat.*, XXIV, 67. — K., *Enum.*, III, 213, n. 45.

14. Mart. et Bl., in *Rœm. et Schult. Syst.*, VII, 1333. — Mart., *Hist. nat. Palm.*, 199, t. 114; t. 116, fig. 1. — K., *Enum.*, III, 202. — Bl., *Rumphia*, III, 68, t. 158; 163, A. — Becc., in *Hook. f. Fl. brit. Ind.*, VI, 479. — *Calamus maximus* Reinw. — Bl., *Cat. H. bogor.*, 59.

15. Notamment le *K. scaphigera* Mart., *Hist. nat. Palm.*, III, 211. — Becc., in *Hook. f. Fl. brit. Ind.*, VI, 475. — *K. Lobbiana* Wendl. f. — *Calamosagus scaphigera* Griff., *Palms brit. Ind.*, 30, t. 184, A. — *C. wallichiæfolius* Mart.; le *K. polystachya* Mart., *Hist. nat. Palm.*, III, 210, t. 172, fig. 1. — Becc., *Males.*, II, 74; in *Hook. f. Fl. brit. Ind.*, VI, 476. — *Calamosagus polystachyus* Griff. — *G. ochriger* Griff., *Palms brit. Ind.*, t. 216, fig. 1 (*Rotangoram*); le *K. wallichiæfolia* Wendl. f., in *Kerch. Palm.*, 248. — Becc., *Males.*, II, 75; in *Hook. f. Fl. brit. Ind.*, VI, 475. — *Calamosagus wallichiæfolius* Griff., *Palms brit. Ind.*, t. 184 (non Mart.). — *C. harinæfolius* Griff., *loc. cit.*, 29 (*Rotang-simote*); le *K. laciniosa* Mart., *Hist. nat. Palm.*, III, 212. — Kurz, in *Journ. Beng. As. Soc.*, XLIII, II (1874), 207. — Becc., *Males.*, II, 76; in *Hook. f. Fl. brit. Ind.*, VI, 475. — *K. scaphigera* Kurz, *loc. cit.*, t. 20, 21 (non Mart.). — *K. andamanensis* Becc., *Males.*, II, 76. — *Calamosagus laciniosus* Griff., in *Calc. Journ. Nat. Hist.*, V, 23, t. 1; *Palms brit. Ind.*, 27, t. 183 (*Rohrstöcke*).

16. Griff., in *Calc. Journ. Nat. Hist.*, V, 101; *Palms brit. Ind.*, 109, t. 220, A. — Mart., *Hist. nat. Palm.*, III, 212, t. 179, 180. — Becc., in *N. Giorn. bot. ital.*, III, 28; in *Hook. f. Fl. brit. Ind.*, VI, 481.

voyons si fréquemment appliquées en horticulture celles des divers *Raphia* de Madagascar et de l'Afrique tropicale occidentale.

Parmi les Arengées, outre les espèces du genre qui leur a donné son nom, on doit remarquer, en Amérique, les *Œnocarpus*, dont le nom indique assez que ce sont des palmiers à vin, à sève fermentescible, comme celle de la plupart des grandes espèces de l'Asie, de l'Océanie et de l'Afrique tropicales. Tel est l'*Œ. Bacaba*[1], dont les feuilles et le bois sont très utiles aux Indiens du Brésil, et dont les fruits fournissent une huile abondante. On emploie également l'*Œ. Bataua*[2], du même pays, dont les gaines foliaires portent des épines employées comme flèches; et l'*Œ. distichus*[3], assez souvent cultivé pour ses fruits oléagineux. A la Guyane, l'*Œ. Catuna* Aubl. a des fruits comestibles et des graines qu'on transforme en charbon végétal. Les *Euterpe*[4] sont les plantes américaines les plus connues, on le sait, comme choux-palmistes. L'*E. precatoria* a un bourgeon terminal aussi savoureux que celui de l'*E. oleracea*. Son fruit servirait à faire des chapelets. Frais, il est noir et globuleux, et l'on en prépare une boisson comparable aux gros vins rouges de Bourgogne. Dans les îles de la Sonde, l'*Oncosperma filamentosa*[5] donne le meilleur des choux-palmistes. Le *Jessenia polycarpa*[6] est une plante employée en Colombie pour son bois et son feuillage. Le *Calyptrocalyx spicatus* Bl.[7] est aussi, aux Moluques, recherché pour son bois. Sa graine est parfois substituée à la Noix d'Arec. Dans l'Amérique tropicale, on cultive souvent, à cause des qualités excellentes de leur bourgeon terminal, les *Oreodoxa oleracea*[8] et *regia*[9]. Celui-ci est, aux Antilles, employé à faire des conduites d'eau, et l'on engraisse les porcs avec ses fruits. Le premier donne une fécule analogue au sagou

1. Mart., *Palm. bras.*, 24, t. 26, fig. 1, 2. — K., *Enum.*, III, 180. — Wall., *Palm.-tr. Amaz.*, t. 9. — Dr., *Fl. bras.*, III, II, 469. — ? *Palma Comon* Aubl. (*Bacaba naçu*).

2. Mart., *Palm. bras.*, 23, t. 24, 25. — K., *Enum.*, III, 180. — Dr., *Fl. bras.*, III, II, 468, t. 108, fig. 1. — ? *Palma Patavona* Aubl. (*Bataua, Patawa*).

3. Mart., *Palm. bras.*, 22, t. 22, 23. — K., *Enum.*, III, 180. — Dr., *Fl. bras.*, III, II, 467 (*Bacaba de aceite*).

4. Voy. p. 345, not. 2.

5. Bl., *Rumphia*, II, 97, t. 82, 103. — Becc., in *Hook. f. Fl. brit. Ind.*, VI, 414. — *O. cambodianum* Hance. — *Areca tigillaria* Jack. — *A. Nibung* Mart., *Hist. nat. Palm.*, III, t. 153 *Palmier Nibung*).

6. Karst., *Fl. columb.*, I, 197, t. 98. — Dr., *Pflanzenfam.*, fig. 52 (*Unamo*).

7. *Areca spicata* Lamk, *Dict.*, I, 241. — Mart., *Hist. nat. Palm.*, III, 179. — K., *Enum.*, III, 187. — *Pinanga globosa* Rumph., *Herb. amboin.*, I, 38, t. 5, fig. 1, A. — *Areca frondibus pinnatis; spadice non ramoso, spiciformi; fructu globoso* N. B. (ex Lamk) (*Pinang-oetang, Niboeng*).

8. Mart., *Hist. nat. Palm.*, III, 166, t. 156, fig. 1, 2; 163. — K., *Enum.*, III, 181. — *Areca oleracea* L., *Syst.*, 828. — Jacq., *Amer.*, 278, t. 170. — ? *Euterpe caribæa* Spreng.

9. H. B. K., *Nov. gen. et spec.*, I, 305. — Mart., *Hist. nat. Palm.*, III, 168, t. 156, fig. 3-5. — K., *Enum.*, III, 182. — *Œnocarpus regius* Spreng. (*Palmito, Palma real*).

et une huile tirée du fruit. Avec ses pétioles on fait des berceaux pour les négrillons, des cannes et divers articles de ménage. Le bois de l'*O. Sancona*[1] sert aux constructions, et les feuilles de l'*O. frigida*[2] s'emploient à recouvrir les cases. Aux Mascareignes, on coupe comme choux-palmistes les *Dictyosperma*, et, en Océanie, le *Kentia sapida*[3]. Beaucoup d'autres Arécées s'emploient au même usage. A Madagascar, plusieurs petits *Dypsis* et *Phloga* servent à l'extraction d'un sel qui s'applique aux usages domestiques. D'autres fournissent une huile usitée dans le même pays comme antirhumatismale et dépurative. A Java, le *Wallichia porphyrocarpa* Mart. est une plante médicinale, de même que le *Seaforthia Calapparia* Mart. et le *Ptychosperma latisecta* Miq. Le *Saguerus Gomutus* (fig. 222, 223), dont nous connaissons déjà les produits sucrés et alcooliques[4], a un fruit qui, avant sa maturité, passe pour stomachique, pectoral, fortifiant. Quand il est frais, on obtient par incision de son péricarpe un suc irritant qui enflamme la peau et les muqueuses. C'est avec lui qu'aux Moluques, on préparait par décoction une *Eau infernale* que les assiégés lançaient sur les assaillants. En Amérique, les *Iriartea* sont employés à de nombreux usages. L'*I. ventricosa*[5] sert aux Indiens à fabriquer des armes, des canots et un grand nombre d'ustensiles domestiques. De son tronc renflé ils font des cymbales[6]. Les *I. exorrhiza*[7] et *Orbignyana*[8] servent aux mêmes usages économiques. L'*I. setigera*[9], dont la moelle est alimentaire, a des hampes dont les Indiens fabriquent leurs sarbacanes (*Sarabatanos*).

Parmi les produits les plus remarquables du Brésil figurent les fibres des *Piaçaba*[10], avec lesquelles on balaye souvent les rues de Paris. Ces fibres rigides, solides, noirâtres, provenaient toutes originaire-

1. H. B. K., *Nov. gen. et spec.*, I, 304. — K., *Enum.*, III, 182. — *Œnocarpus Sancona* Spreng. (*Sancona*).

2. H. B. K., *Nov. gen. et spec.*, I, 304. — K., *Enum.*, III, 183. — *Œnocarpus frigidus* Spreng. (*Sancona*).

3. *Areca sapida* Sol., in *Forst. Pl. esc.*, 66. — Bauer, *Ill. norfolk.*, t. 179, 180, 202, 203. — Endl., *Fl. norfolk.*, 26. — Mart., *Hist. nat. Palm.*, III, 172, t. 151, 152. — K., *Enum.*, III, 185. — Hook. f., *Handb. N. Zeal. Fl.*, 288. — *Bot. Mag.*, t. 5139. — *A. Banksii* A. Cunn.

4. Voy. p. 229, not. 5.

5. Mart., *Palm. bras.*, 37, t. 35, 36. — K., *Enum.*, III, 195. — Wall., *Palm.-tr. Amaz.*, 37, t. 14. — Spruce, *Palm. Amaz.*, 133. — Dr., *Fl. bras.*, III, II, 538, t. 126, fig. 2. — *Deckeria ventricosa* Karst., in *Linnæa* (1859), 259 (*Baxiuva*, *Barrigada*).

6. *Juriparis* ou Diables.

7. Mart., *Palm. bras.*, 36, t. 33, 34. — K., *Enum.*, III, 194. — Wall., *Palm.-tr. Amaz.*, 35, t. 12, 13. — Dr., *Fl. bras.*, III, II, 539, t. 126, fig. 1. — *I. philonotica* Barb.-Rodr. (ex Dr.). — *Socratea exorrhiza* Wendl. f., in *Bonplandia*, VIII, 103. — *S. elegans* Karst. (ex Dr.) (*Paxiuba*).

8. Mart., *Palm. Orbign.*, 14, t. 15, fig. 1; t. 20, fig. B. — *Socratea Orbignyana* Karst. (*Acuna*).

9. Mart., *Palm. bras.*, 39, t. 37. — K., *Enum.*, III, 195.

10. Celui de Madagascar vient du *Dictyosperma fibrosum* Wright (*Kew Bull.* (1894), 358).

ment, à ce qu'on croyait, d'un *Attalea*, l'*A. funifera*[1]; fibres de la base du pétiole et de la spathe, dont on fait des brosses, des filets, des cordages. L'endocarpe sert à tourner de jolis petits ouvrages très variés. On croit aujourd'hui que des fibres analogues, de qualité supérieure, sont fournies par la gaine foliaire d'un autre palmier brésilien, le *Leopoldinia Piassaba*[2], arbre dont les fruits[3] servent d'aliment aux Indiens. Ils emploient aussi à plusieurs usages domestiques la tige et les feuilles du *L. pulchra*[4] et du *L. insignis*[5]; tandis que le fruit du *L. major*[6], incinéré, puis traité par l'eau, sert à l'extraction du sel dont ils se servent. La plupart des *Attalea* sont aussi des plantes utiles : l'*A. compta*[7], par les lanières de ses feuilles qu'on tresse comme l'osier, par ses graines comestibles et par son sarcocarpe oléifère; l'*A. Indaya*[8], dont les péricarpes charnus et les feuilles sont également utilisés; l'*A. humilis*[9], dont la graine se mange et dont les feuilles servent à faire de solides filets de pêche; l'*A. spectabilis*[10], dont le sarcocarpe a une saveur agréable et dont le feuillage sert à couvrir les habitations; l'*A. nucifera*[11], dont les fruits se mangent; l'*A. princeps*[12], qui donne à la fois de l'huile, du vin de palme, des bourgeons comestibles, des fibres textiles et du bois de construction; l'*A. excelsa*[13], dont le bois et les feuilles encore verts servent à sécher les caoutchoucs, auxquels leur épaisse fumée communique une coloration brune ou noire; l'*A. speciosa*[14], dont les feuilles abritent les cases et dont le bois et l'écorce[15] s'emploient

1. MART., *Palm. bras.*, 136, t. 95; 96, fig. 4; T, fig. 1, 2. — TARG.-TOZ., in *Mem. Soc. sc. Moden.*, XX, II, 311. — PR. M.-NEUW., *Reis. Bras.*, I, 272. — K., *Enum.*, III, 276, n. 1. — DR., *Fl. bras.*, III, II, 436 (*Coco de Piaçaba*).
2. WALL., *Palm.-tr. Amaz.*, 17, t. 6. — SPRUCE, in *Journ. Linn. Soc.*, IV, 58; *Palm. Amaz.*, 127. — DR., *Fl. bras*, III, II, 153.
3. *Chiquiriquis*.
4. MART., *Palm. bras.*, 59, t. 53, fig. I, II; 100, fig. I, II. — WALL., *Palm.-tr. Amaz.*, t. 2, fig. 6; 4. — SPRUCE, *Palm. Amaz.*, 126. — K., *Enum.*, III, 177. — DR., *Fl. bras.*, III, II, 514, t. 123, fig. 2 (*Jara, Jaravia, Caraña*).
5. MART., *Palm. bras.*, 60, t. 63, fig. 16, 17. — K., *Enum.*, III, 177. — DR., *Fl. bras.*, III, II, 516, t. 123, fig. 1.
6. WALL., *Palm.-tr. Amaz.*, 15, t. 5. — SPRUCE, *Palm. Amaz.*, 125. — DR., *loc. cit.*, 515 (*Jara-uassu*).
7. MART., *Palm. bras.*, 127, t. 41, 97; *Hist. nat. Palm.*, III, 217; *Palm. Orbign.*, 120. — K., *Enum.*, III, 276. — *Cocos Ndaiá-assú* PR. M.-NEUW., *Reis. Bras.*, I, 271. — *Pindova* PIS. — *Pindoba* MARCGR. — JOHNST., *Dendr.* (ed. 1768), 155.
8. DR., *Fl. bras.*, III, II, 437, t. 100, fig. 2.
9. MART., in *Spreng. Syst.*, II, 624; *Palm. bras.*, t. 75; *Hist. nat. Palm.*, III, 297, t. 168, fig. 1; *Palm. Orbign.*, 121. — DR., *loc. cit.*, 438 (*Pindova, Catolé, Palmeirim*).
10. MART., *Palm. bras.*, t. 96, fig. 1, 2. — K., *Enum.*, III, 276. — WALL., *Palm.-tr. Amaz.*, 118, t. 3, fig. 1. — DR., *loc. cit.*, 440, t. 99 (*Curuã, Macupi*).
11. KARST., *Fl. columb.*, I, t. 68.
12. MART., *Palm. Orbign.*, 113, t. 4, fig. 2, 31; *Hist. nat. Palm.*, III, 298, t. 167, fig. 1. — *Scheelea princeps* KARST., *Fl. columb.*
13. MART., *Palm. bras.*, 138, t. 96, fig. 3; *Hist. nat. Palm.*, III, 298, t. 169, fig. 3; *Palm. Orbign.*, 117. — K., *Enum.*, III, 277. — WALL., *Palm.-tr. Amaz.*, 117, t. 46 (*Uauassû*).
14. MART., *Palm. bras.*, 138, t. 96, fig. 3. — K., *loc. cit.*, n. 4.
15. *Pahla branca*.

aux usages domestiques. L'*A. Humboldtiana*[1] a, sur les bords de l'Amazone, des qualités analogues. Les *Orbignya racemosa* Dr.[2] et *Eichleri* Dr.[3] fournissent aussi aux Indiens du Brésil des *Piaçaba* plus ou moins recherchés, mais de qualité relativement fort inférieure. Les *Acrocomia* ne rendent pas moins de services aux peuplades brésiliennes. L'*A. sclerocarpa*[4] sert à préparer des mets qu'elles recherchent surtout pour ses feuilles, qu'elles cuisent au vinaigre. La pulpe de son mésocarpe et son albumen servent au traitement des affections catarrhales. On mange aussi le fruit drupacé de l'*A. Totai*[5]. Le péricarpe de l'*A. funiformis*[6] contient, dit-on, une huile jaune, à odeur de violettes et qui servirait à faire des savons fins. Le *Manicaria saccifera*[7] (fig. 231), de l'Amérique tropicale, donne une sève fermentescible et enivrante, des fruits dont on prépare aussi des boissons, des feuilles qui servent de litière et de couverture, des spathes dont on fait des coiffures singulières[8]. Les *Bactris*, souvent de petite taille, sont moins utiles aux Indiens d'Amérique. Le *B. Maraja*[9] a des fruits comestibles pour l'homme et les oiseaux. Le *B. campestris*[10] sert à établir des clôtures infranchissables. Le *B. acanthocarpa*[11] fournit des fibres pour la fabrication des filets. Le *B. piscatorum*[12] a une petite baie, excellente amorce pour les meilleurs poissons du Brésil. Le *B. major*[13] fournit du vinaigre par fermentation de son péricarpe. Le *B. Gasipaes*[14] est cultivé dans un grand nombre de villages américains pour ses fruits, qu'on compare quant à la qualité à nos pêches; pour son bois noir et dur; pour ses épines rigides qui servent d'aiguilles.

1. Spruce, *Palm. Amaz.*, 163 (*Yagua, Tiassé, Caiat*).

2. *Piaçaba verdadeire*.

3. A Goyaz, *Pindoba*.

4. Mart., *Palm. bras.*, 66, t. 56, 57; 100, fig. 5; *Palm. Orbign.*, 81. — K., *Enum.*, III, 271. — Dr., *Fl. bras.*, III, II, 390, t. 7, 33. — *A. leiospatha* Wall., *Palm.-tr. Amaz.*, 97, t. 37. — *Bactris globosa minor* Gærtn., *Fruct.*, I, 22, t. 9, fig. 1. — *Cocos aculeata* Jacq., *Amer.*, t. 169; ed. pict., t. 154. — *Macoya* Aubl. (*Macaüba, Coco de Catarho, Mocaja*).

5. Mart., *Palm. Orbign.*, 78, t. 9, 29.

6. Qu'on dit originaire de la Jamaïque.

7. Gærtn., *Fruct.*, II, 468, t. 176. — W., *Spec.*, IV, 493. — Mart., *Palm. bras.*, 139, 230, t. 198, 199. — K., *Enum.*, III, 234. — Wall., *Palm.-tr. Amaz.*, 69, t. 26; t. 2, fig. 3. — Dr., *Fl. bras.*, III, II, 518, t. 124; *t. phys.* 40. — *M. Plukenetii* Griseb. et Wendl. f., *Fl. brit. W.-Ind.*, 518. — *Pilophora testicularis* Jacq., *Fragm.*, 32, t. 35, 36. — W., in *Act. berol.* (1815), 1. — *Palma saccifera* Clus. (*Bussú*).

8. Bonnets *tourlouris*.

9. Mart., *Palm. bras.*, 93, t. 71, fig. 1. — K., *Enum.*, III, 262.

10. Pœpp. — Mart., *Palm. bras.*, 146. — K., *Enum.*, III, 266.

11. Mart., *Palm. bras.*, 92, t. 70, 71, fig. 2 (*Tucum*).

12. Wedd., herb. — Dr., *Fl. bras.*, III, II, 355 (*Tucum mirim de fruta dolce*).

13. Jacq., *Amer.*, 280, t. 171, fig. 2. — Lamk, *Ill.*, t. 805; *Dict.*, Suppl., I, 557. — W., *Spec.*, IV, 402. — K., *Enum.*, III, 268 (*Coco de vinagre*).

14. H. B. K., *Nov. gen. et spec.*, I, 302, t. 700; *Syn. pl. æquin.*, I, 35. — *Guilielma speciosa* Mart., *Palm. bras.*, 82, t. 66, 67; *Palm. Orbign.*, 73. — Wall., *Palm.-tr. Amaz.*, 93, t. 36; t. III, fig. 4. — K., *Enum.*, III, 269. — *Paripou* Aubl. — *Pirijao, Pihiguao* H. — *Chonto* H. K. (*Pupanha, Chontadura*).

Le *B. insignis*[1] a aussi un bois résistant d'excellente qualité, et ses fruits sont également comestibles. C'est parfois dans l'écorce de l'*Euterpe oleracea* qu'on conserve, au Brésil, les huiles d'*Astrocaryum*, de *Bactris*, d'*Acrocomia*, d'*Œnocarpus*, d'*Elæis* et de Cocotiers. Certains voyageurs ont qualifié de délicieux les fruits de l'*Astrocaryum Murumuru*[2]. L'*A. Ayri*[3] est fort redouté des Indiens à cause de ses aiguillons, qui leur déchirent la peau et dont ils considèrent les blessures comme provoquant des accidents tétaniques. On fabrique de menus objets avec l'endocarpe de l'*A. Janari*[4]. On mange avant leur complète maturité les fruits de l'*A. Huaimi*[5]; et ceux de l'*A. Tucuma*[6] sont préférés à tous les autres. Les fibres des feuilles de l'*A. vulgare*[7] servent à la confection de filets, de câbles, de matelas. Son fruit est exploité pour la préparation de l'huile. L'*A. acaule*[8] donne des fibres par son pétiole. Son fruit est médiocre. Les Indiens Pariquis extraient une farine alimentaire des tiges de l'*A. farinosum*[9]. L'*Allagoptera arenaria*[10] porte des graines dont on mange l'albumen avant sa complète maturité. Le *Calyptronoma robusta*[11] a, comme tant d'autres espèces, un bourgeon terminal comestible, et ses feuilles servent à couvrir les huttes. Le *Kunthia montana*[12] est réputé alexipharmaque parmi les Indiens : ils emploient sa sève contre tous les poisons. On vend à Londres des cannes faites avec le *Linospadix monastachya* WENDL. F. et DR., petit palmier australien. A Cordoba, les fruits comestibles du *Trithrinax campestris* DR.[13] se mangent et donnent un alcool qui vaut, dit-on, celui des raisins.

1. *Guilielma insignis* MART., *Palm. Orbign.*, 71, t. 10, fig. 3; 29, fig. A. — DR., *Fl. bras.*, III, II, 364 (*Chonta, Palma real*).
2. MART., *Palm. bras.*, 70, t. 58, 59. — K., *Enum.*, III, 272. — WALL., *Palm.-tr. Amaz.*, 100, t. 38. — DR., *Fl. bras.*, III, II, 374 (*Murumuru*).
3. MART., *Palm. bras.*, 71, t. 59, A. — K., *Enum.*, III, 272. — DR., *Fl. bras.*, III, II, 376. — *Toxophœnix aculeatissima* SCHOTT, *Nachr. v. d. k. k. Naturf. Bras.*, II, *Anh.*, 12. — *Hairi* THEV. — *Palma Ayri* PIS. — *Yri* BAUH. — *Airi-Assu* PR. M.-NEUW.
4. MART., *Palm. bras.*, 76, t. 52, 65, fig. 1. — K., *Enum.*, III, 273.
5. MART., *Palm. Orbign.*, 86, t. 13, fig. 3; t. 30, A.
6. MART., *Palm. bras.*, 77, t. 65, II. — K., *Enum.*, III, 274. — WALL., *Palm.-tr. Amaz.*, t. 41; II, fig. 5. — DR., *loc. cit.*, 380, t. 81, fig. 5 (*Tucum*).
7. MART., *Palm. bras.*, 74, t. 62, 63 (part.). — WALL., *Palm.-tr. Amaz.*, 105, t. 40. — DR., *loc. cit.*, 381. — *Palma Tucum* PIS.
8. MART., *Palm. bras.*, 78, t. 24, 63, fig. 5. — K., *Enum.*, III, 274. — WALL., *Palm.-tr. Amaz.*, t. 44. — DR., *loc. cit.*, 385 (*Iù*).
9. BARB.-RODR., *En. Palm. rar.*, 21; ed. II, 27. — DR., *loc. cit.*, 387, t. 81, fig. 2 (*Murumuru-Iri*).
10. NEES (1821). — O. K., *Revis.*, 726. — *Diplothemium maritimum* MART., *Palm. bras.*, 108, t. 75, 75. — DR., *loc. cit.*, t. 430, t. 98, fig. 2.
11. TRAIL, in *Trim. Journ.* (1876), 330, t. 183, fig. 3. — DR., *loc. cit.*, t. 122 (*Ubim-nassu*).
12. H. B., *Pl. æquin.*, II, 128, t. 122. — H. B. K., *Nov. gen. et spec.*, I, 243. — MART., *Palm. bras.*, 163, t. 101, fig. 6, 7; 142. — DR., in *Mart. Fl. bras.*, III, II, 533 (*Cana de la Vibora, C. de San Pablo*).
13. DR. — GRISEB., *Symb. Fl. argent.*, 283. — *Copernicia campestris* BURMST. — GRISEB., *Pl. Lorentz.*, 200 (*Yerba buena, Cerca de Orcosu*).

Traité par l'eau chaude, ce fruit fournit aussi une sorte d'huile. Les fibres des gaines foliaires servent à faire des filtres.

Les *Caryota*, palmiers à feuilles exceptionnelles, dont il a été plusieurs fois incidemment fait mention, sont des plus utiles à l'homme. Le *C. urens*[1] (fig. 217-221) donne aux habitants de l'Asie et de l'Océanie tropicales de la fécule alimentaire; une sève fermentescible, qui s'écoule de sa tige et de ses racines; un chou-palmiste comestible. Son fruit, qu'on dit « brûlant », lui a valu son nom spécifique. Son bois sert aux constructions, et ses fibres sont textiles. Le *C. Rumphiana* MART. donne des produits analogues. On cite encore comme fournissant du bois, des tissus et du vin de palme, les *C. furfuracea* BL., *propinqua* BL., *maxima* BL. et *sobolifera*[2].

Les *Phytelephas* sont les palmiers à ivoire végétal de l'Amérique équinoxiale. L'albumen très dur de leurs semences sert, en effet, à une foule d'usages artistiques et industriels, absolument comme les ivoires d'origine animale. Leur bourgeon terminal se mange comme chou-palmiste. Leur péricarpe sert à préparer ce qu'on a appelé la boisson nationale des Péruviens[3]. Tel est surtout le rôle du *P. macrocarpa*[4] (fig. 239-242). On emploie beaucoup moins le *P. microcarpa*[5], dont les graines sont aussi fréquemment ouvrées. Il est bien entendu qu'il faudra se reporter aux ouvrages spéciaux[6] pour constater tout le parti que tire d'un très grand nombre de Palmiers, souvent élégants ou magnifiques, la culture ornementale, objet dans toute l'Europe civilisée d'un commerce considérable.

1. L., *Fl. zeyl.*, 187; *Spec.*, 1660. — LAMK, *Ill.*, t. 897. — GÆRTN., *Fruct.*, I, 20, t. 7. — ROXB., *Fl. ind.*, III, 625. — MART., *Hist. nat. Palm.*, III, 193, t. 107, 108, 162. — K., *Enum.*, III, 198. — B.-MIRB., in *Ann. Mus.*, XIII, t. 3, fig. 29. — GRIFF., in *Calc. Journ. Nat. Hist.*, V, 479; *Palms brit. Ind.*, 160. — MIQ., *Fl. ind. bat.*, III, 41. — H. BN, in *Dict. enc. sc. méd.*, sér. 1, XII, 742. — BECC., in *Hook. f. Fl. brit. Ind.*, VI, 422. — *Schunda Pana* RHEED., *Hort. malab.*, I, 15, t. 11.

2. WALL., in *Mart. Palm.*, 194, t. 107, fig. 2. — K., *Enum.*, III, 199. — *C. urens* JACQ., *Fragm.*, t. 12, fig. 1 (non L.). — *Palma indiana Birli* ZAN., *Ist. bot.*, 159, t. 63; *Rar. st.*, 176, t. 133.

3. *Chicha de Tagua.*

4. R. et PAV., *Fl. per. et chil. Syst. veg.*, 301. — H. B. K., *Nov. gen. et spec.*, I, 83. — K., *Enum.*, III, 109. — MART., *Hist. nat. Palm.*, III, 306. — HOOK., *Journ. Bot.*, I, 204. — GAUDICH., *Voy. Bonite*, Atl., t. 14, 15 (part.), 29, 30 (part.). — SEEM., *Her. Bot.*, 208, t. 45-47; *Bonplandia*, III, 270, t. 1, 2. — *Bot. Mag.*, t. 4913, 4914. — *Elephantusia macrocarpa* W., *Spec.*, IV, 1156 (*Corozo, Tagua, Marfil*).

5. R. et PAV., *loc. cit.*, 302. — K., *Enum.*, *loc. cit.*, n. 2. — KARST., *Fl. columb.* — *Elephantusia microcarpa* W., *loc. cit.*, 1157.

6. Voy. p. 275, not. 14, et les figures nombreuses du *Botanical Magazine*, du *Gartenflora*, de la *Flore des serres*, etc.

GENERA

I. CORYPHEÆ.

1. **Chamærops** L. — Flores hermaphroditi v. polygami; receptaculo convexo. Sepala 3, parva, subulata v. lanceolata, libera v. sæpius basi connata. Petala 3, alterna, majora, ovato-acuta, libera v. ima basi connata, subvalvata v. plus minus imbricata. Stamina 6-9, hypogyna; filamentis brevibus plus minus late 3-angularibus, basi 1-adelphis ibique imæ corollæ adnatis; antheris (nunc sterilibus) basifixis; loculis linearibus, basi liberis, introrsum rimosis. Gynæceum (nunc rudimentarium) liberum; carpellis alternipetalis 3; singulorum germine crasso, 1-loculari; stylo apicali tenui recurvo, intus sulcato stigmatoso. Ovulum 1, subbasilare; micropyle extrorsum infera; obturatore parvo. Fructus carpella 1-3, ovoidea v. sphærica, intus (ubi plura) plana v. angulata, carnosa intusque fibrosa. Semen sphæricum v. ellipsoideum erectum; hilo basilari; raphe vix distincta laxeque ramosa; albumine duro corneo varie ruminato; embryone excentrico infra medium dorsali. — Gregariæ inermes humiles v. mediocres cæspitosæ aque basi ramosæ, vaginis vetustis obtectæ. Folia terminalia conferta alterna, semi-orbicularia v. cuneato-flabellata; laciniis profundis rigidis induplicatim plicatis, 2-fidis; ligula brevi; petiolo gracili biconvexo, ad margines lævi v. spinescente; vagina demum fissa reticulato-fibrosa. Spadices interfoliacei erecti breves valde ramosi; pedunculo compresso; ramis crebris brevibus densifloris ad bracteas membranaceas axillaribus supraque eas elevatis; bracteolis parvis v. sæpius 0. Spathæ inflorescentiam primum involventes 2-4, late membranaceæ crasseque coriaceæ: superior completa; inferiores autem demum fissæ. (*Reg. Medit. occid.*) — *Vid. p.* 245.

2. **Phœnix** L. — Flores (*Chamærops*) diœci; masculorum calyce breviter cupulari, 3-dentato. Petala multo longiora 3, ovato-oblonga, valvata v. margine obliquo leviter imbricata. Stamina 6 (v. raro 3-9), imæ corollæ incrassatæ inserta; filamentis subulatis erectis basi quoque incrassato-connatis; antheris elongatis erectis ad basin dorsifixis, lateraliter v. extrorsum rimosis. Gynæcei rudimentum vix conspicuum v. 0. Floris fœminei calyx brevis dentatus. Petala rotundata brevia concava, arcte imbricata. Staminodia libera v. in cupulam brevem connata. Carpella 3, alternipetala libera, subsphærica v. ovoidea, intus angulata conniventia; stylis brevibus stigmatosis apicalibus uncinatis. Ovulum in germine quoque 1, suberectum; micropyle extrorsum infera. Fructus carpella 1-3, oblonga teretia carnosa; exocarpio endocarpioque tenuiter membranaceis. Semen erectum oblongum v. fusiforme, ventre profunde sulcatum; hilo basilari; albumine corneo; embryone dorsali v. subbasilari subhorizontali. — Inermes; caudice subnullo v. elongato, gracili robustove, superne foliorum basibus obtecto. Folia inæqui-pinnatisecta; segmentis elongatis rigidis; marginibus per longitudinem totam induplicatis; rhachi lateraliter compressa; petiolo plano-convexo, nunc spinescente; vagina brevi fibrosa. Spadices interfoliacei plures, erecti v. demum penduli; pedunculo valde compresso; spatha elongata completa compressa coriacea, ventre dorsoque fissa; ramis crebris; bracteis minutis v. 0; bracteolis 0. (*Asia et Africa calid.*) — *Vid.* p. 247.

3. **Trachycarpus** Wendl. f.[1] — Flores (fere *Phœnicis*) polygamo-monœci; sepalis ovato-acutis membranaceis leviter imbricatis. Petala longiora crassioraque ovata, sæpe acuta, subvalvata v. leviter imbricata. Stamina 6 (in flore fœmineo sterilia); filamentis subulatis liberis v. ima basi connatis; antheris dorsifixis; loculis inferne liberis, introrsum rimosis. Carpella 1-3 (in flore masculo imperfecta), libera v. ima basi connata; germine ovoideo-3-gono, nunc varie tomentoso; stylo conico brevi, recto v. recurvo; marginibus induplicatis papillosis. Ovulum adscendens 1; micropyle extrorsum infera. Fructus sphæricus, ovoideus, ellipsoideus v. subreniformis, stylo terminatus; exocarpio tenuiter carnoso; endocarpio crustaceo v. membranaceo.

1. In *Bull. Soc. bot. Fr.*, VIII, 429. — Mart., *Hist. nat. Palm.*, III, 251 (part.). — B. H., *Gen.*, III, 929, n. 98. — H. Bn, in *Dict. Bot.*, IV, 207; in *Bull. Soc. Linn. Par.*, 704 (florum caractere nonnihil quoad speciem prototypicam emend.). — Dr., *Pflanzenfam.*, 32, fig. 25.

Semen erectum liberum, ventre sulcatum; hilo basilari; rapheos ramis obscure diffusis; albumine corneo æquabili; embryone ad medium dorsali. — Elatæ v. humiles inermes, nunc cæspitosæ, vaginis retiformi-fibrosis superne indutæ. Folia orbicularia v. semi-orbicularia plicato-∞-fida; laciniis angustis induplicatis, 2-fidis; ligula brevi; petiolo bi convexo; vagina integra dense fibrosa. Spadices interfoliacei plures; spathis pluribus alternis compressis imbricatis, oblique fissis, coriaceis v. crassis, tomentosis v. farinaceis; bracteis bracteolisque minutis; floribus[1] secus ramos glomeratis, solitariis paucisve, sæpius 2-nis. (*India*, *Burma*, *China*, *Japonia*[2].)

4. **Livistona** R. Br.[3] — Flores (*Phœnicis*) hermaphroditi; sepalis 3, obtusis concavis, basi connatis, imbricatis. Petala longiora, basi connata, ovato-acuta coriacea, valvata. Stamina 6; filamentis apice brevi subulatis, basi dilatata in annulum fauci adnatum connatis; antheris brevibus dorsifixis; loculis basi discretis, introrsum rimosis. Carpella 3, alternipetala, angulo ventrali cohærentes; stylis subulatis, apice minuto stigmatosis, liberis v. cohærentibus. Ovulum in angulo interno 1, adscendens; micropyle extrorsum infera. Fructus[4] e flore quoque 1-3, sphæricus, ellipsoideus v. oblongus, rectus v. arcuatus drupaceus; exocarpio carnoso v. coriaceo; putamine crustaceo. Semen descendens conforme, ventre excavatum; hilo basilari parvo; rapheos ramis obscure diffusis; albumine corneo æquabili. — Inermes; caudice inferne annulato, superne vaginarum vestigiis obtecto. Folia terminalia patentia, ambitu suborbicularia, flabellatim plicata, plus minus profunde fissa; segmentis 2-fidis induplicatis, nunc margine filiferis; rhachi brevi; ligula libera cordiformi; petiolo longo plano-convexo v. bi convexo, margine spinescente; vagina in fibras reticulatas soluta. Spadices interfoliacei sessiles v. pedunculati, decomposite ramosi, primum erecti demumque penduli; floribus[5] ad ramos

1. Flavidis, parvis.

2. Spec. 3, 4. Thunb., *Fl. jap.*, 349, part. (*Chamærops*). — Sm., in *Rees Cyclop.*, n. 2 (*Chamærops*). — Wall., *Pl. as. rar.*, III, 5, t. 211 (*Chamærops*). — K., *Enum.*, III, 250, n. 3, 4 (*Chamærops*). — Griff., in *Calc. Journ. Nat. Hist.*, V, 339, n. 1; *Palms brit. Ind.*, 133, t. 227, A, B (*Chamærops*). — Kurz, *For. Fl.*, II, 526 (*Chamærops*). — Brand., *For. Fl.*, 546 (*Chamærops*). — Fr. et Sav., *En. pl. jap.*, II, 1 (*Chamærops*). — Miq., *Fl. ind. bat.*, III, 60 (*Chamærops*). — J. Gay, in *Bull. Soc. bot. Fr.*, VIII, 410 (*Chamærops*). — Becc., in *Hook. f. Fl. brit. Ind.*, VI, 435. — Pfist., *Beitr. vergl. Anat. Sab.*, 20. — *Bot. Mag.*, t. 5221 (*Chamærops*), 7128.

3. *Prodr.*, III, 123. — Mart., *Hist. nat. Palm.*, III, 239, 319, t. 109-111, 135, 145, 146. — Endl., *Gen.*, n. 1754. — K., *Enum.*, III, 241. — Spach. *Suit. à Buff.*, XII, 103. — Wendl. f. et Dr., in *Linnæa*, XXXIX, 192, 226. — B. H., *Gen.*, III, 929, n. 97. — Dr., *Pflanzenfam.*, 35, fig. 24, H. — *Saribus* Bl., *Rumphia*, II, 48, t. 95, 96 (non *alior.*).

4. Cærulescentes, flavidi v. brunnei.

5. Flaventi-viridulis.

graciles pedicellatis v. sessilibus, solitariis v. glomerulatis; bracteis minutis v. 0. Spathæ plures longe tubulosæ compressæ vaginantes, coriaceæ, 2-lobæ v. 2-fidæ, ancipites v. 2-carinatæ. (*Asia et Oceania calid.*[1])

5. **Nannorhops** WENDL. F.[2] — Flores (fere *Phœnicis v. Chamæropsis*) polygami; calyce tubuloso membranaceo inæqui-3-lobo. Corollæ tubus brevis; segmentis profundis 3, ovato-acutis valvatis. Stamina in flore masculo 6-9, in hermaphrodito sæpius 6; filamentis basi dilatatis fauci corollæ insertis; antheris oblongo-sagittatis. Germen ovoideo-3-gonum; stylo terminali subulato brevi, apice stigmatoso-3-dentato; ovulis adscendentibus; micropyle extrorsum infera. Fructus drupaceus sphæricus, oliviformis v. oblongus, 1-locularis; stylo basilari; exocarpio carnoso; endocarpio tenuiter crustaceo. Semen erectum; hilo basilari; ventre fossa spongiosa materia farcta excavato; rapheos ramis laxe reticulatis; albumine æquabili; embryone ad medium v. propius ad hilum dorsali. — Gregaria[3] humilis v. subacaulis (pallida); caudicibus cæspitosis repentibus vaginiferis. Folia terminalia cuneato-flabellata; laciniis curvis 2-fidis induplicatim plicatis; rhachi brevi; ligula 0; petioli concavo-convexi marginibus serrulatis v. subintegris; vagina brevi fissa ad margines membranacea. Spadices interfoliacei longi decomposite patentimque ramosi; pedunculo crassiusculo elongato v. breviusculo; ramis gracilibus; floribus[4] in ramulis gracilibus per paria bractea[5] membranacea inclusis; altero sessili bracteato; altero autem pedicellato ebracteato. Spathæ tubulosæ pedunculum spadicis ramosque vestientes; ore obliquo hinc acuminato. (*India mont., Affghanistania, Beluchistania, Persia austr.*[6])

1. Spec. ad 12. LOUR., *Fl. cochinch.*, 211 (*Corypha*). — JACQ., *Fragm.*, t. 11, fig. 2 (*Latania*). — MART., *loc. cit.*, t. 102 (*Corypha*). — GRIFF., in *Calc. Journ. Nat. Hist.*, V, 333; *Palms brit. Ind.*, 127, t. 226, A-D; App., XXIII. — MIQ., *Fl. ind. bat.*, III, 58; Suppl., 591; *Pl. Jungh.*, 165; *Palm. Arch. ind.*, 12. — KURZ, *For. Fl.*, II, 525. — F. MUELL., *Fragm. phyt. Austral.*, VIII, 221. — BENTH., *Fl. austral.*, VII, 145. — BECC., *Males.*, I, 84; III, 69; in *Hook. f. Fl. brit. Ind.*, VI, 434. — FR. et SAV., *En. pl. jap.*, II, 2. — WENDL. F. et DR., in *Linnæa*, XXXIX, 192, 226; in *Bull. Soc. bot. Fr.*, VIII, 430. — R. PFIST., *Beitr. vergl. Anat. Sab.*, 25. — *Bot. Mag.*, t. 6274.

2. In *Bot. Zeit.* (1879), 147. — B. H., *Gen.*, III, 923, n. 84. — DR., *Pflanzenfam.*, 35.

3. *Chamæropis* habitu.

4. Pallidis, parvis.

5. Tubulosa, 2-nervi cumque *Polygonorum* ochrea nunc comparata.

6. Spec. 1. *N. Ritchieana* WENDL. F. — AITCHIS., in *Journ. Linn. Soc.*, XIX, 140, 141, 187, t. 26. — BECC. et HOOK. F., *Fl. brit. Ind.*, VI, 429. — *Bull. Soc. tosc. ortic.* (1887), t. 3. — *Chamærops Ritchieana* GRIFF., in *Calc. Journ. Nat. Hist.*, V, 342; *Palms brit. Ind.*, 135. — BRAND., *For. Fl.*, 547. — MART., *Hist. nat. Palm.*, III, 252. — BOISS., *Fl. or.*, V, 47, n. 2. — *Gardn. Chron.* (1886), 652, fig. 128, 129.

6. **Rhapidophyllum** WENDL. F. et DR.[1] — Flores (*Chamærops*) hermaphroditi v. polygami; sepalis 3, ovatis, basi connatis, ima basi gibbis crassioribus. Petala 3, rotundato-ovata imbricata, basi inter se et cum staminibus connata. Stamina 6, quorum 3 imis petalis inserta; filamentis late subulatis; antheris introrsis basifixis versatilibus; loculis basi liberis. Carpella 3 (raro 4-6), libera, demum lanata; stylis parvis recurvis; ovulo in singulis erecto; micropyle extrorsa. Fructus carpella drupacea 1-3, stylo terminata, lana detergibili undique induta; pericarpio tenuiter fibroso; endocarpio crustaceo. Semen erectum; hilo lato; raphe lata haud ramosa; albumine æquabili duro; embryone ad medium dorsali. — Humilis armata; caudice brevi repente sobolifero v. erecto vaginis vetustis spinisque longis obtecto. Folia terminalia orbicularia profunde inæqui-plicata fissaque, subtus argentea; segmentis induplicatis integris v. 2-4-fidis; ligula brevi obtusa; petiolo margine dentato, subtus floccoso; vaginæ fibris intertextis v. crispis. Spadices interfoliacei breviter pedunculati composite ramosi; floribus[2] ad ramos sessilibus. Spathæ 2-5, tubulosæ compressæ completæ floccosæ, 2-fidæ. Bractea sub flore quoque bracteolæque minutæ 2. (*Florida et Carolina austr.*[3])

7. **Acanthorhiza** WENDL. F.[4] — Flores hermaphroditi v. polygami; calyce cupulari, basi carnoso; lobis 3, oblongis obtusis. Petala 3, orbicularia concava coriacea arcte torta v. imbricata. Stamina 6; filamentis basi 1-adelphis, apice subulato liberis exsertis; antheris oblongis supra basin dorsifixis; loculis parallelis, ima basi liberis, introrsum rimosis. Carpella 3, alternipetala libera; stylis longis erectis, apice stigmatoso crassiusculis; ovulo adscendente 1; micropyle extrorsa. Fructus « baccatus depresso-globosus in vertice breviter umbonatus parce carnosus. Semen globosum; albumine osseo æquabili. » — Inermes; caudice mediocri robusto vaginis vetustis obsito basique radicibus aeriis obliquis composito-spinescentibus onusto. Folia terminalia; limbo palminervi, ambitu orbiculari; segmentis cuneiformibus plicatis, profunde 3-∞-fidis, subtus glaucescentibus; petiolo ad margines lævi; vagina fibrosa brevi. Spadices interfoliacei 3-plicato-ramosi; floribus ad ramos subsessilibus soli-

1. In *Bot. Zeit.* (1876), 803. — B. H., *Gen.*, III, 925, n. 87. — DR., *Pflanzenfam.*, 33.

2. Croceis, minutis.

3. Spec. 1. *R. Hystrix* WENDL. F. et DR. — *Chamærops Hystrix* FRAS. — MART., *Hist. nat. Palm.*, 250, t. 125, fig. 4. — CHAPM., *Fl. S. Un.-St.*, 439.

4. In *Bot. Zeit.* (1879), 147. — B. H., *Gen.*, III, 925, n. 88. — WENDL. F. et DR., *Pflanzenfam.*, 33, fig. 24, A.

tariis; bracteis minutis; bracteolis setaceis deciduis. Spathæ ad ramorum basin longæ coriaceæ deciduæ. (*America trop. et centr. utraque*[1].)

8. **Rhapis** L. F.[2] — Flores polygamo-diœci; masculorum calyce cupulari, 3-dentato v. 3-lobo, valvato. Corolla nunc basi clavata 3-loba; lobis ovato-acutis valvatis. Stamina 6; filamentis aut brevibus subliberis, aut longis, corollæ plus minus alte adnatis, apice liberis; antherarum dorsifixarum brevium demum versatilium loculis extrorsum rimosis. Germen rudimentarium minutum, 3-lobum v. 0. Floris fœminei calyx fere ut in mare. Petala latiora valvata. Staminodia 3-6, nunc fertilia. Carpella 3, libera, receptaculo longiusculo inserta, dorso convexa, in stylum brevem desinentia; ovulo adscendente. Fructus carpella 1-3, obovoidea, stylo coronata carnosa, intus fibrosa. Semen ventre excavatum; cavitate spongioso-farcta; hilo subbasilari v. ventrali; albumine æquabili; embryone dorsali. — Humiles inermes; caudicibus dense cæspitosis arundinaceis, vaginarum vestigiis obtectis. Folia alterna inter nervos irregulariter 3-∞-partita; segmentis ellipticis v. cuneatis, integris, dentatis v. fissis, 3-∞-nervibus; ligula brevi; petiolo lævi v. serrulato; vagina longa retiformi. Spadices breves interfoliacei; rhachi vaginata; ramis patentibus ramulosis; spathis membranaceis incompletis 2, 3; floribus[3] sessilibus solitariis, 1-bracteatis. (*China, Japonia, Sund*[4].)

9. **Corypha** L.[5] — Flores (fere *Rhapidis*) hermaphroditi; calyce breviter cupulari, 3-dentato v. 3-lobo. Petala 3, majora, basi stipite solido contracto connata, ovato-acuta, leviter imbricata. Stamina 6; filamentis dilatato-subulatis v. compressis; oppositipetalis majoribus; antheris dorsifixis cordato-ovatis versatilibus; loculis inferne divergentibus, introrsum rimosis. Germen liberum, ovoideo-3-gonum,

1. Spec. 3, 4. MART., *Hist. nat. Palm.*, III, 252 (*Chamærops*); *Palm. Orbign.*, 45, t. 8, fig. 1; 25, fig. B (*Trinax?*). — DR., in *Mart. Fl. bras.*, III, II, 554, t. 132, 133. — FRIEDR., in *Act. H. petrop.*, VII, 535. — *Ill. hort.*, XXVI, t. 367. — HEMSL., *Bot. centr.-amer.*, III, 411. — R. PFIST., *Beitr. vergl. Anat. Sab.*, 34. — *Bot. Mag.*, t. 7302.

2. In *Ait. H. kew.*, III, 473 (1789). — MART., *Hist. nat. Palm.*, III, 253, t. 144. — ENDL., *Gen.*, n. 1761. — K., *Enum.*, III, 251. — B. H., *Gen.*, III, 930, n. 99. — DR., *Pflanzenfam.*, 33.

3. Jaunâtres, petites.

4. Spec. 5. LHÉR., *St.*, II, t. 100. — JACQ., *H. schœnbr.*, t. 316. — MART., *Progr.*, 8. — MIQ., *Fl. ind. bat.*, III, 61. — FR. et SAV., *En. pl. jap.*, II, 2. — R. PFIST., *Beitr. vergl. Anat. Sab.*, 29. — *Bot. Mag.*, t. 1371.

5. *Gen.*, ed. I, n. 888; ed. VI, n. 1221. — J., *Gen.*, 39 (part.). — GÆRTN., *Fruct.*, I, t. 7. — LAMK, *Ill.*, t. 899. — ENDL., *Gen.*, n. 1753. — MART., *Hist. nat. Palm.*, III, 231, 318, t. 108, 127. — K., *Enum.*, III, 235. — B. H., *Gen.*, III, 922, n. 81. — DR., *Pflanzenfam.*, 34, fig. 26. — *Taliera* MART., *Progr.*, 10. — *Gembanga* BL., in *Flora* (1825), 580, 678.

3-lobum; stylo conico v. subulato, apice stigmatoso simplici v. 3-dentato. Ovula in loculis solitaria adscendentia; micropyle extrorsum infera. Fructus carpella 1-3, sphærica carnosa; stylo demum basilari. Semen sphæricum v. oblongum erectum; rapheos ramis ab hilo basilari divergentibus moxque ad embryonem convergentibus; albumine æquabili, cavo v. pleno. — Elatæ inermes, 1-carpicæ; caudice robusto annulato; foliis orbicularibus magnis, flabellatim ad medium limbum fissis; segmentis lanceolatis induplicatis; rhachi 0; ligula parva; petiolo robusto longo spinoso-marginato; vagina fissa. Inflorescentia terminalis pyramidalis (nunc ingens) ramosissima; spathis tubulosis pluribus axes vaginantibus; bracteis minutis; floribus[1] ad ramos crebris sessilibus v. breviter pedicellatis. (*Asia trop.*, *Malaisia*[2].)

10. **Sabal** ADANS.[3] — Flores (fere *Coryphæ*) hermaphroditi; calycis cupularis brevis lobis sæpe inæqualibus, leviter imbricatis. Corollæ longioris gamopetalæ tubus brevis; lobis ovato-acutis, nisi apice valvato imbricatis. Stamina 6, 1-adelpha; oppositipetala sæpe majora; filamentis basi dilatata inter se et cum ima corolla connatis, apice subulatis; antheris dorsifixis cordato-ovatis; loculis basi liberis, introrsum rimosis. Germen 3-gonum, 3-loculare; stylo valido 3-gono, ad apicem stigmatosum obtusum attenuato. Ovulum in loculo quoque suberectum; micropyle extrorsum supera. Fructus carpella 1-3, sphærica[4], sæpe inæqualia carnosa; stylo demum subbasilari; epicarpio membranaceo soluto. Semina depresse sphærica; hilo basilari; albumine corneo æquabili; fossa basilari intrusa, intus spongiosa rugoso-marginata; embryone dorsali. — Inermes, elatæ, humiles v. subacaules; caudicis sæpe robusti annulati superneque vaginis onusti basi recurva adscendente eque solo exserta. Folia terminalia flabellata multifida; segmentis linearibus 2-fidis, sæpe filiferis, induplicatis; ligula brevi adnata; vagina breviuscula. Spadices magni decomposite ramosi; spathis ad pedunculum ramosque

1. Viridulis, parvis.

2. Spec. ad 6. ROXB., *Pl. corom.*, t. 255, 256; *Fl. ind.*, II, 174. — BL., *Rumphia*, II, 57, t. 97, 98, 105. — GRIFF., in *Calc. Journ. Nat. Hist.*, V, 314; *Palms brit. Ind.*, 111, t. 120, D-F; App., XXIII. — MIQ., *Fl. ind. bat.*, III, 49. — KURZ, *For. Fl.*, II, 524; in *Journ. As. Soc. beng.*, XLIII, II, 197, t. 15. — WENDL. F. et DR., in *Linnæa*, XXXIX, 226. — THW., *En. pl. Zeyl.*, 329. — BRAND., *For. Fl.*, 549. — BECC., in *Hook. f. Fl. brit. Ind.*, VI, 428. — R. PFIST., *Beitr. vergl. Anat. Sab.*, 27.

3. *Fam. des pl.*, II, 496. — ENDL., *Gen.*, n. 1758. — K., *Enum.*, III, 245 (part.). — MART., *Hist. nat. Palm.*, III, 243 (part.). — B. H., *Gen.*, III, 922, n. 82. — DR., *Pflanzenfam.*, 37, fig. 24, J.

4. Sæpius nigricantia nitida.

vaginantibus tubulosis, ore obliquis; bracteis bracteolisque minutis; floribus[1] basi truncata v. foveolata articulatis sessilibus. (*America trop. et subtrop. utraque*[2].)

11. **Teysmannia** REICHB. F. et ZOLL.[3] — Flores hermaphroditi; calyce cupulari, basi carnosulo, apice 3-dentato. Petala 3, basi lata, 3-angulari-lanceolata crassa valvata. Stamina 6; filamentis subulatis, basi 1-adelphis; antheris basifixis ovatis. Carpella 1-3, libera; stylis subulato-3-gonis, apice punctiformi stigmatosis; ovulo adscendente. Fructus depresso-sphæricus, 1-spermus; pericarpio corticato tesselatim verrucoso; verrucis pyramidatis, 3-6-gonis; stylo cum carpellis abortivis 2 basilari. Semen depresso-sphæricum erectum rugulosum; hilo basilari; raphe brevi; albumine æquabili, ventre intruso; fossa intus spongiosa farcta; embryone laterali. — Humilis inermis; caudice rhizomatiformi annulato, superne aerio. Folia basilaria erecta elongato-rhombea obtusa, basi attenuata, valde plicata, ad margines laciniata; laciniis obtuse 2-fidis; petiolo extus carinato et ad margines uncinato-aculeato; vagina brevi. Spadices interfoliacei breves; pedunculo fusco-tomentoso; ramis paucis basi divisis superneque reflexis; floribus ad ramulos solitariis v. glomerulatis, bracteatis, 2-bracteolatis. Spathæ coriaceæ vaginantes: inferiores 2-seriatim equitantes; superiores autem sparsæ. (*Malais. penins.*, *Sumatra*[4].)

12. **Serenæa** HOOK. F.[5] — Flores (fere *Coryphæ*) hermaphroditi; calyce cupulari, 3-fido. Corolla multo longior, basi cupulari gamopetala; lobis oblongo-acutis valvatis. Stamina 6; filamentis basi dilatata in cupulam corollæ tubo adnatam connatis, mox liberis longe subulatis; antheris ellipsoideis dorsifixis versatilibus, introrsum rimosis. Carpella 3, alternipetala libera; singulorum germine intus 3-gono, 1-ovulato; stylo longe subulato erecto cum cæteris coalito. Ovulum erectum; micropyle extrorsum infera. — Fructus ovoideus stylo apiculatus; pericarpio crasse carnoso intusque parce fibroso. Semen

1. Albidis v. viridulis, parvis.

2. Spec. 6, 7. GUERS., in *Bull. Soc. philom.*, III, 205, t. 25. — JACQ., *H. vindob.*, III, t. 8. — CHAPM., *Fl. S. Un.-St.*, 438 (part.). — GRISEB., *Fl. brit. W.-Ind.*, 514. — KARST., *Fl. columb.*, II, 137, t. 172 (*Trithrinax*). — R. PFIST., *Beitr. vergl. Anat. Sab.*, 40.

3. In *Linnæa*, XXVIII, 657 (*Teyssmannia*). — MIQ., *Fl. ind. bat.*, III, 749; in *Ann. Mus. lugd.-bat.*, IV, 89, t. 2, 3. — B. H., *Gen.*, III, 924, n. 85. — DR., *Pflanzenfam.*, 37.

4. Spec. 1. *T. altifrons* REICHB. F. et ZOLL. — BECC., in *Hook. f. Fl. brit. Ind.*, VI, 483. — R. PFIST., *Beitr. vergl. Anat. Sab.*, 27. — RIDL., in *Trans. Linn. Soc.*, ser. II, *Bot.*, III, 392 (*Daun-Payot*).

5. *Gen.*, III, 926, n. 91. — DR., *Pflanzenfam.*, 37.

erectum oblongum teres, ventre planiusculum; hilo basilari; raphe crassa ventrali; albumine æquabili; embryone versus basin dorsali. — Humilis inermis cæspitosa repens; caudice rete vaginali inferne induto. Folia terminalia plicato-multifida (*Chamærops*); segmentis 2-fidis; ligula brevi; petiolo ad margines dentato. Spadices interfoliacei ramosissimi tomentosi; rhachi flexuosa vaginis tubulosis fissis ramis patentibus; spathis pluribus vaginantibus; floribus[1] sessilibus crebris bracteatis et 2-bracteolatis. (*Florida*, *Carolina*[2].)

13. **Colpothrinax** GRISEB. et WENDL. F.[3] — Flores hermaphroditi; calyce tubuloso-campanulato, ore 3-dentato. Corollæ gamopetalæ tubus cylindraceus coriaceus persistens; limbi lobis 3, ovato-acutiusculis valvatis coriaceis deciduis. Stamina 6; filamentis 3-angulari-subulatis, basi in coronam corollæ adnatam connatis; antheris dorsifixis oblongis; loculis linearibus, apice basique liberis, introrsum rimosis. Germinis obovoideo-trapezoidei carpella libera 3, vertice exsculpta et in stylos crassos erectos attenuata; apice stigmatoso punctiformi; ovulo in germinibus singulis 1, erecto; micropyle extrorsa. Fructus[4] carpellum 1, drupaceum sphæricum, stylo terminatum, carnosum intusque parce fibrosum; endocarpio crustaceo. Semen erectum sphæricum; hilo basilari; raphe ventrali verticali incrassata lobulata; albumine æquabili; embryone ad medium dorsali. — Inermis; foliis terminalibus flabellatim plicato-∞-fidis; segmentis crebris rigidis longe acuminatis induplicato-2-fidis; nervis ∞; rhachi longa; ligula libera semi-circulari. Spadices interfoliacei breves decurvi, sub-2-plicato-ramosi; ramis validis patentibus; inferioribus basi ramulosis; floribus[5] in tuberculis ramorum sessilibus sparsis solitariis, minute bracteatis. Spathæ plures coriaceæ fuscato-furfuraceæ; inferiore magna ad basin fissa; superiore autem tubulosa superneque fissa. (*Cuba*[6].)

14? **Cryosophila** BL.[7] — Flores polygami (fere *Sabalis*), « calyce 3-partito; laciniis lanceolatis. Corollæ 3-fidæ laciniæ ovatæ. Stamina 6

1. Albis, parvis.
2. Spec. 1. *S. serrulata* HOOK. F. — *Chamærops serrulata* MICHX., *Fl. bor.-amer.*, I, 239. — PURSH, *Fl. Amer. sept.*, I, 239. — *Sabal serrulata* RŒM. et SCH. — K., *Enum.*, III, 246. — CHAPM., *Fl. S. Un.-St.*, 438.
3. In *Bot. Zeit.* (1879), 147. — B. H., *Gen.*, III, 927, n. 92. — DR., *Pflanzenfam.*, 33.
4. Cerasi æqualis.
5. Majusculis.
6. Spec. 1, male nota. *C. Wrightii* GRISEB. et WENDL. F. — R. PFIST., *Beitr. vergl. Anat. Sab.*, 49, t. 1, fig. 4.
7. In *Lindl. Veg. Kingd.*, 139. — WENDL. F., in *Kerch. Palm.*, 242. — B. H., *Gen.*, III, 928 (*Crysophila*). — DR., *Pflanzenfam.*, 37.

(in flore fœmineo 0). Stylus 3-queter; ramis stigmatosis androcæo longioribus 3. Baccæ sphæricæ[1]; semine 1, extus venoso. — Brevis[2] gracilis inermis; caudice extus dædaleo-venoso; foliis digitato-multifidis, ad margines filamentosis, subtus albidis. Spathæ imbricatæ 3, 4, obovatæ inermes, extus tomentosæ. Spadices ramosi breves[3]; floribus arcte spicatis. (*Mexicum*[4].) »

15. **Brahea** MART.[5] — Flores hermaphroditi; sepalis 3, brevibus suborbicularibus, basi nunc gibbis, imbricatis. Petala longiora ovata crassiuscula valvata, nunc basi carinata. Stamina 6; filamentis subulatis, basi dilatata in cupulam corollæ adnatam connatis; antheris dorsifixis brevibus; loculis basi liberis, introrsum rimosis. Carpella 3, libera approximata; stylo terminali anguste conico, intus sulcato; marginibus superne stigmatosis. Ovulum erectum; micropyle extrorsa. Fructus carpella 1-3, compressiuscula, oblique ellipsoidea puberula, stylo coronata, lateraliter carinata; exocarpio tenuiter carnoso; endocarpio crustaceo. Semen erectum, sulco ventrali intruso exaratum; albumine æquabili corneo; embryone ad medium dorsali. — Inermes; caudice superne vaginarum reliquiis tecto, inferne annulato. Folia subpeltatim orbicularia, flabellatim plicata et ad medium fissa; laciniis 2-fidis induplicatis, filis interjectis; rhachi brevi; ligula sub-3-angulari; petiolo ad margines subdentato; vagina fibrosa. Spadices interfoliacei penduli elongati composite ramosissimi; ramulis ultimis longe vermiformibus rigidis dense velutinis; spathis in pedunculo pluribus elongatis coriaceis glabris fissis; floribus ramulo minoribus indumento immersis, sessilibus, minute bracteatis bracteolatisque. (*America mont. orient. utraque*[6].)

16? **Erythea** S.-WATS.[7] — Flores fere *Braheæ* (v. *Coperniciæ?*) « hermaphroditi; calyce cupulari, 3-lobo. Corollæ late campanulatæ lobi late ovato-acuti valvati. Stamina 6, fauci inserta; filamentis brevibus, basi in annulum connatis; antheris dorsifixis cordato-

1. « Virides glabræ semi-pollicares. »
2. « Caudex 1, 2-orgyalis. »
3. « 3, 4-pollicares. »
4. Spec. 1, male nota. *C. nana* DR. — *Corypha? nana* H. B. K., *Nov. gen. et spec.*, I, 240. — K., *Enum.*, III, 237. — ? LIEBM., *Herb. mexic.*
5. *Hist. nat. Palm.*, III, 243, 319, t. 137, 162. — ENDL., *Gen.*, n. 1756. — K., *Enum.*, III, 244. — WENDL. F., in *Bot. Zeit.* (1879), 147. — B. H., *Gen.*, III, 926, n. 90. — DR., *Pflanzenfam.*, 36.
6. Spec. ad 3. H. B. K., *Nov. gen. et spec.*, I, 300; *Syn.*, 302 (*Corypha*). — RŒM. et SCHULT., *Syst.*, VII, 1311 (*Corypha*). — R. PFIST., *Beitr. vergl. Anat. Sab.*, 32 (part.). — HEMSL., *Bot. centr.-amer.*, III, 411. — WALP., *Ann.*, III, 470; V, 817.
7. *Bot. Calif.*, II, 211, 485. — B. H., *Gen.*, III, 927, n. 93. — DR., *Pflanzenfam.*, 35.

ovatis. Germen obovoideo-3-gonum; carpellis 3, ventre connatis; stylo subulato brevi, 3-canaliculato, apice stigmatoso, 3-dentato. Ovulum basilare. Fructus sphæricus, stylis terminatus; perianthio immutato; pericarpio carnoso, intus molli. Semen erectum liberum[1] sphæricum v. subplano-convexum, ventre sulcatum; sulco materia spongiosa farcto; albumine æquabili corneo; embryone subbasilari. — Inermes; caudice robusto solitario, inferne annulato, superne vaginis vetustis obtecto. Folia terminalia, juniora tomentosa, orbicularia, flagellatim ∞-fida; segmentis induplicatis, apice laceris; filis interjectis; rhachi brevi; ligula longa; petiolo longo, ad margines nudo v. spinescente. Spadices interfoliacei longi (albo-tomentosi) decomposite ramosi; floribus[2] in ramis robustis solitariis v. glomerulatis, bracteatis et 2-bracteolatis. Spathæ plures pedunculum vaginantes coriaceæ dense tomentosæ; bracteis bracteolisque distinctis[3]. » (*California austr.*[4])

17. **Thrinax** L. F.[5] — Flores (fere *Braheæ*) hermaphroditi; sepalis 3 petalisque totidem basi in cupulam brevem connatis, cæterum liberis acutatis, post anthesin immutatis. Stamina 6-∞, imo perianthio inserta; filamentis subulatis, v. (*Hemithrinax*[6]) subnullis, ima basi plerumque connatis; antheris oblongis basifixis v. ad basin dorsifixis; loculis basi v. utrinque liberis, ad margines rimosis. Germen superum, 1-loculare; stylo tenui, apice stigmatoso plus minus oblique infundibulari-dilatato. Ovulum 1, erectum anatropum[7]. Fructus pisiformis, styli basi apiculatus; pericarpio tenui indehiscente. Semen erectum liberum sulcatum; rapheos ramis in sulcis nidulantibus; albumine corneo æquabili v. parce ruminato; embryone subapicali. — Humiles v. mediocres inermes; caudicibus solitariis v. cæspitosis, inferne annulatis, altius vaginatis; foliis orbicularibus v. subreniformibus, flabellatim plicato-∞-fidis; laciniis induplicatis, 2-fidis; rhachi brevi v. 0; ligula libera concava; petiolo utrinque convexo; vagina sæpe pulchre retiformi. Spadices interfoliacei longi; rhachi vaginis vestita; ramis alternis ramulosis; spathis pluribus fissis coriaceis v. papyraceis et spadicis pedunculo communi insertis;

1. In *E. eduli* pericarpio adhærens.
2. Pallidis, parvis.
3. An sat a *Copernicia* distinctum? (B. H.).
4. Spec. 2, male notæ. R. PFIST., *Beitr. vergl. Anat. Sab.*, 32 (*Brahea*).
5. In *Sw. Prodr. Fl. ind. occid.*, 57; *Fl.*, 613, t. 13. — MART., *Hist. nat. Palm.*, III, 254, 320, t. 103, 163. — ENDL., *Gen.*, n. 1762. — K., *Enum.*, III, 252. — B. H., *Gen.*, III, 930, n. 100. — DR., *Pflanzenfam.*, 34, fig. 24, G.
6. HOOK. F., *Gen.*, III, 930, n. 101.
7. Micropyle extrorsum infera v. sublaterali.

pedicellis basi bracteatis, ad apicem articulatis; bracteolis minutis v. 0. (*Antillæ, Florida*[1].)

18. **Trithrinax** MART.[2] — Flores (fere *Thrinacis*) hermaphroditi; calyce plus minus alte gamophyllo, 3-dentato v. 3-fido, basi carnosulo. Petala 3, erecta, sæpe lata, arcte imbricata. Stamina hypogyna 6; filamentis subulatis v. basi latiusculis, ibi nunc connatis, apice exsertis; antheris dorsifixis versatilibus; loculis basi liberis, introrsum rimosis. Carpella 3, libera; germinibus brevibus; ovulo adscendente v. suberecto; micropyle extrorsum infera; stylis gracilibus elongatis, nunc recurvis, apice stigmatoso oblique capitatis. Fructus baccatus, stylo apiculatus, 1-spermus. Semen adscendens; « albumine æquabili (?); embryone ad verticem dorsali ». — Inermes; caudice mediocri v. brevissimo cicatricibus notato. Folia terminalia, ambitu orbicularia v. ovata flabellato-∞-fida; laciniis lanceolato-acuminatis induplicatis, 2-fidis; petiolo 2-convexo, marginibus acutatis integro; ligula rigida cordata; vagina fibrosa sæpius spinis erectis reflexisve horrida. Spadices interfoliacei, 3-plicato-ramosi; floribus ad ramulos subsessilibus solitariis; pedunculi crassi ramis flexuosis; bracteis minutis v. 0. Spathæ in pedunculo plures oblongæ et oblique fissæ; superiores oblique truncatæ ocreiformes. (*Brasilia, Argentinia, Chili*[3].)

19. **Copernicia** MART.[4] — Flores (fere *Trithrinacis*) hermaphroditi; calycis breviter campanulati v. cupularis coriacei lobis 3, imbricatis, demum recurvis. Corolla campanulata, late basi obconica gamophylla; lobis ovato-acutis crassiusculis valvatis, demum patentibus. Stamina 6, fauci corollæ in coronam v. annulum disciformem affixa; filamentis mox liberis, brevibus rectis v. longiusculis arcuatis subulatis; oppositipetalis longioribus; antheris brevibus v. ellipticis,

1. Spec. ad 9. LAMK, *Dict.*, VII, 135. — LODD., in *Rœm. et Schult. Syst.*, VII, 1301. — GRISEB., *Cat. pl. cub.*, 221. — DESF., *Cat. H. par.*, ed. III, 31 (part.). — HEMSL., *Bot. centr.-amer.*, III, 412. — R. PFIST., *Beitr. vergl. Anat. Sab.*, 35. — *Bot. Mag.*, t. 7088. — WALP., *Ann.*, V, 819. — *Chamathrinax Hookeriana* WENDL. F., e R. PFIST., *loc. cit.*, 46, 50, nomine tantum notum est.

2. *Hist. nat. Palm.*, III, 149, 247, 320; *Palm. Orbign.*, 43, t. 10; 25, A (part.). — K., *Enum.*, III, 247. — SPACH, *Suit. à Buff.*, XII, 62. — B. H., *Gen.*, III, 925, n. 89. — DR., *Pflanzenfam.*, 34, fig. 24, B. — *Diodosperma* WENDL. F., in *Bot. Zeit.*, XXXVI, 117.

3. Spec. ad 4. MART., *Palm. Orbign.*, t. 10, fig. 1. — BURMEIST., *Reis. Plat. Staat.*, II, 48, 49, 98 (*Copernicia*). — GRISEB., *Pl. Lorentz.*, 200 (*Copernicia*); *Symb. Fl. argent.*, 283. — DR., in *Gartenfl.* (1878), 361, t. 959. — KERCH., *Palm.*, t. 26; *Fl. bras.*, III, II, 549. — R. PFIST., *Beitr. vergl. Anat. Sab.*, 45.

4. *Hist. nat. Palm.*, II, 56, t. 49, 50; 51, fig. 5; III, 242, 319. — K., *Enum.*, III, 242. — ENDL., *Gen.*, n. 1757. — B. H., *Gen.*, III, 927, n. 94. — DR., *Pflanzenfam.*, 37, fig. 24, C.

suborbicularibus, ovatis v. ellipsoideis, introrsum rimosis. Gynæcei carpella 3, imæ corollæ affixa; germinibus liberis contiguis; stylo brevi v. longiusculo subulato, apice 3-denticulato, longitudinaliter 3-sulco. Ovulum in germine quoque 1, adscendens suberectum; micropyle extrorsum infera. Fructus sphæricus v. ellipsoideus, coriaceus v. carnosus, apice cicatrice styli notatus v. varie exsculptus. Semen suberectum liberum v. endocarpio adhærens, ventre nunc sulcatum; rapheos ramis laxis descendentibus, nunc parum conspicuis; albumine corneo v. carnoso, æquabili v. parce ruminato; embryone subbasilari. — Inermes; caudice robusto, superne vaginarum vestigiis notato. Folia orbicularia flabellata multifida plicata; laciniis integris v. laceris, nunc filiferis; petioli validi marginibus spinosis v. lævibus; vagina nunc apice 2-auriculata. Spadices elongati, glabri v. tomentosi; spathis vaginantibus pluribus, nunc incompletis, sæpe tomentosis; bracteis bracteolisque distinctis; floribus[1] in ramis sessilibus, solitariis v. glomeratis. (*America trop. utraque*[2].)

20. **Pritchardia** SEEM. et WENDL. F.[3] — Flores hermaphroditi; calyce gamophyllo cylindraceo nervato, 3-lobo v. 3-dentato. Corolla multo longior; tubo campanulato crasso; lobis ovato-oblongis acutis striatis valvatis, mox a tubo solutis. Stamina 6, e corollæ fauce libera; filamentis erectis subulatis; antheris ad basin dorsifixis, lineari-oblongis conniventibus; loculis basi liberis, introrsum rimosis. Germen imo tubo inclusum liberum, 3-gonum v. 3-lobum, apice conico induratum; loculis inferioribus 3; ovulo in singulis subbasilari. Stylus longe angusteque pyramidato-3-gonus, erectus rigidus; angulis prominulis linearibus stigmatosis. Fructus sphæricus v. ellipsoideus, stylo terminatus, fibrosus; endocarpio tenui. Semen erectum sphæricum; raphe parum conspicua; albumine solido æquabili; embryone supra basin dorsali. — Inermes elatæ; caudice solitario annulato, superne vaginis obtecto. Folia ampla, orbicularia v. cuneata, haud profunde plicato-∞-fida; segmentis angustis induplicato-2-fidis, margine filiferis, sæpe albido-furfuraceis; ligula brevi;

1. Lutescentibus, parvis.

2. Spec. ad 6. FAHLB., in *Vetersk. Handl.* (1793), 194 (ex MART.). — H. B. K., *Nov. gen. et spec.*, I, 298 (*Corypha*). — RŒM. et SCHULT., *Syst.*, VII, 1311 (*Corypha*). — GRISEB., *Fl. brit. W.-Ind.*, 514; *Cat. pl. cub.*, 220; *Symb. Fl. argent.*, 283. — DR., *Fl. bras.*, III, II, 545, t. 128. — HEMSL., *Bot. centr.-amer.*, III, 411. — R. PFIST., *Beitr. vergl. Anat. Sab.*, 42.—WALP., *Ann.*, V, 817.

3. In *Bonplandia*, IX, 260; X, 197, 310, t. 15 (non UNG.). — B. H., *Gen.*, III, 928, n. 95. — DR., *Pflanzenfam.*, 35.— *Washingtonia* WENDL. F. et DR., in *Bot. Zeit.* (1879), 68. — B. H., *Gen.*, III, 923, n. 83 (non WINSL.). — O. K., *Revis.*, 737.

petiolo inermi; vagina brevi. Spadices interfoliacei pedunculati; ramis ramulisque adscendentibus; rhachi vaginata; spathis coriaceis amplis, basi tubulosis, superne fissis, sæpe argentato-furfuraceis; floribus[1] in ramulis sessilibus solitariis. (*Ins. Sandwic. et Amicorum, America austro-occid.*[2])

21. **Licuala** RUMPH.[3] — Flores hermaphroditi; calyce cupulari, turbinato v. tubuloso, subintegro, 3-fido crenatove. Corolla gamopetala, e basi plus minus longe obconica profunde 3-loba; lobis valvatis, demum patentibus ovato-acutis crassis valvatis. Stamina 6; filamentis corollæ tubo adnatis, aut basi connatis, aut annulum fauci adnatum formantibus, superne liberis tenuibus v. crassis compressis; antheræ dorsifixæ oblongæ v. cordatæ loculis parallelis, introrsum rimosis. Germina 3, alternipetala, imo tubo corollæ affixa totumque eum implentia, vertice truncata exsculpta v. torulosa, ventre diu cohærentia. Stylus apicalis longe subulatus, 3-sulcus, 3-gonus, apice stigmatoso tubuloso minute 3-dentatus. Ovula in imis germinibus erecta anatropa. Carpella matura solitaria, sphærica, ellipsoidea v. obovoidea; stylo apicali; pericarpio drupaceo; putamine coriaceo v. crustaceo. Semen liberum sphæricum læve erectum, ventre perfossum; hilo basilari; albumine corneo; embryone dorsali. — Frutescentes humiles; caudicibus solitariis v. cæspitosis annulatis vaginisque sæpius tectis. Folia flabellatim in lacinias cuneatas, plicatas, laceras v. lobatas inæqui-fissa; rhachi brevissima; ligula brevi v. 0; petiolo inermi v. ad margines spinescente; vagina fibrosa; floribus[4] in spadices graciles glabros v. furfuraceos dispositis; spathis pluribus vaginantibus, ore 2-fidis, persistentibus coriaceis; ramis flores ∞, aut solitarios, aut 2, 3-nos sessiles v. pedunculatos, gerentibus. (*Asia et Oceania trop.*[5])

1. Albidis, pro serie majusculis.

2. Spec. 7, 8. FORST., *Pl. esc.*, 49; *Prodr.*, n. 48 (*Corypha*). — MART., *Hist. nat. Palm.*, III, 242 (*Livistona*, n. 7, 8). — GAUDICH., *Voy. Bonite Bot.*, t. 58, 59 (*Livistona?*). — SEEM., *Fl. vit.*, 273, t. 79. — H. MANN., in *Proc. Amer. Acad.*, VII, 204. — FENZL, in *Bull. Soc. tosc. ort.*, I, 116, c. ic. — SEEM., *Fl. vit.*, 273, t. 79. — S.-WATS., *Bot. Calif.*, II, 211, 485 (*Washingtonia*). — DRAKE, *Fl. Polyn. fr.*, 231. — BECC., *Males.*, III, 281, t. 37, 38. — HILLEBR., *Fl. haw.*, 450. — R. PFIST., *Beitr. v. Anat. Sab.*, 16, 30; 17, 31 (*Washingtonia*).

3. Ex WURMB., in *Verh. Bat. Gen.*, II, ed. II, 285 (1780). — THUNB., in *Act. holm.* (1782), 84. — J., *Gen.*, 39. — GÆRTN., *Fruct.*, II, t. 139. — MART., *Hist. nat. Palm.*, III, 234, t. 134, 135, 162. — ENDL., *Gen.*, n. 1755. — K., *Enum.*, III, 238. — B. H., *Gen.*, III, 928, n. 96. — DR., *Pflanzenfam.*, 35, fig. 24, E, F. — *Pericyla* BL., *Rumphia*, II, 47, t. 94.

4. Parvis v. nunc semipollicaribus.

5. Spec. ad 35. LAMK, *Dict.*, II, 131 (*Corypha*). — BL., *Rumphia*, II, 37, t. 82, 88-93. — GRIFF., in *Calc. Journ. Nat. Hist.*, V, 321; *Palms brit. Ind.*, 117, t. 221, A-C; 222, A, B; 223, A, B; 225. — KURZ, *For. Fl.*, II, 527. — BECC., *Males.*, I, 80; III, 69, t. 6-8; in *Hook.*

22. **Nipa** WURMB.[1] — Flores[2] monœci; masculorum perianthio tubuliformi; sepalis petalisque alternis liberis conniventibus lineari-cuneatis, apice truncato inflexis, valvatis v. leviter imbricatis. Stamina 3, centraliam in columnam cylindraceam erecta, 1-adelpha; antheris lineari-elongatis in summa columna erectis linearibus, apice solo liberis; loculis adnatis parallelis, extrorsum rimosis[3]. Floris fœminei masculo multo majoris perianthium rudimentarium; foliolis dissitis 6. Carpella 3, libera obovoideo-cuneata, intus pressione mutua angulata, apice curvo-pyramidata ibique intus sulco stigmatoso exarata. Ovulum in germine quoque 1, erectum (v. 2?). Fructus carpella magna in syncarpium sphæricum[4] conferta, inæqui-obovoidea compressa, obtuse 6-gona, superne pyramidata; pericarpio crasso carnoso denseque fibroso; endocarpio spongioso venoso farinoso, hinc longitudinaliter angulato v. carinato; carina intrusa semenque intus sulcatum penetrante. Semen erectum; hilo lato basilari; integumento exteriore coriaceo intusque endocarpio arcte adhærente; rapheos latæ incompletæ ramis circa semen arcuatis; albumine cavo corneo æquabili; embryone obconico basilari. — Humilis inermis; caudicibus horizontalibus v. obliquis robustis radicantibus vaginisque vetustis obtectis. Folia terminalia pinnatisecta; segmentis acuminato-lanceolatis plicatis, subtus paleaceis; marginibus basi recurvis; petiolo plano-convexo; vagina brevi. Spadices inter folia summa terminales, mox nutantes; spathis pluribus vaginantibus; supremis cucullatis; floribus fœmineis in capitulum spurium spadicem terminantem congestis bracteatis bracteolatisque; masculis autem lateraliter in spatharum superiorum axillis amentaceis; bracteis lineari-setiformibus intermixtis ∞. (*Asia et Oceania trop.*[5])

f. Fl. brit. Ind., VI, 430. — MIQ., *Fl. ind. bat.*, III, 51; Suppl., 254, 591; *Palm. Arch. Ind.*, 10; *Pl. Jungh.*, 163. — BENTH., *Fl. austral.*, VII, 144. — WENDL. F. et DR., in *Linnæa*, XXXIX, 191, t. 3, fig. 2. — DR., in *Bot. Zeit.* (1877), 638, t. 6, fig. 36-38. — RIDL., in *Trans. Linn. Soc.*, ser. II, *Bot.*, III, 391. — R. PFIST., *Beitr. vergl. Anat. Sab.*, 22. — *Bot. Mag.*, t. 6704, 7053. — WALP., *Ann.*, V, 815, 843.

1. In *Verhandl. Batav. Gen.* (1779), I, 349. — THUNB., in *Vet. Ac. n. Handl.* (1782), 234; *Nov. gen.*, V, 91. — J., *Gen.*, 38. — LABILL., in *Mém. Mus.*, V, 297, t. 21, 22. — LAMK, *Ill.*, t. 897. — MART., *Hist. nat. Palm.*, III, 305, t. 108, 171, 172, II. — ENDL., *Gen.*, n. 1717. — K., *Enum.*, III, 110, 589. — BL., *Rumphia*, II, 72; III, t. 164, 165. — B. H., *Gen.*, III, 920, n. 78. — DR., *Pflanzenfam.*, 89, fig. 65.

2. Sæpe difformes.

3. Polline subsphærico hispidulo.

4. Humano capiti æquale.

5. Spec. 1. *N. fruticans* THUNB., in *Act. holm.* (1782), 231; *Nov. gen.*, 91. — GAUDICH., *Voy. Bon. Bot.*, t. 67. — ROXB., *Fl. ind.*, III, 650. — SPACH, *Suit. à Buff.*, XII, 30. — LINDL., *Veg. Kingd.*, 132 (*Pandanaceæ*). — MIQ., *Fl. ind. bat.*, III, 150. — GRIFF., *Notul.*, III, 168; *Ic. pl. asiat.*, 244. — THW., *En. pl. Zeyl.*, 327. — KURZ, *For. Fl.*, II, 541. — WENDL. F., in *Bot. Zeit.* (1881), 89 (*Borassineæ*). — BECC., in *Hook. f. Fl. brit. Ind.*, VI, 424. — WALP., *Ann.*, III, 495; V, 834. — *Cocos Nypa* LOUR., *Fl. cochinch.*, 567. — *Nypa* RUMPH., *Herb. amboin.*, I, 72, t. 16. — BUCH., *Dec.*, VIII, t. 8. — *Arbor nipa* VALENT. — *Safa* HARP., *Voy.*, V, IV, 330.

II. BORASSEÆ.

23. **Borassus** L. — Flores diœci; masculorum in alabastro claviformium sepalis 3, glumaceis cuneiformibus; apice obtuso subtruncato leviterque inflexo; præfloratione imbricata. Petala 3, summo receptaculo ultra calycem obconice producto inserta, longiuscule obovata imbricata, demum patentia. Stamina 6, cum corolla inserta eaque breviora; filamentis subulatis; antheris oblongis basifixis; loculis sub insertione filamenti liberis, introrsum rimosis. Gynæcei rudimentum centrale, apice longe v. breviter 3-lobum; lobis nunc setiformibus v. 0. Floris fœminei masculo multo majoris subsphærici sepala brevia lataque crassa obtusa, intus concava arcteque imbricata. Petala conformia 3, sæpe breviora, arcte imbricata v. torta. Staminodia hypogyna pauca inæqualia. Germen subsphæricum v. subangulatum; loculis 2-4, apice nunc distinctis. Stylus brevis apicalis; lobis stigmatosis recurvis 2-4. Ovulum in loculo quoque 1, anatropum, imo angulo interno insertum; micropyle extrorsum infera. Fructus magnus sphæricus, stylo coronatus; exocarpio carnoso; endocarpii pyrenis 1-4, extus fibrosis, a dorso compressis subobcordatis, osseis, apice pertusis, intus processubus 2 intrusis. Semen (pyreno conforme) oblongum, superne 3-lobum, extus endocarpio adhærens; albumine corneo cavo æquabili; embryone seminis versus apicem carnoso. — Elata inermis; caudice robusto annulato, nunc ad medium v. altius incrassato, sæpius simplici rariusve apice pauciramoso, cicatricibus foliorum annulato. Folia terminalia ample palmato-flabellata plicato-∞-fida; segmentis induplicatis, apice 2-fidis; rhachi brevi; ligula rigida brevi; petiolo spinescente; vagina brevi. Spadices interfoliacei ampli simpliciter ramosi, ad ramorum basin spathis incompletis vaginati; masculorum ramis solitariis v. 2, 3-nis crasse cylindraceis, bracteis alternis imbricatis ∞-seriatis foveolas florigeras efficientibus onustis; floribus masculis in foveola quaque 1-pari-cymosis; cyma in receptaculo parvo subreniformi inserta; alabastro uno post alterum a foveola egresso explanatoque; bracteolis imbricatis ∞; fœmineis autem in ramo spadicis simpliciusculi robustis alternis; solitariis v. 2-nis bracteisque latis cum sepalis conformibus involutis. (*Africa et Asia trop.*) — *Vid. p.* 255.

24. **Lodoicea** COMMERS.[1] — Flores (fere *Borassi*) diœci; masculorum sepalis 3, elongato-cuneiformibus, apice inflexo truncatis, imbricatis. Petala quam sepalis remote altius receptaculi obconici ad apicem cum androcæo inserta, subspathulata obtusiuscula tenuiter membranacea, apice leviter imbricata; marginibus cæterum haud contiguis. Stamina ad 30; filamentis inæqualibus plus minus polyadelphis subulatis; antheris lineari-elongatis basifixis, apice obtuso nunc recurvis; loculis parallelis, basi liberis, introrsum rimosis. Gynæcei rudimentum parvum v. 0. Floris fœminei subsphærici masculoque multo majoris sepala orbicularia crenulata crasse coriacea late imbricata. Petala minora consimilia imbricata v. torta. Germen ovoideum, styli lobis 2-4 sessilibus coronatum. Ovulum in loculis 2-4 solitarium; micropyle...? Fructus (maximus) oblique obovoideus, 1- v. imperfecte 2, 3-locularis; exocarpio crasso duro carnosulo; endocarpio osseo crasso, extus fibroso, longitudinaliter 3-6-lobo. Semen endocarpio adhærens; integumentis tenuibus; albumine cavo corneo æquabili; embryone basilari sinumque spectante. — Elata robusta inermis; caudice annulato. Folia (ampla) terminalia cordato-ovata palmato-flabellata plicato-∞-fida; laciniis induplicatis; rhachi elongata; petiolo supra concavo marginibusque inermi; vagina brevi demum ad medium fissa. Spadices (pluripedales) interfoliacei e vaginarum fissuris extrusi; masculorum ramis florigeris crasse cylindraceis; bracteis latis brevibus coriaceis arcte imbricatis; floribus in cymam ad bracteas axillarem 1-param dispositis circinatimque evolutis, e bractea uno post alterum exsertis. Flores fœminei in spadicis robusti ramis sparsi, solitarii v. 2-ni, bracteis latissimis cincti. (*Ins. Sechellæ*[2].)

25. **Latania** COMMERS.[3] — Flores (fere *Borassi*) diœci; masculorum obovoideorum receptaculo longiuscule conico. Sepala 3, basi atte-

1. Ex J. S.-H., *Expos.*, I (1805), 96. — LABILL., in *Ann. Mus.*, IX, 140, t. 13 (1807). — MART., *Hist. nat. Palm.*, III, 221, t. 109, 122. — ENDL., *Gen.*, n. 1746. — K., *Enum.*, III, 225. — B. H., *Gen.*, III, 940, n. 117. — DR., *Pflanzenfam.*, 40, fig. 31.

2. Spec. 1. *L. Sonnerati*. — *L. Sechellarum* LABILL. — SPRENG., *Syst.*, II, 622. — HOOK., *Bot. Mag.*, t. 2734-2738. — BAK., *Fl. maurit.*, 379. — SWINB.-WARD, in *Journ. Linn. Soc.*, *Bot.*, VIII, 135; IX, 118. — E.-P. WRIGHT, in *Ann. and Mag. Nat. Hist.* (1868). — *L. Callipyge* COMMERS., mss. — *L. maldivica* PERS., *Syn.*, II, 630. — *Coccus de Maldiva* GARC. — CLUS., *Exot.*, 190. — *Coccus maldivicus s. Calappa Laut* RUMPH., *Herb. amboin.*, VI, 210, t. 81. — *Cocos maldivica* GMEL. — *Borassus Sonnerati* GIS., *Præl.* (1792), 86 (*Coco des Maldives*, *C. de mer* SONNER., *Voy. N.-Guin.*, I, 3-10, t. 3-7, *Cul-de-Négresse*).

3. J., *Gen.*, 39. — MART., *Hist. nat. Palm.*, III, 223, t. 148, fig. 4; 154; 161, t. 2. — SPACH, *Suit. à Buff.*, XII, 62. — ENDL., *Gen.*, n. 1747. — B. H., *Gen.*, III, 940, n. 118. — DR., *Pflanzenfam.*, 30. — *Cleophora* GÆRTN., *Fruct.*, II, 185, t. 120.

nuata, arcte imbricata. Stamina ad 38; filamentis subulatis; antheris oblongis imo connectivo dorsifixis; loculis basi liberis, introrsum v. ad margines rimosis. Germinis rudimenta inæqualia columnaria. Floris fœminei subsphærici masculoque multo majoris sepala brevia reniformia crasse carnosa subque fructu aucta, arcte imbricata. Petala subconformia paulo majora, imbricata v. torta. Staminodia in cupulam dentatam connata. Germen sphæricum, 3-loculare; styli ramis sessilibus recurvis. Ovulum basilare. Fructus[1] drupaceus, sphæricus, pyriformis v. obovoideus, teres v. angulatus, stylo coronatus; exocarpio succulento; pyrenis angulatis, crustaceis v. lignosis, lævibus v. exsculptis. Semina erecta obovoidea libera endocarpio adherentia; albumine solido corneo æquabili; embryone in seminis vertice carnosulo. — Elatæ inermes; caudice solitario annulato. Folia terminalia ampla suborbicularia palmato-flabellata plicato-∞-fida; laciniis induplicatis, margine spinulosis v. inermibus; rhachi brevi; ligula conchoidea; petiolo longo valido; 3-gono, supra concavo; vagina brevi. Spadices (magni) interfoliacei; duplicatim ramosi; ramulis musculis amentiformibus cylindraceis in summo ramo-digitatim insertis, bracteis crebris dense imbricatis onustis; floribus in foveola bracteis efformata solitariis. Ramuli fœminei subtortuosi pauciflori; bracteis vaginantibus latis dentatis. (*Ins, Muscaren.*[2])

26. **Chamæriphes** DILL.[3] — Flores (fere *Lataniæ*) diœci; masculorum sepalis 3, oblongis, basi connatis, imbricatis. Petiola 3, obovata obtusa, crassiora, basi in stipitem communem attenuata, imbricata. Stamina 6, stipiti communi affixa; filamentis subulatis breviusculis; antherarum ovato-linearium basifixium versatilium loculis basi liberis, introrsum rimosis. Gynæcei rudimentum minutum v. 0. Floris fœminei masculo majoris sepala suborbicularia v. ovata obtusa, post anthesin paulo aucta. Petala paulo minora obtusa imbricata. Staminodia 6, basi 1-adelpha; antheris effœtis v. 0. Germen subsphæricum, nunc obscure 3-lobum; styli terminalis ramis minutis 3. Ovula basi intus loculo affixa sessilia. Fructus[4] subsphæricus; obovoideus,

1. Flavi, majusculi.
2. Spec. 3. JACQ., *Fragm.*, t. 8. — BOR., *Voy.*, I, 154; II, 88, 355. — K., *Enum.*, III, 226. — LEME, *Ill. hort.*, t. 229. — BALF. F., in *Bak. Fl. maurit.*, 381. — WALP., *Ann.*, V, 815.
3. *Cat. pl. afr. Shaw* (1738), n. 143 (non PONTED.). — O. K., *Revis.*, 728. — *Hyphæne* GÆRTN., *Fruct.* (1788), I, 28, t. 10, fig. 2; II (1791), 13, t. 82. — MART., *Palm. fam.*, 14; *Hist. nat. Palm.*, III, 225, t. 131-133. — ENDL., *Gen.*, n. 1748. — K., *Enum.*, III, 226. — B. H., *Gen.*, III, 940, n. 119. — DR., *Pflanzenfam.*, 39, fig. 14, J. — *Douma* LAMK, *Ill.*, t. 900. — TURP., in *Dict. sc. nat.*, Atl., t. 28, 29. — *Cucifera* DEL., *Fl. Eg.*, I, 57, t. 1, 2.
4. MIRB., in *Ann. Mus.*, XVI, t. 27, fig. 1-3.

ovoideus v. oblongus, teres v. obtuse angulatus lobatusve, nunc medio constrictus nuncve basi apiceque intrusus, sessilis v. stipitatus, 1-locularis; stylo demum hinc subbasilari; exocarpio extus lævi nitido, intus carnoso-grumoso fibroso; endocarpio duro, intus carnoso. Semen endocarpio adhærens erectum, loculo conforme, basi intrusum; testa (fuscata) dura; rapheos ramis reticulatis planis; albumine late cavo osseo æquabili; embryone apicali. — Elatæ v. mediocres inermes; caudice sæpe inflato, superne simplici v. dichotome ramoso, cicatricato. Folia terminalia orbicularia v. late ovata palmati-flabellata, plicato-∞-fida; laciniis acutis v. 2-fidis, margine induplicatis; fibris interpositis; rhachi brevi; petiolo valido, biconvexo v. supra plano, margine spinuloso; ligula brevi obtusa; vagina brevi aperta. Spadices interfoliacei spathis incompletis vaginati; ramis amentiformibus cylindraceis fastigiatis; floribus masculis in axilla bractearum semicircularium dense imbricatarum cymulosis 2; bractea cum bracteolis membranaceis barbatis v. ciliatis fossulas efformantibus. Flores fœminei in axilla bracteæ bracteolarumque solitarii immersi. (*Africa trop.*, *Madagascaria*, *Arabia*[1].)

27. **Medemia** G. DE WURTEMB. ET BRAUN[2]. — Flores inflorescentiaque verisimiliter *Chamæriphis;* « fructu ellipsoideo e perianthio secedente; basi hinc areolis lævibus parvis 2 nunc confluentibus notato; styli cicatrice areolis opposito; pericarpio suberoso sicco ruguloso; endocarpio lævi (albo); semine 1, oblongo, basi late endocarpio adhærente; testa coriacea; albumine corneo cavo leviter ruminato (*Eumedemia*) » v. « fructu obovoideo; loculo fertili 1; cæteris rudimentariis; stylo basilari; pericarpio subspongioso fragili, extus sicco rugoso; endocarpio 3-6-fasciato; fasciis verticalibus anostomosanti-ramosis; semine ovoideo profunde rugoso; albumine corneo ruminato; sulco hippocrepiformi ventre exsculpto; embryone apicali (*Bismarckia*[3]) ». — Inermes; caudice simplici; foliis flabelliformibus; laciniis ad margines filamentosis; petiolo inermi; ligula nunc 0.

1. Spec. ad 9. L., *Spec.*, 1657 (*Corypha*). — JACQ., *Fragm.*, t. 133 (*Palma*). — KIRK, in *Journ. Linn. Soc.*, IX, 234. — WENDL. F., in *Bot. Zeit.* (1881), 91. — SCHREB., *Not. ad Poc. Reis.*, II, t. 120, 307. — POIR., *Suppl.*, II, 549 (*Douma*). — R. BR., in *App. Tuck. Cong.*, 457. — LOUR., *Fl. cochinch.*, 264 (*Corypha*). — BOISS., *Fl. or.*, V, 46. — THONN. et SCHUM., in *Dansk. Vid. naturv. Afh.*, IV (1829). — *Fl. serres*, t. 2152, 2153. — H. JOHNST., *Riv. Cong.* (1884), 10, 195 (pleraque sub *Hyphæne* v. *Cucifera*).

2. Ex WENDL. F., in *Bot. Zeit.* (1881), 93. — B. H., *Gen.*, III, 882. — DR., *Pflanzenfam.*, 38.

3. HILDEBR. et WENDL. F., in *Bot. Zeit.* (1881), 93. — B. STEIN, in *Gartenfl.* (1885), 193, t. 1221. — B. H., *Gen.*, III, 882.

« Amentorum masculorum gracilium squamæ tomentoso-hirtulæ. » (*Nubia, Abyssinia, Madagascaria occid.*[1])

28? **Pholidocarpus** Bl.[2] — « Flores masculi...? Fœmineorum carpella distincta[3]. Fructus sphæricus v. ovoideus; exocarpio marcescente; endocarpio[4] ab exocarpio haud v. plus minus facile secedente, apice nunc mutico rotundato v. varie mucronato-spinescente, extus plus minus profunde tessellato v. rarius fibroso-hispido. Semen subsphæricum subbasilare v. sæpius plus minus excentricum; hilo late orbiculari v. ovali; albumine duro inæqui-lobulato ruminatove; embryone basilari. — Elatæ; caudice obscure annulato; foliorum terminalium flabellatorum 4-6-partitorum[5] petiolo aculeato; fructibus parallele seriatis. (*Malaisia*[6].) »

III. ROTANGEÆ.

29. **Rotang** L. — Flores monœci, diœci v. polygami; masculorum calyce gamophyllo, 3-lobo v. 3-dentato, nunc imbricato. Petala 3, altius receptaculo ultra calycem producto crasso v. carnoso inserta, libera v. basi connata, valvata. Stamina sæpius 6 (raro pauciora), cum corolla v. imis petalis inserta; filamentis brevibus v. longiusculis subulatis, basi sæpius 1-adelphis, apice nunc infractis; antheris dorsifixis linearibus oblongis v. sagittatis; loculis sæpe basi liberis, introrsum rimosis. Gynæcei rudimentum parvum v. 0. Floris fœminei masculo subæqualis perianthium fere marium; petalis nunc altius connatis. Staminodia 6, 1-adelpha, nunc imæ corollæ adnata; antheris cassis v. 0. Germen liberum, incomplete 3-loculare, extus retrorsum squamatum; styli crassi brevis v. longi ramis stigmatosis 3. Ovula 3, basilaria erecta anatropa; micropyle extrorsum infera. Fructus sphæricus v. ellipsoideus, stylo coronatus; pericarpio

1. Spec. 3. Mart., *Hist. nat. Palm.*, III, 227, n. 6, O. Z, t. 15, fig. VII (*Hyphæne*). — Hildebr., *Zeitschr. f. Erdk.*, XV (1879), 107.

2. In *Schult. Syst.*, VII, 1308 (1830). — Mart., *Hist. nat. Palm.*, III, 222. — Meissn., *Gen.*, 354 (264) (*Mauritia*). — Becc., *Males.*, I, 79; III, 90, t. 9-11. — B. H., *Gen.*, III, 883. — Dr., *Pflanzenfam.*, 38.

3. *Livistonæ* more (Becc.). Genus unde forte *Coryphearum*. Nervatio foliorum potius (B. H.), *Coryphearum* quam *Borassearum*.

4. Duro, 1-4-loculari.

5. « *Borassi* v. *Livistonæ*. »

6. Rumph., *Herb. amboin.*, I, 56, t. 12 (*Lontarus*). — Gis., *Præl.*, 87 (*Borassus* ?). — K., *Enum.*, III, 224 (*Borassus*?). — Miq., *Fl. ind. bat.*, III, 47; Suppl., 591; *Palm. Arch. ind.*, 10. — Becc., in *Hook. Fl. brit. Ind.*, VI, 436.

tenui v. carnoso, squamis deorsum imbricatis tessellatim loricato. Semina 1-3, sæpius subsphærica, nunc hemisphærica, compressa v. deformia, lævia v. sinuato-sulcata, sæpe extus carnosula; hilo subbasilari; chalaza hinc laterali; rapheos ramis a chalaza decurrentibus; albumine æquabili v. varie lobato subruminato; embryone subbasilari v. laterali. — Erectæ v. multo sæpius debiles sarmentosæ v. scandentes, varie armatæ; caudicibus cæspitosis longis remote annulatis. Folia remote alterna, æqui-pinnatisecta; segmentis æquidistantibus, fasciculatis v. interruptis, linearibus, lanceolatis v. ensiformibus, apice integris; marginibus recurvis; costa nervisque nunc setosis; rhachi sæpe longa flexuosa, dorso convexa, facie angulata, sæpe in funem gracilem aculeatum producta; petiolo vario, 3-gono; vagina varia aculeata, apice in ligulam v. ocream producta, nunc lateraliter aculeato-flagellifera. Spadices interfoliacei ramosi vaginati; ramis plerumque gracilibus, nunc rarius crassis, rectis v. arcuatis revolutisve, dense bracteatis; floribus articulatis solitariis v. glomeratis paucis; glomerulis hinc ramulo 2-fariam insertis, sæpe 2, 3-floris, plerumque 2-sexualibus; flore hermaphrodito v. fœmineo 1; rhachi nunc in funem producta; bracteis sæpe brevibus cupulatis; bracteolis liberis v. connatis. Spathæ ∞, pedunculum ramosque vaginantes, aut tubulosæ, aut incompletæ omnes, v. inferiores 1-paucæ completæ majoresque, rigidæ, coriaceæ, aculeatæ v. inermes, deciduæ v. omnes inferioresve solæ persistentes. (*Orbis vet.reg. omn. trop. et subtrop.*) — *Vid. p.* 258.

30. **Plectocomia** MART. et BL.[1] — Flores (fere *Rotangis*) diœci; masculorum calyce gamophyllo, obconico v. cupulari, 3-dentato v. 3-lobo. Petala 3, oblique lanceolato-acuminata, ima basi connata, valvata. Stamina 6, imo perianthio inserta; filamentis breviter 1-adelphis; antheris linearibus erectis dorsifixis, introrsum rimosis. Gynæcei rudimentum minimum v. 0. Floris fœminei masculo majoris calyx cupularis, 3-dentatus, post anthesin auctus. Corollæ 3-fidæ inferneque ventricosæ post anthesin auctæ lobi ovato-lanceolati valvati. Staminodia 6, in annulum corollæ affixum connata; antheris cassis. Germen liberum, 3-loculare, squamis elongatis integris v. nudis reversis imbricatis vestitum; styli crassi brevissimi, basi subarticulati, ramis 3

1. In *Schult. Syst.*, VII, 2, 1333. — MART., *Hist. nat. Palm.*, III, 198, 325, t. 114; 116, fig. 1; 176, fig. 11, 12. — K., *Enum.*, III, 202. — SPACH, *Suit. à Buff.*, XII, 61. — ENDL., *Gen.*, n. 1738. — B. H., *Gen.*, III, 934, n. 107. — DR., *Pflanzenfam.*, 49, fig. 40, A, B.

crasse linearibus erectis. Ovulum in loculo quoque 1, suberectum v. adscendens; micropyle extrorsum infera. Fructus carnosus (sphæricus parvus) stylo breviter rostratus, squamis retrorsum imbricatis tessellatim loricatus. Semina 1-3, erecta, sphærica v. compressa, margine crenata; hilo basilari; raphe conspicua; albumine æquabili; embryone inferiore. — Scandentes monocarpicæ (?) recurvo-aculeatæ; caudicibus robustis v. gracilibus elongatis, superne longe vaginatis. Folia alterna æqui-pinnatisecta; segmentis elliptico-lanceolatis acuminatis, basi contractis; rhachi in funem aculeatum longe producta; petiolo vaginaque aculeatis; ligula 0. Spadices ad plantæ basin laterales[1] ramosi; ramis secundis pendulis longissimis; spathellis imbricatis conchiformibus amplectentibus imbricatis coriaceis persistentibus; spiculis masculis ∞-floris; fœmineis paucifloris brevioribus; bracteis bracteolisque subulatis. (*India et Oceania trop*[2].)

31? **Plectocomiopsis** BECC.[3] — Flores cæteraque *Plectocomiæ*; fructu squamis crebris minutissimis verticaliter ∞-seriatis obsito; seminibus sphæricis lævibus; albumine æquabili; embryone basilari. — Armatæ; caudicibus elongatis; foliis superioribus ad squamas longe flagellatas reductis; foliolis 0; spathellis infundibularibus parvis. (*Malaisia*, *Martabania*[4].)

32? **Myrialepis** BECC.[5] — « Flores fere *Plectocomiopsidis*; calyce 3-lobo. Corolla multo longior. Fructus sphæricus squamis minutis acuminatis haud recurvis inordinate dispositis obtectus; mesocarpio spongioso-tuberoso; seminis sphærici albumine æquabili. — Folia cæteraque *Plectocomiæ*; segmentis obtuse angulato-3-gonis sparse spinosis. (*Borneo*, *Perak*[6].) »

33. **Ceratolobus** BL.[7] — Flores (fere *Rotangis*) polygamo-monœci;

1. In *P. himalayana* terminales (T. ANDERS.).
2. Spec. ad 6. BL., *Rumphia*, III, 68, t. 158, 159, 163. — GRIFF., in *Calc. Journ. Nat. Hist.*, V, 96; *Palms brit. Ind.*, 103; App., XXI, t. 217-219. — MIQ., *Fl. ind. bat.*, III, 78; Suppl., 592. — T. ANDERS., in *Journ. Linn. Soc.*, XI, 11. — KURZ, *For. Fl.*, II, 514. — WENDL. F., in *Bot. Zeit.* (1859), 165. — RIDL., in *Trans. Linn. Soc.*, ser. II, *Bot.*, III, 392. — BECC., in *Hook. f. Fl. brit. Ind.*, VI, 477. — *Bot. Mag.*, t. 5105. — WALP., *Ann.*, V, 825.
3. In *Hook. f. Fl. brit. Ind.*, VI, 479.
4. Spec. 3. KURZ, in *Journ. As. Soc. beng.*, XLIII, II, 213, t. 29, 30; *For. Fl.*, II, 521 (*Calamus*). — GRIFF., *Palms brit. Ind.*, 70, t. 199, A (*Calamus*). — MART., *Hist. nat. Palm.*, III, 338 (*Calamus*).
5. *Males.*, III, 62; in *Hook. f. Fl. brit. Ind.*, VI, 480.
6. Spec. 2.
7. In *Schult. Syst.*, VII, 1334; *Rumphia*, II, 163, t. 129; 137, A. — MART., *Hist. nat. Palm.*, III, 196, 325, t. 115. — ENDL., *Gen.*, n. 1739. — SPACH, *Suit. à Buff.*, XII, 61. — B. H., *Gen.*, III, 933, n. 105. — DR., *Pflanzenfam.*, 50, fig. 40, C, D.

masculorum calyce 3-fido; lobis patulis, 3-gonis. Petala 3, lanceolata valvata. Stamina 6, imæ corollæ inserta, basi 1-adelpha; antheris dorsifixis linearibus introrsis. Floris hermaphroditi corolla 3-fida valvata. Stamina 6 (marium). Germen ovoideum (in flore masculo rudimentarium) imperfecte 3-loculare; styli ramis 3, recurvis; ovulis in loculo 3, erectis; micropyle extrorsa. Fructus sphæricus v. ellipsoideus (parvus), stylo coronatus; pericarpio squamis deorsum imbricatis tessellatim loricato. Semen erectum sessile rugulosum, integumento carnosulo indutum; chalaza laterali; embryone basilari; albumine ruminato. — Gracilis; caudice tenui erecto v. scandente, vaginis aculeatis tecto. Folia æqui-pinnatisecta; segmentis cuneato-rhombeis plicatis acuminatis erosis; rhachi aculeata, 3-gona et in funem aculeatum producta; vagina tubulosa, apice breviter ligulata. Spadix interfoliaceus laxe compositus compressus; ramis gracillimis flexuosis; floribus in eis plerumque 2-nis; inferiore hermaphrodito sessili; superiore autem masculo v. neutro stipitato. Pedunculus spadicis longissimus aculeatus pendulus. Spatha 1, lineari-oblonga v. lanceolata complanata rostrata membranacea, secus margines aculeolata demumque ibi dehiscens. Cætera *Rotangis*. (*Java*, *Sumatra*[1].)

34. **Korthalsia** Bl.[2] — Flores (fere *Calami*) polygamo-diœci; sepalis orbicularibus v. breviter oblongis. Petala marium oblonga valvata. Stamina 6, imæ corollæ affixa; filamentis brevibus, liberis v. ima basi connatis; antheris linearibus erectis, ad basin dorsifixis; loculis basi subsagittata liberis, introrsum rimosis. Germen rudimentarium (nunc fertile) ovoideo-oblongum. Floris fœminei corolla basi tubulosa, mox 3-fida, valvata. Staminodia corollæ affixa 6-∞. Germen squamis reflexis obtectum; styli varii ramis stigmatosis recurvis. Ovula 3, septis imperfectis sejuncta, erecta; micropyle extrorsa. Fructus sphæricus v. ovoideus, stylo coronatus, 1-spermus; pericarpio tenui squamis deorsum imbricatis tessellatim loricato. Semen erectum, vertice profunde foveolatum; albumine ruminato; embryone varie ventrali. — Graciles scandentes; caule elongato flexuoso. Folia alterna pinnatisecta; segmentis alternis trapeziformibus cuneatis flabellato-

1. Spec. 2. K., *Enum.*, III, 200. — Meissn., *Gen.*, 351. — Leme, in *Dict. d'Orb.*, III, 290. — Miq., *Fl. ind. bat.*, III, 73, 129. — Griff., in *Calc. Journ. Nat. Hist.*, V, 72; *Palms brit. Ind.*, 72 (*Calamus*). — Becc., *Males.*, III, 63; in *Hook. f. Fl. brit. Ind.*, VI, 477.

2. *Rumphia*, II, 166, t. 130, fig. 2. — Mart., *Hist. nat. Palm.*, III, 210, 243, t. 172, fig. 1. — B. H., *Gen.*, III, 932, n. 104. — Dr., *Pflanzenfam.*, 48. — *Calamosagus* Griff., in *Calc. Journ. Nat. Hist.*, V, 22; *Palms brit. Ind.*, 26, t. 183, 184; 184, A.

venosis, superne erosis; rhachi funiformi aculeata; vagina in ligulam scaphoideam producta. Flores in ramulis spadicum laxe ramosorum crebris confertis, bracteatis et bracteolatis; ramis primariis cum pedunculo spathis persistentibus longe tubulosis vaginatis; bracteis late brevibus membranaceis; bracteolis sæpe ad villos reductis. (*Oceania trop.*[1])

35. **Metroxylon** ROTTB.[2] — Flores hermaphroditi v. polygami; masculorum calyce gamophyllo infundibulari, 3-dentato v. 3-fido. Corollæ gamopetalæ longioris lobi valvati 3. Stamina 6, corollæ plus minus alte adnata; filamentis basi 1-adelphis; antheris dorsifixis linearibus v. sagittatis; loculis introrsum rimosis. Gynæcei rudimentum breve v. elongatum, 3-lobum. Floris fœminei perianthium ut in mare. Staminodia in urceolum membranaceum connata; antheris cassis v. 0. Germen summo receptaculo producto inter stamina insertum oblongum, incomplete 3-loculare, extus retrorsum squamosum; styli conici lobis stigmatosis dentiformibus. Ovula erecta 3 (*Rotangis*). Fructus subsphæricus v. ellipsoideus stylo terminatus; exocarpio squamis deorsum imbricatis tessellatim loricato; endocarpio carnosulo v. spongioso. Semen erectum subsphæricum v. depressum rugosum; albumine ruminato; embryone hinc laterali. — Erectæ monocarpicæ; caudicibus cæspitosis e rhizomate ortis soboliferis, longis v. brevibus, basi e foliorum inferiorum occasorum cicatricibus annulatis. Folia sæpe maxima terminalia suberecta æqui-pinnatisecta; segmentis oppositis; costa setosa; marginibus basi recurvis; rhachi extus convexa, intus autem acutata v. obtusata; petiolo intus concavo, inermi v. nunc dense armato; vagina aperta coriacea. Spadix amplus terminalis laxe ramosus totusque spathis tubulosis vaginatus; spathis subæqualibus primum imbricatis, v. superioribus gradatim minoribus ramulis amentiformibus distichis elongatis patenti-recurvis dense confertis multifariis, in axilla brac-

1. Spec. 18, 19. BL., *Rumphia*, III, t. 157; 157, B (*Ceratolobus*). — MIQ., *Fl. ind. bat.*, III, 74, 750; Suppl., 591; *Pl. Jungh.*, 162; *Palm. Arch. ind.*, 15, 26; in *Journ. bot. néerl.*, 15. — WENDL. F., in *Bot. Zeit.* (1859), 174. — KURZ, *For. Fl.*, II, 512. — BECC., *Males.*, I, 87; II, 73; III, 67, t. 5-7; in *Hook. f. Fl. brit. Ind.*, VI, 474. — WALP., *Ann.*, V, 833.

2. In *Nye Saml. Dansk. Vid. Selsk. Skrift.*, II, 525, t. 1 (1783). — MART., *Hist. nat. Palm.*, III, 213, 343 (part.), t. 102, 159. — ENDL., *Gen.*, n. 1742. — K., *Enum.*, III, 213 (part.). — B. H., *Gen.*, III, 935, n. 109. — DR., *Pflanzenfam.*, 47, fig. 34, K-N. — *Sagus* RUMPH., *Herb. amboin.*, I (1741), 72, t. 17, 18 (vix gener.). — GÆRTN., *Fruct.*, II, 186, t. 120, fig. 3. — BL., *Rumphia*, II, 146 (part.), t. 86, 126, 227. — TURP., in *Dict. sc. nat.*, Atl., t. 161, 162. — O. K., *Revis.*, 736. — *Cœlococcus* WENDL. F., in *Seem. Fl. vit.*, 279 (*Sagus vitiensis*).

tearum solitariis v. nunc 2-nis subpedicellatis laxe immersis; bracteis latioribus quam longioribus; bracteolis in cupulam connatis. Spathæ coriaceæ nunc aculeatæ. (*Oceania trop.*[1])

36? **Pigafetta** MART.[2] — Flores (fere *Rotangis*) polygami; masculorum calyce gamophyllo obconico integro v. breviter dentato. Petala lanceolata valvata. Stamina 6; filamentis brevibus crassis; antheris basifixis sagittato-lanceolatis cuspidatis. Gynæcei rudimentum minimum v. 0. Floris fœminei germen stylo coronatum. Fructus sphæricus v. oblongus, 1-locularis, stylo coronatus, squamis retrorsum imbricatis tessellatim loricatus. Semen conforme 1, inæqui-costatum v. rugulosum; integumento extimo molliter carnoso; hilo basilari; chalaza dorsali; albumine æquabili; embryone dorsali. — Elatæ robustæ, basi soboliferæ, inferne remote annulatæ, superne aculeatæ. Folia terminalia pinnatisecta; segmentis lanceolato-acuminatis; marginibus basi recurvis; petiolo glabro v. aculeato. Spadices axillares penduli laxe ramosissimi pedunculati; ramulis amentiformibus bracteatis; pedunculo ramisque primariis spathis incomplete tubulosis apiceque sæpe truncatis vaginatis; bracteis lanceolatis; floribus ad ramulos dense confertis, spiraliter dispositis lanaque immersis[3]. (*Oceania trop.*[4])

37. **Zalacca** REINW.[5] — Flores (fere *Rotangis*) monœci v. polygamo-diœci; masculorum calyce tubuloso, plus minus alte 3-lobo, v. sepalis 3, membranaceis. Corolla tubulosa, basi attenuata, valvata. Stamina 6, tubo affixa; filamentis brevibus, basi inter se et corollæ adnatis; antheris basi v. paulo supra basin affixis, brevibus v. elongatis sagittatisve. Germen rudimentarium parvum v. 0. Floris fœminei masculo majoris calyx 3-partitus v. 3-fidus, post anthesin auctus. Corollæ tubulosæ lobi lanceolati valvati. Staminodia 3-6,

1. Spec. 6, 7. KOEN., *Ann. bot.*, I, 193, t. 4. — GRIFF., *Palms brit. Ind.*, 21, t. 181; App., XX (*Sagus*). — ROXB., *Fl. ind.*, III, 623 (*Sagus*). — MIQ., *Fl. ind. bat.*, III, 139 (part.). — BECC., in *N. Giorn. bot. ital.*, III, 29; *Males.*, I, 91; in *Hook. f. Fl. brit. Ind.*, VI, 481. — WALP., *Ann.*, V, 833.

2. MART., *Hist. nat. Palm.*, III, 215, 343 (*Metroxyli* Sect.). — B. H., *Gen.*, III, 933, n. 106. — DR., *Pflanzenfam.*, 48. — BECC., *Males.*, I, 89 (*Pigafettia*).

3. Genus imperfecte notum.

4. Spec. ad 3. RUMPH., *Herb. amboin.*, I, 84, t. 19 (*Sagus*). — BUCH., *Dec.*, VIII, t. 6 (*Sagus*). — BL., *Rumphia*, II, 154, t. 128 (*Sagus*). — K., *Enum.*, III, 215, n. 5 (*Metroxylon*). — MART., *loc. cit.*, t. 102 (*Sagus*). — MIQ., *Fl. ind. bat.*, III, 149 (*Metroxylon*).

5. In *Syll. Soc. bot. Ratisb.*, II, 3 (*Salacca*). — MART., *Hist. nat. Palm.*, III, 199, 325, t. 118, 119, 123, 136; 159, fig. 3; 173, 174. — ENDL., *Gen.*, n. 1737. — K., *Enum.*, III, 202. — BL., *Rumphia*, II, 158. — B. H., *Gen.*, III, 933, n. 103. — DR., *Pflanzenfam.*, 48, fig. 38.

libera v. connata. Germen squamosum v. setosum; styli ramis subulatis 3; ovulis 3, erectis; micropyle extrorsum infera. Fructus sphæricus, obovoideus v. turbinatus, stylo coronatus sæpeque rostratus; pariete tenui fragili squamis deorsum imbricatis, apice nunc breviter v. longe spinescentibus, tessellatim loricata. Semina erecta solitaria sphærica v. hemisphærica 2, nunc angulata 3, dorso convexa, indumento crasso carnoso obsita; albumine copioso cartilagineo æquabili, membrana tenui (fusca) cincto; chalaza superne canaliculo longo tenui perforata; embryone basilari parvo. — Acaules soboliferæ; foliis basilaribus longis æqui-pinnatisectis; segmentis æquidistantibus alternis v. fastigiatis, rectis v. arcuatis acuminatis parallele venosis; marginibus setosis, inferne recurvis; rhachi aculeata obtuse 3-gona; petiolo aculeis sæpe spiraliter dispositis armato, eligulato. Spadices interfoliacei penduli, simplices v. fastigiatim ramosi; ramis amentiformibus; ramulis breviusculis remotis v. confertis, stipitatis v. sessilibus; floribus[1] in ramulo dense ∞-fariam confertis, bracteatis et 2-bracteolatis; masculis 2-nis; fœmineis 2-nis; altero nunc sterili, v. solitariis. Spathæ diu persistentes: inferiores pedunculum ramosque vaginantes incompletæ; partiales autem ramulum subtendentes papyraceæ, primum clausæ. Bracteolæ in cupulam 2-locellatam glabram villosamve connatæ. (*India*, *Malaisia*[2].)

38. **Eugeissona** GRIFF[3]. — Flores (fere *Metroxyli*) diœci; masculorum calyce campanulato, 3-fido. Corollæ longioris, basi contracta solidæ, foliola 3, lanceolata acuminata pungentia valvata. Stamina 9-12, basi 1-adelpha; antheris lineari-acutatis, ad margines rimosis. Floris fœminei masculo majoris calyx campanulatus (marium). Petala elongato-lanceolata pungenti-acuminata, basi dilatata intusque crista pilorum transversa instructa, valvata. Germen oblongum reverso-squamosum, 3-loculare; styli lobis stigmatosis oblongis complanatis sessilibus. Ovula erecta; micropyle extrorsa. Fructus ovoideus crasse obtuseque rostratus stylo coronatus, 1-spermus, extus

1. Sæpe roseis, parvis.

2. Spec. ad 10. RUMPH., *Herb. amboin.*, V, 113, t. 57 (*Palmijuncus*). — GÆRTN., *Fruct.*, II, 267, t. 139, fig. 1 (*Calamus*). — WALL., *Pl. as. rar.*, III, 14, t. 222-224. — RŒM. et SCH., *Syst.*, VII, 1334 (*Calamus*). — GRIFF., in *Calc. Journ. Nat. Hist.*, V, 6; *Palms brit. Ind.*, 9, t. 175-185, C; 186 (*Calamus*); App., XIX. — MIQ., *Fl. ind. bat.*, III, 80. — KURZ, *For. Fl.*, II, 511. — BECC., *Males.*, I, 87; III, 63; in *Hook. f. Fl. brit. Ind.*, VI, 472. — RIDL., in *Trans. Linn. Soc.*, ser. II, *Bot.*, III, 392. — WALP., *Ann.*, V, 825.

3. In *Calc. Journ. Nat. Hist.*, V, 101, c. ic.; *Palms brit. Ind.*, 109; App., XXII, 109, t. 220, A-C. — MART., *Hist. nat. Palm.*, III, 212, 343, t. 179, 180. — B. H., *Gen.*, III, 934, n. 108. — DR., *Pflanzenfam.*, 46.

squamis retrorsum imbricatis tessellatim loricatus, intus lignosus septisque longitudinalibus imperfectis 6 percursus. Semen ovoideum v. subsphæricum, varie 6-sulcum; hilo basilari; albumine æquabili; embryone basilari. — Cæspitosæ monocarpicæ armatæ; foliis æquipinnatisectis; segmentis anguste lanceolatis caudato-acuminatis; costa gracili setosa; rhachi inermi, 3-gona; petiolo teretiusculo aculeis complanatis armato; vagina brevi. Spadices terminales erecti longe pedunculati, solitarii v. 2, 3-ni, stricti, composite ramosi, inferne paucivaginati. Ramuli crassi erecti, vaginulis subdistichis dense imbricatis obtecti, superne in bracteas desinentibus; floribus magnis[1] teretibus arcuatis longe exsertis. (*Archip. Malayan.*[2])

39. **Raphia** PAL.-BEAUV. [3] — Flores (fere *Rotangis*) polygamo-monœci; calyce tubuloso gamophyllo, apice truncato integro v. minute 3-dentato. Corolla receptaculo ultra calycem producto ibique sub-3-gono inserta arcuata; foliolis lanceolatis rigidis valvatis. Stamina (in flore fœmineo sterilia) cum corolla inserta 6-15; filamentis subulatis, inferne inter se et cum ima corolla connatis; antheris erectis linearibus acuminatis v. obtusis ad basin dorsifixis, introrsum v. sub marginibus rimosis. Germen (in flore masculo minimum v. 0) ovoideum, retrorsum squamosum, 3-loculare; septis nunc ex parte evanidis; styli erecti brevis ramis crassiusculis subulatis recurvis, intus stigmatosis. Ovula erecta 3; micropyle extrorsum infera. Fructus[4] ovoideus v. oblongo-ellipsoideus rostratus, stylo coronatus, 1-locularis; pericarpio squamis retrorsum imbricatis tessellatim loricato; endocarpio carnosulo. Semen adscendens oblongum sulcatum; hilo ventrali; rapheos linearis ramis reticulatis; albumine durissimo ruminato; embryone laterali. — Monocarpicæ inermes v. ad vaginas armatæ; caudice simplici v. 2-chotome diviso annulato. Folia terminalia adscendentia longa æqui-pinnatisecta; segmentis lineari-lanceolatis coriaceis acuminatis; marginibus basi recurva setosis v. aculeolatis; rhachi intus acuta; petiolo tereti v. intus subplano, extus convexo; vaginæ brevis marginibus valde

1. 1-4-pollicaribus.

2. Spec. 2, 3. MIQ., *Fl. ind. bat.*, III, 77. — BECC., in *N. Giorn. bot. ital.*, III, 18; *Males.*, III, 58; in *Hook. f. Fl. brit. Ind.*, VI, 480. — WALP., *Ann.*, V, 833.

3. *Fl. owar. et ben.*, I, 75, t. 44, fig. 1, 45, 46. — MART., *Hist. nat. Palm.*, II, 53, t. 45, 47, fig. 5, 48 (*Sagus*); III, 216, 343. — K., *Enum.*, III, 216. — SPACH, *Suit. à Buff.*, XII, 89. — ENDL., *Gen.*, n. 1741. — DR., *Pflanzenfam.*, 44, fig. 16, A; 34, A-J; 36. — B. H., *Gen.*, III, 935, n. 110.

4. Sphalmate in *Tr. Bot. méd.*, fig. 3445, pro *Metroxyli* fructu figuratum.

fibrosis. Spadices terminales dense ramosi penduli; ramis crebris brevibus flabelliformibus pectinatim ramulosis compressis; bracteis late vaginantibus dense imbricatis[1]; floribus distichis elongatis, arcuatis v. decurvis exsertis; inferioribus fœmineis; superioribus sæpius hermaphroditis v. nunc masculis; singulis bracteatis et 2-bracteolatis, nunc in bracteam spuriam posticam utrinque concavam conniventibus. (*Africa trop.*, *Madagascaria*, *America trop. austro-or.*[2])

40. **Oncocalamus** MANN et WENDL. F.[3] — Flores (fere *Rotangis*) monœci; masculorum calyce oblongo valvato, 3-dentato v. 3-fido. Petala ovato-acuta concava coriacea, basi connata, valvata, calyce longiore inclusa. Stamina 6; filamentis in tubum oblongum corollæ æqualem connatis; antheris ad os tubi sessilibus parvis, 2-dymis; alternis 3 altius insertis. Gynæcei rudimentum styliforme. Floris fœminei calyx corollaque marium; tubo longiore. Staminodia staminibus fertilibus similia, at ananthera. Germen oblongum, superne squamigerum; stylo elongato, apice breviter stigmatoso-3-lobo; ovulis erectis 3. Fructus sphæricus stylo terminatus; semine....? — Scandens gracilis; foliis æqui-pinnatisectis; segmentis oblongo-lanceolatis; rhachi in funem gracilem producta; segmentis ibi reverse spinescentibus; petiolo brevi; vagina in ocream truncatam producta. Spadices axillares cernui; ramis distichis gracilibus pendulis, basi nudis, superne spathis tubulosis vaginatis; floribus distiche glomeratis; glomerulis polygamis; bracteis infundibulari-campanulatis spathelliformibus, 5-12-floris; bracteolis in corpus faviforme confertis. (*Africa trop.-occid.*[4])

41. **Ancistrophyllum** MANN et WENDL. F.[5] — Flores (fere *Rotangis*) hermaphroditi; receptaculo apice cupulari basique longe attenuato. Calycis campanulati coriacei lobi breves 3. Corollæ cylindraceæ foliola 3, lineari-oblonga acuta valvata, mox erecto-patentia persis-

1. Spurie articulatis.

2. LAMK, *Ill.*, t. 771 (*Sagus*). — TURP., in *Dict. sc. nat.*, Atl., t. 159, 160 (*Sagus*). — GÆRTN., *Fruct.*, I, t. 10, fig. 1 (*Sagus*). — SPRENG., *Syst.*, II, 139 (*Metroxylon*). — W., *Spec.*, IV, 404 (*Sagus*). — BORY, *Voy.*, I, 178. — GRIFF., *Palms brit. Ind.*, t. 182 (*Sagus*). — MEISSN., *Gen.*, 354 (265) (*Sagus*). — WALL., *Palm. Amaz.*, 42, t. 2, 16. — DR., in *Mart. Fl. bras.*, III, II, 286, t. 61, 62. — G. MANN et WENDL. F., in *Trans. Linn. Soc.*, XXIV, 423, 437, t. 39, A, B; 42, A-D. — WALP., *Ann.*, V, 833.

3. In *Kerch. Palm.*, 252; in *Trans. Linn. Soc.*, XXIV, 436, t. 41, E; 43, E (subgen.). — B. H., *Gen.*, III, 936, n. 111. — DR., *Pflanzenfam.*, 45.

4. Spec. 1. *O. Mannii* MANN et WENDL. F.

5. In *Kerch. Palm.*, 230; in *Trans. Linn. Soc.*, XXIV, 432, t. 38, D; 41, G; 43, C. — B. H., *Gen.*, III, 937, n. 113. — DR., *Pflanzenfam.*, 46.

tentia aucta indurataque. Stamina 6, imis perianthii foliolis adnata; filamentis lingulatis v. clavatis, nunc rigidis; antheris dorsifixis lineari-oblongis erectis; loculis linearibus, basi liberis. Germen ovoideum, 3-loculare; stylo gracili elongato, apice minute stigmatoso-3-lobo. Ovula erecta v. suberecta; micropyle extrorsum infera. Fructus ovoideus, stylo rostratus; pericarpio tenui squamis deorsum imbricatis tessellatim loricato. Semen suberectum sphæricum peltatum foveolatum (*Laccosperma*[1]), v. compressum læve; hilo basilari; raphe lineari; albumine æquabili v. nunc extus lacunoso; embryone ventrali. — Cæspitosi, alte scandentes, monocarpici; caudicibus longe flexuosis. Folia remote alterna æqui-pinnatisecta; segmentis subaggregatis v. alternis, lanceolatis v. falcatis, aut basi lata insertis (*Laccosperma*), aut lineari-lanceolatis basique angustatis; rhachi valida, dorso convexa; marginibus lævibus v. aculeatis; apice in funem rigidum longe 3-gonum producta; segmentis deflexis ensiformibus rigidis pungentibus, sæpe per paria dispositis; vagina clausa spinescente longe ocreata. Spadices erecti terminales, distiche 2-plicato-ramosi; ramis longis pendulis; ramulis alternis flexuosis longissimis. Spathæ tubulosæ spadicis pedunculum ramosque vaginantes; bracteis spathelliformibus, 2-floris; bracteolis in cupulam obliquam 2-alatam et 2-cuspidatam connatis. (*Africa trop. occid.*[2])

42. **Eremospatha** Mann et Wendl. f.[3] — Flores (fere *Rotangis*) hermaphroditi v. polygami; calyce cupulari v. campanulato, truncato v. dentato. Corollæ lobi ovato-acuti valvati. Stamina 6; filamentis basi in annulum crassum connatis; antheris parvis dorsifixis cordatis. Germen columnare reverso-squamatum; styli lobis lingulatis; ovulis subbasilaribus. Fructus oblongus v. subcylindraceus, 1-3-locularis; pericarpio squamis deorsum imbricatis tessellato. Semen oblongum peltatum subrugosum; hilo lineari suprabasilari; rapheos ramis ab eo radiantibus; albumine æquabili; embryone laterali. — Scandentes graciles flexuosi annulati; foliis alternis æqui-pinnatisectis; segmentis lineari-lanceolatis v. obovatis obtusis; nervis flabellatis; marginibus integris v. superne erosis, nudis v. aculeolatis; rhachi ad margines

1. Mann et Wendl. f., in *Kerch. Palm.*, 249; in *Trans. Linn. Soc.*, XXIV, t. 38, B; 41, D; 43, D. — Dr., in *Bot. Zeit.* (1877), 635, t. 5, fig. 45. Typus forte potius ad genericam dignitatem elevandus.

2. Spec. ad 3. Pal.-Beauv., *Fl. owar. et ben.*, t. 9, 10 (*Calamus*). — Mart., *Hist. nat. Palm.*, III, 341 (*Calamus*).

3. In *Kerch. Palm.*, 252; in *Trans. Linn. Soc.*, XXIV, 433, t. 41, A-C; 43, B (*Calami* subgen.). — B. H., *Gen.*, III, 936, n. 112. — Dr., *Pflanzenfam.*, 46.

spinosa et in funem elongatum deflexo-spinosum producta; petiolo brevissimo; vagina tubulosa ocreata. Spadices axillares breviter robusteque pedunculati nudi; floribus ebracteolatis, minute bracteatis, ad ramulos 2-nis; cæteris *Rotangis*. (*Africa trop. occid.*[1])

43. **Mauritia** L. F.[2] — Flores monœci, diœci v. polygami; masculorum calyce cyathiformi, cupulari, campanulato v. infundibulari, aut subintegro truncato, aut rarius cuneiformi-lobato v. 3-dentato. Petala 3, libera v. basi in stipitem brevem obconicum connata, ovato- v. obovato-lanceolata crassiora erecta valvata. Stamina 6, sub gynæcei rudimento parvo, minimo (v. 0) inserta; filamentis erectis, subulatis v. crassiusculis; alternipetalis plerumque longioribus; aut liberis, aut raro in columnam connatis; antherarum dorsifixarum v. subbasifixarum loculis linearibus elongatis v. rarius abbreviatis, introrsum v. ad margines rimosis. Flores fœminei hermaphroditive majores; calyce masculorum. Petala sæpe longiora, libera v. basi unguiculata sublibera, apice nunc longe acuminata, crassa valvata. Staminodia 6, inæquilonga, nunc crassa 3-gona acuminata, quorum 3 petalis adnata, nunc contigua v. circa faucem connata; antheris parvis (in flore fœmineo cassis v. 0). Germen sessile, retrorsum squamosum; styli ramis lineari-subulatis (*Lepidocaryum*[3]); v. sæpius brevius crassiusque subulatis (*Eumauritia*). Ovula in loculis 3 solitaria erecta plus minus complete anatropa. Fructus sphæricus, obovoideus v. ellipsoideus, squamis retrorsum imbricatis tessellatim loricatus; endocarpio tenui v. crassiusculo carnosulo. Semen 1, sphæricum v. ovoideo-oblongum læve, aut dorso sulcatum (*Lepidocaryum*), aut exsulcum; chalaza apicali brevi v. elongata verticaliter mamillari calcaratave; albumine duro v. osseo æquabili; embryone ad ventrem v. infra apicem parvo. — Excelsæ v. mediocres elegantes inermes v. armatæ; caudice gracili erecto flexuosove, nunc annulato; annulis v. internodiis conico-spinosis. Folia flabelliformia v. pinnatim flabellata; limbo basi cuneato v. cordato; petiolo teretiusculo, 3-gono

1. Spec. 3, 4; foliorum segmentis ut in *Korthalsia* nervatis, v. nervis in spinula terminali convergentibus.

2. *Suppl.*, 70. — ENDL., *Gen.*, n. 1743. — MART., *Hist. nat. Palm.*, II, 41, t. 38-44; III, 344. — K., *Enum.*, III, 217. — DR., in *Mart. Fl. bras.*, III, II, 287, t. 61-65, 67; *Pflanzenfam.*, 43, fig. 32, 33. — B. H., *Gen.*, III, 937, n. 114. — *Orophoma* DR., in *Mart. Fl. bras.*, III, II, 294, t. 66. — *Lepidococcus* WENDL. F. et DR., in *Kerch. Palm.*, 249.

3. MART., *Gen. et spec. Palm.*, II, 49, t. 47, fig. 1-3; III, 344. — K., *Enum.*, III, 220. — ENDL., *Gen.*, n. 1744. — DR., in *Mart. Fl. bras.*, III, II, 296, t. 62, 67, 68; *Pflanzenfam.*, 43, fig. 32, A, 1, 2. — B. H., *Gen.*, III, 938, n. 115. — SPRUCE, in *Journ. Linn. Soc.*, XI, 172 (Subgen.).

v. a latere compresso, varie vaginato; segmentis lanceolatis v. linearibus acuminatis, inermibus v. spinulosis, nunc fissis v. in fibras solutis; costa marginibusque nunc ciliato-setosis. Spadices ampli v. (*Lepidocaryum*) graciles, distiche v. subdistiche composite ramosi; spathis tubulosis v. incompletis; ramulis floriferis aut cylindraceis amentiformibus (*Eumauritia*), aut brevibus compressis (*Lepidocaryum*); floribus secundis v. 2-fariis v. spiraliter confertis; spathellis sæpe cochleatis, infundibularibus, ramulos involucrantibus; bracteolis nunc in cupulam 2-carinatam v. 2-alatam connatis. (*America trop. austr.*, *Antillæ*[1].)

IV. ARECEÆ.

44. **Areca** L. — Flores monœci; masculorum (parvorum) compressorum v. 3-quetrorum sepalis 3, æqualibus v. inæqualibus, liberis v. ima basi connatis, valvatis v. subimbricatis. Petala 3, multo majora oblique lanceolata acuta v. acuminata, valvata v. basi leviter imbricata. Stamina oppositipetala 3, v. sæpius 6, 2-seriata; filamentis brevibus v. brevissimis; antheris sagittatis basifixis; loculis inferne liberis, extrorsum v. ad latera rimosis. Gynæcei rudimentum breve v. elongatum; ramis subulatis 3. Floris fœminei masculo multo majoris sepala 3, orbicularia concava late imbricata, post anthesin accreta. Petala 3, sepalis longiora, nisi apice acutato valvato imbricata v. torta. Staminodia varia, libera v. in urceolum connata, nunc 0. Germen ovoideum, 1-loculare; styli terminalis ramis stigmatosis 3, subulatis erectis v. recurvis. Ovulum basilare sessile elongato-depressum; micropyle infera. Fructus ovoideus v. oblongus, perianthio stipatus; exocarpio crasse carnoso diteque fibroso; endocarpio tenui semini contiguo. Semen basilare ovoideum v. hemisphæricum, basi truncatum v. concaviusculum; hilo basilari; rapheos ramis undique adscendentibus reticulato-ramosis. Albumen durum ruminatum; embryone parvo basilari. — Inermes, elatæ v. humiles; caudicibus solitariis v. cæspitosis annulatis. Folia terminalia æqui-pinnatisecta;

1. Spec. ad 12. MART., *Palm. Orbign.*, 19, t. 13, fig. 1, 14, 21, A, B. — SPACH, *Suit. à Buff.*, XII, 61 (*Lepidocaryum*), 91. — TRAIL, in *Trim. Journ.* (1877), 129. — WALLACE, *Palm. Amaz.*, 46, t. 2, fig. 2; t. 17, 21; 60, t. 2, fig. 4, 22 (*Lepidocaryum*). — GRISEB., *Fl. brit. W.-Ind.*, 515. — BARB.-RODR., *En. Palm.*, n. 18; 19 (*Lepidocaryum*); *Les Palm.* (1882), 9, t. 1, fig. 1, 2; 10 (*Lepidocaryum*). — WALP., *Ann.*, V, 834.

segmentis lanceolato-acuminatis plicatis, basi margine recurvis; superioribus confluentibus, truncatis v. 2- ∞-fidis; rhachi 3-gona, dorso subplana v. convexa, ventre acuta, inferne cum petiolo concava; vagina elongata. Spadix intrafoliaceus simpliciter v. composite ramosus, latus v. contractus; ramis floriferis patentibus demumque pendulis; floribus in ramo eodem masculis superioribus crebris, solitariis v. 2-nis; fœmineo inferiore 1. Bracteæ sæpius obsoletæ. Spathæ 3-∞, caducæ; inferiore completa; superioribus incompletis sæpeque bracteiformibus. (*Asia et Oceania trop.*) — *Vid. p.* 262.

45. **Pinanga** Bl.[1] — Flores (*Arecæ*) monœci : masculi subirregulares, 3-quetri v. compressi. Sepala 3, nunc brevissima, libera v. basi connata, vix v. haud imbricata. Petala ovato-lanceolata, nunc obliqua, acuminata, crasse coriacea, valvata. Stamina ∞, v. rarius 6; filamentis brevibus erectis, liberis v. basi connatis; antheris erectis linearibus basifixis, nunc sagittatis, introrsum v. sublateraliter rimosis. Floris fœminei sphærici v. ovoidei sepala petalaque suborbicularia concava, arcte imbricata. Staminodia pauca v. 0. Germen sessile ovoideum, 1-loculare; styli brevis ramis stigmatosis 3, crassis confluentibus, nunc reflexis. Ovulum 1, basilare crassum sessile transversim subarcuatum; micropyle subapicali inferiore. Fructus ellipsoideus v. ovoideus, stylo coronatus; pericarpio crasse fibroso; endocarpio nunc tenui semini adhærente. Semen erectum; hilo basilari; rapheos ramis adscendentibus, altius anostomosantibus; albumine ruminato; embryone inferiore parvo. — Inermes; caudicibus simplicibus v. fasciculatis, nunc soboliferis, annulatis. Folia simplicia, apice 2-fida, inæqui-fissa v. pinnatisecta; segmentis plurinerviis plicatis; superioribus confluentibus; petiolo rhachique antice convexis; vagina longa. Spadicis simplicis v. compositi rami fastigiati v. flabellati; spatha completa compressa v. tumente 1; floribus in ramis 2-6-stichis; ubi 3-ni, 1-lateraliter cymosis; fœmineo centrali minore; masculis lateralibus; bracteis bracteolisque vix conspicuis v. obsoletis. (*Asia, Malaisia*[2].)

1. *Rumphia*, II, 76, t. 87; 108, A; 109-116. — Endl., *Gen.*, n. 1727[1]. — K., *Enum.*, III, 640 (part.). — B. H., *Gen.*, III, 884, n. 3. — Dr., *Pflanzenfam.*, 76. — *Cladosperma* Griff., *Notul.*, III, 165. — *Ophiria* Becc., in *Ann. Jard. Buitenz.*, II, 128; *Males.*, III, 129 (ex Becc.).

2. Spec. ad 40. Mart., *Hist. nat. Palm.*, III, 183, 313, t. 158, fig. 2, 3 (*Seaforthia*). — Griff., *Palms brit. Ind.*, 146, t. 230, C; 231; 232, A-C; 235 (*Areca*); *Notul.*, III, 164; *Ic. pl. as.*, t. 248 (*Areca*). — Miq., *Fl. ind. bat.*, III, 20 (*Ptychosperma*). — Scheff., in *Nat. Tijdsch. Ned. Ind.*, XXXIII, 171; in *Ann. Jard. Buitenz.*, I, 115, 133, 148, t. 13-15; 16, fig. 1; 17-21. — Kurz, *For. Fl.*, II, 538; in *Journ. As. Soc.*

46. **Cyphophœnix** WENDL.[1] — Flores (fere *Arecæ*) monœci; masculorum in alabastro oblongorum sepalis ovato-orbicularibus concavis coriaceis arcte imbricatis. Petala longiora ovato-acuta valvata. Stamina 6; filamentis subulatis, apice inflexis; antheris dorsifixis oblongis versatilibus introrsis. Germen rudimentarium ovoideum v. longe conicum pyramidatumve. Floris fœminei masculo minoris sepala suborbicularia crassa arcte imbricata. Petala paulo longiora similia late imbricata. Staminodia membranacea 3-6. Germen oblongum, 1-loculare, apice indurato styli lobis crassis 3-gonis coronatum; ovulo parietali hemitropo; micropyle extrorsum infera. Fructus elongato-ellipsoideus v. ovoideus lente curvus styloque coronatus; pericarpio carnoso granulato intusque fibroso; endocarpio duro. Semen suberectum liberum læve; hilo basilari; rapheos ramis patentibus deinque descendentibus reticulatis; albumine æquabili; embryone basilari. — Inermes robustæ; caudice annulato; foliorum terminalium pinnatisectorum segmentis elongato-ensiformibus robustis acutatis; marginibus basi incrassato-plicatis recurvis; costa nervisque subtus sparse paleaceis; rhachi crassa, superne acutata. Spadices intrafoliacei robusti; ramis elongatis; spathis oblongis coriaceis; glomerulis ad ramos elongatos spiraliter dispositis, 3-floris; flore intermedio fœmineo; lateralibus masculis; bracteis bracteolisque brevibus. (*Nova Caledonia*[2].)

47? **Mischophlœus** SCHEFF.[3] — Flores (fere *Arecæ*) monœci; masculorum asymmetricorum calyce longiuscule gamophyllo, 3-dentato. Petala 3, obliqua valvata. Stamina 9; filamentis ima basi 1-adelphis; antheris sagittatis basifixis. Gynæcei rudimentum parvum. Floris fœminei ovoidei masculo minoris sepala orbicularia arcte imbricata. Petala paulo longiora, nisi apice acutato valvato imbricata. Staminodia parva 9. Germen ovoideum, 1-loculare; styli terminalis ramis 3, brevibus recurvis. Ovulum erectum anatropum. Fructus ovoideus stylo coronatus; pericarpio carnoso fibrosoque. Semen ovoideo-sphæricum; hilo basilari; albumine ruminato. —

beng., XLIII, II, 200 (*Areca*). — WENDL. F. et DR., in *Linnæa*, XXXIX, 176. — DR., in *Bot. Zeit.* (1877), t. 5, fig. 12, 13. — BECC., *Males.*, III, 170; *Fl. brit. Ind.*, VI, 406. — RIDL., in *Trans. Linn. Soc.*, ser. II, *Bot.*, III, 390. — WALP., *Ann.*, V, 839.

1. In *B. H. Gen.*, III, 893, n. 22. — DR., *Pflanzenfam.*, 75. — *Campecarpus* WENDL. F. (ex B. H.).

2. Spec. 2. AD. BR., in *C. rend. Ac. sc. Par.*, LXXVII, 399.

3. In *Ann. Jard. Buitenz.*, I, 115, 134, 152, t. 11, 12. — B. H., *Gen.*, III, 883, n. 2. — DR., *Pflanzenfam.*, 76.

Inermis; caudice elato annulato, basi radicibus aeriis suffulto. Folia terminalia inæqui-pinnatisecta; segmentis lanceolatis 2-plicato-dentatis, ∞-nervibus; marginibus basi recurvis; inferiore 1-nervi acuminato. Spadices intrafoliacei ramosissimi; pedunculo brevi; ramis patentibus; floribus in ramo eodem masculis superioribus 2-nis subdistichis; inferioribus autem glomeratis, 3-nis, spiraliter dispositis; intermedio fœmineo; lateralibus in glomerulo masculis. (*Ternata*[1].)

48. **Kentia** BL.[2] — Flores (fere *Arecæ*) monœci; masculorum asymmetricorum et inæqui-compressorum sepalis inæqualibus acutis v. acuminatis, ima basi connatis ibique nunc imbricatis. Petala 3, multo majora ovato-oblonga v. ovato-lanceolata, acutata v. acuminata rigida valvata. Stamina 6; filamentis subulatis, nunc basi connatis, apice inflexis; antheris supra basin dorsifixis; loculis linearibus, introrsum rimosis, ima basi liberis. Gynæcei rudimentum varium parvum v. elongato-columnare, apice nunc obliquum. Floris fœminei ovato-pyramidati masculoque minoris sepala brevia orbiculata arcte imbricata petalaque longiora ovata imbricata, apice acutato valvata. Staminodia brevia squamiformia inæqualia 3-6. Germen ovoideum, 1-loculare, stylis 3 pyramidato-3-gonis primumque conniventibus coronatum. Ovulum basilare crassiusculum; micropyle extrorsum infera loculique basi contigua. Fructus ovato-ellipsoideus, stylo coronatus, perianthio stipatus; pericarpio fibroso; endocarpio tenui. Semen erectum; hilo basilari; rapheos ramis adscendentibus paucis laxe reticulatis; albumine duro æquabili; embryone basilari. — Elatæ inermes; caudice annulato. Folia terminalia æqui-pinnatisecta; segmentis lineari-lanceolatis acuminatis v. 2-dentatis; marginibus ad basin callosam recurvis; costa subtus persistenti-paleata; rhacheos facie acuta; petiolo superne concavo; vagina cylindracea. Spadices intrafoliacei; ramis ad areolas decussatas glomeruligeris; flore intermedio fœmineo; lateralibus masculis; bracteis brevibus latis; bracteolis 2. Spathæ 3; inferiore incompleta. Spathellæ nunc ad ramorum basin lanceolatæ; ramulis elongatis gracilibusque pendulis. (*Ins. Molucc.*, *Nova Guinea*[3].)

1. Spec. 1. *M. paniculata* SCHEFF. — *Areca paniculata* BECC., *Males.*, I, 22.

2. *Rumphia*, II, 94, t. 106, 160. — MART., *Hist. nat. Palm.*, III, 312 (part.). — ENDL., *Gen.*, n. 1727². — K., *Enum.*, III, 639. — B. H., *Gen.*, III, 884, n. 4. — DR., *Pflanzenfam.*, 73. — BECC., in *Ann. Jard. Buitenz.*, II, 127.

3. Spec. ad 3, quar. typica 1, *K. procera* BL. — BECC., *Males.*, I, 35, 98; in *Ann. Jard. Buitenz.*, II, 129. — WENDL. F. et DR., in *Linnæa*, XXXIX, 179 (part.).

49. **Exorrhiza** BECC.[1] — Flores fere *Kentiæ;* « masculorum sepalis ovato-3-angularibus imbricatis. Staminum 6 filamenta elongata. Gynæcei rudimentum breviter ovoideum. Fructus (magnus) ovoideo-ellipticus. — Inermis; radicibus epigæis; foliorum segmentis longissime acuminatis rigidiusculis, 3-nervibus; nervo marginali 0. » Cætera *Kentiæ*. (*Oceania calid.*[2])

50? **Carpentaria** BECC.[3] — Flores fere *Kentiæ;* « fructus[4] mesocarpio carnoso; foliorum segmento terminali eroso-dentato; rhachi tomentella; segmentis inferioribus angustissimis acuminatis integris; intermediis gradatim latioribus, 2-dentatis; supremis 2 basi confluentibus, apice pluridentatis. » Cætera *Kentiæ*. (*Australia occid.*[5])

51. **Gulubia** BECC.[6] — Flores fere *Kentiæ;* « fœmineorum sphæricorum petalis valvatis; staminibus 6; staminodiis sæpius 3; ovulo parietali; fructu ovoideo v. oblongo apiculato, perianthio cupuliformi basi suffulto; albumine ruminato v. æquabili; spadicis ramis crebris fastigiatis elongatis, 4-gonis; spathis 2. » (*Moluccæ, Nova Guinea*[7].)

52. **Cyphokentia** AD. BR.[8] — Flores (fere *Kentiæ*) monœci. Masculorum ovoideorum v. oblongo-cylindraceorum sepala 3, coriacea crassa concava plus minus arcte imbricata. Petala 3, sæpius longiora, ovata v. oblonga striata valvata. Stamina 6, v. raro 12; filamentis subulatis, nunc apice inflexis; antheris oblongis dorsifixis versatilibus; loculis linearibus, introrsum rimosis. Gynæcei rudimentum columnare crassum, apice nunc dilatatum truncatumve. Floris fœminei masculo subæqualis v. minoris brevioris sepala lata obtusa coriacea arcte imbricata. Petala vix v. paulo longiora orbicularia, arcte imbricata. Staminodia 3-6, varia minuta. Germen ovoideum v. cylindraceum styli excentrici conoidei lobis 3-gonis coronatum; ovulo in loculo solo fertili descendente; micropyle infera. Fructus perian-

1. In *Ann. Jard. Buitenz.*, II, 128, 169.

2. Spec. 1. *E. Wendlandiana* BECC. — *Kentia exorrhiza* WENDL. F., in *Bonplandia* (1862), 191. — *Areca? exorrhiza* WENDL. F., in *Bonplandia* (1861), 260. Genus a *Rhopalostylide* differt (BECC.) calyce masculo et gynæcei rudimentarii forma.

3. In *Ann. Jard. Buitenz.*, II, 128.

4. *Drymophlœi* (BECC.).

5. Spec. 1. *C. acuminata* BECC. — *Kentia acuminata* WENDL. F. et DR., in *Linnæa*, XXXIX, 207. — BENTH., *Fl. austral.*, VII, 138 (fructu, ut videtur, excludendo).

6. In *Ann. Jard. Buitenz.*, II, 137.

7. Spec. 2. BECC., *loc. cit.*, 131, 134, t. 7, 8; *Malesia*, I, 35, 36 (*Kentia*). — WENDL. F., in *Kerch. Palm.*, 248 (*Kentia*).

8. In *C. rend. Acad. sc. Par.*, LXXVII, 399 (part.). — B. H., *Gen.*, III, 894, n. 25. — DR., *Pflanzenfam.*, 73.

thio haud v. parum aucto stipatus, sæpius subsphæricus (parvus) drupaceus; exocarpio nunc corticato; mesocarpio carnoso v. grumoso; endocarpio plus minus indurato. Semen subsphæricum v. rarius angulatum v. tuberculatum (*Cyphosperma*[1]); albumine æquabili duro; embryone sæpius inferiore. — Robustæ inermes v. rarius (*Microkentia*[2]) arundinaceæ. Folia terminalia, varie pinnatisecta; segmentis attenuatis, acuminatis v. rarius (*Cyphosperma*) præmorsis fissisque. Spadices interfoliacei validi v. nunc (*Microkentia*) graciles; floribus in glomerulos ad ramos spadicis spiraliter dispositis; intermedio fœmineo, nunc solitario; lateralibus masculis 1, 2, v. glomerulis superioribus omnino masculis, 1-3-floris; bracteis bracteolisque sæpius brevibus inque cupulam approximatis. Spathæ 2, sæpius deciduæ, breves. (*Nova Caledonia*[3].)

53. **Hydriastele** Wendl. f. et Dr.[4] — Flores (fere *Kentiæ*) monœci; masculorum asymmetricorum sepalis parvis acutis. Petala ovato-lanceolata acuminata valvata. Stamina 6; filamentis brevibus; antheris basifixis linearibus. Floris fœminei masculo minoris subsphærici sepala reniformia petalaque orbicularia paulo longiora imbricata. Germen 1-loculare; styli lobis 3, sessilibus minutis depressis patulis; ovulo descendente supra loculum medium affixo. Fructus (parvus) ellipsoideus lævis v. costatus, stylo coronatus; pericarpii fibris nunc longitudinaliter fasciculatis[5]; endocarpio crustaceo tenui. Semen ellipsoideum; hilo laterali; rapheos ramis paucis a chalaza descendentibus remoteque reticulatis; albumine æquabili; embryone inferiore. — Elata inermis; caudice annulato; foliis terminalibus pinnatisectis; segmentis alternis linearibus præmorsis, apice fissis; costa inferne paleacea; rhachi dorso convexa lateraliter compressa; petiolo intus concavo; vagina brevi. Spadices intrafoliacei crasse pedunculati simpliciter ramosi; ramis longis gracilibus pendulis sub-4-dratis; glomerulis ad areolas decussatim oppositas 3-floris; flore intermedio fœmineo; lateralibus masculis; bracteis bracteolisque in cupulam obscuram connatis. Spathæ completæ deciduæ 2; inferiore ancipiti. (*Australia trop.*[6])

1. Wendl., ex B. H., *Gen.*, III, 895, n. 26.
2. Wendl., ex B. H., *Gen.*, *loc. cit.*, n. 27.
3. Spec. ad 10.
4. In *Linnæa*, XXXIX, 180, 190, 208. — B. H., *Gen.*, III, 885, n. 5. — Dr., *Pflanzenfam.*, 73.
5. Pericarpio inde costato.
6. Spec. 1. *H. Wendlandiana*. — *Kentia Wendlandiana* F. Muell., *Fragm. phyt. Austral.*, VII, 102. — Benth., *Fl. austral.*, VII, 138. Species verisimiliter sub nomine eodem confusæ 2.

54? **Vitiphœnix** BECC.[1] — Flores fere *Kentiæ* (v. *Ptychospermatis*); « perianthii sub fructu persistentis foliolis brevibus; fructu ellipsoideo[2]; seminis haud sulcati albumine æquabili. — Inermis; foliorum terminalium pinnatisectorum segmentis elongato-lanceolatis, oblique acuminatis, ad apicem longe filiferis. » (*Ins. Viti*[3].)

55. **Ptychandra** SCHEFF.[4] — Flores (fere *Cyphokentiæ*) monœci: masculi subsphærici regulares; sepalis orbicularibus coriaceis imbricatis. Petala majora cordato-ovata valvata. Stamina ∞, exserta; filamentis tenuibus, basi 1-adelphis, apice inflexis; antheris dorsifixis oblongis versatilibus. Gynæcei rudimentum minutum. Floris fœminei masculo subæqualis ovoideo-conoidei sepala reniformia petalaque orbicularia majora imbricata; petalorum apice acutato valvato. Staminodia dentiformia ∞. Germen 1-loculare; styli ramis 3, sessilibus, 3-gonis; ovulo parietali. Fructus subsphæricus; stylo infra-apicali; pericarpio fibroso; endocarpio duro. Semen sphæricum; rapheos ramis radiantibus brevibus valde reticulatis; albumine duro ruminato. — Elatæ inermes; foliis æqui-pinnatisectis; segmentis lanceolatis; vagina longa albo-cereo-tomentosa. Spadices intrafoliacei decomposite ramosi; glomerulis 3-floris ad ramos spiraliter dispositis; flore intermedio fœmineo v. in glomerulis superioribus 0. Spathæ completæ 2 : inferior nunc 2-cristata; superior autem cylindracea, utrinque acuminata. (*Moluccæ, Nova Guinea*[5].)

56. **Œnocarpus** MART.[6] — Flores (fere *Kentiæ*) monœci; masculorum subirregularium sepalis parvis, liberis v. basi connatis, valvatis v. leviter imbricatis. Petala multo longiora oblique ovata, oblonga v. lanceolata, acuta v. acuminata, rigida, valvata. Stamina 6; filamentis subulatis, basi liberis v. ima basi corollæ adnatis, apice rectis v. incurvis; antheris dorsifixis versatilibus; loculis linearibus, basi liberis, introrsum rimosis, demum explanatis. Gynæcei rudimentum 3-fidum. Floris fœminei masculo minoris breviter conoidei sepala late concava coriacea arcte imbricata. Petala paulo longiora

1. In *Ann. Jard. Buitenz.*, II, 91.

2. « Aurantiaco. »

3. Spec. 1. *V. filifera*. — *Ptychosperma filifera* WENDL. F., in *Bonplandia*, X, 195. — *Drymophlœus filiferus* SCHEFF.

4. In *Ann. Jard. Buitenz.*, I, 140, 160, t. 28; 29, fig. 1. — B. H., *Gen.*, III, 893, n. 23. — DR., *Pflanzenfam.*, 73.

5. Spec. 3. BECC., in *Ann. Jard. Buitenz.*, II, 90; in *N. Giorn. bot. ital.*, XX, 177.

6. *Hist. nat. Palm.*, II, 21, t. 22-27; III, 310. — K., *Enum.*, III, 179. — SPACH, *Suit. à Buff.*, XII, 65. — SPRENG., *Syst.*, II, 140; *Gen.*, I, 284, n. 1474. — ENDL., *Gen.*, n. 1726. — B. H., *Gen.*, III, 897, n. 30. — DR., *Pflanzenfam.*, 72.

v. sepalis æqualia similiaque, imbricata v. torta, cum calyce post anthesin sæpius aucta. Staminodia 3-6, v. 0. Germen breve, 3-loculare; styli lobis subsessilibus parvis 3; loculis effœtis 2. Ovulum adscendens; micropyle extrorsa. Fructus[1] sphæricus, ovoideus v. ellipsoideus; pericarpio grumoso, fibroso v. carnosulo. Semen sphæricum v. ellipsoideum, hilo plus minus longe lineari affixum; rapheos ramis radianti-reticulatis; albumine æquabili v. ruminato; embryone basilari. — Elatæ, inermes v. raro aculeatæ; caudicibus solitariis v. fasciculatis annulatis, nunc ad medium ventricosis. Folia terminalia, nunc disticha, pinnatisecta; segmentis rigidis acuminatis plicatis; marginibus basi recurvis; rhachi lateraliter sulcata, intus carinata; petiolo brevi; vagina brevi aperta, nunc raro spinescente. Spadices interfoliacei, breviter pedunculati, fastigiatim ramosi, scapiformes v. hippuriformes; ramis elongatis crassiusculis pendulis; floribus in spadice eodem 2-sexualibus; aut fœmineo in glomerulo 3-floro centrali, aut masculis superne 2-nis; bracteis circa areolas vix depressas brevibus. Spathæ lignosæ caducæque 2: inferior brevior, 2-carinata, apice fissa; superior autem rostrata cylindracea ventreque rupta. (*America trop.*[2])

57. **Euterpe** GÆRTN.[3] — Flores (fere *Œnocarpi*) monœci, regulares v. irregulares; sepalis membranaceis v. scariosis 3, arcte imbricatis. Petala 3, multo longiora, ovata v. lanceolata, crassiora, basi connata, valvata. Stamina 6; filamentis ima basi inter se et cum corolla connatis subulatis; antheris rectis v. demum valde arcuatis, linearibus v. oblongis, versatilibus, inter loculos basi liberos dorsifixis. Germen (in flore masculo rudimentarium apiceque integrum v. subulato-3-fidum) ovoideum v. oblongum, basi sæpe gibbum; loculis 3 (vacuis v. ovulo abortivo donatis 1, 2); stylo apice stigmatoso minute 3-gono. Ovulum descendens parietale subsphæricum. Fructus[4] pisiformis; stigmatibus lateralibus; pericarpio carnosulo parce fibroso granulato; putamine membranaceo. Semen sphæricum, liberum v. adhærens; hilo laterali; rapheos ramis ab eo

1. Nigrescens v. purpurascens.

2. Spec. ad 8. AUBL., *Pl. Guian.*, Suppl., 102 (*Comon*). — MART., *Palm. Orbign.*, 12, t. 8, 18. — KARST., *Fl. columb.*, I, 111, t. 55. — WALL., *Palm.-tr. Amaz.*, 28, t. 9-11. — SPRUCE, in *Journ. Linn. Soc.*, XI, 139. — DR., in *Mart. Fl. bras.*, III, II, 465, t. 108. — WALP., *Ann.*, V, 806, 837.

3. *Fruct.*, I, 24 (part.), t. 9, fig. 3. — SPRENG., *Syst.*, II, 140. — MART., *Hist. nat. Palm.*, II, 28, t. 28-30; III, 165, 309 (part.). — ENDL., *Gen.*, n. 1725. — K., *Enum.*, III, 177. — MEISSN., *Gen.*, 355 (265). — LINDL., *Veg. Kingd.*, 138. — B. H., *Gen.*, III, 896, n. 29. — DR., *Pflanzenfam.*, 72, fig. 14, E; 54.

4. Purpureus.

radiantibus; albumine æquabili v. ruminato; embryone ad hilum parvo. — Elatæ graciles; caudicibus annulatis solitariis v. fasciculatis. Folia terminalia æqui-pinnatisecta; segmentis ensiformibus v. lineari-lanceolatis acuminatis plicatis; marginibus recurvis incrassatis; rhachi 3-gona; vagina elongata integra cylindracea; spadicis ramosi rhachi elongata; ramis superioribus gradatim minoribus, demum erecto-patentibus; spathis membranaceis v. coriaceis 2; inferiore breviore 2-carinata, 2-fida; floribus[1] ramorum cavis spiraliter dispositis insertis, 3-nis; fœmineo sæpius intermedio; cæteris masculis bracteolatis. (*America trop.*, *Antillæ*[2].)

58. **Oncosperma** BL.[3] — Flores (fere *Kentiæ*) monœci; masculorum asymmetricorum et inæqui-3-gonorum sepalis ovato-acutis parvis inæqualibus, basi imbricatis. Petala oblique ovata acutata rigidiora valvata. Stamina 6, v. rarius 9-12; filamentis subulatis brevibus imæ corollæ adnatis, apice inflexis; antheris oblongis ad basin dorsifixis; loculis linearibus, basi longe liberis, introrsum rimosis. Germen rudimentarium longe conicum, apice 3-fidum. Floris fœminei masculo multo minoris breviterque ovoidei sepala orbiculata, basi crassiuscula gibba, arcte imbricata. Staminodia parva 3-6. Germen oblique ovoideum; stylo brevi crasso, 3-fido; loculis 1-3, quorum 2 nunc minores altius siti. Ovulum parietale adscendens v. « pendulum ». Fructus[4] sphæricus; styli ramis lateralibus v. basilaribus; pericarpio fibroso v. grumoso; endocarpio subcrustaceo tenui. Semen subsphæricum; hilo longiusculo subbasilari v. ventrali; rapheos ramis ab hilo radiantibus laxeque reticulatis; albumine duro ruminato; embryone subbasilari v. altius sito. — Humiles stoloniferæ armatæ; caudice longe aculeato. Folia terminalia æqui-pinnatisecta; segmentis ensiformibus acutatis, nunc fasciculatis; marginibus basi recurvis; costa subtus paleacea; rhachi furfuracea superne obtuse carinata, subtus convexa; vagina longa. Spadices intrafoliacei breviter pedunculati, semel bisve ramosi; spathis completis 2, ensi-

1. Albidis, parvis.

2. Spec. ad 9. SCHEFF., in *Nat. Tijdschr. Ned. Ind.*, XXXII, 192; in *Ann. Jard. Buitenz.*, I, 128, 130, t. 29, fig. 2. — SPACH, *Suit. à Buff.*, XII, 64. — DR., *Fl. bras.*, III, II, 461, t. 107. — GRISEB., *Fl. brit. W.-Ind.*, 516; *Pl. Wright. cub.*, 530. — SPRUCE, in *Journ. Linn. Soc.*, XI, 136. — ŒRST., *Palm. centr.-amer.*, 30. — ENG., in *Linnæa*, XXXIII, 669. — TRAILL, in *Trim. Journ.* (1877), 131. — WALL., *Palm.-tr. Amaz.*, 22, t. 7, 8. — BARB.-RODR., *En. palm. nov.* (1875), 15; *Les Palm.*, *obs.* (1882), 34, t. 3, fig. 1. — HEMSL., *Bot. centr.-amer.*, III, 401. — WALP., *Ann.*, V, 806.

3. *Rumphia*, 96, t. 82, 103. — B. H., *Gen.*, III, 895, n. 28. — DR., *Pflanzenfam.*, 71. — *Keppleria* MEISSN., *Gen.*, 355; *Comm.*, 266.

4. Mediocris v. parvus.

formibus, inermibus v. aculeatis, caducis; inferiore 2-cristata; floribus glomeratis; fœmineo intermedio v. 0; lateralibus masculis; cymis spiraliter dispositis; bracteis bracteolisque brevibus fossas cymigeras marginantibus. (*Asia trop.*[1])

59. **Acanthophœnix** WENDL. F.[2] — Flores monœci; masculorum asymmetricorum sepalis 3, minutis subcarinatis imbricatis. Petala multo longiora v. nunc longissima, oblique ovata, oblonga v. lanceolato-acuminata valvata. Stamina 6-15, exserta; filamentis longis liberis, apice incurvis; antheris brevibus v. sæpius lineari-oblongis v. sagittatis dorsifixis versatilibus; loculis basi liberis, introrsum rimosis. Gynæcei rudimentum parvum integrum v. 2, 3-fidum. Floris fœminei masculo minoris, ovoidei v. subsphærici, sepala orbicularia petalaque conformia arcte imbricata. Germen ovoideum v. oblongum asymmetricum, hinc gibbum; styli brevis lobis stigmatosis terminalibus; ovulo parietali hemitropo. Fructus parvus[3] v. rarius majusculus, oblongus v. sphæricus, teres v. compressus; stylo laterali v. subbasilari; pericarpio carnosulo intusque fibroso. Semen adscendens; hilo laterali elliptico; rapheos ramis obliquis laxe reticulatis; albumine æquabili; embryone basilari. — Elatæ armatæ; caudice robusto annulato. Folia terminalia æqui-pinnatisecta, plus minus longe spinescentia; segmentis lineari-lanceolatis acuminatis, subtus paleaceis; marginibus basi recurvis; rhachi sub-3-gona; vagina elongata sæpe spinosa. Spadices intrafoliacei laxe ramosi; glomerulis ad ramos spiraliter confertis; flore[4] intermedio in singulis fœmineo v. 0; lateralibus autem masculis; pedunculo crasso pendulo spinoso v. lævi; bracteis bracteolisque minutis circa areolam adnatis. (*Ins. Mascaren.*[5])

60. **Deckenia** WENDL. F.[6] — Flores (*Acanthophœnicis*[7]) monœci :

1. Spec. ad 5. MART., *Hist. nat. Palm.*, III, 173, 312, t. 150; 153, fig. 4, 5 (*Areca*). — K., *Enum.*, III, 185, n. 4 (*Areca*). — GRIFF., in *Calc. Journ. Nat. Hist.*, V, 423, 465 (*Areca*); *Palms brit. Ind.*, 146, 157, t. 233, B, C (*Areca*). — SCHEFF., in *Nat. Tijdschr. Ned. Ind.*, XXXII, 189; in *Ann. Jard. Buitenz.*, I, 139, 159, t. 29, fig. 3; 30. — JACK, in *Mal. Misc.*, II, VII, 88 (*Areca*). — HANCE, in *Trim. Journ.* (1876), 261. — MOON, *Cat. Ceyl. pl.*, 64 (*Caryota*). — THW., *En. pl. Zeyl.*, 328. — BECC., in *Ann. Jard. Buitenz.*, II, t. 15; in *Hook. f. Fl. brit. Ind.*, VI, 414. — RIDL., in *Trans. Linn. Soc.*, ser. II, *Bot.*, III, 391.

2. In *Fl. serres*, XVI, t. 181. — B. H., *Gen.*, III, 898, n. 32. — DR., *Pflanzenfam.*, 71.

3. Nunc « *Tritici* grano vix longior ».

4. Flavo v. rubro.

5. Spec. 4, 5. MART., *Hist. nat. Palm.*, III, 174, 176, t. 154, 155 (*Areca*). — BORY, *Voy.*, I, 306, 307 (*Areca*). — BALF. F., in *Bak. Fl. maurit.*, 384. — *Bot. Mag.*, sub t. 7277. Fructus a MARTIO descriptus non ad *A. rubram* (*Arecam rubram* BORY pertinet.

6. In *Bak. Fl. maurit.*, 385. — DR., *Pflanzenfam.*, 71.

7. Ad quam hinc inde refertur (B. H., *Gen.*, III, 898).

masculi minuti; petalis ovato-acutis valvatis. Stamina 9, 1-adelpha; antheris sphæricis. Gynæcei rudimentum columnare angulato-3-fidum. Floris fœminei perianthium imbricatum. Staminodia in cupulam dentatam connata. Fructus[1] ovoideo-deltoideus valde compressus fibrosus; endocarpio crustaceo; stylo subbasilari. Semen erectum; rapheos ramis 3-5, ab hilo adscendentibus; albumine æquabili; embryone basilari. — Excelsa[2]; foliis terminalibus pinnatisectis, plerumque spinescentibus; pinnis subtus crinitis[3]. Spadices intrafoliacei, basi amplexicaules, bis v. ter ramosi; floribus[4] ad ramulos pendulos glomeratis; glomerulis spiraliter dispositis; flore glomerulorum intermedio fœmineo (v. in glomerulis superioribus 0); masculis lateralibus superioribus. Spathæ 2, completæ dense spinescentes[5]. (*Ins. Sechellæ*[6].)

61. **Stevensonia** DUNC.[7] — Flores monœci; masculorum in alabastro ovoideo-3-gonorum sepalis brevibus reniformibus imbricatis. Petala ovato-acuta coriacea valvata. Stamina 15-20, imo perianthio inserta; filamentis subulatis; antheris lineari-oblongis dorsifixis versatilibus; loculis utrinque liberis, introrsum rimosis. Gynæcei rudimentum subintegrum v. 3-fidum. Floris fœminei masculo minoris sphærici sepala orbicularia crassa imbricata. Petala conformia longiora imbricata v. torta, apice acutato valvata. Staminodia in cupulam dentatam connata (v. 0). Germen ovoideum, 1-loculare; stylo mitriformi, 3-fido; ovulo parietali. Fructus[8] ellipsoideus (parvus) hinc planiusculus, dorso subcarinato convexus; stylo basilari; pericarpio fibroso; endocarpio crustaceo. Semen adscendens ovoideum; hilo basilari lato; rapheos ramis adscendentibus laxe reticulatis; albumine ruminato; embryone subbasilari. — Elata, aculeata v. demum subinermis; caudice annulato. Folia terminalia patentia; limbo recurvo cuneato-obovato, 2-fido, basi obliquo et plicato-nervoso, margine fisso; segmentis incisis; costis validis nervisque subtus paleaceis; petiolo plano-convexo; vagina squamosa aculeata profunde fissa. Spadices interfoliacei, 2-plicato-ramosi; pedunculo longo, basi

1. Niger, in sicco stramineus.
2. « 80-120-pedalis. »
3. « Costula flava. »
4. Flavis.
5. Spinis flexuosis flaventibus, apice sæpius nigrescentibus.
6. Spec. 1. *D. nobilis* WENDL.
7. *Cat. Hort. maurit.*, 87. — BALF. F., in *Bak. Fl. maurit.*, 388. — *Phœnicophorium* WENDL. F., in *Ill. hort.*, XII, t. 433; *Misc.*, 5. — DR., *Pflanzenfam.*, 69, fig. 9, H.
8. Croceus, parvus.

compresso; floribus[1] spiraliter glomeratis; intermedio fœmineo (v. 0). (*Ins. Sechellæ*[2].)

62. **Verschaffeltia** WENDL. F.[3] — Flores monœci. « Masculorum sphæricorum sepala orbicularia imbricata. Petala vix longiora ovato-acuta valvata. Stamina 6; antheris ad medium dorsifixis didymis; loculis nisi medio utrinque liberis, lateraliter rimosis. Gynæcei rudimentum breviter clavatum, vertice dilatato truncato-3-gonum. Floris fœminei masculo majoris sphærici sepala orbicularia concava, basi gibba, coriacea imbricata. Petala paulo longiora coriacea imbricata. Staminodia subulata 6; antheris parvis cassis. Germen oblique ovoideum; stylo laterali; ovulo parietali. Fructus[4] sphæricus lævis; stylo subbasilari; pericarpio duro carnoso; endocarpio crustaceo pluricarinato. Semen sphæricum erectum sulcatum; hilo basilari; rapheos ramis adscendentibus reticulatis; albumine ruminato; embryone subbasilari. » — Elata, armata v. demum inermis; caudice gracili annulato; radicibus epigæis ∞. Folia terminalia; limbo oblongo v. cuneato-obovato, 2-fido, plicato-nervoso, nunc fere ad rhachin laciniato; segmentis incisis; costa nervisque validis, subtus paleaceis; petiolo semitereti; vagina longa furfuracea, alte fissa. Spadices interfoliacei ampli decomposite ramosi; floribus[5] in glomerulos spiraliter insertos 3-floros dispositis; intermedio fœmineo; bracteis bracteolisque 0; pedunculo longo decurvo furfuraceo. Spathæ 2, 3, longæ vaginantes: inferior persistens; superiores autem deciduæ. (*Ins. Sechellæ*[6].)

63. **Nephrosperma** BALF. F.[7] — Flores monœci; « masculorum regularium sepalis orbicularibus, basi gibbis, imbricatis. Petala vix 2-plo longiora ovato-oblonga valvata. Stamina ∞; filamentis inæqualibus crassiusculis; antheris brevibus subhorizontalibus summo filamento dilatato late adnatis. Gynæcei rudimenta ovoidea 1, 2. Floris fœminei masculo minoris subsphærici sepala orbicularia coriacea imbricata. Petala orbicularia paulo longiora imbricata, apice acutato

1. Mediocribus.

2. Spec. 1. *Stevensonia grandifolia* DUNC. — *Bot. Mag.*, t. 7277. — *Phœnicophorium Sechellarum* WENDL. F. — *Astrocaryum Sechellarum* hort. — *Areca Sechellarum* hort.

3. In *Ill. hort.*, XII, *Misc.*, 5. — B. H., *Gen.*, III, 908, n. 55. — DR., *Pflanzenfam.*, 69. — *Rugelia* hort. (ex B. H.).

4. « Pollicaris. »

5. Minutis.

6. Spec. 1. *V. splendida* WENDL. F. — BALF. F., in *Bak. Fl. maurit.*, 387. — *Stevensonia viridiflora* DUNC., *Cat. Hort. maurit.* (ex BALF. F.).

7. In *Bak. Fl. maurit.*, 386. — B. H., *Gen.*, III, 907, n. 52. — DR., *Pflanzenfam.*, 69.

valvata. Staminodia squamiformia. Germen ellipsoideum, 1-loculare; stylo conoideo, 3-fido; ovulo parietali descendente. Fructus[1] sphæricus lævis; stylo laterali; exocarpio tenui carnoso-fibroso; endocarpio tenui crustaceo. Semen suberectum sphæricum; hilo subbasilari oblongo; rapheos ramis adscendentibus laxe reticulatis; albumine ruminato; embryone suprabasilari. » — Mediocris, longe spinescens; caudice annulato. Folia terminalia inæqui-pinnatisecta; segmentis inæqualibus acuminatis, 1-plurinerviis; terminalibus confluentibus; nervis subtus paleaceis; rhachi petioloque spinosis; vagina spinosa late fissa. Spadices interfoliacei longi; pedunculo longo compresso erecto simpliciter ramoso, basi bracteis tomentosis 2, 3 aucto; ramis cernuis; glomerulis spiraliter dispositis, 3-floris, obscure bracteatis; flore intermedio fœmineo; lateralibus masculis[2]. Spathæ 2: inferior spinosa persistens; superior autem decidua. (*Ins. Sechellæ*[3].)

64. **Roscheria** WENDL. F.[4] — Flores monœci; « masculorum teretiusculorum symmetricorum sepalis suborbicularibus concavis imbricatis. Petala ovata subacuta valvata. Stamina 6; filamentis brevibus triangularibus breviter connatis; antheris dorsifixis late didymis. Gynæcei rudimentum obconicum, vertice dilatato plano-3-gonum. Floris fœminei masculo majoris subsphærici sepala subreniformia arcte imbricata. Petala cum calyce post anthesin aucta longiora orbicularia imbricata. Staminodia parva v. 0. Germen ovoideo-ellipsoideum, 1-3-loculare; stylo conoideo terminali, 3-fido; ovulo parietali pendulo. Fructus[5] fusiformis, 1, 2-spermus; stylo subbasilari; pericarpio tenuiter fibroso-carnoso; endocarpio crustaceo, intus nitido. Semen adscendens sphæricum v. (ubi 2) hemisphæricum; hilo basilari; rapheos ramis divaricatis laxe reticulatis; albumine ruminato; embryone hilo proximo. » — Gracilis erecta; caudice ad nodos spinoso; radicibus epigæis. Folia terminalia, 2-fida, demum inæqui-pinnatisecta; segmentis crebris lineari-lanceolatis, apice 2-fidis; nervis subtus paleaceis ∞; petiolo longo inermi, intus sulcato et sub-3-gono; vagina longa aculeata. Spadices interfoliacei elongati[6]; pedunculo longo gracili compresso; ramis decompositis; floribus[7] ad

1. Aurantiaco-ruber, semipollicaris.
2. Majusculis.
3. Spec. 1, raro apud nos culta, insignis. *N. Vanhoutteana* BALF. F. — *Oncosperma Vanhoutteana* WENDL. F.
4. In *Bak. Fl. maurit.*, 386. — B. H., *Gen.*, III, 913, n. 63. — DR., *Pflanzenfam.*, 69.
5. Niger, parvulus.
6. « 2-6-pedales. »
7. Pallidis, minutis.

ramos sparsis, solitariis v. 2-nis; masculo altero; altero autem fœmineo; bracteis bracteolisque 0. Spathæ plures completæ angustæ compressæ inermes: inferiores persistentes 2. (*Ins. Sechellæ*[1].)

65. **Jessenia** KARST.[2] — Flores (fere *Œnocarpi*) monœci; masculorum sepalis brevibus subsemiorbicularibus, nunc breviter acuminatis, margine membranaceis, imbricatis. Petala multo longiora, oblonga v. sublanceolata, rigida v. cartilaginea, valvata. Stamina ∞; filamentis brevibus; antheris basifixis linearibus, acutis v. apiculatis, nunc versatilibus adque margines v. introrsum rimosis; loculis inferne ad medium liberis. Gynæcei rudimentum 3-fidum. Floris fœminei masculo minoris depresse sphærici sepala orbicularia carnosula imbricata, cum corolla post anthesin aucta. Petala sepalis consimilia teneriora imbricata v. torta. Germen 3-loculare; loculis effœtis 2; tertio 1-ovulato; styli brevis ramis stigmatosis validis. Fructus[3] ellipsoideus stylo coronatus; exocarpio carnoso-fibroso-oleoso. Semen conforme; hilo elongato ventrali; rapheos ramis crebris vix conspicuis ab hilo divergentibus; albumine ruminato; embryone cylindraceo basilari. — Elatæ inermes; caudice robusto annulato. Folia terminalia æqui-pinnatisecta; segmentis oppositis confertis ensiformibus acuminatis plicatis, basi ad margines recurvis; petiolo breviusculo; vagina brevi aperta, margine fibrosa. Spadices interfoliacei[4] fastigiatim ramosi penduli; pedunculo brevi; ramis elongatis glomeruligeris; floribus in glomerulis spiraliter dispositis 3; intermedio fœmineo (v. in glomerulis superioribus 0); lateralibus masculis 2 (v. 1), ebracteatis et ebracteolatis. Spathæ fusiformes 2 : superior longior ventreque fissa. (*America austr. calid.*[5])

66. **Clinostigma** WENDL. F.[6] — Flores monœci; masculorum symmetricorum sepalis 3, orbiculari-concavis, basi gibbis v. saccatis, imbricatis. Petala ovata paulo longiora valvata. Stamina 6-12; filamentis apice inflexis; antheris linearibus v. oblongis dorsifixis versa-

1. Spec. 1. *R. melanochæta* WENDL. F. — *Verschaffeltia melanochæta* WENDL. F., in *Ill. hort.* (1871), t. 54. — ? *Dypsis gracilis* MART., *Hist. nat. Palm.*, III, 181, t. 161, fig. 5 (ex B. H.).

2. In *Linnæa*, XXVIII, 387 (part.); XXXIII, 691, t. 3, fig. 6; *Fl. columb.*, I, 197, t. 98. — B. H., *Gen.*, III, 897, n. 31. — DR., *Pflanzenfam.*, 69, fig. 52.

3. Fere *Œnocarpi*.

4. Fructiferæ infrafoliaceæ.

5. Spec. 3. GRISEB., *Fl. brit. W.-Ind.*, 516. — DR., in *Mart. Fl. bras.*, III, II, 472, t. 109. — ENG., in *Linnæa*, XXXIII, 691. Typus est incolarum *Palma Unamo*.

6. In *Bonplandia* (1862), 196; in *Linnæa*, XXXIX, 185; 186, 218, t. 2 (sect. *Lepidorhachis*). — B. H., *Gen.*, III, 894, n. 24. — DR., *Pflanzenfam.*, 69.

tilibus. Gynæcei rudimentum crasse columnare. Floris fœminei subsphærici masculoque minoris sepala reniformia imbricata. Petala longiora orbicularia imbricata, apice acutato subvalvata. Staminodia linearia 3-6. Germen turbinatum v. subsphæricum, 1-3-loculare; styli brevissimi ramis stigmatosis parvis crassis, 3-gonis; ovulo parietali. Fructus[1] subsphæricus v. oblongus obliquus; stylo basilari v. laterali; pericarpio fibroso grumoso; endocarpio crustaceo v. tenui; loculis 1-3; vacuis minoribus 1, 2. Semen sphæricum v. oblongum arcuatum; hilo orbiculari basilari; rapheos ramis radianti-reticulatis; albumine æquabili; embryone hilo propinquo. — Inermes; caudice elato v. humili, conspicue v. obscure annulato; foliis terminalibus æqui-pinnatisectis; segmentis lanceolatis subfalcatis, basi latis, acuminatis v. 2-fidis (?); marginibus basi vix recurvis; rhachi furfuracea. Spadices intrafoliacei composite ramosi; glomerulis in ramis spiraliter dispositis, 3-floris; flore intermedio fœmineo (v. 0); masculis lateralibus 1, 2; bracteis obsoletis; areolis remotiusculis; spathis 2, 3. (*Australia, Polynesia*[2].)

67. **Heterospatha** SCHEFF.[3] — Flores[4] monœci; masculorum compressorum asymmetricorum sepalis suborbicularibus, basi gibbis, imbricatis. Petala ovato-acutiuscula valvata. Stamina 6; filamentis basi connatis, apice inflexis; antheris dorsifixis linearibus versatilibus; loculis utrinque liberis, introrsum rimosis. Gynæcei rudimentum columnare, 3-gonum. Floris fœminei masculo subæqualis sepala reniformia imbricata. Petala longiora orbicularia imbricata, apice acutato conniventia. Staminodia setiformia 6. Germen oblongum, 1-loculare; styli ramis parvis recurvis; ovulo parietali descendente. Fructus pisiformis grumosus; stylo excentrico. Semen adscendens sphæricum; hilo basilari; rapheos elongatæ ramis a chalaza descendentibus reticulatis; albumine parce ruminato; embryone basilari. — Elata inermis; foliis terminalibus æqui-pinnatisectis; segmentis lanceolatis acuminatis, 1-nerviis; marginibus basi recurvis; rhachi dorso rotundata, facie plana; petiolo longo[5]; vagina brevi, basi tumente, fibrosa. Spadices interfoliacei ramosissimi; glomerulis spi-

1. Ruber, parvus.

2. Spec. 3. F. MUELL., *Fragm. phyt. Austral.*, VII, 101; VIII, 234 (*Kentia*), 235. — BENTH., *Fl. austral.*, VII, 139. — BECC., *Malesia*, I, 40 (part.).

3. In *Ann. Jard. Buitenz.*, I, 141, 162. — B. H., *Gen.*, III, 906, n. 51. — DR., *Pflanzenfam.*, 69.

4. Mediocres.

5. Cicatricibus in stipite conspicuis.

raliter dispositis, 3-floris; flore intermedio fœmineo (v. 0). Spathæ 2 : inferior multo brevior, 2-cristata. (*Amboina*[1].)

68. **Iguanura** BL.[2] — Flores in spadice eodem monœci regulares; masculorum sepalis orbicularibus coriaceis, basi extus gibbis v. carinatis, imbricatis. Petala ovato-acuta v. lanceolata, ima basi connata crassiuscula, valvata. Stamina 6-9; filamentis basi connatis; apice subulato recto v. inflexo; antheris dorsifixis oblongis v. sagittatis versatilibus, introrsum rimosis. Gynæceum rudimentarium 3-gonum. Floris fœminei masculo minoris et subsphærici sepala (marium) imbricata. Petala paulo longiora orbiculari-acutata imbricata. Staminodia dentiformia 6. Germen ovoideo-oblongum, teres v. gibbum, 1-3-loculare; loculis effœtis 2; styli brevis 3-goni lobis stigmatosis; ovulo adscendente « parietali ». Fructus ovoideo-oblongus, stylo coronatus, fibroso-carnosus; endocarpio chartaceo. Semen suberectum, lateraliter affixum; rapheos ramis adscendentibus, mox arcuatis reticulatis; albumine æquabili v. ruminato; embryone subbasilari. — Humiles inermes arundinaceæ; caulibus annulatis. Folia terminalia, integra v. demum æqui-pinnatisecta; segmentis latis acuminatis præmorso-dentatis fissisve; summis conniventibus; petiolo gracili cum rhachi furfuraceo v. glabrato; vagina basi integra v. aperta. Spadices pedunculati interfoliacei simplices v. ramosi; ramis gracilibus patentibus paucis. Spathæ 2, persistentes tubulosæ : inferior 2-cristata ; superior autem superne aperta; glomerulis ad foveolas bracteatas bracteolatasque spiraliter dispositis; floribus 2, 3-nis; intermedio fœmineo; lateralibus masculis 1, 2. (*Archip. Malayan.*[3])

69. **Sommieria** BECC.[4] — Flores (fere *Iguanuræ*) monœci; masculorum sphæricorum regularium sepalis rotundatis carinatis subscariosis imbricatis. Petala breviter ovata acuta tenuiora valvata. Stamina 6; filamentis subulatis, basi connatis; antheris dorsifixis oblongis versatilibus. Gynæcei rudimentum minutum. Floris fœminei

1. Spec. 1. *H. elata* SCHEFF. — BECC., *Malesia*, I, 101.

2. *Rumphia*, II, 105, t. 117. — MART., *Hist. nat. Palm.*, III, 229, 317, t. 178. — K., *Enum.*, III, 643. — ENDL., *Gen.*, n. 1752. — B. H., *Gen.*, III, 907, n. 53. — DR., *Pflanzenfam.*, 68. — *Slackia* GRIFF., *Notul.*, III, 162; *Ic. pl. as.*, t. 243; *Palms brit. Ind.*, 161, t. 234.

3. Spec. ad 10. MIQ., *Fl. ind. bat.*, III, 43, 749. — WALL., *Cat.*, n. 8600 (*Areca*). — SCHEFF., in *Ann. Jard. Buitenz.*, I, 132, 141, 161. — WENDL. F., in *Bot. Zeit.* (1859), 63. — BECC., *Malesia*, III, 100, 187; in *Hook. f. Fl. brit. Ind.*, VI, 415. — WALP., *Ann.*, V, 814.

4. *Malesia*, I, 66. — B. H., *Gen.*, III, 909, n. 58. — DR., *Pflanzenfam.*, 69.

masculo minoris sepala reniformia imbricata. Petala orbicularia paulo longiora imbricata, apice acutato valvata. Staminodia parva. Germen....; styli ramis reflexis crassiusculis; ovulo basilari (?). Fructus sphæricus[1]; stylo basilari; pericarpio extus suberoso-corticato et angulato-echinato; endocarpio crustaceo fragili. Semen erectum sphæricum; hilo basilari; rapheos ramis adscendentibus moxque descendentibus reticulatis, endocarpio impressis; embryone ad albumen æquabile basilari. — Humiles inermes; caudice annulato brevi. Folia terminalia oblongo-cuneata, 2-fida plicato-nervosa; lobis apice crenatis; rhachi intus acuta dorsoque convexa; petiolo longo furfuraceo, intus concavo adque margines acutato; vaginæ marginibus fibrosis. Spadices interfoliacei digitatim ramosi; glomerulis ad ramos simplices graciles spiraliter dispositis, 3-floris; flore intermedio fœmineo; lateralibus masculis, bracteatis bracteolatisque. Spathæ 2, completæ membranaceæ: inferior longe tubulosa; superior autem sub ramis 2-partita laceraque. (*Papua*[2].)

70. **Calyptrocalyx** Bl.[3] — Flores monœci; masculorum symmetricorum sepalis 3, orbiculari-cucullatis coriaceis imbricatis. Petala 3, paulo longiora ovata obtusa valvata. Stamina ∞: exteriora fertilia; filamentis subulatis inæqualibus, basi connatis; antheris basifixis linearibus versatilibus; loculis inferne longe liberis, introrsum rimosis. Staminodia interiora inæqualia ∞. Gynæcei rudimentum minutum. Floris fœminei masculo minoris subsphærici sepala orbicularia imbricata. Petala paulo longiora, basi dilatata imbricata, apice acutato conniventi-valvata. Staminodia 8, 9 (v. 0). Germen ovoideo-oblongum sub-3-gonum, 1-loculare, stylo conoideo crasse 3-fido coronatum; ovulo parietali. Fructus oliviformis v. ovoideus stylo umbonatus; pericarpio crasso succoso-fibroso; endocarpio semini adhærente. Semen sphæricum v. ovoideum; hilo ventrali lineari; rapheos ramis radiantibus reticulatis; albumine ruminato; embryone basilari. — Graciles inermes; caudice annulato; foliis terminalibus æqui-pinnatisectis; segmentis lineari-lanceolatis acutis; marginibus incrassatis, basi recurvis; vagina petioloque brevibus. Spadices interfoliacei longissimi penduli longe pedunculati, solitarii v. 2-ni; glo-

1. *Piso* major.

2. Spec. 2. *S. leucophylla* Becc. et *S. elegans* Becc., *loc. cit.*

3. *Rumphia*, II, 103, t. 102, D; 118, 161; in *Bull. néerl.* (1838), 66. — K., *Enum.*, III, 642. — Scheff., in *Ann. Jard. Buitenz.*, I, 131, 140. — B. H., *Gen.*, III, 902, n. 42. — Dr., *Pflanzenfam.*, 68, fig. 51. — *Laccospadix* Wendl. f. et Dr., in *Linnæa*, XXXIX, 178, 189, 205, t. 2, fig. 2.

merulis in foveolis spiraliter dispositis immersis, 3-floris; flore fœmineo intermedio; bractea labio foveolæ hinc adnata, nunc protrusa linguiformi; bracteolis brevissimis. Spatha 1, completa spadiceque brevior decidua. (*Amboina*, *Australia*[1].)

71. **Linospadix** Wendl. f. et Dr.[2] — Flores (fere *Kentiæ*) monœci; masculorum calyce plus minus 3-gono; sepalis suborbicularibus crassis, nunc gibbis, arcte imbricatis. Petala ovata v. oblonga crassa valvata. Stamina 6-12; filamentis brevibus subulatis; antheris oblongis dorsifixis v. subbasifixis, apice obtuso nunc connectivo truncato crassiusculo superatis; loculis basi liberis, introrsum rimosis. Gynæcei rudimentum varium (v. 0). Floris fœminei masculo minoris, ovoidei v. subsphærici, sepala brevia crassa arcte imbricata. Petala æquilonga v. sæpius longiora, apice acutato valvata, inferne-dilatato-imbricata. Staminodia dentiformia varia. Germen ovoideum, basi abrupte contractum, apice in styli ramos 3, acutato-3-gonos, attenuatum. Ovulum in loculo unico subbasilare adscendens v. horizontale; micropyle infera. Fructus ovoideus v. ellipsoideus stylo coronatus, carnosus v. coriaceus fibrosus; endocarpio tenui. Semen erectum sessile; rapheos ramis adscendentibus v. reticulatis; albumine æquabili; embryone basilari. — Humiles inermes; caulibus arundinaceis annulatis. Folia inæqui-pinnatisecta v. flabellato-2-fida; lobis dentatis, laciniatis v. pinnatisectis; pinnis angustis v. latioribus, superne nunc confluentibus; petiolo rhachique gracilibus furfuraceis; vagina aperta sæpius brevi, nunc reticulato-fibrosa. Spadices interfoliacei simplices; foveolis plus minus profundis; glomerulis 2, 3-floris, bracteatis bracteolatisque; flore intermedio fœmineo; lateralibus masculis 1, 2. (*Oceania calid.*[3])

72. **Gigliolia** Becc.[4] — Flores[5] monœci; masculorum subsymmetricorum calyce breviter tubuloso truncato, 3-dentato. Petala 3, lanceolato-acuminata coriacea valvata. Stamina 3-9; filamentis basi

1. Spec. 2. Miq., *Fl. ind. bat.*, III, 44; *Palm. Arch. ind.*, 9. — Benth., *Fl. austral.*, VII, 140 (*Ptychosperma*). — Becc., in *Ann. Jard. Buitenz.*, II, 142, t. 10.

2. In *Linnæa*, XXXIX, 177, 188, 198, t. 2, fig. 2. — Becc., *Males.*, I, 62. — Dr., *Pflanzenfam.*, 67. — B. H., *Gen.*, III, 903, n. 44. — *Bacularia* F. Muell., *Fragm. phyt. Austral.*, VII, 103.

3. Spec. ad 6. Mart., *Hist. nat. Palm.*, 178, t. 155, fig. 4 (*Areca*). — F. Muell., *Fragm. phyt. Austral.*, VII, 82 (*Kentia*). — Benth., *Fl. austral.*, VII, 137, n. 1, 2 (*Kentia*). — Becc., *Males.*, III, 108 (*Bacularia*). — *Bot. Mag.*, t. 6644 (*Bacularia*).

4. *Males.*, I, 171. — B. H., *Gen.*, III, 904. n. 46. — Dr., *Pflanzenfam.*, 67.

5. Majusculi.

1-adelphis; antheris introrsis dorsifixis brevibus v. lineari-elongatis. Gynæcei rudimentum parvum, 3-lobum. Flores fœminei masculo multo majores ovoidei; sepalis rotundatis arcte imbricatis. Petala ovato-rotundata paulo longiora, basi concava imbricata, apice incrassato valvata. Staminodia minuta 3-6. Germen ovoideum, basi abrupte contractum, 1-loculare; stylo crasse conico; lobis stigmatosis crasse 3-gonis; ovulo basilari subhorizontali. Fructus ovoideo-cylindraceus, stylo coronatus; pericarpio crasse coriaceo; semine elongato basifixo. — Humiles inermes; caule arundinaceo nunc brevissimo annulato. Folia terminalia; limbi 2-fidi lobis apice dentatis v. æqui-pinnatisectis; segmentis flaccidis lineari-lanceolatis acuminatis caudatis; marginibus basi recurvis; petiolo gracili; vagina fissa. Spadices interfoliacei longe pedunculati; ramis subdigitatis rigidis v. flexuosis; glomerulis subdistichis; superioribus masculis 1, 2-floris; flore fœmineo versus basin solitario v. floribus masculis 1, 2 stipato; bracteis bracteolisque 0. Spatha 1, longissime ensiformis compresso-2-carinata completa; hinc longitudinaliter fissa. (*Borneo*[1].)

73. **Howea** Becc.[2] — Flores monœci; masculorum symmetricorum sepalis 3, orbicularibus concavis subcarinatis imbricatis. Petala late ovata, basi connata, coriacea valvata. Stamina ∞; antheris sessilibus v. subsessilibus basifixis erectis linearibus. Floris fœminei masculi minoris sepala reniformia imbricata. Petala minora orbicularia imbricata v. torta, apice acutato valvata. Germen 1-loculare[3]; styli lobis stigmatosis 3; ovulo erecto. Fructus oliviformis crassus fibrosus, stylo umbonatus; endocarpio solubili tenuiter crustaceo. Semen erectum; hilo basilari; rapheos ramis adscendentibus; ramulis autem descendentibus reticulatis; albumine æquabili; embryone basilari. — Elatæ inermes; caudice robusto annulato; basi nunc recurva e terra exserta radicifera. Folia dense terminalia æqui-pinnatisecta; segmentis acuminatis. Spadices ampli[4], solitarii simplices v. e spatha una pauci crasse cylindracei penduli; glomerulis in cavis spiraliter semi-immersis, 3-floris; flore fœmineo intermedio v. 0; masculis[5] lateralibus, bracteatis et bracteolatis. Spatha 1, cylin-

1. Spec. 2, dissimiles, scil. *G. insignis* et *G. subacaulis* Becc., *loc. cit.*

2. *Males.*, I, 67 (*Howiea*). — B. H., *Gen.*, III, 904, n. 45. — Dr., *Pflanzenfam.*, 67. — *Grisebachia* Wendl. f. et Dr., in *Linnæa*, XXXIX, 177, 188, 200, t. 4, fig. 1, 2 (non Kl.).

3. Vel loculi nunc 2, 3.

4. Circiter 1-metrales.

5. Semi-pollicaribus.

dracea, apicem versus 2-carinata, longitudinaliter rupta. (*Ins. Lord Howe*[1].)

74. **Oreodoxa** W.[2] — Flores (fere *Howeæ*) monœci; masculorum sepalis minutis obtusis scariosis imbricatis. Petala multo longiora ovato- v. oblongo-acuta coriacea, ima basi connata, valvata. Stamina 6-12; filamentis subulatis, ima basi dilatata corollæ adnatis; antheris (magnis) ovato-oblongis dorsifixis versatilibus; loculis inferne liberis, introrsum rimosis. Flores fœminei masculo minores ovoideo-conici; sepalis subreniformibus obtusis late imbricatis. Corolla plus minus alte 3-loba valvata. Staminodia ad coronam dentatam corollæ fauci adnatam reducta. Germen hinc gibbum, 3-loculare; stylo brevi crasso stigmatoso-3-lobo. Ovulum in loculo solo fertili adscendens ventrifixum; micropyle extrorsum infera. Fructus ovoideus v. oblongus curvus; styli lobis subbasilaribus; exocarpio fibroso-carnoso; endocarpio tenui. Semen intus pericarpio adnatum; hilo elongato ventrali; rapheos ramis ab hilo radiantibus reticulato-ramulosis; albumine æquabili; embryone subbasilari. — Inermes elatæ; caudice robusto cylindrico v. ad medium dilatato. Folia æqui-pinnatisecta; segmentis lineari-lanceolatis inæqui-2-fidis; costa subtus paleacea; marginibus basi recurvis; petiolo semi-cylindrico, intus sulcato; vagina longa. Spadices infrafoliacei (magni) decompositi; ramulis longis pendulis; spathis completis 2; inferiore spadici æquali semi-cylindracea; superiore autem angusta, ventre fissa; floribus[3] in glomerulos sparsos bracteatos bracteolatosque spiraliter dispositis 2, 3; intermedio inferne fœmineo; masculis in glomerulo eodem lateralibus. (*America trop.*[4])

75. **Nenga** Wendl. f. et Dr.[5] — Flores (fere *Pinangæ*) monœci; masculorum sepalis 3-angulari-subulatis, demum corolla[6] multo longioribus. Stamina 6. Gynæcei rudimentum parvum (v. 0). Floris fœminei sepala petalaque rotundata. Staminodia 0. Germen 1-locu-

1. Spec. 2. F. Muell., *Fragm. phyt. Austral.*, VII, 99; VIII, 234 (*Kentia*). — Benth., *Fl. austral.*, VII, 137 (*Kentia*). — Dr., in *Bot. Zeit.* (1877), 636, t. 5, fig. 14, 15. — *Ill. hort.*, t. 191 (*Kentia*). — *Bot. Mag.*, t. 7018.

2. In *Mém. Acad. Berl.* (1804), 34. — Mart., *Hist. nat. Palm.*, III, 166, 310, t. 156, 163. — Endl., *Gen.*, n. 1727. — K., *Enum.*, III, 181. — B. H., *Gen.*, III, 899, n. 35. — Dr., *Pflanzenfam.*, 67.

3. Albidis, parvis.

4. Spec. ad 6. Jacq., *St. sel.*, t. 170 (*Areca*). — H. B. K., *Nov. gen. et spec.*, I, 304. — Spreng., *Syst.*, II, 140 (*Œnocarpus*). — Griseb., *Fl. brit. W.-Ind.*, 527; *Cat. pl. cub.*, 222. — Hemsl., *Bot. centr.-amer.*, III, 401. — Walp., *Ann.*, V, 807.

5. In *Linnæa*, XXXIX, 182. — B. H., *Gen.*, III, 888, n. 12. — Dr., *Pflanzenfam.*, 475 (part.).

6. Nunc anomala duplici.

lare; stylo conico profunde 3-lobo; ovulo parietali. Fructus[1] ovoideus, mamillaris v. elongato-ellipsoideus. Semen ellipsoideo-acutum v. late ovoideum. — Inermes; foliis pinnatis; segmentis alternis ensiformibus v. sigmoideo-falcatis. Spadices infrafoliacei, 3, 4-ramosi; floribus[2] ad ramos 4-6-stichis. Spathæ magnæ glabræ[3]. Cætera *Pinangæ*. (*Malaisia*[4].)

76? **Nengella** Becc.[5] — Flores fere *Nengæ* (v. *Pinangæ*). Masculorum asymmetricorum sepala ovato-acuta v. subulata inæqualia. Petala oblique ovato-lanceolata, apice acuminato valvata. Stamina 6; filamentis subulatis; antheris basifixis linearibus. Gynæcei rudimenta parva. Floris fœminei masculo minoris et longe pyramidati sepala orbicularia imbricata. Petala basi late imbricata, apice ovato-lanceolata valvata. Staminodia 3 (v. 0). Germen ovoideum, basi contractum; styli ramis 3, brevibus recurvis; ovulo parietali descendente; micropyle infera. Fructus elongatus, rectus v. arcuatus; stylo terminali; pericarpio parce fibroso; endocarpio tenui. Semen adscendens elongatum; rapheos ramis gracilibus longitudinalibus; albumine æquabili; embryone basilari. — Humiles inermes; caudicibus arundinaceis annulatis. Folia terminalia pinnatisecta v. flabelliformia furcata; segmentis superioribus erosis v. fissis; inferioribus lineari-lanceolatis acuminatis; petiolo rhachique cum vagina longe fissa furfuraceis, 3-gonis. Spadix infrafoliaceus simplex pendulus gracilis; glomerulis in areolis decussatis 3-floris; flore intermedio fœmineo; lateralibus masculis; bracteis bracteolisque squamiformibus. (*Nova Guinea*, *Arch. Malayan.*[6])

77. **Gronophyllum** Scheff.[7] — Flores (*Nengæ*) monœci; masculorum asymmetricorum 3-gono-compressorum sepalis parvis acutatis. Petala ovato-lanceolata acuminata valvata. Stamina 6; filamentis brevibus; antheris basifixis linearibus introrsis. Gynæcei rudimentum 3-lobum. Floris fœminei masculo minoris sepala orbicularia

1. Ruber v. aurantiacus.
2. Albido-lutescentibus.
3. Nunc purpureæ.
4. Spec. 2. Bl., *Rumphia*, II, 77, t. 107 (*Pinanga*); t. 99; 102, C (*Areca*). — Mart., *Hist. nat. Palm.*, III, 311, t. 153, fig. 1-3 (*Areca*). — Scheff., in *Ann. Jard. Buitenz.*, I, 120, 134, 153, t. 9, 10. — Miq., *Fl. ind. bat.*, III, 14 (part.); *Palm. Arch. ind.*, 23 (*Areca*). — Becc. et Hook. f., *Fl. brit. Ind.*, VI, 412. — Becc., *Males.*, I, 25; III, 180; in *Ann. Jard. Buitenz.*, II, 83. — *Bot. Mag.*, t. 6025.
5. *Males.*, I, 24, 32, t. 1; 97, t. 2; III, 180. — B. H., *Gen.*, III, 886, n. 8.
6. Griff., *Palms brit. Ind.*, 156, t. 232, fig. 2 (*Areca*). — Dr., *Pflanzenfam.*, 75 (*Nengæ* subgen. 4). — Becc., in *Ann. Jard. Buitenz.*, II, 81.
7. In *Ann. Jard. Buitenz.*, I, 135, 153. — B. H., *Gen.*, III, 886, n. 7.

imbricata, post anthesin cum corolla aucta. Petala longiora, basi dilatata imbricata apiceque acutato valvata. Staminodia minuta (v. 0). Germen oblongum, 1-loculare; styli ramis erectis crasse deltoideis; ovulo parietali. Fructus pisiformis v. ovoideo-oblongus, stylo coronatus, fibrosus intusque lævis. Semen sphæricum v. oblongum endocarpio adhærens; hilo laterali elongato; rapheos ramis descendentibus laxe reticulatis; albumine ruminato; embryone basilari. — Inermes; caudice gracili annulato. Folia terminalia æqui-pinnatisecta; segmentis cuneatis truncatis multinerviis, apice erosis v. laceris; summis confluentibus; marginibus basi recurvis; nervis extimis marginalibus; rhachi dorso convexa petioloque intus canaliculato furfuraceis; vagina longissima fissa. Spadices infrafoliacei fastigiatim ramosi; glomerulis ad ramulos graciles pendulos 3-floris et in areolis decussato-oppositis insertis; flore intermedio fœmineo v. 0; masculis lateralibus 1, 2; bracteis bracteolisque perbrevibus in annulum connatis. Pedunculus brevis. Spathæ 3, completæ longe complanatæ caducæ. (*Oceania trop.*[1])

78. **Leptophœnix** BECC.[2] — Flores fere *Nengæ* : « masculi ...? Fœmineorum in alabastro pyramidatorum sepala rotundata late imbricata. Petala basi imbricata, apice 3-angulari valvata, sepalis longiora. Germen oblongum; stylo profunde 3-lobo; lobis crassis acutis, 3-gonis. Ovulum ex apice loculi pendulum; raphe perbrevi. Semen pericarpio tenuiter adhærens elliptico-oblongum; hilo brevissimo areolæformi, lateraliter apicali. » (*Nova Guinea*[3].)

79. **Archontophœnix** WENDL. F. et DR.[4] — Flores monœci; masculorum assymetricorum et 3-gono-compressorum sepala 3, parva, 3-angulari-rotundata, dorso carinata, imbricata. Petala 3, ovato-oblonga acuta obliqua valvata. Stamina 9-∞; filamentis basi connatis, apice inflexis; antheris linearibus dorsifixis versatilibus; loculis basi liberis, introrsum rimosis. Gynæcei rudimentum columnare. Floris fœminei subsphærici masculo minoris sepala orbicularia imbricata. Petala minora conformia. Staminodia subulata 6 (v. 0). Germen pyramidatum, 3-gonum, 1-loculare; styli terminalis ramis stigma-

1. Spec. 2. BECC., *Males.*, I, 28, 98, t. 2, fig. 1-22 (*Nenga*); in *Ann. Jard. Buitenz.*, II, 81, t. 1, 2.

2. In *Ann. Jard. Buitenz.*, II, 82. Genus forte potius ad *Nengæ* sectionem reducendum.

3. Spec. 2. *L. pinangoides* BECC. et *L. affinis* BECC. — *Nengæ* spec. BECC., *Males.*, I, 27, 28.

4. In *Linnæa*, XXXIX, 182, 190, 211, t. 3, fig. 6. — B. H., *Gen.*, III, 889, n. 15. — DR., *Pflanzenfam.*, 75.

)sis recurvis parvis 3; ovulo parietali; micropyle infera. Fructus ellipsoideo-sphæricus stylo umbonatus; pericarpio fibroso; fibris anastomosanto-vittatis; endocarpio tenui. Semen adscendens cumque endocarpio adhærens læve; hilo lineari ventrali; rapheos ramis reticulatis; albumine valde ruminato; embryone basilari. — Elatæ inermes; caudice robusto annulato. Folia terminalia æqui-pinnatisecta; segmentis lineari-lanceolatis, apice acuminatis v. 2-dentatis; marginibus basi recurvis; costa paleacea; rhachi extus convexa intusque valde carinata, cum petiolo superne canaliculato tomentella; vagina cylindracea longa alte fissa. Spadices infrafoliacei breviter pedunculati, 3-plicato-ramosi; ramis ramulisque gracilibus pendulis flexuosis; glomerulis spiraliter dispositis, 3-floris; flore intermedio fœmineo (v. 0); bracteis semi-lunaribus adnatis; bracteolis minutis persistentibus. Spathæ 2, completæ longe complanatæ caducæ. (*Australia*[1].)

80. **Dictyosperma** WENDL. F. et DR.[2] — Flores (fere *Nengæ*) monœci; sepalis parvis ovato-acutis sæpius inæqualibus, basi imbricatis. Petala longiora ovata rigida, apice obtusa v. acutiuscula, valvata. Stamina 6; filamentis subulatis breviusculis, apice inflexis; antheris dorsifixis versatilibus; loculis linearibus, introrsum rimosis. Gynæcei rudimentum columnare v. longe conicum, apice sæpe 3-fidum. Floris fœminei masculo minoris sepala petalaque paulo longiora orbicularia, arcte imbricata subque fructu aucta. Staminodia 3-6, dentiformia v. subulata. Germen oblongo-obovoideum, basi angustatum, apice stigmatoso obtuse 3-gonum. Ovulum in loculorum uno adscendens plus minus alte parietale; micropyle extrorsum infera. Fructus ovoideus v. subsphæricus furfuraceus stigmate coronatus; pericarpio fibroso; endocarpio tenui. Semen conforme, hilo laterali nunc usque ad apicem affixum; rapheos ramis obliquis laxe reticulatis; albumine duro ruminato; embryone subbasilari. — Inermes graciles annulatæ. Folia æqui-pinnatisecta; segmentis lanceolatis acuminatis v. 2-fidis; summis confluentibus; marginibus inferne recurvis; nervis paleatis nudisve; rhachi petioloque 3-gonis furfuraceis; vagina longe integra. Spadices infrafoliacei

1. Spec. 3. MART., *Hist. nat. Palm.*, II, 181, t. 105, 106, 109 (*Seaforthia*). — F. MUELL., *Fragm. phyt. Austral.*, V, 47, t. 43, 44 (*Ptychosperma*). — BENTH., *Fl. austral.*, VII, 141 (*Ptychosperma* 2 et 3). — KERCH., *Palm.*, t. 5. — *Bot. Mag.*, t. 4961 (part.) (*Seaforthia*).

2. In *Linnæa*, XXXIX, 181. — B. H., *Gen.*, III, 890, n. 17. — DR., *Pflanzenfam.*, 75.

breviter pedunculati simpliciter ramosi; floribus[1] 3-nis; glomeruli spiraliter dispositis; flore intermedio sæpius fœmineo; lateralibus masculis. Spathæ 2, completæ aque dorso compressæ caducæ inferior 2-cristata; bracteis bracteolisque squamiformibus; inferioribus sæpius majoribus. (*Ins. Mascaren.*[2])

81. **Ptychoraphis** BECC.[3] — Flores (fere *Nengellæ*) monœci Masculorum sphæricorum symmetricorum sepala nunc gibba, imbricata, margine ciliata. Petala valvata. Stamina 6, erecta; filamentis basi dilatatis; antheris dorsifixis. Floris fœminei sepala gibba, apice ciliata, imbricata. Petala subtriloba imbricata. Staminodia 6; filamentis late 3-angularibus; antheris abortivis. Germen obovato-oblongum; styli ramis 3, reflexis canaliculatis; ovulo parietali. Fructus cæteraque *Nengellæ;* semine ad raphen sulco profundo recto instructo; albumine profunde ruminato; embryone basilari oblongo. — Elatæ v. humiles; foliis æqui-pectinato-pinnatisectis; segmentis alternis lanceolatis acuminatis; supremis nunc confluentibus. Spadices a basi simpliciter ramosi; ramis paucis rimuloso-squamosis. (*Asia austro-or.*, *Malaisia*, *Ins. Philipin.*[4])

82. **Rhopaloblaste** SCHEFF.[5] — Flores (fere *Nengæ*) monœci; masculorum symmetrice sphæricorum v. ovoideorum sepalis orbicularibus concavis imbricatis. Petala ovato-elliptica valvata. Stamina 6-9; filamentis apice inflexis; antheris dorsifixis oblongis versatilibus. Gynæcei rudimentum columnare truncatum. Floris fœminei masculo majoris subsphærici sepala orbicularia imbricata, cum corolla post anthesin aucta. Petala basi dilatata imbricata, apice acutato valvata. Staminodia 6 in cupulam dentatam connata. Germen ovoideum, basi abrupte contractum, 1, 2-loculare; styli ramis 3, subulatis recurvis; ovulo parietali descendente. Fructus[6] ovoideus acutiusculus stylo coronatus; pericarpio fibroso; endocarpio crustaceo intus lævi. Semen conforme erectum; hilo exsculpto a basi ad verticem

1. Flavescentibus v. albidis.

2. Spec. 2, 3. MART., *Hist. nat. Palm.*, III, 175, t. 154, 155 (*Areca*). — BORY, *Voy.*, I, 306 (*Areca*). — BOJ., *Hort. maurit.*, 305 (*Areca*). — BALF. F., *Fl. maurit.*, 384. — SCHEFF., in *N. Tijd. N. Ind.*, XXXII, 183 (*Ptychosperma*). — WRIGHT, in *Kew Bull.* (1894), 358.

3. In *Ann. Jard. Buitenz.*, II, 90, 126; *Males.*, III, 109.

4. Spec. ad 3. KURZ, in *Trim. Journ.* (1875), 331 (*Areca*). — B. H., *Gen.*, III, 892 (*Rhopaloblaste*). — BECC., *Males.*, I, 61 (*Ptychosperma*); in *Hook. f. Fl. brit. Ind.*, VI, 413. Genus *Nengæ*, ut videtur, quam maxime affine.

5. In *Ann. Jard. Buitenz.*, I, 135, 137, 156, t. 26; 27, fig. 1. — B. H., *Gen.*, III, 891, n. 19. — DR., *Pflanzenfam.*, 75.

6. Cum floribus inter minores.

extenso; rapheos ramis descendentibus laxe reticulatis parum conspicuis; albumine ruminato; embryone basilari. — Inermes; caudice robusto v. gracili annulato. Folia terminalia æqui-pinnatisecta; segmentis alternis lineari-lanceolatis acuminatis angustis, 3-5-nerviis; marginibus basi recurvis v. planis; costa subtus paleacea. Spadices infrafoliacei breviter pedunculati, laxe racemosi; racemis longis gracilibus; glomerulis spiraliter dispositis, 3-floris; flore intermedio fœmineo, nunc 0; masculis lateralibus 1, 2, nunc in glomerulis superioribus solitariis; bracteis bracteolisque minute squamiformibus. Spathæ completæ caducæ 2; inferiore breviore, 2-carinata. (*Ins. Moluccæ, Nova Guinea*[1].)

83. **Actinorhytis** WENDL. F. et DR.[2] — Flores (fere *Nengæ*) monœci; masculorum assymetricorum sepalis orbicularibus concavis carinatis imbricatis. Petala ovata crassa valvata. Stamina ∞, imo perianthio affixa, ∞-fasciculata; filamentis apice inflexis; antheris dorsifixis linearibus versatilibus. Gynæcei rudimentum minutum subulatum (v. 0). Floris fœminei masculo multo majoris sepala reniformi-orbicularia imbricata, post anthesin cum corolla valde aucta. Petala paulo longiora suborbicularia imbricata, apice valvato 3-angularia. Staminodia 3 (v. 0). Germen late ovoideum, 1-loculare; stylis 3, parvis subulatis recurvis; ovulo parietali. Fructus[3] ovoideo-ellipsoideus styloque coronatus crasso-fibrosus; endocarpio crustaceo. Semen conforme, pericarpio adhærens; hilo laterali semini æquali; rapheos ramis crebris reticulatis; albumine radiatim ruminato; embryone basilari longo. — Elata inermis; caudice robusto annulato. Folia terminalia æqui-pinnatisecta; segmentis lineari-lanceolatis acutis, apice oblique dentatis; marginibus incrassatis, basi recurvis; costa valida, subtus persistenti-paleacea; rhachi valida cum petiolo plano-convexo furfuracea. Spadices infrafoliacei breviter pedunculati, 2-plicato-ramosi; glomerulis ad ramos flexuosos pendulos 3-floris; flore intermedio fœmineo v. 0; masculis lateralibus 1, 2, bracteatis bracteolatisque. Spathæ 2, completæ complanatæ caducæ: inferior 2-cristata. (*Arch. Malayan.*[4])

1. Spec. 2.
2. In *Linnæa*, XXXIX, 184. — B. H., *Gen.*, III, 889, n. 14. — DR., *Pflanzenfam.*, 74.
3. Magnus.
4. Spec. 1. *A. Calapparia* WENDL. F. et DR. — *Seaforthia Calapparia* MART., *Hist. nat. Palm.*, III, 313. — SCHEFF., in *Ann. Jard. Buitenz.*, I, 122, 136, 156, t. 22, 23. — WALP., *Ann.*, III, 462; V, 809. — *Areca Calapparia* BL., *Rumphia*, II, 68, not., t. 100, fig. 2. — *A. cocoides* GRIFF., *Palms brit. Ind.*, 150, t. 230, B. — *Pinanga Calapparia* RUMPH.

84. **Loxococcus** WRNDL. F. et DR.[1] — Flores (fere *Nengæ*) monœci; masculorum asymmetricorum sepalis plus minus acutatis imbricatis. Petala 3, multo majora oblique ovata acutiuscula valvata. Stamina ad 12; filamentis ima basi connatis; antheris oblongis ad basin dorsifixis; loculis linearibus, basi liberis, introrsum rimosis. Gynæcei rudimentum breve, 3-dentatum. Flores fœminei masculo minoris breviterque ovoidei sepala rotundata concava arcte imbricata. Petala longiora, basi late concava imbricata, apice acutato valvata. Germen oblongum; styli lobis brevibus erectis terminalibus; ovulo parietali 1. Fructus sphæricus subobliquus, apice abrupte conico-rostratus; stigmatibus terminalibus; pericarpio coriaceo fibroso, intus lævi. Semen subsphæricum liberum rugulosum, basi intrusum; hilo ventrali elongato; albumine duro valde ruminato; embryone excentrico subbasilari. — Inermis; caule mediocri annulato. Folia terminalia æqui-pinnatisecta; segmentis elongatis coriaceis glabris, apice oblique truncatis; marginibus basi recurvis; costa valida; rhachi superne sulcata, inferne convexa; petiolo vaginaque brevibus. Spadix infrafoliaceus crasse pedunculatus parce ramosus; glomerulis in ramo[2] spiraliter dispositis, 2, 3-floris; flore intermedio fœmineo (v. 0); lateralibus masculis 1, 2. Bracteæ bracteolæque breves squamiformes. Spathæ longæ 2. (*Zeylania*[3].)

85. **Ptychosperma** LABILL.[4] — Flores (fere *Ptychoraphidis*) monœci; masculorum calyce subirregulari; sepalis inæqualibus ovato-orbicularibus, dorso rotundatis, gibbis v. carinatis, arcte imbricatis. Petala ovato-oblonga, acuta v. acuminata, valvata v. basi leviter imbricata. Stamina ∞ (15-30); filamentis subulatis, brevibus v. rectis, apice nunc inflexis; antheris oblongis dorso v. ad basin affixis, introrsum 2-rimosis, versatilibus. Gynæcei rudimentum subcylindraceum, apice sæpius 3-fidum. Flos fœmineus sæpius masculo minor subsphæricus; sepalis brevibus suborbicularibus concavis imbricatis; petalis paulo majoribus conformibus, apice acutato valvatis. Staminodia hypogyna 3-6, parva subulata. Germen ovoideo-oblongum; styli lobis stigmatosis sessilibus 3. Ovulum plus minus alte parietale,

1. In *Linnæa*, XXXIX, 185. — B. H., *Gen.*, III, 888, n. 13. — DR., *Pflanzenfam.*, 74.

2. Sanguineo-rubro.

3. Spec. 1. *L. rupicola* WENDL. F. et DR. — BECC. et HOOK. F., *Fl. brit. Ind.*, VI, 413. — *Bot. Mag.*, t. 6358. — *Ptychosperma rupicola* THW., *En. pl. Zeyl.*, 328. — ? *Caryota mitis* MOON, *Cat. pl. Ceyl.*, 65 (ex HOOK. F.).

4. In *Mém. Inst. Par.* (1808), IX, 253. — ENDL., *Gen.*, n. 1730. — B. H., *Gen.*, III, 891, n. 18. — DR., *Pflanzenfam.*, 74, fig. 9. — *Seaforthia* R. BR., *Prodr.*, 267.

horizontale v. obliquum, basi crassum; micropyle infera. Fructus ovoideus v. oblongus, nunc sulcatus v. rostratus, stylo coronatus; pericarpio crasso fibroso; endocarpio lævi crustaceo v. tenui. Semen transversum v. adscendens, nunc 3-5-sulcum; hilo a basi ad verticem producto; rapheos ramis parce v. varie reticulatis; albumine plus minus ruminato; embryone basilari. — Inermes; caudice elato v. minore annulato; foliis æqui-pinnatisectis; segmentis linearibus v. superne dilatatis præmorsis plurinerviis; rhachi 3-gona; vagina elongata. Spadix varius ramosus; spathis 2, v. pluribus; floribus in glomerulos secundum ramos dispositis; glomerulis sæpe 3-floris; flore fœmineo centrali (v. nunc 0); bracteis bracteolisque squamiformibus brevibus[1]. (*Oceania trop.*[2])

86. **Coleospadix** BECC.[3] — Flores (fere *Ptychospermatis*) monœci; masculorum symmetricorum oblongorum sepalis suborbiculatis concavis ciliatis, sæpe squamulosis imbricatis. Petala sub-3-plo longiora oblongo-lanceolata subcymbiformia. Stamina erecta ad 25. Gynæcei rudimentum conicum subulatum. Floris fœminei masculo paulo minoris sphærico-pyramidati perianthium imbricatum. Androcæi rudimentum annulare. Germen 1-loculare; ovulo parietali. Fructus drupaceus ovato-acuminatus, basi perianthio cupulari suffultus; pericarpio carnoso-fibroso; endocarpio tenuissimo. Semen ovoideo-lanceolatum, vertice acutatum, basi subtruncatum, sæpius esulcatum; albumine ruminato. — Humilis[4] inermis; foliis increscenti-pinnatisectis parce furfuraceis; segmentis cuneato-lanceolatis, apice oblique truncatis, acute eroso-dentatis; margine superiore producto subulato-acuminato; terminalibus 2 nunc confluentibus. Spadices parce ramosi; ramis inferioribus simplicibus, v. inferioribus furcatis. Spathæ 2, completæ furfuraceæ persistentes : inferior 2-carinata, 2-loba; superior autem breviter 2-fida. (*Ins. Papuanæ*[5].)

87. **Balaka** BECC.[6] — Flores *Ptychospermatis*. Fructus baccatus oblongus; semine haud sulcato; albumine æquabili. — Inermes; foliis

1. Genus *Pinangæ* quoque valde affine.
2. Spec. paucæ, enumeratæ licet ad 12. MART., *Hist. nat. Palm.*, III, 182, t. 128, 129 (*Seaforthia*). — BL., *Rumphia*, II, 118. — BECC., *Males.*, I, 47, 99 (part.), III, 108? — WENDL. F., in *Bot. Zeit.* (1858), 345 (*Seaforthia*). — WENDL. F. et DR., in *Linnæa*, XXXIX, 183, 215 (part.). — BENTH., *Fl. austral.*, VII, 141, n. 4. — ? F. MUELL., in *Melb. Chem. a. Drugg.* (feb. 1882). — *Bot. Mag.*, t. 4961, 7345.
3. In *Ann. Jard. Buitenz.*, II, 90.
4. « 1-3-metralis. »
5. Spec. 1. BECC., *Males.*, I, 50 (*Ptychosperma*). Genus flore simul *Actinophlœo* et *Loxococco* affine.
6. In *Ann. Jard. Buitenz.*, II, 91.

pinnatisectis; segmentis dimidiato-rhomboïdalibus, quadratis, apice sinuato eroso-dentatis, antice cuspidatis; spadicibus sæpius gracilibus; spathis caducis[1]. (*Oceania*[2].)

88. **Normanbya** F. MUELL.[3] — Flores (fere *Ptychospermatis*) monœci; masculo 30-40-andro. Sepala cordato-orbicularia. Petala longiora ovato-lanceolata, ima basi connata, valvata. Gynæcei rudimentum fusiformi-clavatum, apice styloideo filiforme. Antheræ lineares filamento æquilongæ v. longiores. Floris fœminei sepala rotundata concava imbricata. Petala deltoideo-rotundata. Germen ellipsoideum, 1-loculare; stylis 3, deltoideo-semi-lanceolatis; ovulo descendente. Fructus[4] carnosus ovoideo-sphæricus, apice depresso umbonatus; mesocarpio rigide fibroso; endocarpio tenui lævi osseo-lignoso. Semen conforme; rapheos semini longitudine æqualis ramis reticulato-areolatis; albumine inæqui-ruminato; embryone basilari. — Elata[5] inermis; foliorum terminalium segmentis numerosissimis; plerisque secus rhachin fasciculato-confertis, apice laceris, subtus cum rhachi cinerascente albido-puberulis; petiolo semi-tereti-3-gono, basi ample canaliculato. Spadicis pedunculus jam paulo supra basin ramosissimus; floribus in ramis dissite spiraliter dispositis; masculis sessilibus solitariis v. 2-natis; fœmineis inferioribus solitariis v. masculo adstantibus. Spatha 1, membranacea v. fibroso-coriacea. (*Australia*[6].)

89. **Ptychococcus** BECC.[7] — Flores fere *Ptychospermatis;* « staminibus 100-200; gynæcei rudimento conico. Floris fœminei masculo minoris ovoideo-conici sepala petalaque longissima. Staminodia 3-6, dentiformia ananthera. Germen conoideo-ovatum, 1-loculare; styli ramis 3, acuminatis reflexis; ovulo laterali. Fructus subdrupaceus; endocarpio osseo durissimo. Semen apice oblique attenuatum; albumine ruminato; embryone basilari. — Inermes; caudice lævi cicatrisato; foliis terminalibus 8-10, æqui-pinnatisectis; segmentis late linearibus, basi cuneatis, inæqui-dentatis. Flores in glomerulos spira-

1. Genus imprimis a *Drymophlœo* differt foliorum segmentorum forma spathisque caducis.
2. Spec. 2. WENDL. F., in *Bonplandia*, X, 192, 193 (*Ptychosperma*).
3. *Fragm. phyt. Austral.*, XI, 56. — BECC., in *Ann. Jard. Buitenz.*, II, 91, 170, 171.
4. « Ruber, lævis, 1 1/2-pollicaris. »
5. « 20-metralis. »
6. Spec. 1. *N. australis.* — *Saguerus australis* WENDL. F. et DR., in *Linnæa*, XXIX, 219. — *Ptychosperma Normanbyi* F. MUELL., *loc. cit.* — *Cocos Normanbyi* HILL, *Rep. Brisb. Gard.* (1874), 6. — *Areca Normanbyi* F. MUELL., *Fragm. phyt. Austral.*, VIII, 235. — BENTH., *Fl. austral.*, VII, 142.
7. In *Ann. Jard. Buitenz.*, II, 100.

liter insertos dispositi 3; intermedio fœmineo (v. apicem versus ramulorum 0); lateralibus masculis. » (*Ins. Papuanæ*[1].)

90. **Drymophlœus** ZIPP.[2] — Flores (*Ptychospermatis*) monœci; masculorum sepalis suborbicularibus imbricatis. Petala acuta v. obtusa coriacea. Stamina ∞; antheris versatilibus, dorso v. infra dorsum affixis. Floris fœminei masculo majoris subsphærici calyx marium. Petala orbicularia, imbricata, v. torta, apice acutato subvalvata. Staminodia minuta. Germen 1-loculare, styli ramis recurvis coronatum; ovulo parietali descendente. Fructus ovoideus stylo coronatus, nunc sulcatus; pericarpio fibroso; endocarpio crustaceo v. tenui, intus lævi. Semen teres v. sulcatum[3]; hilo ventrali a basi ad verticem extenso; rapheos ramis paucis tenuibus descendentibus laxe anastomosantibus; albumine æquabili; embryone basilari. — Inermes; caudice annulato. Folia terminalia, interrupte v. æquipinnatisecta; segmentis cuneato-oblongis, ad apicem præmorsis; rhachi sæpe furfuracea, 3-gona; vagina longa. Spadices infrafoliacei simpliciter ramosi; glomerulis spiraliter dispositis, 3-floris; flore intermedio fœmineo (nunc 0). Spathæ 2, v. plures: inferior 2-cristata; bracteis bracteolisque squamiformibus. (*Oceania trop.*[4])

91. **Cyrtostachys** BL.[5] — Flores (fere *Drymophlœi*) monœci; masculorum symmetricorum petalis rotundatis imbricatis. Petala valvata. Stamina 6 (v. 12-15) exserta; filamentis basi connatis, apice inflexis; antheris introrsis versatilibus. Gynæcei rudimentum subulato-3-partitum. Floris fœminei ovoidei sepala orbicularia arcte imbricata. Petala longiora suborbicularia arcteque imbricata, apice acutato valvata. Staminodia in cupulam membranaceam dentatam connata. Germen breviter clavatum, 1-loculare; styli crassi brevissimi ramis stigmatosis subulatis recurvis; ovulo 1 (suborthotropo?) pendulo. Fructus elongato-ovoideus stylo coronatus; pericarpio tenuiter fibroso,

1. Spec. 2. SCHEFF., in *Ann. Jard. Buitenz.*, I, 83, 121, 155 (*Ptychosperma*); 53, 121 (*Drymophlœus?*). — BECC., *Males.*, I, 60 (*Ptychosperma*). — WENDL. F., in *Kerch. Palm.*, 254 (*Ptychosperma*).

2. In *Flora* (1829), I, 185. — MART., *Hist. nat. Palm.*, III, 186, 314 (*Seaforthiæ* Sect.). — B. H., *Gen.*, III, 892, n. 21. — BECC., *Males.*, I, 41, 98. — DR., *Pflanzenfam.*, 74.

3. In sectione *Actinophlœo* BECC.

4. Spec. ad 12. BL., *Rumphia*, II, 117, t. 83, 84, 119; III, t. 156 (*Ptychosperma*). — GRIFF., *Palms brit. Ind.*, t. 142, A (*Ptychosperma*). — MIQ., *Palm. Arch. ind.*, 24. — SCHEFF., in *Ann. Jard. Buitenz.*, I, 52, 138, 157. — WENDL. F. et DR., in *Linnæa*, XXXIX, 183. — BECC., in *Ann. Jard. Buitenz.*, II, 100, t. 6. — *Bot. Mag.*, t. 7202.

5. *Rumphia*, II, 101, t. 120; in *Ann. sc. nat.*, sér. 2, X, 375. — ENDL., *Gen.*, n. 1752[3]. — B. H., *Gen.*, III, 892, n. 20. — DR., *Pflanzenfam.*, 74, fig. 53, D.

intus lævi. Semen adscendens, subsphæricum, ovoideum v. fusiforme læve; hilo basilari; rapheos ramis descendentibus reticulatis; albumine æquabili; embryone basilari. — Gregariæ inermes; caudice gracili elato annulato. Folia terminalia æqui-pinnatisecta; segmentis linearibus, apice attenuatis oblique 2-dentatis; marginibus incrassatis, basi plicata recurvis; costa paleacea; nervis utrinque 2; rhachi sub-4-gona, superne 3-quetra; petiolo[1] facie concavo; vagina longa. Spadices infrafoliacei, breviter pedunculati; rhachi compressa, duplicato-ramosa; glomerulis ad ramulos foveolatos spiraliter dispositis, 3-floris; flore intermedio fœmineo; lateralibus masculis; bracteis plus minus ramo coadunatis; bracteolis squamiformibus. Spathæ 2, 3, ensiformes, nunc valde inæquales, completæ complanatæ caducæ. (*Arch. Malayan.*[2])

92. **Veitchia** WENDL. F.[3] — Flores (fere *Kentiæ*) monœci; masculorum subsymmetricorum sepalis 3, ovato-orbiculatis concavis, basi connatis, nervosis, subvalvatis v. superne leviter imbricatis. Petala paulo longiora elliptica coriacea, basi connata, valvata. Stamina 6, imo perianthio adnata; filamentis brevibus; antheris basifixis erectis linearibus. Gynæcei rudimentum crasse columnare, apice truncatum. Floris fœminei masculo multo majoris subsphærici sepala concava, oblique orbiculata coriacea crassa imbricata. Petala conformia multo minora imbricata v. torta. Germen subsphæricum v. late ovoideum, basi contracta cylindraceum, 1-loculare; styli conoidei erecti dentibus stigmatiferis 3-gonis. Ovulum parietale; micropyle infera. Fructus[4] sphæricus, ellipsoideus v. subfusiformis rostratus, stylo terminali umbonatus, lævis; pericarpio crasso fibroso; endocarpio tenui, intus lævi. Semen conforme adscendens; hilo lato ad verticem extenso; rapheos ramis prominulis descendentibus reticulatis; albumine æquabili duro; embryone basilari. — Elatæ inermes; caudice annulato; foliis[5] terminalibus æqui-pinnatisectis; segmentis oblique truncatis, linearibus v. acuminatis; marginibus crassioribus. Spadices infrafoliacei crasse pedunculati, 2-plicato-ramosissimi; floribus glomerulatis 1-3; flore fœmineo intermedio v. 0; glomerulis inferio-

1. Læte rubente.
2. Spec. 2. MART., *Hist. nat. Palm.*, III, 316 (*Bentinckia*). — K., *Enum.*, III, 641 (*Bentinckia*). — MIQ., *Fl. ind. bat.*, Suppl., 589 (*Areca?*). — SCHEFF., in *Ann. Jard. Buitenz.*, I, 138, 159. — BECC., in *Ann. Jard. Buitenz.*, II, 137, 141, t. 9; in *Hook. f. Fl. brit. Ind.*, VI, 414.
3. In *Seem. Fl. vit.*, 271, t. 81. — B. H., *Gen.*, III, n. 10. — DR., *Pflanzenfam.*, 74.
4. Majusculus (circ. 2-pollicaris).
5. Nunc fere *Kentiæ*.

ribus remotioribus ; superioribus autem confertis ; bracteis vix conspicuis. Spathæ deciduæ 2, 3 (?). (*Ins. Viti, Nov. Hebrid.*[1])

93. **Kentiopsis** AD. BR.[2] — Flores (fere *Kentiæ*) monœci ; masculorum in alabastro inæqui-pyramidatorum sepalis ovato-acutis concavis imbricatis. Petala 3, oblique ovata, obtusa v. acuta rigida valvata. Stamina ∞; filamentis subulatis erectis, ima basi sæpius connatis ; antheris erectis dorsifixis sagittatis ; loculis linearibus, basi plus minus longe liberis, introrsum v. extrorsum rimosis. Floris fœminei masculo minoris in alabastro sphærico-pyramidati sepala orbicularia crassa concava, late imbricata. Petala paulo longiora, basi lata arcte imbricata, apice acutato valvata. Germen subsphæricum v. cylindraceum, basi nunc contractum, apice conico induratum, 1-loculare ; styli crassi lobis 3, erectis, 3-gonis. Ovulum parietale ventrifixum ; micropyle extrorsum infera. Fructus ovoideus v. ellipsoideus perianthio stipatus, apice obtusus v. rostratus, stylo coronatus ; pericarpio crasso fibroso ; endocarpio duro, intus lævi Semen adscendens liberum ; hilo usque ad verticem laterali ; rapheos ramis reticulatis totumque semen involventibus ; albumine æquabili duro ; embryone basilari. — Elatæ inermes ; caudice robusto annulato. Folia terminalia æqui-pinnatisecta ; segmentis linearibus coriaceis prominule nervosis, margine incrassatis, apice attenuatis, obtusatis v. dentatis ; costa 3, 4-gona. Spadices infrafoliacei fastigiato-ramosi ; ramis robustis longis ; floribus[2] in glomerulos spiraliter dispositis ; glomerulis inferioribus 3-floris ; flore fœmineo intermedio ; superioribus ad flores masculos 1, 2 reductis ; bracteis bracteolisque brevibus in cupulam conniventibus. (*Nova Caledonia*[3].)

94. **Hyospathe** MART.[4] — Flores (fere *Arecæ*) monœci ; masculorum calyce brevi gamophyllo ; lobis acutis v. obtusis. Corolla multo longior ; petalis oblongis, basi connatis, valvatis. Stamina 6 : oppositipetala longiora ; filamentis subulatis imo perianthio adnatis ; antheris oblongis dorsifixis versatilibus ; loculis basi liberis, introrsum rimosis. Gynæcei rudimentum elongatum v. turbinatum, nunc apice 3-lobum. Floris fœminei masculo brevioris calyx imbricatus, 3-lobus.

1. Spec. ad 4. BECC., *Males.*, I, 39.
2. In *C. rend. Ac. sc. Par.*, LXXXVII, 398. — B. H., *Gen.*, III, 887, n. 9. — DR., *Pflanzenfam.*, 73.
3. Spec. ad 2.
4. *Hist. nat. Palm.*, II, 1, t. 1, 2. — ENDL., *Gen.*, n. 1720. — B. H., *Gen.*, III, 898, n. 33. — DR., *Pflanzenfam.*, 67.

Petala paulo longiora suborbicularia, apice acutato conniventia, imbricata. Staminodia varia 6. Germen breve; loculis effœtis 2; stylo brevi, apice acuto recurvo stigmatoso. Ovulum adscendens; micropyle extrorsum infera. Fructus[1] subsphæricus v. ellipsoideus, stylo demum basilari stipatus; exocarpio grumoso; endocarpio tenui membranaceo. Semen erectum (fuscatum) vix reticulatum; albumine æquabili; embryone basilari. — Arundinaceæ inermes; caudice annulato; radicibus epigæis. Folia pauca terminalia inæqui-pinnatisecta; segmentis obliquis lanceolatis v. quadratis acuminatis; rhachi dorso convexa acuta; petiolo intus canaliculato; vagina longa. Spadices interfoliacei pauci simpliciter ramosi, erecti demumque penduli; spathis dissimilibus 2; superiore fusiformi; inferiore autem compressa, 2-carinata; floribus[2] 2, 3-nis; intermedio sæpius fœmineo; bracteis bracteolisque 0. (*Brasilia bor.*, *Guiana*, *Columbia*[3].)

95. **Prestoea** HOOK. F.[4] — Flores (fere *Hyospathes*) monœci; masculorum asymmetricorum calyce parvo gamophyllo; lobis obtusis 3. Petala oblique ovata acutiuscula valvata. Stamina 6; filamentis subulatis; antheris (magnis) dorsifixis versatilibus; loculis basi alte liberis linearibus, introrsum rimosis. Gynæcei rudimentum columnare. Floris fœminei masculo minoris sphærici sepala suborbicularia concava imbricata. Petala calyci subæqualia ovato-acutiuscula imbricata. Germen 1-loculare; stylo crasso sessili; lobis 3-gonis; ovuli erecti micropyle extrorsa. Fructus[5] pisiformis; stylo laterali; exocarpio tenui fragili; endocarpio fibroso laxe reticulato; albumine parce ruminato; embryone hilo proximo. — Humiles graciles; caudice arundinaceo annulato. Folia pinnatisecta; segmentis superioribus in laminam laceram plicato-nervosam apiceque 2-fidam connatis; inferioribus angustis valide nervatis; marginibus basi recurvis; rhachi puberula, 3-gona; petiolo gracili longo, dorso convexo, intus sulcato; vagina brevi aperta fibroso-reticulata. Spadices[6] infrafoliacei breviter pedunculati, simpliciter ramosi; rhachi stricta crassa; ramis erecto-patentibus strictis longe attenuatis; floribus in glomerulos 3-floros spiraliter dispositis; flore intermedio fœmineo (nunc 0[7]); lateralibus masculis; bracteolis minutis cupulatis. Spathæ 2, membra-

1. Purpureus.
2. Viridulis.
3. Spec. 3. DR., in *Mart. Fl. bras.*, III, II, 519. — K., *Enum.*, III, 173. — WALP., *Ann.*, V, 805.
4. *Gen.*, III, 899, n. 34. — DR., *Pflanzenfam.*, 67.
5. Intus viridis.
6. Fusco-pubentes.
7. Cf. *P. Carderi*, in *Bot. Mag.*, t. 7108.

naceæ, mox laceræ; inferiore apice 2-dentata, haud fissa; superiore autem longiore ventre fissa. (*Antillæ*[1].)

96. **Dypsis** Noronh.[2] — Flores[3] monœci; masculorum asymmetricorum in alabastro inæqui-3-gonorum sepalis 3, inæqualibus concavis, basi subcarinata extus in gibbum v. calcar spurium breve productis; præfloratione arcte imbricata. Petala 3, paulo longiora ovato-acuta valvata. Stamina 3, oppositipetala; filamentis plus minus compressis, nunc basi et apice attenuatis; antherarum loculis oblongis v. breviusculis subliberis descendentibus, introrsum rimosis. Gynæcei rudimentum breve v. elongatum, regulare v. asymmetricum, apice integrum v. 3-lobatum. Floris fœminei masculo minoris subsphærici sepala suborbicularia imbricata. Petala « paulo longiora, basi imbricata, apice acutato valvata ». Staminodia 6, dentiformia (v. 0). Germen obliquum, 3-loculare; loculo fertili 1, 1-ovulato; ovulo suberecto anatropo; stylo ad loculos abortivos laterali v. subbasilari; ramis stigmatosis subulatis 3. Fructus obovoideus v. oblongus, basi obliquus; stylo laterali v. subbasilari; pericarpio tenuiter carnoso v. intus fibroso. Semen conforme; « hilo laterali; rapheos ramis obscuris; albumine ruminato; embryone dorsali ». — Parvulæ v. mediocres inermes; caudice arundinaceo. Folia terminalia alterna, varie pinnatisecta; segmentis terminalibus confluentibus; imo sinu nunc costa summa subulata aucto; segmentis inferioribus variis, acutis, integris v. rarius cum supremis inæqui-fissis, præmorsis dentatisve, aut inæqui-remotis, aut varie confertis sessilibus (nunc 0); petiolo gracili; vagina parva fibrosa. Spadices axillares interfoliacei sæpe longe pedunculati; pedunculo compresso basique in arcum dilatato; ramis parce decompositis; ramulis glomeruligeris; glomerulis in axilla bractearum brevium latarumque plus minus adnatarum 3-floris; flore fœmineo intermedio (v. 0), nunc solitario; masculis lateralibus 1, 2; bracteolis minutis glabris v. cum bractea pilis ramosis instructa. Spathæ 2, inæquales membranaceæ vaginantes; superiore majore longiusque apice fissa. (*Madagascaria*[4].)

1. Spec. prototyp. 1. *P. pubigera* Hook. f. — *Hyospathe pubigera* Griseb. et Wendl. f., *Fl. brit. W.-Ind.*, 516. — ? *Euterpe montana* Grah., in *Bot. Mag.*, t. 3874.

2. In *Dup.-Th. Prodr. phytol.*, 2. — Mart., *Hist. nat. Palm.*, III, 180, 312, t. 143; 158, fig. 1, 2; 165, fig. 5. — K., *Enum.*, III, 188. — Endl., *Gen.*, n. 1729. — B. H., *Gen.*, III, 909, n. 56. — Dr., *Pflanzenfam.*, 66. — H. Bn, in *Bull. Soc. Linn. Par.*, 1161.

3. Minuti crebri.

4. Spec. ad 10. Bak., in *Journ. Linn. Soc.*, XXII, 525 (part.). — Walp., *Ann.*, V, 809 (part.).

97. **Trichodypsis** H. Bn[1]. — Flores (fere *Dypsidis*) monœci; masculorum staminibus 3, oppositipetalis, basi 1-adelphis. Gynæcei rudimentum minutum. Floris fœminei masculo minoris sepala petalaque imbricata, post anthesin vix aucta. Germinis loculi 3; abortivis multo minoribus 2. Ovulum adscendens anatropum. Stylus subbasilaris; ramis subulatis 3. Fructus oblique ovoideus compressiusculus parce carnosus. Semen conforme suberectum; albumine æquabili. — Pumila erecta inermis; caudice fere a basi foliifero. Folia alterna, sæpius inæqui-pinnatisecta; segmentis inæqualibus 2, superposite obtriangularibus; rhachi nunc utrumque nuda; loborum apice oblique acutato, integro v. præmorso-dentato. Spadices axillares pauci graciles (*Dypsidis*); spathis 2; ramis compositis; floribus ad ramulos glomerulatis; glomerulis 3-floris; flore fœmineo intermedio; bractea bracteolisque cum ramulo densiuscule ramoso-pilosis. (*Madagascaria*[2].)

98. **Haplodypsis** H. Bn[3]. — Flores (fere *Dypsidis*) monœci; masculorum sepalis 3, brevibus truncatis in cupulam imbricatis. Petala 3, longiora lanceolata glumacea longitudinaliter striata valvata. Stamina 6, 2-seriata; filamentis gracilibus subulatis; antheris elongatis dorsifixis versatilibus; loculis linearibus, inferne liberis, sublateraliter rimosis. Gynæcei rudimentum longe conicum apice inæqui-3-dentatum. Floris fœminei calyx marium. Petala longiora acutata imbricata. Staminodia minuta v. 0. Germen anguste pyriforme, hinc convexum, in stylum conicum attenuatum; loculis sterilibus 2; fertilis ovulo adscendente. — Humiles inermes; foliis æqui- v. inæqui-pinnatisectis; segmentis lineari-lanceolatis; superioribus confluentibus; petiolo brevi cum vagina subtubulosa primum pubente. Spadices foliis subæquales simplices longe cylindracei; spathis 2, vaginantibus tubulosis; inferiore breviore; floribus dense glomerulatis; fœmineo in glomerulo intermedio; lateralibus masculis. (*Madagascaria*[4].)

99. **Haplophloga** H. Bn[5]. — Flores (fere *Dypsidis*) monœci; masculorum in alabastro conicorum sepalis valde inæqualibus imbricatis. Petala longiora acuta valvata. Stamina 6; filamentis sub gynæcei rudimento longe conico-subulato insertis, subulatis, supra

1. In *Bull. Soc. Linn. Par.*, 1165.
2. Spec. 1. *T. Hildebrandtii* H. Bn.
3. In *Bull. Soc. Linn. Par.*, 1167.
4. Spec. 2, 3? Bak., in *Journ. Linn. Soc.*, XXII, 525, 526 (*Dypsis*).
5. In *Bull. Soc. Linn. Par.*, 1168.

medium introflexis; antheris lineari-oblongis introrsis, apice acutis, dorsifixis versatilibus. Floris fœminei masculo minoris sepala petalaque imbricata. Germen columnare, 1-loculare, cum stylo leviter sub apice dilatato continuum; ramis stigmatosis terminalibus 3, crasse 3-angularibus erectis æqualibus. Ovulum parietale. Fructus carnosulus breviter fusiformis, utrinque acuminatus; albumine æquabili. — Parvæ inermes, nunc aquaticæ; caudice brevi simplici erecto. Folia furcata profunde 2-loba; lobis basi verticali sessilibus, mox liberis ensiformibus acutis; glandula (spuria?) in imo sinu minuta (v. 0). Spadix interfoliaris simplex rectus v. arcuatus; spathis 2, vaginiformi-tubulosis acutis inæqualibus, primum imbricatis; floribus in glomerulos crebros prominulos dispositis; bracteis transverse linearibus latis; flore fœmineo intermedio (v. 0); masculis lateralibus. (*Madagascaria*, *Ins. Comor.*[1])

100. **Neodypsis** H. Bn[2]. — Flores (fere *Dypsidis*) monœci; sepalis valde inæqualibus cymbiformi-carinatis imbricatis. Petala masculorum valvata. Stamina 6, 2-seriata; antheris brevibus introrsis. Gynæcei rudimentum columnare sub apice breviter conico orbiculari-dilatatum. Germen 1-loculare; stylo hinc subbasilari. Fructus exsertus pisiformis baccatus, perianthio haud accreto stipatus, styli basilaris reliquiis hinc instructus; seminis conformis albumine duro æquabili. — Inermes; foliis...? Spadix[3] decompositus; ramis tertiariis cylindricis dense glomeruligeris; bracteis adnatis crebris brevibus, 3-floris; flore fœmineo intermedio compresso minimo; lateralibus autem masculis. (*Madagascaria*[4].)

101? **Dypsidium** H. Bn[5]. — Flores (fere *Dypsidis*) monœci; sepalis imbricatis subæqualibus. Petala glumacea ovata cum calyce persistentia. Staminodia vix conspicua. Fructus baccatus perianthio parum aucto suffultus; embryone æquabili. — Mediocres v. humiles erectæ; caudice simplici obscure annulato. Folia alterna inæqui- v. æqui-pinnatisecta; segmentis 4-∞, sæpius lanceolatis. Spadix parce ramosus; ramis 2, 3; glomerulis ad ramos paucis, 3-floris; flore intermedio fœmineo[6]. (*Madagascaria centr.*[7])

1. Spec. 4 (quarum dubiæ 2).
2. In *Bull. Soc. Linn. Par.*, 1172.
3. Totus ferrugineus, vix puberulus.
4. Spec. 1, 2.
5. In *Bull. Soc. Linn. Par.*, 1172.
6. An potius *Dypsidis* v. *Phlogæ* sectio imperfecte nota?
7. Spec. ad 3.

102. **Neophloga** H. BN[1]. — Flores (fere *Dypsidis*) monœci; masculorum sepalis orbicularibus concavis, imbricatis, ima basi connatis, ibi nonnihil carinatis. Petala 3, longiora acutata valvata. Stamina 6; filamentis apice introflexis; antheris ovato-oblongis apiculatis; loculis introrsum rimosis, haud liberis. Gynæcei rudimentum conico-pyramidatum. Floris fœminei in alabastro acute conoidei sepala brevia obtusa imbricata. Petala oblonga imbricata. Germen longe conicum asymmetricum, apice stigmatoso longe acutatum; ovulo 1, erecto; micropyle extrorsum infera. Staminodia minuta 2-6. Fructus « pisiformis ». — Humilis glabra; foliis pinnatisectis; segmentis lateralibus 8-10, oblique lanceolatis angustis, acutis v. parce præmorsis; terminalibus in laminam latiorem obtriangularem confluentibus; lobis acutatis, ad apicem præmorsis. Spadix laxe decompositeque ramosus; glomerulis in ramulis tertiariis 3-floris; bractea brevi lata adnata; flore intermedio fœmineo. Spathæ cæteraque *Dypsidis*. (*Madagascaria*[2].)

103. **Phlogella** H. BN[3]. — Flores fere *Neophlogæ* (v. *Dypsidis*) monœci; masculorum in alabastro asymmetrico-3-gonorum sepalis 3, valde inæqualibus arcte imbricatis. Petala 3, ovato-acuta longiora valvata. Stamina 6; antheris ovatis dorsifixis coalitis; loculis adnatis introrsis. Gynæcei rudimentum columnare, 3-gonum, apice leviter dilatato obtuse 3-gonum. Floris fœminei masculo multo minoris lateraliterque compressi sepala valde inæqualia imbricata. Gynæceum (inadultum) oblique ovoideum compressum... — Elata glabra; foliis amplis æqui-pinnatisectis; segmentis longe lineari-lanceolatis rigidis; costula prominula; marginibus basi recurvis. Spadices[4] decomposite ramosi; ramulis tertiariis glomeruligeris, apice nunc denudatis; bracteis brevibus latis recte sectis; flore intermedio fœmineo compresso; lateralibus masculis. Spathæ...? (*Ins. Comor.*[5])

104. **Phloga** NORONH.[6] — Flores (fere *Dypsidis*) monœci; masculorum sepalis orbicularibus v. cymbiformibus inæqualibus, membranaceis v. coriaceis, arcte imbricatis. Petala paulo longiora, suborbi-

1. In *Bull. Soc. Linn. Par.*, 1173.

2. Spec. 1. *N. Commersoniana* H. BN. — *Hyophorbe Commersoniana* MART., *Hist. nat. Palm.*, III, 154, 164, t. 143, 154. — *H. indica* MART., *loc. cit.* — K., *Enum.*, III, 176 (non GÆRTN., exclusisque synonymis).

3. In *Bull. Soc. Linn. Par.*, 1174.

4. V. spadicum fragmenta?

5. Spec. 1. *P. Humblotiana* H. BN.

6. In *Dup.-Th. Prodr. phytol.*, 2. — B. H., *Gen.*, III, 909, n. 57. — DR., *Pflanzenfam.*, 66. — H. BN, in *Bull. Soc. Linn. Par.*, 1173.

cularia v. ovato-elliptica coriacea crassa, breviter acutata, basi nunc incrassata connata, valvata. Stamina 6 : oppositipetala longiora; filamentis ima basi inter se et cum corolla connatis, cæterum liberis erectis crassiusculis; antherarum parvarum loculis brevibus in connectivo crassiusculo didymis obliquis, introrsum rimosis. Gynæcei rudimentum varie 3-merum. Floris fœminei perianthium ut in mare; petalis basi dilatata subauriculata tenuioribus imbricatis. Staminodia varia 3-6. Germen 3-loculare; stylis 3, erectis subulatis; loculis effœtis, angustis 2; tertio autem fertili gibbo. Ovulum subhorizontale ventrifixum hemitropum; micropyle extrorsum infera. Fructus oblongus; styli hinc subbasilaris ramis subulatis recurvis 3; pericarpio tenui carnoso. Semen conforme suberectum; albumine duro, extus radiato-ruminato; embryone subhorizontali dorsali.— Inermes fruticosæ; foliis pinnatisectis; segmentis varie fasciculatis; fasciculis suboppositis, alternis v. distantibus quaquaversis, nunc spurie verticillatis, linearibus angustis v. latioribus oblanceolatis acuminatis plurinerviis; rhachi teretiuscula gracili glabra v. varie furfuracea. Spadices interfoliacei decomposite ramosi; pedunculo compresso angulato; ramis gracilibus patentibus; glomerulis in axilla bractearum brevium squamiformium 3-floris; flore intermedio fœmineo minore compresso; lateralibus autem masculis 1, 2. Spathæ cæteraque *Dypsidis*. (*Madagascaria*[1].)

105? **Ravenea** Bouch.[2] — Flores diœci (v. polygami?); masculorum calycis basi carnosuli lobis ovato-acutis 3. Petala 3, longiora ovato-acuminata valvata, apice plus minus patentia. Stamina 6, subæqualia; filamentis brevibus subulatis, imo perianthio affixis; antherarum oblongarum basifixarum loculis inferne liberis, introrsum rimosis. Gynæcei rudimentum parvum, 3-fidum. Floris fœminei masculo subæqualis perianthium simile; petalis demum in fibras tenues solutis. Staminodia 3-6, ananthera v. anthera cassa donata (nunc 0). Germen longe lageniforme sessile, 3-loculare; loculis nunc effœtis 1, 2; styli lobis brevibus crassis sub-3-gonis recurvis. Ovulum in loculo quoque 1 (v. 0) descendens[3] obovoideum; funiculo obliquo brevi. Fructus « parvulus curvus; stylis subbasilaribus. Semen (mini-

1. Spec. 4, 5. Mart., *Hist. nat. Palm.*, III, 312 (*Dypsis*). — Bak., in *Journ. Linn. Soc.*, XXII, 527. — Becc., in *Journ. Linn. Soc.*, XXIX, 61.

2. In *Monatsb. Ver. Beford. Gartenb.* (1878), 197, 323, c. xyl., 324. — B. H., *Gen.*, III, 883. H. Bn, in *Bull. Soc. Linn. Par.*, 1186.

3. Germinis partem inferiorem v. usque ad medium altiorem occupans. Ovulorum insertio nunc certe ut in *Bot. Mag.* sita.

mum) ellipsoideum; albumine æquabili; embryone hilo proximo ». — Gracilis erecta inermis; foliis longe petiolatis; « primordialibus 2-fidis; costa in filum apice excurrente »; cæteris pinnatisectis; segmentis lineari-lanceolatis acuminatis; costa subtus paleacea. Spadices interfoliacei longe pedunculati simpliciter ramosi : masculi recurvi; ramis densifloris brevibus patentibus; fœminei autem erecti; rhachi longa; ramis longe subulatis strictis, apice gracilibus. Bracteæ minutæ acutæ; flore[1] axillari basi articulato. Spathæ 3, 4, tubulosæ persistentes. (*Ins. Comoræ*[2].)

106. **Caryota** L.[3] — Flores monœci; masculorum symmetricorum sepalis brevibus rotundatis coriaceis arcte imbricatis. Petala lineari- v. ovato-oblonga longiora crassa coriacea valvata. Stamina ∞, receptaculo convexiusculo inserta; filamentis brevissimis liberis erectis; antheris basifixis lineari-acutatis; loculis linearibus adnatis, basi liberis, introrsum rimosis. Floris fœminei masculo minoris sepala ovata v. orbicularia concava arcte imbricata. Petala rotundata coriacea, nunc basi connata imbricata. Staminodia 3-6 (v. 0). Germen 3-loculare; loculis sæpe haud evolutis 2; stylo brevi, 1-3-lobo. Ovulum in loculo fertili quoque 1, suberectum; micropyle extrorsum infera. Fructus[4] sphæricus, 1- v. rarius 2, 3-spermus, stylo coronatus; pericarpio coriaceo tenui stylo basilari. Semina subsphærica 1, v. 2, 3, plano-convexa v. sub-3-gona, erecta; rapheos ramis intra sulcos absconditis adscendentibus; albumine ruminato; embryone excentrico dorsali. — Monocarpicæ inermes; caudice elato robusto annulato, nunc sobolifero. Folia terminalia; coma sæpius elongata; bipinnatisecta; segmentis cuneatis, dimidiato-flabellatis, integris v. fissis, reduplicato-plicatis, antice præmorsis; costis nervisque flabellatis; petiolo ad basin subtereti; ligula brevi; vagina dorso carinata adque margines fibrosa. Spadices interfoliacei fastigiatim ramosi, deorsum evoluti, alternatim sæpe masculi fœmineive; pedunculo crasso brevique; ramis longis pendulis; bracteis bracteolisque sæpius brevibus; glomerulis in ramo

1. Masculo stramineo; fœmineo sæpius virescente.

2. Spec. 1. *R. Hildebrandtii* BOUCH. — LEME, in *Ill. hort.*, XXVII, 164, c. ic. — HOOK. F., in *Bot. Mag.*, t. 6776.

3. *Gen.*, ed. I, n. 891; ed. VI, n. 1228. — J., *Gen.*, 38. — LAMK, *Ill.*, t. 897. — GÆRTN., *Fruct.*, I, t. 7. — BL., *Rumphia*, II, 134; III, t. 162, 163. — ENDL., *Gen.*, n. 1705. — MART., *Hist. nat. Palm.*, III, 193, 315, t. 107, 108, 162. — K., *Enum.*, III, 198, 504. — DR., in *Bot. Zeit.* (1877), 638, t. 6, fig. 25, 26; *Pflanzenfam.*, 54, fig. 9, D; 43, 44. — B. H., *Gen.*, III 918, n. 73.

4. Cerasiformis, purpurascens; carne raphidibus prurientibus dite farcta.

alternis, 3-floris; flore[1] intermedio fœmineo v. nunc masculo. Spathæ incompletæ tubulosæ 3-5. (*Asia et Oceania trop.*[2])

107. **Saguerus** ADANS.[3] — Flores (fere *Arecæ*) monœci; masculorum regularium sepalis 3, rotundatis crassis, basi incrassata obtuse subcalcaratis, imbricatis. Petala 3, longiora oblonga crassa acuta valvata. Stamina ∞, receptaculo convexiusculo inserta; filamentis brevibus erectis; antheris basifixis erectis linearibus; loculis adnatis, nunc ima basi sagittata liberis, introrsum v. ad margines rimosis; connectivo ultra loculos in appendicem incurvam producto. Floris fœminei subsphærici sepala imbricata. Petala longiora crassiora ovata breviter acuminata, valvata, cum calyce sub fructu nonnihil aucta. Staminodia numero varia v. 0. Germen breviter obovoideum, vertice depressum, styli ramis conicis coronatum, 3-loculare; ovulis erectis anatropis; micropyle extrorsum infera. Fructus subsphæricus, obtuse 3-gonus apiceque breviter crasseque 3-lobus, vertice depresso styli vestigiis coronatus; pericarpio crasse carnoso[4]. Semina 2, 3, inæqui-obovoidea, dorso convexa, ventre plana[5] v. 2-facialia[6]; hilo basilari parvo; integumento lævi[7]; albumine corneo solido æquabili; embryone ad medium v. altius dorsali subtransverso. — Inermes[8]; caudice crasso cicatrisato, superne vaginis fibrosis vestito, nunc sobolifero. Folia terminalia inæqui-pinnatisecta; segmentis linearibus v. cuneatis petiolulatis, apice oblique fissis v. præmorsis, valide costulatis; nervis parallelis; marginibus basi recurvis, supra medium eroso-dentatis, hinc v. utrinque inferne auriculatis, subtus pallidis; petiolo plano-convexo, margine nunc spinescente; vagina brevi reticulato-fibrosa crinita. Spadices interfoliacei, deorsum evoluti; pedunculo decurvo, simpliciter ramoso;

1. Viridi v. purpurascente.

2. Spec. ad 12. PERS., *Syst.*, 1024; *Syn.*, II, 576. — GRIFF., in *Calc. Journ. Nat. Hist.*, V, 477; *Palms brit. Ind.*, 168, t. 236, A-C; App., 27. — MIQ., *Fl. ind. bat.*, III, 37; *Pl. Jungh.*, 159; *Anal. Bot. ind.*, I, 3; *Palm. Arch. ind.*, 7. — KURZ, *For. Fl.*, II, 530. — BENTH., *Fl. austral.*, VII, 144. — DR., in *Bot. Zeit.* (1877), 638, t. 6, fig. 25, 26. — HANCE, in *Trim. Journ.* (1879), 174. — BECC., *Males.*, I, 69; in *N. Giorn. bot. ital.*, III, 12. — WENDL. F. et DR., in *Linnæa*, XXXIX, 191. — BECC. et HOOK. F., *Fl. brit. Ind.*, VI, 422. — RIDL., in *Trans. Linn. Soc.*, ser. II, *Bot.*, III, 391. — *Bot. Mag.*, t. 5762. — WALP., *Ann.*, III, 466; V, 812.

3. *Fam. des pl.*, II, 24 (1763). — LINK, *Enum.*, II, 392. — ROXB., *Fl. ind.*, III, 626. — LINDL., *Veg. Kingd.*, 138. — BL., *Rumphia*, II, 124, t. 95, 123-125. — O. K., *Revis.*, 735. — *Arenga* LABILL., in *Mém. Inst. Par.*, IV (1804), 209 (*Areng*). — MART., *Hist. nat. Palm.*, III, 191, t. 108, 147, 148 (part.). — K., *Enum.*, III, 196. — B. H., *Gen.*, III, 917, n. 72. — DR., *Pflanzenfam.*, 54, fig. 43. — *Gomutus* SPRENG., *Gen.*, n. 2222.

4. Flavescente, rhaphidibus crebris prurientibus dite farcto.

5. Ubi 2.

6. Ubi 3.

7. Atrato v. fuscato.

8. Monocarpicæ?

ramis longis pendulis; floribus[1] in spadice eodem v. sæpius in spadicibus distinctis ad bracteam latam solitariis v. rarius 2, 3-nis; intermedio tum fœmineo; bracteolis latiusculis. Spathæ in pedunculo ∞, membranaceæ deciduæ. (*Asia et Oceania trop.*[2])

108. **Blancoa** Bl.[3] — Flores (fere *Sagueri*) monœci; masculorum regularium calyce breviter cupulari; lobis obtusis imbricatis. Petala[4] oblonga coriacea rigida striata valvata. Stamina ∞ (10-40); filamentis brevibus subulatis, basi 1-adelphis; antheris basifixis; loculis linearibus, utrinque liberis, introrsum rimosis. Floris fœminei masculo minoris subsphærici sepala brevia coriacea imbricata. Petala ovata brevia acutiuscula coriacea, valvata v. imbricata. Germen ovoideum v. depressum, 2, 3-loculare; styli terminalis lobis 3-gonis conniventibus. Ovulum in loculo quoque erectum 1; micropyle extrorsum infera. Fructus oblongus v. ovoideus, perianthio cupulari stipatus, baccatus v. coriaceus, intus fibrosus. Semina 2, v. sæpius 1, erecta loculumque implentia; integumento tenui; albumine copioso cartilagineo æquabili; embryone basilari. — Humiles[5]; caudicibus sæpe pluribus erectis. Folia terminalia inæqui-pinnatisecta; segmentis solitariis, v. inferioribus fasciculatis, e basi plus minus longe cuneata obovatis, oblongis v. oblanceolatis, sinuato-lobatis erosis, oblique terminali-cuneatis; marginibus basi recurvis; nervis flabellatis. Spadices interfoliacei crasse pedunculati; ramis crassiusculis; floribus aut in spadice eodem, aut in spadicibus diversis, bracteatis bracteolatisque. Spathæ vaginantes ∞. (*Indo-China, Malaisia*[6].)

109. **Wallichia** Roxb.[7] — Flores[8] (fere *Blancoæ*) monœci v. polygami; masculorum calyce tubuloso cylindraceo gamophyllo, apice

1. Flavo- v. fusco-viridulis v. purpurascentibus, majusculis.

2. Spec. 7, 8. Rumph., *Herb. amboin.*, I, t. 13. — Lour., *Fl. cochinch.*, 618 (*Borassus*). — Griff., in *Calc. Journ. Nat. Hist.*, V, 471; *Palms brit. Ind.*, 163, t. 235, A-D; App., XXVII. — Miq., *Fl. ind. bat.*, III, 34. — Kurz, *For. Fl.*, II, 533. — Benth., *Fl. austral.*, VII, 143. — Wendl. f. et Dr., in *Linnæa*, XXXIX, 219. — Dr., in *Bot. Zeit.* (1877), 638, t. 6, fig. 22-24. — Becc., *Males.*, I, 78; III, 92; in *Hook. f. Fl. brit. Ind.*, VI, 421. — Walp., *Ann.*, V, 812 (pleraque sub *Arenga*).

3. *Rumphia*, II, 128. — O. K., *Revis.*, 727 (non Lindl.). — *Didymosperma* Wendl. f. et Dr. — B. H., *Gen.*, III, 917, n. 71. — Dr., *Pflanzenfam.*, 54.

4. Nunc luride violacea.

5. Nunc basi surculosæ.

6. Spec. 7, 8. Mart., *Hist. nat. Palm.*, 190, t. 157, 315. — Bl., *loc. cit.*, t. 85, 95 (*Orania*). — Miq., *Fl. ind. bat.*, III, 32; *Pl. Jungh.*, 157 (*Wallichia*). — Griff., *Palms brit. Ind.*, 176, t. 238, A, B (*Harina*). — Becc., *Males.*, III, 96, 185 (*Didymosperma*); in *Hook. f. Fl. brit. Ind.*, VI, 420. — *Bot. Mag.*, t. 6836 (*Didymosperma*).

7. *Pl. corom.*, III, t. 295. — Mart., *Hist. nat. Palm.*, III, 189 (part.), 315. — K., *Enum.*, III, 193. — B. H., *Gen.*, III, 916, n. 70. — Dr., *Pflanzenfam.*, 55. — *Harina* Ham., in *Trans. Werner. Soc.*, V, 317. — *Wrightia* Roxb., *Fl. ind.*, III, 621 (non Soland., non R. Br.).

8. Flavescentes, mediocres.

truncato. Petala 3, nunc basi connata, longiora, oblonga coriacea valvata. Stamina 6, imæ corollæ affixa v. libera; filamentis subulatis; antheris lineari-oblongis basifixis obtusis; loculis basi liberis, introrsum rimosis. Gynæcei rudimentum subnullum (v. 0). Floris fœminei depresse-subsphærici sepala brevia coriacea obtusa concava imbricata. Petala 3, crasse coriacea, libera v. basi connata, brevia acuta valvata. Staminodia minuta pauca (v. 0). Germen depresse sphæricum, 2, 3-loculare, basi breviter contractum perianthioque immersum; styli lobis sessilibus brevibus subconicis. Ovula subbasilaria in loculis solitaria compressa; micropyle extrorsa. Fructus[1] perianthio stipatus ovoideus v. oblongus coriaceus. Semina 1, 2, plano-convexa oblonga; hilo basilari; integumento raphidis consperso; rapheos ramis flabellatis, extus arcuatis; albumine corneo; embryone dorsali suboperculato. — Humiles cæspitosæ; caudice erecto v. sæpius brevi sobolifero. Folia fasciculata v. terminalia, disticha, inæqui-pinnatisecta; segmentis basi cuneatis, solitariis v. fasciculatis eroso-dentatis; nervis flabellatis; petiolo lateraliter compresso; vagina brevi fissa adque margines crinita. Spadices interfoliacei sæpius 1-sexuales, simpliciter ramosi: masculi decurvi v. cernui ovoidei densiflori; fœminei autem laxiores erecti. Spathæ perplurimæ coriaceæ tenues: inferiores tubulosæ; superiores autem imbricatæ cymbiformes. (*India transganget. et mont.*[2])

110. **Orania** ZIPP.[3] — Flores monœci; masculorum subsymmetricorum calyce minuto, 3-fido. Petala 3, oblongo-lanceolata concava coriacea valvata. Stamina 3-6; filamentis subulatis crassiusculis; antheris lineari-oblongis erectis; loculis basi liberis, « extrorsum » rimosis. Gynæcei rudimentum conicum. Floris fœminei masculo crassioris calyx 3-fidus; lobis cuspidatis. Petala ovata valvata. Staminodia 3-6. Germen 3-gonum v. sub-3-lobum; styli ramis recurvis 3. Ovulum in loculis 1, descendens. Fructus sphæricus, 1-3-locularis; loculis sæpius abortivis 1, 2, cum stylo basilaribus; pericarpio carnoso- v. spongioso-fibroso; endocarpio crustaceo tenui.

1. Purpureus v. rufescens.

2. Spec. ad 3, 4. GRIFF., in *Calc. Journ. Nat. Hist.*, V, 482 (part.); *Palms brit. Ind.*, 174, 175, t. 237, A-C. — KURZ, *For. Fl.*, II, 531 (part.). — BRAND., *For. Fl.*, 549. — ANDERS., in *Journ. Linn. Soc.*, XI, 6. — MIQ., *Fl. ind. bat.*, III, 32 (part.). — BECC., in *Hook. f. Fl. brit. Ind.*, VI, 418. — *Bot. Mag.*, t. 4584.

3. In *Algm. Konst. en lett.-bode* (1829), 294. — MART., *Hist. nat. Palm.*, III, 186, t. 177, fig. 1. — BL., *Rumphia*, II, 115. — B. H., *Gen.*, III, 918, n. 74. — DR., *Pflanzenfam.*, 55. — *Araucasia* BL., *Præf.*, VIII, t. 119, 122. — *Macrocladus* GRIFF., in *Calc. Journ. Nat. Hist.*, V, 489; *Palms brit. Ind.*, 177, t. 239, A, B.

Semen sphæricum v. depressum; integumento exteriore spongioso cum endocarpio adhærente; hilo basilari; rapheos ramis reticulatis ∞; albumine æquabili, nunc cavo; embryone ad medium dorsum v. infra sito. — Elatæ inermes; caudice robusto annulato; foliis terminalibus æqui-pinnatisectis; segmentis linearibus, apice lobulatis v. laceris, subtus albido-lepidotis; marginibus recurvis; rhachi robusta dorso convexa facieque acuta; petiolo valido; vagina brevi aperta, marginibus fibrosa. Spadices interfoliacei longi, 2-plicato-ramosi; pedunculo crasso basique dilatata semilunari; ramis fastigiatis; glomerulis distichis, 3-floris; flore intermedio fœmineo, nunc solitario v. 0. Spathæ 2: inferior anceps brevis coriacea, apice pervia; superior autem clavato-fusiformis completa sublignosa cuspidata, longitudinaliter fissa. Bracteæ bracteolæque sæpe delitescentes. (*Arch. Malayan.*, *Papua*[1].)

111. **Chamædorea** W.[2] — Flores diœci v. raro monœci; masculorum calyce plus minus profunde cupulari, subintegro v. plus minus alte 3-lobo imbricato. Petala 3, longiora, libera v. plus minus alte connata valvata. Stamina 6, 2-seriata, imæ corollæ inserta v. libera, sæpius brevia, subulata v. complanata; antheris inclusis dorsifixis; loculis brevibus v. oblongis, basi liberis, introrsum rimosis. Gynæcei rudimentum majusculum, apice obtusum v. varie dilatatum, nunc parvum v. 0. Floris fœminei calyx (marium) imbricatus. Petala 3, brevia v. elongata, libera v. varie connata, valvata v. imbricata. Staminodia 3-6, minuta v. 0. Germen breve, 3-loculare; styli ramis crasse 3-gonis valvatis, v. longioribus tenuioribus recurvis. Ovulum in loculo quoque 1, erectum v. adscendens; micropyle extrorsum infera. Fructus parvi carpella 1-3, oblonga v. sphærica; styli reliquiis basilaribus; pericarpio carnoso v. coriaceo, raro intus parce fibroso. Semen erectum, sphæricum v. ellipsoideum; hilo basilari parvo; rapheos sæpe exsculptæ ramis haud v. parum conspicuis; albumine æquabili duro; embryone basilari v. dorsali. — Inermes, erectæ, procumbentes v. raro scandentes; caudicibus solitariis

1. Spec. 4, 5. MIQ., *Fl. ind. bat.*, III, 16; *Palm. Arch. ind.*, 4. — BECC., *Males.*, I, 76; in *Ann. Jard. Buitenz.*, II, 151, t. 13, 14; in *Hook. f. Fl. brit. Ind.*, VI, 423. — WALP., *Ann.*, V, 809.

2. *Spec.*, IV, 638. — MART., *Hist. nat. Palm.*, II, 3, t. 3; III, 157, 307, t. 126-138. — ENDL., *Gen.*, n. 1719. — K., *Enum.*, III, 170. — B. H., *Gen.*, III, 910, n. 59. — DR., *Pflanzenfam.*, 62, fig. 9; 50, A-D. — *Collinsia* LIEBM., in *Ov. K. dansk. Selsk. Forh.* (1858). — ŒRST., in *Vid. Medd. Nat. For. Kjob.* (1845). — *Stachyophorbe* LIEBM. — ŒRST., *loc. cit.*, t. 4. — KL., in *Allgem. Gartenz.* (1853), 363.

v. cæspitosis annulatis, sæpe arundinaceis. Folia simplicia, apice 2-fida, v. pinnatisecta; segmentis variis rectis v. arcuatis, acutis v. acuminatis, plicato-venosis, nunc basi callosis; marginibus inferne recurvis v. reduplicatis; petiolo vario; vagina subtubulosa brevi longave; ore obliquo. Spadices interfoliacei v. infrafoliacei, simplices v. varie ramosi pedunculati, laxi v. densi. Flores[1] in spadicibus diversis v. in eodem sessiles, exserti v. varie immersi; bracteis bracteolisque vix conspicuis v. 0. Spathæ 3-∞, vaginantes sæpiusque alternæ, membranaceæ v. coriaceæ, apice fissæ, nunc plus minus longe persistentes. (*America calid. utraque*[2].)

112. **Nunnezharoa** R. et PAV.[3] — Flores fere *Chamædoreæ* : masculi subsphærici; calyce breviter cupulari v. subplano, 3-dentato v. 3-partito. Corollæ obovoideo-sphæricæ vix stipitatæ lobi late ovati, apice liberi. Stamina 6, recta; antheræ loculis basi sejunctis. Gynæcei rudimentum apice 3-lobum. Floris fœminei corolla rotato-campanulata; tubo brevi; lobis ovato-acutis valvatis. Staminodia 6, hypogyna. Germen 3-loculare; styli lobis deltoideis. Fructus parce carnosus; seminis subsphærici albumine æquabili. Spadices sæpius ramosissimi crebriflori; cæteris *Chamædoreæ*. (*Peruvia et Columbia andin.*[4])

113? **Kunthia** H. B.[5] — Flores (*Chamædoreæ*) monœci v. nunc polygami; masculorum calyce 3-fido. Petala 3, ovato-oblonga carnosula. Stamina 6; filamentis basi leviter cohærentibus; antheris linearibus. Gynæcei rudimentum parvum. Floris fœminei « calyx campanulatus, 3-dentatus. Styli revoluti 3 ». Bacca parce carnosa. Cætera *Chamædoreæ*. — Mediocris[6]; caudice arundinaceo annulato. Folia pinnatisecta; segmentis ∞-jugis acuminatis. Spadices infrafoliacei

1. Parvi v. minimi.

2. JACQ., *H. schœnbr.*, II, t. 247, 248 (*Borassus*). — MART., *Palm. Orbign.*, 4, t. 6, fig. 1 (*Hyospathe*); 16, A, B. — WENDL. F., *Ind. Palm.*, 57; in *Bot. Zeit.* (1859), 29, 102; in *Bonplandia* (1862), 37; in *Gartenfl.* (1880), 101. — OTT., *Gartenz.* (1834), 145, 153, t. 6. — DR., in *Mart. Fl. bras.*, III, II, 527, t. 125. — HEMSL., *Bot. centr.-amer.*, III, 402. — *Bot. Mag.*, t. 4831, 4837, 4845, 6030, 6088 (*Nunnezharia*), 6584, 6838, 7205, 7265. — WALP., *Ann.*, V, 804, 834.

3. R. et PAV., *Prodr. Fl. per. et chil.*, 147, t. 31. — O. K., *Revis.*, 729 (part.). — *Morenia* R. et PAV., *loc. cit.*, 150, t. 32. — DR., *Pflanzenfam.*, 63.

4. Spec. ad 5. MART., *Hist. nat. Palm.*, III, 161, t. 140, 141; *Palm. Orbign.*, 16, t. 3; 16, C. — KARST., in *Linnæa*, XXVIII, 274; *Fl. columb.*, II, 135, t. 171. — TRAIL, in *Trim. Journ.* (1876), 331. — WENDL. F., *Ind. Palm.* (1854), 60. — *Bot. Mag.*, t. 5492. — WALP., *Ann.*, V, 836 (pleraque sub *Morenia* v. *Chamædorea*).

5. *Pl. æquin.*, II, 128, t. 122. — K., *Enum.*, III, 175. — MART., *Hist. nat. Palm.*, II, 163, t. 101, fig. 6, 7; III, 163, t. 142. — DR., *Pflanzenfam.*, 64.

6. « Sub-20-pedalis. »

subverticillati, simpliciter ramosi. Spathæ membranaceæ imbricatæ persistentes. (*Columbia, Brasilia*[1].)

114? **Gaussia** Wendl. f.[2] — Flores monœci : masculi ....? Sepala fœmineorum oblonga imbricata. « Petala late ovata valvata. » Germen ....? Fructus carpella 1-3, obovato-ellipsoidea, recta v. subarcuata, stylo basilari stipata ; pericarpio tenui carnosulo. Semen conforme erectum ; hilo basilari ; rapheos ramis arcuatis paucis ; albumine duro æquabili ; embryone ad basin parvo. — Mediocris inermis ; caudice inferne incrassato, superne attenuato. Folia pinnatisecta ; segmentis linearibus angustis acutis v. apice 2-fidis ; marginibus incrassatis, basi recurvis ; rhachi tomentosa, superne acuta. Spadices interfoliacei longe pedunculati, 2-plicatim ramosi ; floribus ad ramos glomerulatis ; glomerulis alterne distichis elongatis, 1-seriatis. Spathæ cylindraceæ plures coriaceæ fissæ pedunculum vaginantes. (*Cuba*[3].)

115. **Hyophorbe** Gærtn.[4] — Flores monœci ; sepalis 3, brevibus, basi connatis ibique nunc gibbis, imbricatis. Petala 3, longiora, basi connata v. sublibera crassiuscula, valvata. Stamina 6 (in flore fœmineo sterilia), basi 1-adelpha et corollæ adnata ; filamentis subulatis ; antherarum loculis liberis descendentibus, introrsum rimosis. Germen (in flore masculo subcylindraceum tenue) superum, ovoideo-3-quetrum ; styli brevis crassi ramis erectis late 3-gonis, intus stigmatosis. Ovula in loculis singulis solitaria, e funiculo adscendente descendentia ; micropyle extrorsum supera. Fructus carpella 2, v. sæpius 1, evoluta adscendentia subgynobasica ; stylo parvo lateraliter subbasilari ; recta v. arcuata, pyriformia v. oliviformia, baccata. Semen in carpello fertili adscendens, inferne ad hilum attenuatum ; rapheos ramis divaricato-furcatis adscendentibus ; albumine æquabili ; embryone infra subapicali. — Robustæ inermes ; caule annulato tereti v. interrupte incrassato ; foliis terminalibus spiraliter pinnatisectis ; pinnis lineari-acuminatis plicato-nervosis suboppositis ; vagina integra

1. Spec. 1. *K. montana* H. B. K., *Nov. gen. et spec.*, I, 303. — Dr., in *Mart. Fl. bras.*, III, II, 533. — ? *Morenia Lindeniana* Wendl. f., in *Bot. Zeit.* (1859), 17.

2. In *Gœtt. Nachr.* (1885), 327. — B. H., *Gen.*, III, 912, n. 61. — Dr., *Pflanzenfam.*, 64.

3. Spec. 1. *G. princeps* Wendl. f. et Griseb.

4. *Fruct.*, II, 186, t. 120. — Endl., *Gen.*, n. 1723. — K., *Enum.*, III, 175 (part.). — Mart., *Hist. nat. Palm.*, III, 164 (part.), 309, t. 143, fig. 1 ; 154. — B. H., *Gen.*, III, 912, n. 62. — Dr., *Pflanzenfam.*, 64. — *Sublimia* Commers., herb. (part.).

dilatata; spadicibus stipitatis ramosis; ramis patulis; spathis distichis imbricatis ∞; floribus[1] 1-seriatim cymulosis; fœmineis ad cymulæ basin paucis v. 1, ebracteatis. (*Ins. Mascaren.*[2])

116? **Pseudophœnix** WENDL. F. et DR.[3] — « Floris fœminei calyx parvus cupularis, tenuiter 3-dentatus. Petala[4] 3, obtusa refracta. Staminodia 6. Fructus stipitatus drupaceus[5], e carpellis sphæricis 1-3; stylorum vestigiis lateralibus, basilaribus v. in fructu lobato centralibus; epicarpio coriaceo; mesocarpio grumoso; endocarpio crustaceo subvitreo. Semen erectum liberum subsphæricum; hilo basilari; rapheos adscendentis ramis utrinque arcuatis 2, 3; albumine æquabili; embryone basilari. — Erecta[6] inermis; foliis abrupte pinnatisectis; segmentis crebris lineari-lanceolatis acuminatis duriusculis, basi valde plicatis. Spadix inter folia ramosus. (*Florida*[7].) »

117. **Synechanthus** WENDL. F.[8] — Flores (fere *Hyophorbes*) monœci; masculorum hemisphærico-3-gonorum calyce carnosulo cupulari, 3-lobo. Petala 3, late ovata, basi connata, valvata demumque patentia. Stamina 3-6, imæ corollæ affixa; filamentis subulatis brevibus; antheris ovoideo-subdidymis dorsifixis, introrsum ad margines rimosis. Gynæcei rudimentum subsphæricum. Floris fœminei masculo subæqualis hemisphærici calyx brevis (marium). Petala 3, orbicularia imbricata. Staminodia minuta 3 (v. 0). Germen subsphæricum, 3-loculare; stylo brevissimo minute 3-dentato. Ovula in loculis erecta; micropyle extrorsum infera. Fructus oliviformis; stylo basilari; pericarpio tenuiter carnoso-fibroso. Semen erectum conforme; hilo basilari; rapheos sigmoideæ ramis obscuris; albumine æquabili; embryone inferiore. — Inermes gregariæ graciles, sæpe stoloniferæ; foliis æquipinnatisectis; segmentis membranaceis acuminatis plicato-nervosis, sæpe interruptis; marginibus basi recurvis; rhachi intus carinata; petiolo intus canaliculato; vagina brevi aperta. Spadices interfoliacei

1. Pallide flavidis v. viridulis, parvis.

2. Spec. 3. SPACH, *Suit. à Buff.*, XII, 60 (part.). — WENDL. F., in *Ill. hort.*, XIII, t. 462, 463. — BALF. F., in *Bak. Fl. maurit.*, 382. — WALP., *Ann.*, III, 458; V, 806.

3. *Pflanzenfam.*, 64; *Gard. and For.* (1888), 352.

4. « Viridia. »

5. « Aurantiacus v. ruber. »

6. « *Oreodoxæ regiæ* habitu. »

7. Spec. 1. *P. Sargenti* WENDL. F. et DR. — *Rev. hort.* (1887), 34; (1888), 482; (1889), 574, fig. 140, 141. Dicitur genus *Gaussiæ* valde proximum.

8. In *Bot. Zeit.* (1858), 145. — B. H., *Gen.*, III, 912, n. 60. — DR., *Pflanzenfam.*, 64, fig. 17. — *Reineckia* KARST., in *Koch Woch.*, I, 349. — *Rathea* KARST., *loc. cit.*, I, 377; II, 15.

plures longe pedunculati, erecti, fructiferi mox nutantes; ramis gracillimis ancipiti-compressis; floribus in eis 1, 2-seriatim 1-pari-acervulatis; acervulis alternis elongatis, ebracteatis; flore acervulorum inferiore fœmineo; cæteris masculis. (*America centr.*, *Columbia*[1].)

118. **Reinhardtia** LIEBM.[2] — Flores (fere *Synechanthi*) monœci; masculorum in alabastro conoideorum sepalis 3, rotundatis concavis arcte imbricatis. Petala longiora ovato-acuta rigida valvata. Stamina 6-∞, imæ corollæ adnata; filamentis brevibus subulatis; antheris linearibus basifixis; loculis angustis, basi liberis, introrsum rimosis. Floris fœminei masculo minoris sepala ut in mare. Petala multo longiora, basi latiore leviter imbricata, apice longe acutato-acuminata rigida valvata. Germen pyramidato-3-gonum; stylo apice acutato, 3-lobo; lobis erectis conniventibus, introrsum stigmatosis. Ovula in loculis incompletis solitaria placentæ basilari adnata; micropyle extrorsum infera. Fructus oblongo-ellipsoideus, stylis apiculatus, 1-locularis; pericarpio fibroso-coriaceo; endocarpio tenui. Semen erectum; hilo basilari; raphe verticali exsculpta; ramis reticulatis; albumine ruminato; embryone basilari. — Inermes; caudice gracili stricto annulato. Folia æqui-pinnatisecta; segmentis crebris; v. simplicia apiceque 2-fida; segmentis integris acutis v. acuminatis, nunc grosse dentatis v. præmorsis; petiolo gracili; vagina reticulato-fibrosa. Spadices interfoliacei subdigitatim ramosi; floribus ad ramulorum areolas glomerulatis; intermedio fœmineo (v. 0); lateralibus masculis 1, 2; bracteis bracteolisque rigidis. Spathæ 1, 2, membranaceæ v. coriaceæ. (*Mexicum*, *America centr.*[3])

119. **Ceroxylon** H. B.[4] — Flores polygamo-monœci[5]; masculorum sepalis 3, parvis, basi connatis et cupulæ crassæ obconicæ insertis. Petala 3, multo longiora crassa, basi connata, superne anguste lanceolata acuminata, valvata. Stamina usque ad 15, sæpius 9, quorum

1. Spec 3. HEMSL., *Bot. centr.-amer.*, III, 407. — *Bot. Mag.*, t. 6572.

2. In *Overs. K. Dansk. Selsk. Kjob.* (1845), 99. — MART., *Hist. nat. Palm.*, III, 311. — B. H., *Gen.*, III, 906, n. 50. — DR., *Pflanzenfam.*, 64. — *Malortiea* WENDL. F., *Ind. Palm.*, 28; in *Bot. Zeit.* (1859), 5. — B. H., *loc. cit.*, n. 49.

3. Spec. ad 8. HEMSL., *Bot. centr.-amer.*, III, 402. — *Bot. Mag.*, t. 5247, 5291 (*Malortiea*). — WALP., *Ann.*, III, 419; V, 807.

4. *Pl. æquin.*, I, 1, t. 1, 1 b. — H. B. K., *Nov. gen. et spec.*, I, 307. — PERS., *Syn.*, II, 576. — RŒM., *Collect.*, 305. — ENDL., *Gen.*, n. 1733 (part.). — WENDL. F., in *Bonplandia* (1860), 106. — B. H., *Gen.*, III, 905, n. 47. — DR., *Pflanzenfam.*, 61, fig. 3; 48, J. — *Klopstockia* KARST., in *Linnæa*, XXVIII, 251; *Fl. columb.*, I, t. 1. — *Beethovenia* ENG., in *Linnæa*, XXXIII, 677, t. 3, fig. 4.

5. Fructus dicitur bacciformis, ruber v. violaceus, *Nuci avellanæ* æqualis.

alternipetala 3, corollæ sinubus inserta, et 6 per paria oppositipetala; filamentis brevibus subulatis, basi pyramidata incrassatis ibique inter se et cum corolla connatis; antherarum (magnarum) loculis subdidymis obtusis v. lineari-elongatis, ad margines rimosis; filamento imo loculorum sinu affixo. Gynæcei rudimentum sterile; germine nunc 3-loculari; ovulo rudimentario v. 0. Floris fœminei sepala basi incrassata connata. Petala carnosula, basi connata, valvata. Staminodia 6-∞, parva; antheris crassis. Germen 3-lobum; lobis vacuis 1, 2; stylo inter lobos brevi erecto; ramis stigmatosis crasse subulatis sulcatis recurvis. Ovula angulo loculorum interno inserta adscendentia; micropyle extrorsum infera. Fructus sphæricus v. 2-dymus; stylo subbasilari; pericarpio grumoso v. granulato; endocarpio tenui. Semen erectum; hilo basilari; rapheos ramis adscendentibus ramuloso-reticulatis; albumine æquabili; embryone basilari. — Elatæ inermes; caudice annulato, nunc ceram scatente. Folia terminalia æqui-pinnatisecta; segmentis longe ensiformibus acuminatis coriaceis, subtus lanuginosis; marginibus basi recurvis; vagina fibrosa. Spadices interfoliacei longi ramosissimi; ramulis flexuosis; floribus[1] ad nodos insertis, basi articulatis, minute bracteatis. Spathæ 3-5 : inferiores completæ coriaceæ sericeo-tomentosæ; fœmineæ autem longiores. (*Columbia*, *Venezuela*[2].)

120. **Juania** DR.[3] — Flores (fere *Ceroxyli*) diœci; masculi...? Fœmineorum calyx brevis, basi 3-gibba intrusus; lobis coriaceis breviter acuminatis, imbricatis. Petala 3, longiora, basi connata, coriacea striata breviter acuminata, imbricata. Staminodia 3-6, imæ corollæ affixa. Germen oblongo-conoideum, 3-loculare; loculis effœtis 2; styli brevis ramis stigmatosis recurvis 3. Ovulum adscendens. Fructus subsphæricus, stylis coronatus; exocarpio carnoso, apice conico duro; endocarpio subcrustaceo, intus subrugoso. Semen basilare sphæricum; raphe laterali ab hilo ad chalazam acutatam extenso, parce ramoso; albumine æquabili corneo; embryone subbasilari. — Gracilis inermis; foliis terminalibus pinnatisectis; segmentis longe ensiformibus acuminatis striatis, subtus argentatis, basi recurvis; petiolo gracili furfuraceo. Spadix fœmineus glaber, simpliciter v.

1. Mediocribus v. majusculis.

2. Spec. 4, 5. SPRENG., *Syst.*, II, 623 (*Iriartea*). — MART., *Hist. nat. Palm.*, III, 188 (*Iriartea*). — K., *Enum.*, III, 196, n. 7 (*Iriartea*). — DR., *Fl. bras.*, III, II, 545. — ENG., in *Linnæa*, XXXIII, 673 (*Klopstockia*). — WALP., *Ann.*, III, 464 (part.); V, 811 (part.), 840 (*Klopstockia*).

3. In *Bot. Zeit.* (1878), 189; *Pflanzenfam.*, 61. — B. H., *Gen.*, III, 905, n. 48.

subsimpliciter ramosus; rhachi valde compressa; ramis flexuosis; floribus fœmineis in ramo solitariis, breviter pedicellatis; spathis elongatis lanceolatis coriaceis furfuraceis. (*Ins. J. Fernandez*[1].)

121. **Wettinia** PŒPP.[2]—Flores monœci; masculorum assymetricorum sepalis 3-6, inæqualibus parvis, 3-angularibus crasse rigidis valvatis. Petala multo longiora lineari-subulata flexuosa dura crassiuscula, demum torta. Stamina 6-15; filamentis subulatis brevissimis; antheris oblongis (magnis) basifixis linearibus, 4-gonis, mucronatis, plus minus pilosis, lateraliter rimosis. Gynæcei rudimentum maximum. Floris fœminei masculo multo majoris sepala inæqualia, 3-angularia, basi dilatata. Petala late subulata multo longiora subflexuosa. Germen villosum, 3-lobum; lobis ovoideis erectis; stylo gynobasico gracili; ramis stigmatosis 3, lineari-lanceolatis flexuosis. Ovulum adscendens; micropyle infera. Fructus carpella mutua pressione obovoideo-obpyramidata, vertice convexo v. truncato villosa; styli vestigiis basilaribus; exocarpio quam endocarpium lignosum molliore. Semen erectum obovoideum; rapheos ramis ad summum semen adscendentibus complanatis; albumine æquabili v. parce ruminato; embryone basilari. — Elatæ graciles inermes; caudice annulato, radicum epigæarum cono compacto sustentato; foliis terminalibus paucis inæqui-pinnatisectis; segmentis basi cuneatis margineque recurvis, dein dimidiato-lanceolatis, plicato-nervosis præmorsis; rhachi obtuse 3-quetra, superne canaliculata; vagina elongata. Spadices infrafoliacei, 3-natim verticillati breves crassique, simplices v. ramosi : intermedius decurrens fœmineus; floribus in ramis dense spiraliter confertis bracteatis bracteolatisque; bracteolis inter flores fœmineos 3, 4. Spathæ ad 6: inferiores tubulosæ persistentes 3, masculæ inæqui-ruptæ; fœmineæ autem 2-labiatæ; superiores 3 fusiformes plus minus laceræ caducæ. (*Peruvia et Columbia andin.*[3])

122. **Catoblastus** WENDL. F.[4]— Flores (fere *Wettiniæ*) monœci;

1. Spec. 1. *J. australis* DR. — *Ceroxylon? australe* MART. — *Morenia Chonta* PHIL.

2. Ex ENDL., *Gen.*, n. 1715. — PŒPP. et ENDL., *Nov. gen. et spec.*, II, 39, t. 153, 154. — K., *Enum.*, III, 108, 589. — GAUDICH., *Voy. Bonite Bot.*, t. 15, fig. 7, 8. — MART., *Hist. nat. Palm.*, III, 304, t. 166, fig. 7. — WENDL. F., in *Bonplandia* (1860), 106. — B. H., *Gen.*, III, 902, n. 41. — DR., *Pflanzenfam.*, 61, fig. 48 A.

3. Spec. 3. SPRUCE, in *Journ. Linn. Soc.*, III, 194; IX, 128. — HEMSL., *Bot. centr.-amer.*, III, 401.

4. In *Bonplandia* (1862), 104, 106. — B. H., *Gen.*, III, 901, n. 40. — DR., *Pflanzenfam.*, 61, fig. 48, G^1, G^2.

masculorum asymmetricorum sepalis 3, ovato-3-angularibus parvis leviter imbricatis. Petala 3, angusta lanceolato-subulata flexuosa coriacea crassa valvata. Stamina 9-∞; filamentis brevibus; antheris (magnis) lineari-oblongis basifixis apiculatis, sub-4-gonis. Gynæcei rudimentum minutum. Floris fœminei masculo subæqualis sepala 3-angularia. Petala multo majora, 3-angularia coriacea, basi imbricata, apice acutato conniventia ibique subvalvata. Staminodia 3-6; antheris cassis. Germen 3-lobum; lobis subsphæricis stellatim patentibus pubentibus; effœtis 1, 2; styli brevis ramis 3, crassis longis obtusis, intus canaliculatis. Ovulum in loculis fertilibus erectum; micropyle extrorsa. Fructus carpella 1-3, oblonga, rugulosa v. puberula; stylo basilari; pericarpio grumoso. Semen erectum conforme; hilo basilari; rapheos ramis adscendentibus reticulatis; albumine æquabili v. parce ruminato; embryone basilari. — Elatæ v. mediocres inermes; caudice gracili annulato; radicibus aeriis. Folia terminalia inæqui-pinnatisecta; segmentis dimidiato-lanceolatis, basi cuneatis adque margines recurvis, oblique præmorsis; vagina longa. Spadices infrafoliacei breves subverticillati simpliciter ramosi: masculi cum fœmineis mixti; floribus ad ramos spiraliter dispositis; masculis solitariis v. 2-nis; fœmineis solitariis, bracteatis bracteolatisque. Spathæ plures dissimiles : inferiores compressæ, 2-carinatæ; superiores autem longiores immarginatæ, 2-labiatæ. Cætera *Wettiniæ*. (*America austr. trop.*[1])

123. **Iriartea** R. et PAV.[2] — Flores (fere *Catoblasti*) monœci; masculorum sepalis brevibus, basi rotundata gibbis, imbricatis. Petala multo longiora crassioraque, ovoidea v. oblonga valvata. Stamina 6-∞; filamentis brevibus erectis, ima basi inter se et cum petalorum basi crassa connatis; antheris erectis basifixis sub-4-gonis, ad margines v. introrsum rimosis. Gynæcei rudimentum parvum (v. 0). Floris fœminei masculo minoris, sæpius ovoidei, sepala 3, orbicularia late imbricata. Petala subæqualia v. paulo longiora concava, arcte imbricata tortave. Staminodia ∞ (v. 0). Germen 3-loculare; loculis effœtis 2; styli brevis crassi lobis stigmatosis brevibus obtusis. Ovulum adscendens v. suberectum. Fructus oblongus, depressus v. ellipsoi-

1. Spec. 3. KARST., *Fl. columb.*, I, 163, t. 81 (*Iriartea*). — TRAIL, in *Trim. Journ.* (1876), 332 (*Iriartea*). — DR., *Fl. bras.*, III, II, 541, t. 127, fig. 2. Genus *Iriarteam* cum *Wettinia* nonnihil connectens.

2. *Prodr. Fl. per. et chil.*, 149, t. 32; *Syst.*, 298. — MART., *Hist. nat. Palm.*, 35, t. 35, 36. — ENDL., *Gen.*, n. 1733. — B. H., *Gen.*, III, 960, n. 36. — DR., *Pflanzenfam.*, 60, fig. 13; 48, B-E.

deus, stylo apicali v. subapicali coronatus. Semen sphæricum v. oblongum 1 (rarius 2); rapheos ramis adscendentibus reticulatis; albumine æquabili v. extus parce ruminato; embryone basilari, dorsali v. subapicali. — Inermes elatæ; caudice sæpe annulato cylindraceo v. ventricoso, inferne ramis epigeis sustentato. Folia terminalia pauca, æqui- v. inæqui-pinnaiisecta; segmentis sæpius quaquaversis, cuneatis, flabellatis, integris, fissis v. laciniatis, plicato-nervosis. Spadices 1-3, infrafoliacei, simpliciter v. fasciculatim ramosi; glomerulis spiraliter dispositis, 2, 3-floris; flore intermedio fœmineo (v. 0); lateralibus masculis. Spathæ plures v. ∞: inferiores minores sæpe incompletæ; superiores autem completæ v. omnes deciduæ[1]. (*America trop.*[2])

124. **Geonoma** W.[3] — Flores monœci v. diœci; masculorum perianthio nunc asymmetrico. Sepala ovato- v. obovato-oblonga carinata imbricata. Petala oblonga v. obovata, libera v. basi connata, valvata. Stamina 6, 1-adelpha; tubo cylindraceo v. urceolato; antheris exsertis introflexis demumque retroflexis; loculis inferne discretis v. pendulis divaricatis, introrsum rimosis[4]. Gynæcei rudimentum parvum v. 0. Flores fœminei sæpius majores compressi; sepalis ovato- v. oblongo-lanceolatis imbricatis; extimis carinatis. Petala basi connata imbricata. Androcæum rudimentarium urceolatum dentatum. Germen 3-loculare; loculis sæpe rudimentariis v. effœtis 2; stylo elongato centrali v. sæpius basilari v. laterali, apice nunc dila-

1. Sectiones in genere sunt, præter *Euiriarteam* Dr.:

Deckeria Karst., in *Linnæa*, XXVIII, 258; *Fl. columb.*, 107, t. 53; staminibus ad 15; embryone dorsali;

Socratea Karst., in *Linnæa*, XXVIII, 263. — B. H., *Gen.*, III, 900, n. 37; staminibus ∞; stylo in fructu subterminali; embryone inferne subterminali;

Dictyocaryum Wendl. f., in *Bot. Zeit.* (1865), 131. — B. H., *Gen.*, III, 901, n. 38; staminibus 6; stylo ad fructum subbasilari; embryone basilari;

Iriartella Wendl. f., in *Bonplandia* (1862), 106. — B. H., *Gen.*, III, 901, n. 39; staminibus ad 15; stylo ad fructum basilari; embryone ad basin subterminali; foliorum segmentis haud quaquaversis.

2. Spec. ad 12. Mart., *Palm. Orbign.*, 14, 18, t. 5, fig. 3; t. 12, 19; t. 20, A, fig. 7 (*Dictyocaryum*). — Karst., in *Linnæa*, XXVIII, 259 (*Deckeria*); *Fl. columb.*, 109, t. 54 (*Socratea*). — Dr., in *Mart. Fl. bras.*, III, II, 536, t. 127. — Wall., *Palm.-tr. Amaz.*, t. 15. — Wendl. f., in *Bonplandia* (1860), 102, 106. — Spruce, in *Journ. Linn. Soc.*, XI, 132. — Trail, in *Trim. Journ.* (1877), 130 (*Socratea, Iriartella*). — Œrst., in *Vidd. Medd. Nat. For. Kjob.* (1858), 30. — Hemsl., *Bot. centr.-amer.*, III, 401 (*Socratea*). — Barb.-Rodr., *En. Palm. nov.* (1875), 13; *Les Palm.* (1882), App., t. 2. — Walp., *Ann.*, V, 810, 837; 838 (*Socratea*), 839 (*Deckeria*).

3. In *Mem. Acad. Berl.* (1804), 37; *Spec.*, IV (1805), 593. — Spreng., *Syst.*, II, 18; *Gen.*, I, 250; *Anleit.*, II, I, 202. — Mart., *Hist. nat. Palm.*, II, 6, t. 4-12, 14-20; III, 316. — K., *Enum.*, III, 228. — Endl., *Gen.*, n. 1751. — B. H., *Gen.*, III, 913, n. 64. — Dr., *Pflanzenfam.*, 59, fig. 5; 14, H; 46, A-D; 47. — *Gynestum* Poit., in *Mém. Mus.*, IX (1822), 387, t. 16-20. — Turp., in *Dict. sc. nat.*, Atl., t. 156.

4. Sæpe pallidis, nunc demum tortis.

tato; ramis stigmatosis exsertis recurvis 3. Ovulum laterale peltatum v. subbasilare adscendens. Fructus[1] subsphæricus; stylo v. ejus cicatrice hinc basilari; pericarpio carnoso, subspongioso, coriaceo v. crustaceo, intus parce v. haud fibroso. Semen conforme erectum; hilo basilari; raphe nunc exsculpta semen cingente, obscura v. haud ramosa; albumine æquabili; embryone dorsali v. subbasilari. — Graciles inermes; caudice arundinaceo annulato, nunc gemmifero. Folia alterna v. terminalia; limbo integro, obsagittato-2-fido v. varie pinnatisecto; segmentis acuminatis, basi recurvis; rhachi dorso convexa ventreque acuta; petiolo basi concavo; vagina varia subtubulosa. Spadices[2] axillares, infrafoliacei v. intrafoliacei, simplices, composite v. decomposite ramosi; floribus in cavis ramulorum spiraliter dispositis immersis bracteatis bracteolatisque, in cavo quoque 1-3, nunc demum semiexsertis; fœmineo intermedio (v. 0). Spathæ 2, cito sæpius deciduæ : inferior concava truncata incompleta; superior autem sæpius compressa v. subfusiformis. (*America trop.*[3])

125. **Asterogyne** Wendl. f.[4] — Flores (fere *Geonomæ*) monœci v. diœci; masculorum asymmetricorum sepalis glumaceis carinatis inæqualibus imbricatis. Petala concava glumacea subvalvata. Stamina 6, summo receptaculo ultra perianthium producto longe obconico inserta; filamentis basi connatis; antherarum loculis discretis pendulis, demum divaricatis v. adscendentibus, introrsum rimosis. Gynæcei rudimentum centrale minute 3-lobum. Floris fœminei angulato-compressi sepala inæqualia imbricata; extimis carinatis. Corollæ lobi 3, imbricati, recurvi; tubo demum supra basin circumcisso. Staminodia in cupulam urceolatam connata. Germen 3-loculare; loculis effœtis 2; styli longi apicalis ramis exsertis 3. « Fructus rectus v. decurvus oblongus, utrinque attenuatus; styli cicatrice basilari; pericarpio succoso, intus fibroso. Semen erectum oblongum; hilo basilari; rapheos ramis semen circumcingentibus; albumine æquabili. » — Inermes; caudicibus gracilibus dense annulatis. Folia

1. Sæpe pisiformis, nigrescens.

2. Nunc colorati.

3. Spec. 80-90. Aubl., *Pl. Guian.*, II, App., 99 (*Vouay*, nom. gener. ?). — Mart., *Palm. Orbign.*, 21, t. 11, 12, 22, 23. — Œrst., *Palm. centr.-amer.*, in *Vid. Medd. Nat. For. Kjob.* (1858), 32. — Wendl. f., in *Linnæa*, XXVIII, 333 (part.). — Wall., *Palm.-tr. Amaz.*, 62, t. 23-25. — Karst., in *Linnæa*, XXVIII, 409. — Griseb., *Fl. brit. W.-Ind.*, 517. — Barb.-Rodr., *En. Palm. nov.* (1875), 9; *Les Palm.* (1882), 36, 42, t. 4; *Vellos.*, I, 91. — Hemsl., *Bot. centr.-amer.*, III, 408. — Trail, in *Trim. Journ.* (1876), 323, t. 183, fig. 1; (1877), 129. — ? *Bot. Mag.*, t. 5782. — Walp., *Ann.*, III, 467, 813, 841.

4. Ex B. H., *Gen.*, III, 914, n. 65. — Dr., *Pflanzenfam.*, 59, fig. 46, E-H.

simplicia, 2-fida, varie fissa v. fenestrata; segmentis plicato-nervosis; petiolo superne concavo. Spadices interfoliacei, simpliciter v. 2-plicatim ramosi; ramis rigidis; floribus in cavis spiraliter dispositis, primum immersis, demum semi-emersis, bracteatis, 1, 2-bracteolatis, in cavo quoque solitariis v. inæqualibus 2-nis. Spathæ cæteraque *Geonomæ*. (*America centr.*[1])

126. **Calyptrogyne** WENDL. F.[2] — Flores monœci; masculorum subsymmetricorum sepalis oblongo-lanceolatis glumaceis, quorum 2, 3 dorso carinata v. alata; præfloratione imbricata. Petala receptaculo ultra calycem in stipitem cylindraceum v. obconicum producto inserta, ovata v. spathulata, valvata. Stamina 6; filamentis 1-adelphis, apice liberis primumque introflexis, demum erectis; antherarum sagittatarum basifixarum connectivo ultra loculos late producto apiceque mucronato. Gynæcei rudimentum minutum. Floris fœminei masculo subæqualis compresso-ovoidei sepala dissimilia concava v. cymbiformia dorsoque carinata v. alata 2. Petala brevia valvata, dorso carinata v. anguste alata, basi plus minus alte in tubum demum circumcissum connata, valvata. Staminodia in saccum conicum membranaceum 6-dentatum germen superantem demumque calyptratim deciduum connata. Germen conicum, 3-loculare; loculis effœtis 2; styli brevis v. elongati terminalis ramis stigmatosis acutatis, demum recurvis. Ovulum fertile 1, hemitropum parietale. Fructus ovoideus v. oblongus; stylo basilari; pericarpio lævi carnoso-fibroso; endocarpio tenui. Semen conforme compressum; hilo basilari; raphe semen circumcingente; albumine æquabili; embryone basilari. — Inermes, nunc stoloniferæ; caudice longo v. rarius brevi, basi annulato. Folia terminalia inæqui-pinnatisecta; segmentis angustis v. latis falcatis, longe acuminatis, ∞-nervibus; marginibus basi recurvis; petiolo brevi; vagina brevi crassa aperta. Spadices interfoliacei simplices v. semel ramosi; glomerulis in ramorum alveolis profundis spiraliter dispositis, 1-3-floris; flore intermedio fœmineo (v. 0); lateralibus masculis. Spathæ angustæ 2: inferior pedunculo longo multo brevior, apice fissa; superior autem elongata aque basi ad apicem fissa; bractea alveolæ labium inferius marginante; bracteolis minoribus. (*America trop.*[3])

1. Spec. 2, 3, incl. *Geonoma Martiana* hort.
2. In *Bot. Zeit.* (1859), 72. — B. H., *Gen.*, III, 914, n. 66 (part.). — DR., *Pflanzenfam.*, 59, fig. 46, J.
3. Spec. 3. MART., *Hist. nat. Palm.*, II, 137, t. 13 (*Geonoma*). — TRAIL, in *Trim. Journ.* (1876), 330, t. 112, fig. 3. Genus forte melius ad *Geonomæ* sectionem reducendum.

127? **Calyptronoma** GRISEB.[1] — Flores (fere *Calyptrogynes*) monœci, 6-andri; « antherarum loculis nisi basi cohærentibus. Germinis loculi 3; effœtis 1, 2; stylo excentrico. Fructus subangulatus 1-spermus, nunc oblique oblongo-turbinatus; pericarpio intus dense fibroso. Staminodia in discum spurium connata. — Inermes; foliis æquipinnatisectis; segmentis basi profunde reduplicatis, apice 2-fidis. Spadices 3-partiti; ramis longis crassis, basi floriferis; spathis rigidis coriaceis. (*Antillæ, America trop. austr.*[2]) »

128. **Welfia** WENDL. F.[3] — Flores monœci; masculorum asymmetricorum sepalis lanceolatis concavis carinatis imbricatis. Petala late ovata obtusa, basi in columnam cylindraceam connata, valvata. Stamina ∞, inclusa; filamentis in columnam cylindraceam connatis, apice libero subulatis; antheris elongato-subulatis acuminatis, basi breviter 2-loba affixis. Gynæcei rudimentum minimum, 3-fidum v. 0. Floris fœminei masculo subæqualis compressi sepala cymbiformi-lanceolata acuminata imbricata. Petala multo majora imbricata : lateralia 2, cymbiformia alato-carinata; dorsale autem angustius planiusculum. Staminodia circa germen in urceolum conicum compressum apiceque dentatum connata; dentibus obtusis valvatis, demum patulis. Germen conico-subulatum, 3-loculare; styli lobis erectis sessilibus conniventibus. Ovulum basilare erectum elongatum. Fructus[4] oblongus compressus, apicem versus acutum complanatus anceps; stylo basilari; pericarpio crasse-coriaceo[5], intus fibroso; endocarpio crustaceo, intus lævi. Semen cylindraceo-oblongum; hilo laterali elongato; rapheos semen cingentis ramis descendentibus paucis; albumine æquabili; embryone basilari. — Inermes; caudice elato crasse arundinaceo. Folia terminalia pinnatisecta; segmentis basi angustatis, apice integris v. acuminatis fissis, coriaceis plicatis; marginibus basi recurvis; petiolo brevi planiusculo; vagina brevi fissa. Spadices interfoliacei simpliciter ramosi crassi penduli. Flores[6] in cavis profundis hiantibus 6-stiche dispositi, 3-ni; intermedio fœmineo. Bracteæ labio superiori adnatæ linguiformes crasse coria-

1. *Fl. brit. W.-Ind.*, 518. — DR., *Pflanzenfam.*, 59. — TRAIL, in *Trim. Journ.* (1876), 330, t. 183, fig. 3. — *Pholidostachys* WENDL. F., ex B. H., *Gen.*, III, 915.

2. Spec. 4. SW., *Fl. ind. occid.*, I, 619 (*Elæis?*). — K., *Enum.*, III, 281 (*Elæis?*). — GRISEB., *Cat. pl. cub.*, 222. — HEMSL., *Bot. centr.-amer.*, III, 410 (*Pholidostachys*). — DR., in *Mart. Fl. bras.*, III, II, 511, t. 122.

3. Ex B. H., *Gen.*, III, 915, n. 67.

4. « Atro-violaceus, 2-pollicaris. »

5. « Castaneo, lævi. »

6. « Pallide ochroleucis, majusculis; perianthio glumaceo. »

ceæ, cavum claudentes, demum protrusæ. Bracteolæ 2. (*America centr.*[1]) »

129. **Manicaria** GÆRTN.[2] — Flores monœci; masculorum oblongorum receptaculo conico. Sepala 3, brevia rotundata concava crassa coriacea, marginibus scariosa, imbricata. Petala longiora oblonga crasse coriacea valvata. Stamina 20-30, erecta; filamentis subulatis, basi inæqui-connatis; antheris linearibus erectis, apice emarginatis; loculis angustis, basi sagittata longe liberis, introrsum rimosis. Floris fœminei sæpe majoris, in alabastro minus conspicue 3-goni, perianthium fere ut in mare. Staminodia hypogyna 6-∞, inæqui-linearia. Germen subsphæricum v. 3-gonum, 3-loculare; styli lobis stigmatosis sessilibus, sub-3-gonis, demum patentibus. Ovula in loculis adscendentia incomplete anatropa. Fructus subsphæricus, 1-spermus, v. depresse 2, 3-lobus, 2, 3-spermus, stylo coronatus; exocarpio corticato suberoso angulato-echinato; endocarpio crustaceo, intus fibroso basique oblique pervio. Semina adscendentia; integumento durissimo; rapheos ramis reticulatis semenque amplectentibus; albumine æquabili cavo corneo; embryone subbasilari. — Robustæ inermes; caudice arcuato v. flexuoso mediocri annulato vaginisque vetustis induto. Folia (maxima) terminalia suberecta rigida lanceolata plicato-nervosa demumque pinnatisecta, serrata; costis crassis; nervis tenuibus; rhachi canaliculata; petiolo compresso; vagina fissa ad margines fibrosa. Spadices plures tomentosi; ramis strictis foveolatis, demum nutantibus. Spathæ 2 : superior tereti-fusiformis mucronata fibrosa tardeque rupta. Bracteæ subulatæ. Bracteolæ parum conspicuæ. Flores[3] in spadice eodem interfoliaceo simpliciterque ramoso cavis ramorum spiralibus basi immersi; masculis superioribus in ramis confertis; fœmineis inferioribus sparsis. (*America austr. trop.*[4])

139. **Leopoldinia** MART.[5] — Flores monœci; masculorum sepalis

1. Spec. 2. HEMSL., *Bot. centr.-amer.*, III, 410.

2. *Fruct.*, II, 468, t. 176. — LAMK, *Ill.*, t. 774. — MART., *Hist. nat. Palm.*, II, 139, t. 98, 99; III, 230. — ENDL., *Gen.*, n. 1752. — K., *Enum.*, III, 234. — B. H., *Gen.*, III, 919, n. 76. — DR., *Pflanzenfam.*, 58. — *Pilophora* JACQ., *Fragm.*, 32, t. 35, fig. B, G; 36.

3. Majusculi, graveolentes, roseo-ochroleuci.

4. Spec. 2, 3. W., in *Berl. Akad. Abh.* (1815). 1 (*Pilophora*).— GRISEB., *Fl. brit. W.-Ind.*, 518. — TRAIL, in *Trim. Journ.* (1876), 332. — WALL., *Palm.-tr. Amaz.*, 68, t. 2, fig. 2, 3; t. 26. — DR., *Fl. bras.*, III, II, 518, t. 124; t. phys. 40.

5. *Hist. nat. Palm.*, II, 58, t. 52, 53; 100, fig. 1, 2; III, 165. — K., *Enum.*, III, 176. — ENDL., *Gen.*, n. 1724. — B. H., *Gen.*, III, 920, n. 77. — DR., *Pflanzenfam.*, 58.

ovatis v. orbicularibus membranaceis imbricatis. Petala receptaculo ultra calycem producto ibique breviter obpyramidato inserta 3, ovata rigida valvata. Stamina 6; filamentis subulatis, ima basi inter se et cum corolla connatis; antheris brevibus ovatis v. didymis, ad basin dorsifixis; loculis basi liberis, introrsum rimosis. Gynæcei rudimentum ovoideum, nunc 3-corne. Floris fœminei masculo majoris sepala brevia lata imbricata. Petala longiora ovata imbricata. Staminodia minuta v. 0. Germen subturbinatum, 3-loculare; loculis effœtis 2; styli lobis stigmatosis sessilibus excentricis 3. Ovulum adscendens; micropyle infera. Fructus inæqui-ovoideus v. subsphæricus, hinc gibbus; stylis demum basilaribus; pericarpio carnoso, intus fibroso-lignoso. Semen suberectum sphæricum; hilo basilari; albumine æquabili corneo; embryone subbasilari v. suprabasilari. — Inermes; caudicibus solitariis v. cæspitosis, petiolorum vetustorum fibrillis obtectis. Folia terminalia longe petiolata, æqui-pinnatisecta; segmentis angustis acuminatis v. inæqui-2-fidis; petiolo ad margines attenuato; vagina fissa longe reticulato-fibrillosa. Spadices interfoliacei decomposite racemosi, penduli, sæpe tomentelli; ramis ramulisque divaricatis; floribus[1] in spadice 1-sexualibus, v. masculis superioribus, bracteatis. Spathæ truncato-laceræ caducæ 2. (*Brasilia bor.*[2])

131. **Bentinckia** BERR.[3] — Flores polygami; masculorum subsymmetricorum sepalis latis ovato-oblongis, basi connatis, imbricatis. Petala 3, longiora, receptaculo ultra calycem producto inserta valvata. Stamina 6; filamentis gracilibus, apice inflexis; antheris dorsifixis oblongis versatilibus, introrsum rimosis. Gynæcei rudimentum conicum. Floris fœminei ovoidei sepala basi connata ovata imbricata. Petala longiora ovata imbricata. Staminodia parva 6. Germen pyramidato-3-gonum, stylo coronatum; lobis parvis 3-gonis. Ovulum in loculo fertili 1; loculis effœtis 2. Fructus sphæricus subcompressus; stylo protruso subbasilari; pericarpio carnoso-fibroso; endocarpio crustaceo. Semen ventrifixum, late sinuato-sulcatum; rapheos ramis adscendentibus deinque descendentibus reticulatis; albumine æquabili; embryone basilari. — Inermes; caudice arundi-

1. Minutis v. minimis.

2. Spec. 4. SPRUCE, in *Journ. Linn. Soc.*, IV, 58; *Palm. Amaz.*, 127. — WALL., *Palm.-tr. Amaz.*, 12, t. 2, fig. 6; 4-6. — DR., *Fl. bras.*, III, II, 513, t. 123. — WALP., *Ann.*, V, 806. —

3. In *Roxb. Fl. ind.*, III, 621. — MART., *Hist. nat. Palm.*, III, 165, 228, t. 139. — ENDL., *Gen.*, n. 1749. — K., *Enum.*, III, 227. — B. H., *Gen.*, III, 916, n. 69. — DR., *Pflanzenfam.*, 58. — *Keppleria* MART., ex ENDL., *Gen.*, 251.

naceo mediocri; foliis terminalibus æqui-pinnatisectis; segmentis angustis longe acuminatis inque lacinias graciles fissis; marginibus basi recurvis. Spadices interfoliacei erecto-patentes, 2-plicato-ramosi; glomerulis in ramorum cavis spiraliter dispositis, 1-3-floris, bracteatis et bracteolatis; flore intermedio fœmineo[1] v. 0; masculis[2] lateralibus 1, 2, perfectis v. ad squamas ciliatas reductis. Spathæ 2 : inferior brevis incompleta papyracea; superior autem sub apice 2-fida. Bracteola cum bracteolis squamiformibus cavorum os 2-labiatum marginans. (*India or.*[3])

132. **Podococcus** MANN et WENDL. F.[4] — Flores monœci; masculorum sepalis 3, oblongis membranaceis, leviter imbricatis. Sepala multo longiora, basi cuneata in pedem obconicum connata, coriacea rigida valvata. Stamina 6 : oppositipetala longiora; filamentis summo pedi insertis, e basi dilatata subulatis; antheris brevibus ad basin dorsifixis; loculis parallelis linearibus, introrsum rimosis. Gynæcei rudimentum centrale obovoideum, apice 3-lobulatum. Floris fœminei oblongi sepala 3, oblonga membranacea imbricata. Petala ut in flore masculo inferne connata ovato-acuta, valvata v. leviter imbricata. Staminodia minima 6. Germen stipitatum, 3-loculare; styli terminalis erecti brevissimi lobis stigmatosis parvis recurvis. Ovulum in loculo quoque sub apice affixum, primum descendens, quorum 1, 2 sæpe haud evoluta. Fructus carpella 3, quorum magis evolutum 1, oblongo-cylindraceum v. subclavatum baccatum intusque parce fibrosum, e summo stipite geniculato-deflexum; cæteris sæpius minoribus 1, 2, v. plerumque minimis; stylo basilari inter carpella persistente. Semen maturum adscendens elongatum; rapheos ramis adscendentibus superneque reticulatis; albumine duro æquabili; embryone parvo ad medium dorsali. — Humilis inermis rufescenti-furfuraceus; caudicibus brevibus arundinaceis annulatis; foliis basilaribus v. alternis, aut inferioribus simplicibus, aut superioribus inæqui-pinnatisectis; segmentis 1-10, rhombeo-lanceolatis v. obovatis plurinerviis, supra medium lobulatis v. eroso-dentatis; superioribus nunc varie

1. Violacео.
2. Coccineis.
3. Spec. prototyp. 1. *B. Coddapanna* BERR. — GRIFF., in *Calc. Journ. Nat. Hist.*, V, 467; *Palms brit. Ind.*, 160; App., 26. — WIGHT, in *Madr. Journ.*, II, 385. — HOOK. F., *Fl. brit. Ind.*, VI, 418. Additur ab auctoribus recentioribus species hucusque incomplete nota, scil. *B. nicobarica* BECC., in *Ann. Jard. Buitenz.*, II, 165, quæ *Orania nicobarica* KURZ, in *Journ. Bot.* (1875), 331, t. 171, fig. 19-25.
4. In *Trans. Linn. Soc.*, XXIV, 426, t. 38, A; 40, B; 43, A. — B. H., *Gen.*, III, 915, n. 68. — DR., *Pflanzenfam.*, 57.

confluentibus; petiolo tereti; vagina fissa. Spadices interfoliacei simplices pedunculati; glomerulis 2, 3-floris; flore intermedio fœmineo v. 0; lateralibus masculis. Bracteæ bracteolæque minutæ spadici adnatæ fossulamque floriferam efformantes. Spathæ ad 4, tubulosæ marcescentes : inferiores incompletæ 2; superiores autem oblique dehiscentes fissæque[1]. (*Africa trop. occid.*)

133. **Sclerosperma** MANN et WENDL. F.[2] — Flores monœci; masculorum asymmetricorum sepalis 3, liberis v. basi connatis, imbricatis. Petala 3, forma varia, libera v. basi connata, coriacea valvata, apice incurva. Stamina 20-30; filamentis fasciculatis brevibus; antheris angustis erectis basifixis apiculatis, extrorsum rimosis. Floris fœminei ovoidei masculo majoris sepala falcato-ovata acuta coriacea imbricata. Petala obliqua crasse coriacea apice valvata, basi autem imbricata. Staminodia parva numero varia. Germen anguste ovoideum, 1-loculare; stylo brevi crasso stigmatoso-3-dentato. Ovulum descendens parietale. Fructus depresso-sphæricus; stylo supra medium laterali; pericarpio carnoso intus tenuiter fibroso; endocarpio tenui duro. Semen subsphæricum; hilo excentrico; rapheos ramis adscendentibus reticulato-ramosis, ad embryonis basin hilo oppositam convergentibus; albumine duro æquabili. — Gregaria humilis inermis; caudicibus brevibus fastigiatis. Folia erecto-patentia fasciculata inæqui-pinnatisecta; segmentis suboppositis, basi latis, oblongo-linearibus v. subquadratis præmorsis valide nervatis; marginibus basi recurvis; petiolo tereti; vagina fibrosa fissa. Spadices interfoliacei fusiformes erecti pedunculati; floribus superioribus solitariis masculis; inferioribus autem 3-natim glomerulatis; intermedio fœmineo; lateralibus masculis, bracteatis bracteolatisque. Spathæ 2, coriaceæ : inferior brevior compressa, apice laciniata; superior autem fusiformis, longitudine dehiscens. (*Africa trop. occid.*[3])

134. **Cocos** L.[4] — Flores monœci; masculorum regularium v.

1. Spec. 1, variabilis. *P. Barteri* MANN et WENDL. F. — DUR. et SCHINZ, *Consp.*, V, 454.

2. In *Trans. Linn. Soc.*, XXIV, 427, t. 38, C; 40, A. — B. H., *Gen.*, III, 919, n. 75. — DR., *Pflanzenfam.*, 57. — DUR. et SCHINZ, *loc. cit.*

3. Spec. 1. *S. Mannii* MANN et WENDL. F.

4. *Gen.*, ed. I, n. 889 (*Coccus*); ed. VI, n. 1223. — ADANS., *Fam. des pl.*, II, 25. — J., *Gen.*, 38. — LAMK, *Ill.*, t. 894. — PERS., *Syn.*, II, 562. — GÆRTN., *Fruct.*, I, 15, t. 4, 5 (*Coccos*). — K., *Syn.*, I, 303; *Enum.*, III, 281. — ENDL., *Gen.*, n. 1772. — MART., *Hist. nat. Palm.*, II, 113 (part.), t. 62, 64, 75, 78-82; 84 (part.), 85-88 (part.); III, 289, 323. — B. H., *Gen.*, III, 945, n. 127. — DR., *Pflanzenfam.*, 81, fig. 56, A-F, M-O; 57, 58. — *Syagrus* MART., *Hist. nat. Palm.*, II, 129, t. 73, D; 83, 88 (part.), 89, 90; III, 290, 324, t. 166. — K., *Enum.*, III, 288. —

nunc asymmetricorum sepalis 3, parvis lanceolato-3-angularibus acutis subvalvatis. Petala 3, multo longiora, oblonga, nunc obliqua, acuta, erecta, valvata. Stamina 6, inclusa, sub germine rudimentario simplici, 3-mero (v. 0), inserta; filamentis subulatis; antheris oblongis v. linearibus, acutis v. obtusis, imo connectivo affixis; loculis inferne liberis, introrsum v. sublateraliter rimosis. Gynæcei rudimentum varium, plus minus alte 3-lobum. Floris fœminei masculo majoris sepala 3, ovata v. ovato-lanceolata erecta coriacea imbricata. Petala subæqualia, basi dilatata imbricata, apice plus minus acutato valvata. Staminodia in cupulam nunc brevissimam integram v. breviter dentatam connata. Germen sphæricum v. ovoideum, 3-loculare; styli ramis subulato-acutatis, erectis, contiguis v. demum recurvis, intus canaliculatis et marginibus conduplicatis stigmatoso-papillosis. Ovula in loculis 1, basilaria v. adscendentia anatropa; micropyle extrorsum infera. Fructus ellipsoideus v. ovoideus, teres v. obtuse 3-gonus, apice obtusus, intrusus v. rostratus; exocarpio crasso fibroso; endocarpio osseo, extus fibroso basinque versus varie 3-poroso. Semen conforme; indumento (fuscato) rapheos ramis reticulato; albumine solido æquabili v. cavo, radiatim fibroso; embryone pororum uni opposito. — Elatæ v. humiles inermes; caudice robusto v. gracili annulato, nunc foliorum basibus obtecto. Folia pinnatisecta; segmentis lanceolatis v. ensiformibus, nunc aggregatis, 1-∞-nerviis; marginibus recurvis integris, v. altero dentato v. laciniato; rhachi sub-3-gona dorso convexa; petioli antice concavi marginibus spinosis v. muticis; vagina brevi fibrosa aperta. Spadices interfoliacei simpliciter ramosi, 2-sexuales, erecti v. demum cernui; spatha inferiore brevi, apice fissa; superiore autem clavata v. fusiformi, dura v. lignosa, dorso sulcata; floribus[1] in ramo eodem masculis superioribus solitariis v. 2-paucis et fœmineis inferioribus paucis sessilibus, solitariis v. masculis 1, 2 lateraliter stipatis. (*America trop. et subtrop., Orb. vet. plag. trop.*[2])

Lithocarpus TARG.-TOZ., in *Steud. Nom.*, I, 170; II, 56. — *Glaziova* MART., ex DR., *Fl. bras.*, III, II, 395, t. 83, 86. — *Platenia* KARST., in *Linnæa*, XXVIII, 250.

1. Albidis v. flavidis, sæpius mediocribus.

2. Spec. 25-30. MART., *Palm. Orbign.*, 22; 131 (*Syagrus*). — ROXB., *Pl. corom.*, I, t. 73. — GRIFF., *Palms brit. Ind.*, t. 241. — GRISEB., *Fl. brit. W.-Ind.*, 522 (*Syagrus*). — WALL., *Palm. Amaz.*, 124, t. 48. — SPRUCE, in *Journ. Linn. Soc.*, XI, 161. — HOOK., *Kew Journ.*, II, t. 1, 2. — TRAIL, in *Trim. Journ.* (1877), 79. — DR., in *Griseb. Symb. Fl. argent.*, 283; in *Mart. Fl. bras.*, III, II, 398, t. 87-97. — BENTH., *Fl. austral.*, VII, 142. — BECC., *Males.*, I, 85; in *Hook. f. Fl. brit. Ind.*, VI, 482. — HILL., *Fl. haw.*, 451. — HEMSL., *Bot. cent.-amer.*, III, 415. — BARB.-RODR., *En. Palm. nov.* (1875), 38; 40 (*Syagrus*); *Les Palm.* (1882), 19, t. 3, fig. 2-6; *Vellos.*, I, 108 (*Syagrus*); *Pl. nov. Jard. Rio*, 10, t. 4, A; 5, B, C; 8, A. — *Bot. Mag.*, t. 5180. — WALP., *Ann.*, III, 473; V, 823.

135. **Barbosa** BECC.[1] — Flores *Cocois*. « Fructus apice rostratus, 1-locularis; endocarpio tenui osseo operculato, cum mesocarpio fibroso laxe connexo, intus e foraminibus basilaribus usque ad apicem 3-vittato; dissepimentis loculorum vacuorum chartaceis. Semen sphæricum; albumine sublignoso-oleoso haud radiato, intus ample effosso, irregulariter profundeque sæpe tubulose ruminato; embryone basilari usque ad cavitatem internam producto. — Elata, irregulariter annulata; foliis pinnatisectis crispis cæterisque *Cocois*. (*America trop. austr.-or.*[2]) »

136. **Rhyticoccos** BECC.[3] — Flores *Cocois*; « fructu ovoideo, 1-loculari; endocarpio crasso osseo, vertice 3-carinato, fibris crebris cum mesocarpio arcte connexo, intus vittis ad apicem confluentibus et prope basin evanidis notato; dissepimentis loculorum vacuorum membranaceis; albumine duriusculo valde ruminato radiatimque fibroso, vix in centro cavo[4]. — Excelsa[5]; foliis pinnatisectis; segmentis ensiformi-lanceolatis; spadicibus interfoliaceis racemiformibus cæterisque *Cocois*. (*Antillæ*[6].)

137 ? **Arikuryoba** BARB.-RODR.[7] — Flores (fere *Cocois*) « monœci; calycis masculorum parvulo. Petala lanceolata subconniventia concava. Stamina 6. Gynæcei rudimentum 3-fidum. Floris fœminei sepala late ovata v. cordata. Petala calyce minora reniformi-cuspidata. Androcæum rudimentarium disciforme, 3-dentatum. Germen ovoideum; stylis longis 3. Fructus[8] drupaceus, 1, 2-spermus subglobosus succulento-fibrosus; endocarpio osseo, basi 3-poroso, intus 3-vittato, fasciis 3 extus notato; albumine corneo profunde tubuloso-ruminato; subsphæricus v. ovoideus, stylo terminali rostratus; embryone basilari usque ad cavitatem producto. — Humilis; caudice crasso, vaginis induto. Folia pinnatisecta; petiolo spinoso-serrato. Spadices lon-

1. In *Malpighia*, I, 349, t. 9, fig. 1. — *Langsdorfia* RADD., in *Mem. fis. Soc. Moden.*, XVIII, 349 (non AGH, non MART.).

2. Spec. 1. *B. Pseudococos* BECC. — BARB.-RODR., *En. pl. H. flum.*, 18. — *Langsdorfia Pseudococos* RADD. — *Cocos Mikaniana* MART., *Palm. bras.*, 128. — K., *Enum.*, III, 286, n. 11. — DR., *Fl. bras.*, III, II, 405, t. 84, I; 85. — *Syagrus Mikaniana* MART., *Palm. Orbign.*, 133; *Hist. nat. Palm.*, III, 291, t. 166, fig. 1.

3. In *Malpighia*, I, 350, t. 9, fig. 2.

4. « Haud eduli et nucleum liquoremque continente amarissimum. »

5. « Ultra 100-pedalis. »

6. Spec. 1. *R. amara* BECC. — *Cocos amara* JACQ. — *Syagrus amara* MART., *Palm. Orbign.*, 132; *Hist. nat. Palm.*, III, II, t. 166, fig. 2. — GRISEB., *Fl. brit. W.-Ind.*, 522. — WENDL. F., in *Kerch. Palm.*, 257.

7. *Pl. nov. cult. Jard. bot. Rio* (1891), 5, t. 3.

8. Aurantiacus, parvus; endocarpio fuscescente.

gissime pedunculati penduli. Spatha inferior inter folia occulta; superior autem ad apicem hians. (*Brasilia or.*[1]) »

138. **Allagoptera** NEES[2]. — Flores monœci v. diœci ; masculorum asymmetricorum receptaculo crasso, apice subplano. Sepala 3, ovato-v. elliptico-lanceolata, valvata. Petala 3, sepalis paulo longiora v. subæqualia ovato-acuta, valvata. Stamina ∞ (6-60), inclusa ; filamentis erectis subulatis brevibus ; antheris oblongis v. lanceolatis, ad basin dorsifixis erectis ; loculis linearibus, ima basi liberis, extrorsum, introrsum v. margine rimosis. Gynæcei rudimentum minimum v. 0. Flores fœminei ovoidei v. breviter fusiformes ; sepalis late ovatis coriaceis arcte imbricatis. Petala subæqualia tenuius coriacea ovato-acuta striata imbricata. Germen basi 3-loculare ; loculis 2 effœtis ; superne dilatatum, vertice styli ramis 3 erectis acutis, basi 3-gonis, coronatum ; lobis margine intus stigmatosis. Ovulum imo angulo interno affixum adscendens ; micropyle extrorsa. Fructus ovoideo- v. obovoideo-pyramidatus, apice styligerus ; exocarpio fibroso ; endocarpio osseo, basin versus 3-poroso. Semen suberectum ; albumine duro æquabili ; embryone pororum uni opposito. — Humiles v. inermes acaules, v. caudicibus robustis solitariis v. fasciculatis annulatis. Folia pinnatisecta ; segmentis ensatis v. lanceolatis, subtus argentatis v. glaucescentibus ; rhachi lateraliter compressa ; petiolo antice concavo ; vagina aperta fibrosa. Spadices simplices interfoliacei stricti pedunculati ; spathis 2 ; superiore crassiore cymbiformi rostrata, ventre rimosa ; floribus[3] in spadicibus diversis v. in eodem dense spiraliter confertis ; fœmineis nunc inferne masculis 2 stipatis ; bracteis bracteolisque parvis. (*Brasilia med. et austr.*, *Bolivia*[4].)

139. **Jubæa** H. B. K.[5] — Flores fere *Cocois*[6] ; masculorum sepalis lineari-lanceolatis carinatis. Petala majora ovato-oblonga

1. Spec. 1. *A. Capanemæ* BARB.-RODR., *loc. cit.*; *En. pl. H. bot. flum.* (1892), 17.

2. In *Flora* (1821), 296 ; in *Pr. Max. Neuw. Reis.*, ed. min., II, 332. — O. K., *Revis.*, 726. — *Diplothemium* MART., *Hist. nat. Palm.*; II, 107, t. 51, fig. 7 ; 70, 75-78 ; III, 293, 324. — ENDL., *Gen.*, n. 1774. — K., *Enum.*, III, 289. — B. H., *Gen.*, III, 945, n. 126. — DR., *Pflanzenfam.*, 82.

3. Ochroleucis v. flavidis.

4. GOM., in *Act. olyssip.* (1812), 61 (*Cocos*). — DR., in *Mart. Fl. bras.*, III, II, 428, t. 98 (*Diplothemium*). — *Bot. Mag.*, t. 4861. — WALP., *Ann.*, I, 1010 ; V, 824 (*Diplothemium*).

5. *Nov. gen. et spec.*, I, 308, t. 96. — POIR., in *Dict.*, XXIV, 254. — SPRENG., *Syst.*, II, 623 ; *Anleit.*, II, II, 876. — MART., *Hist. nat. Palm.*, III, 294, t. 161, fig. 3. — ENDL., *Gen.*, n. 1776. — K., *Enum.*, III, 293. — GAUDICH., *Voy. Bon. Bot.*, t. 51. — DR., *Pflanzenfam.*, 82. — *Molinæa* BERTER., in *Merc. chil.*, ex *Sillim. Amer. Journ.*, XIX, 63 ; in *Linnæa*, VII, *Litt.*, 36. — *Micrococos* PHIL., in *Bot. Zeit.* (1859), 362.

6. Cujus forte potius sectio.

acuta coriacea costata. Stamina ∞, imo perianthio adnata; filamentis tenuibus; antheris longioribus dorsifixis; loculis linearibus adnatis. Floris fœminei sepala late imbricata. Petala imbricata v. torta. Staminodia in urceolum membranaceum connata. Germen 3-loculare; loculis rudimentariis 2; styli ramis subulatis patulis. Fructus[1] obovoideus stylis coronatus; exocarpio carnoso-fibroso; endocarpio osseo, ad v. supra infrave medium 3-poroso. Semen sphæricum; albumine cartilagineo æquabili cavo; embryone pororum uni opposito. — Elata inermis; caudice erecto crasso ad medium incrassato. Folia terminalia pinnatisecta; segmentis quaquaversis patentibus lineari-lanceolatis acuminatis rigidis, glabris v. pulverulentis, margine recurvis; rhachi lateraliter compressa, dorso ventreque convexa; petiolo crasso inermi; vagina aperta brevi. Spadices interfoliacei plures; floribus[2] glomeratis; glomerulis inferioribus 3-floris; flore intermedio fœmineo v. in summis ramulis 0; masculis lateralibus superioribus 1, 2. Spatha superior fusiformis completa lignosa, ventre aperta demumque 2-partita. (*Chili*[3].)

140. **Attalea** H. B. K.[4] — Flores monœci v. diœci; masculorum calyce parvo v. minimo; foliolis liberis v. basi connatis. Petala multo longiora lineari- v. oblongo-lanceolata erecta valvata. Stamina 6-24, imæ corollæ ibi crassiusculæ adnata; filamentis subulatis, cæterum liberis; antheris erectis lineari-elongatis, basifixis; loculis introrsis, basi liberis. Germen rudimentarium minimum v. 0. Floris fœminei masculo multo majoris ovoidei v. subsphærici sepala 3, ovata ampla imbricata. Petala 3, subsimilia coriacea, late imbricata concava. Discus[5] hypogynus alte cupularis truncatus. Germen 3-6-loculare; styli brevis v. longiusculi ramis crassis recurvis v. revolutis, intus stigmatosis. Ovula in loculis fertilibus[6] erecta; micropyle extrorsum infera. Fructus ovoideus v. ellipsoideus, apice obtusus v. rostratus, stylo coronatus; exocarpio fibroso; endocarpio lapideo osseove, ad basin 2-6-poroso. Semen elongatum; rapheos latiusculæ ramis reti-

1. Flavescens, parvus (*Cocois*).
2. Ochroleucis (*Cocois*).
3. Spec. 1. *J. chilensis*. — *J. spectabilis* H. B. K. — MART., *Palm. Orbign.*, 106. — J. GAY, *Fl. chil.*, VI, 157. — *Cocos chilensis* MOL., *Hist. nat. Chil.*, ed. II, 164. — *Molinæa micrococo* BERTER. (*Coquito, Lilla, Cancan*).
4. *Nov. gen. et spec.*, I, 309, t. 95, 96. — MART., *Hist. nat. Palm.*, II, 135, t. 41, 75, 95-97; III, 296, 325, t. 167, fig. 1-6; 168, fig. 3-5. — ENDL., *Gen.*, n. 1770. — K., *Syn.*, I, 310; *Enum.*, III, 275. — SPRENG., *Syst.*, II, 624; *Gen.*, I, 449. — B. H., *Gen.*, III, 947, n. 130. — DR., *Pflanzenfam.*, 60, fig. 56, G-J. — *Scheelea* KARST, in *Linnæa*, XXVIII, 264; *Fl. columb.*, I, 135, t. 67; II, 145, t. 176. — B. H., *Gen.*, III, 947, n. 129. — *Cylindrostachys* DR., *loc. cit.*, 80 (subgenus fl. 6-andris).
5. Androcæi potius rudimentum.
6. Sæpius 1, 2.

culatis; albumine duro æquabili; embryone pororum uni opposito. — Elatæ v. humiles inermes; caudice subnullo v. solitario elato inermi, annulato v. cicatrisato. Folia pinnatisecta; segmentis lineari-lanceolatis; rhachi lateraliter valde compressa; petiolo intus concavo; marginibus acutatis; vagina fibrosa aperta. Spadices interfoliacei pedunculati; spathis 1, 2; superiore fusiformi lignosa; floribus[1], ubi monœci, in spadicibus diversis v. eodem confertis; bracteis bracteolisque parvis[2]. (*America trop.*[3])

141. **Orbignya** MART.[4] — Flores polygamo-monœci; masculorum sepalis 3, ovato-3-angularibus. Petala 3 (v. 2-5), ovata v. ovato-lanceolata, basi nunc connata, integra v. dentata, valvata. Stamina ∞ (12-30), imæ corollæ adnata inclusa; filamentis gracilibus; antheræ linearis loculis discretis v. divaricatis, mox spiraliter tortis. Gynæcei rudimentum minutum v. 0. Floris fœminei masculo multo majoris[5] subsphærici v. 3-gono-pyramidati sepala ovata v. lanceolata coriacea imbricata. Petala 3, minima, apice acuta nuncque dentata, imbricata. Staminodia in discum cupularem connata. Germen oblongum v. ovoideum; styli ramis linearibus magnis erectis 2-7. Loculi totidem; ovulo in quoque 1, adscendente; micropyle extrorsum infera. Fructus pericarpio carnoso-fibroso; endocarpio crasso osseo, basin versus 2-7-poroso. Semina 2-7, oblonga v. longe obovoidea; rapheos ramis valde reticulatis; albumine duro æquabili; embryone pororum uni opposito. — Inermes, elatæ v. humiles; caudice cicatrisato. Folia terminalia pinnatisecta; segmentis lineari-lanceolatis acuminatis; marginibus basi recurvis; petiolo nunc ad margines serrato; vagina aperta. Spadices interfoliacei simpliciter ramosi longi; rhachi robusta;

1. Flavidis v. ochroleucis.

2. *Maximiliana* MART., *Hist. nat. Palm.*, I, 131, t. 91-93; III, 295 (non SCHRANK). — K., *Enum.*, III, 291 (part.). — ENDL., *Gen.*, n. 1775. — B. H., *Gen.*, 946, n. 128. — DR., *Pflanzenfam.*, 81, fig. 15. — *Englerophœnix* O. K., *Revis.*, 728, videtur nobis, mediante *Scheelea*, hujus generis mera sectio, petalis angustioribus, quam stamina 6 minoribus et fructu sæpius 1-spermo. Antheræ arcuatæ basi sunt 2-fidæ demumque sæpe pendulæ evadunt.

3. Spec. ad 25. MART., *Palm. Orbign.*, 112, t. 4, 5, 31. — ŒRST., *Palm. centr.-amer.*, in *Vid. Medd. Nat. For. Kjob.* (1858), 49. — GRISEB., *Fl. brit. W.-Ind.*, 522. — SPRUCE, in *Journ. Linn. Soc.*, XI, 162 (*Maximiliana*), 163. — WALL., *Palm.-tr. Amaz.*, 116; 120 (*Maximiliana*), t. 3, 46, 47. — DR., in *Bot. Zeit.* (1877), 636, t. 5, fig. 11; in *Mart. Fl. bras.*, III, II, 434, t. 99-101; 104 (*Maximiliana*). — KARST., in *Linnæa*, XXVIII, 255, 273; *Fl. columb.*, I, 137, t. 68. — HEMSL., *Bot. centr.-amer.*, III, 415. — BARB.-RODR., *En. Palm. nov.* (1875), 41 (*Maximiliana*), 42; *Les Palm.* (1882), 29; *Vellos.*, I, 112 (*Maximiliana*). — WALP., *Ann.*, I, 1008; 1010 (*Maximiliana*); V, 824, 853; 854 (*Scheelea*). Hujus generis est *Cocos butyracea* L. (?) — H. B. K., *Nov. gen. et spec.*, I, 301. — K., *Enum.*, III, 286, n. 12 (*Jagua*).

4. In *Endl. Gen.*, 257; *Hist. nat. Palm.*, III, 302, 326, t. 169, fig. 1, 6; 170. — K., *Enum.*, III, 293. — B. H., *Gen.*, III, 948, n. 132. — DR., *Pflanzenfam.*, 79, fig. 56, K, L.

5. Nunc pollicaris, flavi.

ramis alternis erectis; fœmineis crassioribus; floribus nunc masculis omnibus, nunc superioribus solis masculis; cæteris fœmineis v. hermaphroditis. Spathæ plures fusiformes, nunc valde inæquales et inæqui-crassæ, nunc autem subæquales coriaceæ. Bracteæ bracteolæque inæquales sub flore quoque membranaceæ connatæ. (*Brasilia*, *Bolivia*[1].)

142. **Elæis** Jacq.[2] — Flores monœci; masculorum sepalis 3, ovato-oblongis v. lanceolatis glumaceis imbricatis. Petala 3, subæqualia, nunc tenuiora, valvata v. margine attenuato leviter imbricata. Stamina 6; filamentis cum receptaculo crasse carnoso cylindraceo basi continuis ibique breviter 1-adelphis, mox liberis subulatis; antheris basifixis oblongis exsertis; loculis basi discretis, introrsum rimosis. Gynæcei rudimentum summo receptaculo carnoso inter stamina insertum, varie evolutum, nunc 3-lobum. Floris fœminei masculo majoris perianthium subconforme, mox accretum. Staminodia plus minus evoluta, nunc in discum spurium annularem connata. Germen 3-loculare; stylo crassiusculo subconico; ramis stigmatosis linearibus revolutis; loculis sæpe effœtis 1, 2. Ovula « micropyle subapicali ». Fructus ovoideus v. obovoideus, basi intrusus, apice varie umbilicatus, stylo coronatus; pericarpio fungoso oleoso, intus nunc dense fibroso; putamine crasso osseo angulato, extus fibroso; supra medium v. altius 1-3-poroso. Semen sub apice loculi adnatum; integumento tenui; rapheos ramis reticulatis; albumine cavo æquabili cartilagineo; embryone pororum uni opposito. — Elatæ v. humiles inermes; caudice erecto v. decumbente solitario annulato, petiolis obtecto. Folia ∞, ample pinnatisecta; segmentis angustis acuminatis, basi recurvis; petiolo brevi ad margines inermi v. spinescente; vagina aperta brevi. Spadices interfoliacei breves crassi; pedunculo bracteato; ramis densis; masculis apice spinescentibus; spathis completis 2, demum in fibras solutis. Bracteæ dense imbricatæ concavæ inter se connatæ et sic foveolas varie dentatas efformantibus; bracteolis squamiformibus; florum fœmineorum bracteis flore longioribus late lanceolatis, apice spinescentibus; bracteolis sepalis conformibus

1. Spec. ad 6. Mart., *Palm. Orbign.*, 125, t. 10, fig. 2; 13, fig. 2; 32 (*Orbignia*). — Dr., in *Mart. Fl. bras.*, III, II, 446, t. 102, 103. — Barb.-Rodr., *Les Palm.* (1882), 29; *Vellos.*, I, 110; *Pl. nov. Jard. Rio*, 32, t. 9, B.

2. *Stirp. amer.*, 280, t. 172. — J., *Gen.*, 38 (*Elais*). — Gærtn., *Fruct.*, I, t. 6. — Lamk, *Ill.*, t. 896. — Endl., *Gen.*, n. 1771. — Mart., *Hist. nat. Palm.*, II, 61, t. 33, 55, 56; III, 323. — K., *Enum.*, III, 278. — B. H., *Gen.*, III, 944, n. 125 (part.). — Dr., *Pflanzenfam.*, 78, fig. 14, B. — *Alfonsia* H. B. K., *Nov. gen.*, I, 306.

floremque vaginantibus; floribus in spadicibus diversis inæqui-dispositis; fœmineis sparsis. (*Africa et America trop.*[1])

143? **Barcella** TRAILL.[2] — Flores (*Elæidis*) monœci; staminibus breviter 1-adelphis. Fructus (parvus) endocarpio lapideo, supra medium 3-poroso. — Subacaulis; pinnis omnibus flaccidis. Spadix longe pedunculatus laxeque ramosus; floribus in spadicis ramo eodem 2-sexualibus; inferioribus fœmineis paucis; cæteris *Elæidis*[3]. (*Brasilia trop.*[4])

144. **Bactris** JACQ.[5] — Flores monœci; masculorum sepalis 3, liberis v. in annulum urceolumve connatis. Petala majora 3, ovato-lanceolata, æqualia v. inæqualia rigida valvata, nunc basi connata. Stamina 6, v. 9-12, summo receptaculo obconico nunc brevi ultra perianthium producto inserta; filamentis subulatis; antheris lineari-oblongis basifixis; loculis inferne liberis, introrsum rimosis. Germen rudimentarium parvum varium v. 0. Floris fœminei masculis sæpius minoris calyx brevis, varie cupularis v. urceolaris, integer v. plus minus profunde dentatus lobatusve. Corolla gamopetala, calyci subæqualis v. longior, cylindracea v. urceolaris, recta v. arcuata, subintegra truncata v. varie 3-dentata. Staminodia in urceolum varium connata v. 0. Germen 3-loculare; loculis sæpe obsoletis, v. effœtis 2. Stylus crassus, aut subinteger stigmatosus, aut pyramidato-3-lobus; lobis nunc demum recurvis. Ovulum ventrifixum. Fructus sphæricus v. ovoideus, stylo coronatus; pericarpio carnoso, nunc extus corticato; endocarpio osseo supra medium v. verticem versus 3-poroso. Semen ventrifixum v. descendens; rapheos ramis reticulatis; albumine corneo æquabili; embryone pororum endocarpii uni opposito. — Humiles, inermes v. multo sæpius armatæ; radicibus soboliferis; caulibus solitariis v. fasciculatis, ad nodos sæpius aculeatis. Folia in caudice alterna

1. Spec. 2, 3. L., *Mantiss.*, 137. — W., *Spec.*, IV, 799. — AUBL., *Guian.*, Suppl., 95 (*Avoira*). — MART., *Palm. Orbign.*, 91. — ŒRST., *Palm. centr.-amer.*, in *Vid. Medd. Nat. For. Kjob.* (1858), 51. — KARST., in *Linnæa*, XXVIII, 241. — DR., *Fl. bras.*, III, II, 455, t. 105. — HEMSL., *Bot. centr.-amer.*, III, 415. — WALP., *Ann.*, V, 823, 851. De fructu, HANAUS., in *Just Jahresb.* (1882), 615.

2. In *Trim. Journ.* (1877), 80. — DR., *Pflanzenfam.*, 19, 77, fig. 18.

3. Cujus (B. H., III, 945) nunc pro subgenere habetur.

4. Spec. 1. *B. odora* TRAIL. — DR., in *Mart. Fl. bras.*, III, II, 459, t. 106.

5. *St. amer.*, t. 256. — LAMK, *Ill.*, t. 896. — GÆRTN., *Fruct.*, I, t. 9. — MART., *Hist. nat. Palm.*, II, 92, t. 60, 70, 72-74; III, 279, 321. — ENDL., *Gen.*, n. 1765. — K., *Enum.*, III, 261. — B. H., *Gen.*, III, 941, n. 120. — DR., *Pflanzenfam.*, 85, fig. 59, A-D, 61. — *Gulielma* MART., *loc. cit.*, II, 81, t. 66, 67; III, 283, 322. — K., *Enum.*, III, 268. — ENDL., *Gen.*, n. 1766. — *Augustinea* KARST., in *Linnæa*, XXVIII, 395. — *Pyrenoglyphis* KARST., *Fl. columb.*, II, 141, t. 174.

v. terminalia, æqui- v. inæquipinnatisecta, glabra v. varie pubentia; segmentis varie sparsis, aggregatis v. in limbum 2-fidum confluentibus; petiolo vario; vagina longa aculeata. Spadices interfoliacei foliorumque vaginas perforantes, simplices v. varie ramosi; spathis 2; inferiore breviore, apice pervia; superiore autem fusiformi v. cymbiformi, spadice longiore, setosa, aculeata v. nunc inermi, ventre fissa; floribus[1] in ramis spadicis 3-nis; intermedio fœmineo, v. altius masculis 1-3; bracteis brevibus persistentibus. (*America trop. et subtrop.*[2])

145. **Atitara** BARR.[3] — Flores[4] (*Bactridis*) monœci; masculorum calyce parvo v. minimo, 3-gono, 3-dentato v. 3- fido, membranaceo; lobis acutis, nunc carinatis[5]. Petala longiora crassioraque 3, ovata v. acuminata, basi plus minus alte connata, valvata. Stamina 6, imo flore receptaculi prominuli apice inserta; filamentis filiformi-subulatis; antherarum basifixarum linearium erectarum loculis basi liberis rimosis. Germen rudimentarium minutum v. 0. Floris fœminei masculo minoris calyx cupularis, nunc brevissimus, 3-6-denticulatus. Corolla gamopetala urceolaris v. cupularis, ore truncata, 3-dentata v. 3-fida. Germen ovoideum v. subpyramidale, 3-loculare, in stylum brevem crassum attenuatum; ramis intus stigmatosis brevibus acutatis recurvis v. revolutis. Ovula 3 (abortiva nunc 1, 2), angulo interno hilo lineari-elongato verticaliter affixa; micropyle infera. Fructus[6] sphæricus, ovoideus v. obovoideus (pisiformis), sæpius 1-spermus drupaceus; carne tenui parca; endocarpio crustaceo v. osseo reticulato-venoso, supra medium v. sub apice 3-poroso; poris stellato-fibrosis. Semen conforme; albumine æquabili cartilagineo; embryone pororum uni opposito. — Gregariæ, ex omni parte aculeatæ; aculeis rectis v. arcuatis. Folia alterna subsessilia, nunc refracta, pinnatisecta; segmentis alternis v. oppositis acuminatis, basi attenuatis, secus

1. Virescentibus v. albidis, parvis.

2. Spec. ad 90. MART., *Palm. Orbign.*, 53, t. 6, fig. 2; 7; 14, fig. 2; 26, B; 27; 28, A, B. — ŒRST., *Palm. centr.-amer.*, in *Vid. Medd. Nat. For. Kjob.* (1858), 40, t. 8; 9, fig. 32-35; 50-52. — KARST., in *Linnæa*, XXVIII, 397 (*Gulielma*), 405; *Fl. columb.*, II, 127, t. 63 (*Gulielma*); 139, t. 173. — SPRUCE, in *Journ. Linn. Soc.*, XI, 143. — TRAIL, in *Trim. Journ.* (1876), 354; (1877), 1, 40, 75, 132, t. 184. — WALL., *Palm.-tr. Amaz.*, 76, t. 28-35, 45. — GRISEB., *Fl. brit. W.-Ind.*, 519. — HEMSL., *Bot. centr.-amer.*, III, 412. — DR., *Fl. bras.*, III, II, 316, t. 73-80. — BARB.-RODR., *En. Palm. nov.* (1875), 25; *Les Palm.* (1882), II, t. 1, fig. 7, 8; 2; *Vellos.*, I, 97. — WALP., *Ann.*, V, 820, 844; 846 (*Augustinea*); 847 (*Guilielma*).

3. *Ess. Hist. nat. Fr. equin.* (1741), 20; *N. ess.* (1741), 20. (« *Atitata* MARCGR. »); ed. alt. (1749), 20. — J., in *Dict.*, III, 277. — O. K., *Revis.*, 726. — *Desmoncus* MART., *Hist. nat. Palm.*, II, 84, t. 68, 69; III, 32, 277, 321, t. 165. — K., *Enum.*, III, 258. — ENDL., *Gen.*, n. 1764. — B. H., *Gen.*, III, 942, n. 121. — DR., *Pflanzenfam.*, 86.

4. Virescentes v. albidi.

5. « Perianthio basi pervio. »

6. Ruber, pisiformis.

margines basi recurvis; rhachi in cirrhum validum segmentis deformatis deflexis armatum producta; petiolo brevi; vagina longa, superne in ocream producta. Spadices interfoliacei simpliciter ramosi monœci; ramis gracilibus flexuosis fastigiatis; spathis 2; inferiore brevi coriacea, apice aperta; superiore autem cylindracea, rigida v. sublignosa, ventre plerumque longius fissa; bracteis bracteolisque brevibus[1]. (*America trop.*[2])

146. **Astrocaryum** G.-F.-W. Mey.[3] — Flores (fere *Bactridis*) monœci; masculorum sepalis liberis v. varie connatis. Petala valvata, basi plus minus connata. Stamina 6 (v. raro 9-12); filamentis fauci insertis; antheris basifixis v. dorsifixis, inclusis v. exsertis, linearibus v. oblongis, erectis v. versatilibus; loculis basi liberis, introrsum rimosis. Gynæcei rudimentum parvum v. 0; ramis nunc lineari-subulatis 3. Floris fœminei masculo majoris calyx persistens urceolaris v. cupularis, integer v. 3-dentatus. Corolla urceolaris carnosa, apice contracta ibique 3-dentata v. inæqui-fissa. Androcæum sterile corollæ adnatum membranaceo-annulare, nunc 0. Germen ovoideum; loculis effœtis 2; stylo brevi, 3-lobo v. 3-partito. Fructus[4] subsphæricus v. ovoideus rostratus, aculeatus v. lævis, stylo coronatus; pericarpio carnoso, intus fibroso; endocarpio osseo, vertice 3-poroso; fibris e poro stellato-radiantibus. Semen ovoideum; rapheos ramis reticulatis; albumine cavo duro æquabili; embryone pororum uni opposito. — Armatæ; caudice plus minus elato v. subnullo aculeato annulato. Folia terminalia pinnatisecta; segmentis æqui-distantibus v. fasciculatis, apice acuminatis v. oblique truncatis, subtus albidis; supremis distinctis v. confluentibus; marginibus basi recurvis aculeatis; petiolo brevi; vagina aperta breviuscula. Spadices interfoliacei simpliciter ramosi; ramis effusis pendulis, basi crassioribus, superne gracillimis ibique amentiformibus. Flores masculi in parte amenti-

1. Sect. *Bactridopsis* (Dr.), *Eubactridi* proxima, spadicis rhachi crassa gaudet; ramis rigidis undique patentibus; spatha superiore ventricosa; endocarpio firmiore.

2. Spec. ad 23. Marcgr., *Bras.*, 64, c. ic. — Mart., *Palm. Orbign.*, 47, t. 14, fig. 3; 26, A. — Spruce, in *Journ. Linn. Soc.*, XI, 155. — Wall., *Palm.-tr. Amaz.*, 72, t. 27. — Griseb., *Fl. brit. W.-Ind.*, 519. — Dr., *Fl. bras.*, III, II, 301, t. 69-72. — Trail, in *Trim. Journ.* (1876), 353, t. 183, fig. 4. — Hemsl., *Bot. centr.-amer.*, III, 413. — Barb.-Rodr., *En. Palm. nov.* (1875), 24; *Les Palm.* (1882), 10, t. 1, fig. 3-6; *Vellos.*, I, 92. — Walp., *Ann.*, V, 819 (pleraque sub *Desmonco*).

3. *Prim. Fl. essequeb.*, 265. — Mart., *Hist. nat. Palm.*, II, 69, t. 52, 58, 59, 65; III, 287, 323. — Endl., *Gen.*, n. 1769. — K., *Enum.*, III, 271. — B. H., *Gen.*, III, 942, n. 122. — Dr., *Pflanzenfam.*, 83, fig. 6, A; 19; 59, E, G; 60. — *Toxophœnix* Schott, *Nachr. K.-K. Œsterr. Naturf. Bras.*, II, *App.*, 12 (ex Mart.).

4. Croceus v. ruber, nunc, ut aiunt, in valvas 6 dehiscens.

formi creberrimi, emersi v. immersi; fœminei autem in parte inferiore pauci v. 1, nunc raro floribus masculis lateralibus 2 stipati; omnibus bracteatis et bracteolatis. Spathæ 2 : inferior membranacea decidua; superior autem scaphoidea v. fusiformis, lignosa v. coriacea, persistens ventreque affixa. (*America trop.*[1])

147. **Martinezia** R. et PAV.[2] — Flores monœci; masculorum sepalis subliberis ovato-3-angularibus, sæpe inæqualibus, imbricatis. Petala longiora ovato-lanceolata, basi connata, valvata. Stamina 6, perianthio breviora; filamentis brevibus subulatis; antheris elliptico-oblongis ad basin dorsifixis versatilibus; loculis introrsum rimosis, inferne liberis. Gynæcei rudimentum parvum, 3-gonum. Floris fœminei masculo majoris sepala lata breviaque membranacea imbricata. Petala longiora ovato-acuta valvata. Staminodia in urceolum integrum v. 6-dentatum corollæ nunc adnatum connata. Germen ovoideum; stylis 3, pyramidato-3-gonis conniventibus; loculis effœtis 2; ovulo in tertio adscendente; micropyle extrorsum infera. Fructus[3] sphæricus drupaceus, stylo coronatus; endocarpio osseo ruguloso, ad medium poris radiatim fibrosis 3 perforato. Semen sphæricum rugulosum; hilo basilari intruso; rapheos ramis ramulosis; albumine duro æquabili; embryone pororum uni opposito. — Elatæ v. humiles armatæ; caudicibus solitariis v. cæspitosis armatis annulatis. Folia terminalia pinnatisecta; segmentis alternis v. fasciculatis cuneatis præmorsis, 3-∞-fidis nervatis; petiolo cum rhachi aculeato; vagina brevi aperta. Spadices interfoliacei simpliciter ramosi; floribus[4] sessilibus, fœmineis inferioribus et masculis lateralibus stipatis; masculis altius solitariis v. 2-nis; bracteis membranaceis brevibus. Spathæ 2; inferior incompleta. (*America trop.*[5])

1. Spec. ad 30. MART., *Palm. Orbign.*, 84, t. 4, fig. 1, 3; 13, fig. 3; 29, C; 30, A. — GRISEB., *Fl. brit. W.-Ind.*, 521. — KARST., *Fl. columb.*, II, 167, t. 83; in *Linnæa*, XXVIII, 245. — DR., in *Mart. Fl. bras.*, III, II, 314, t. 81-83. — SPRUCE, in *Journ. Linn. Soc.*, XI, 157. — TRAIL, in *Trim. Journ.* (1877), 77. — WALL., *Palm.-tr. amaz.*, 100, t. 2, fig. 5, 38-14. — HEMSL., *Bot. centr.-amer.*, III, 414. — BARB.-RODR., *En. palm. nov.*, 20; *Prot. App.*, 27; *Vellos.*, I, 101. — *Bot. Mag.*, t. 4773. — WALP., *Ann.*, III, 475; V, 822, 850.

2. *Fl. per. et chil. Prodr.*, 148, t. 32. — MART., *Hist. nat. Palm.*, III, 283, 322, t. 161, fig. 1. — ENDL., *Gen.*, n. 1767. — K., *Enum.*, II, 269. — B. H., *Gen.*, III, 944, n. 124 (*Cocoinea*). — DR., *Pflanzenfam.*, 83 (*Bactridea*). — *Aiphanes* W., in *Mém. Acad. Berl.* (1804), 32. — ? *Marara* KARST., in *Linnæa*, XXVIII, 389; *Fl. columb.*, II, 133, 143, t. 170, 175 (ex WENDL. F.). — ENDL., *Gen.*, n. 1767[1]. — WALP., *Ann.*, V, 849.

3. Croceus, roseus v. coccineus.

4. Pallidis, parvis.

5. Spec. 6, 7. GÆRTN., *Fruct.*, II, t. 139, fig. 5 (*Bactris*). — MART., *Palm. Orbign.*, 74, t. 2; 28, C. — GRISEB., *Fl. brit. W.-Ind.*, 521 (*Aiphanes*). — WENDL. F., in *Linnæa*, XXVIII, 349. — KARST., in *Linnæa*, XXVIII, 397. — DR., in *Bot. Zeit.* (1877), 636, t. 5, fig. 10 (*Aiphanes*); in *Mart. Fl. bras.*, III, II, 392, t. 85. — WALP., *Ann.*, I, 1007; V, 821, 848.

148. **Acrocomia** MART.[1] — Flores (fere *Martineziæ*) monœci; masculorum sepalis 3, parvis ovato-oblongis, leviter imbricatis, margine integris v. laceris. Petala 3, multo longiora, basi carnosula connata, valvata. Stamina 6, imis lobis affixa tuboque basi compressa adnata; filamentis longe subulatis curvis; antheris oblongis exsertis dorsifixis versatilibus. Gynæcei rudimentum minutum, 3-lobum v. 0. Floris fœminei masculo majoris sepala concava obtusa imbricata. Petala majora coriacea, nunc basi connata, arcte imbricata. Androcæum (?) sterile cupulare disciforme, 3-6-dentatum, 3-fidum v. subintegrum. Germen ovoideum, 3-loculare; styli brevissimi ramis stigmatosis 3, subulatis v. lanceolatis, recurvis v. revolutis. Ovulum in loculo unico fertili 1, subhorizontale. Fructus[2] sphæricus v. oblongus, glaber v. setulosus, stylo coronatus; pericarpio mucilaginoso, intus fibroso; putamine crasso ad medium 3-poroso. Semen sphæricum v. 3-sulcum lateraliter affixum; rapheos ramis reticulatis; albumine æquabili duro; embryone ad pororum unum laterali. — Elatæ armatæ; caudice simplici dense aculeato, sæpe ad medium ventricoso annulato. Folia pinnatisecta; segmentis lineari-lanceolatis, oblique longe acuminatis; marginibus recurvis; petiolo, rhachi costaque longe, ut caudex, denseque aculeatis; vagina aperta brevi. Spadices pedunculati aculeati; ramis effusis; floribus[3] fœmineis inferioribus remotis; masculis in ramo eodem superioribus; spathis aculeatis 2; superiore lignosa; bracteis masculis confluentibus; fœmineis membranaceis; flore masculo nunc ad fœmineum utrinque laterali. (*America trop. et extratrop.*[4])

V. PHYTELEPHASIEÆ.

149. **Phytelephas** R. et PAV. — *Vid. p.* 273.

1. *Hist. nat. Palm.*, II, 66, t. 56, 57; III, 285, 322. — ENDL., *Gen.*, n. 1768. — K., *Enum.*, III, 270. — B. H., *Gen.*, III, 943, n. 123. — DR., *Pflanzenfam.*, 83.

2. Fuscus v. niger.

3. Ochroleucis, minutis.

4. Spec. ad 7. GÆRTN., *Fruct.*, I, 22, t. 9, fig. 1 (*Bactris*). — AUBL., *Pl. guian.*, 98 (*Macoya*). — W., *Spec.*, IV, 401 (*Cocos*). — JACQ., *Amer.*, t. 169; ed. pict., t. 154 (*Cocos*). — SW., *Fl. ind. occid.*, I, 616 (*Cocos*). — SPRENG., *Syst.*, II, 19; *Gen.*, I, 250. — SPACH, *Suit. à Buff.*, XII, 116. — GRISEB., *Fl. brit. W.-Ind.*, 521. — ŒRST., *Palm. centr.-amer.*, in *Vid. Medd. Nat. For. Kjob.*, 47. — DR., in *Mart. Fl. bras.*, III, II, 388, t. 84. — HEMSL., *Bot. centr.-amer.*, III, 414. — BARB.-RODR., *Vellos.*, I, 107. — WALP., *Ann.*, I, 1007; V, 822.

HISTOIRE DES PLANTES

MONOGRAPHIE

DES

PANDANACÉES CYCLANTHACÉES

ET

ARACÉES

19982. — L.-Imprimeries réunies, rue Mignon, 2, Paris.

HISTOIRE DES PLANTES

MONOGRAPHIE

DES

PANDANACÉES
CYCLANTHACÉES

ET

ARACÉES

PAR

H. BAILLON

PROFESSEUR D'HISTOIRE NATURELLE MÉDICALE A LA FACULTÉ DE MÉDECINE DE PARIS
DIRECTEUR DU JARDIN BOTANIQUE DE LA FACULTÉ, PRÉSIDENT DE LA SOCIÉTÉ LINNÉENNE DE PARIS

ILLUSTRÉE DE 85 FIGURES DANS LES TEXTES

DESSINS DE FAGUET

PARIS

LIBRAIRIE HACHETTE & Cie

BOULEVARD SAINT-GERMAIN, 79

LONDRES, 18, KING WILLIAM STREET, STRAND

1895

CXXXV

PANDANACÉES

Les fleurs des Vaquois (*Pandanus*[1]), qui sont dioïques et nues, présentent dans leur organisation d'assez grandes variations. Si l'on

Pandanus utilis.

Fig. 243. Port ($\frac{1}{35}$).

examine, par exemple, les espèces les plus anciennement connues,

1. L. F., *Suppl.*, 64, n. 1430. — J., *Gen.*, 444. — LAMK, *Ill.*, t. 798. — R. BR., *Prodr.*, 341. — TURP., in *Dict. sc. nat.*, Atl., t. 139, 140. — ENDL., *Gen.*, n. 1711. — K., *Enum.*, III, 94, 583. — SOLMS-LAUB., *Monogr. Pandanac.*, in *Linnæa* (1878), XLII, 1; in *Bot. Zeit.*

telles que le *Pandanus utilis* (fig. 243-246), on voit que ses fleurs mâles consistent en un petit bouquet d'étamines, représentant une sorte d'ombelle irrégulière et divergeant entre elles. Chacune d'elles a un filet grêle et une anthère étroite, allongée, basifixe, dont les deux loges sont partagées en deux logettes. Elles sont introrses, s'ouvrent par une fente longitudinale; un prolongement arqué du connectif les

Pandanus utilis.

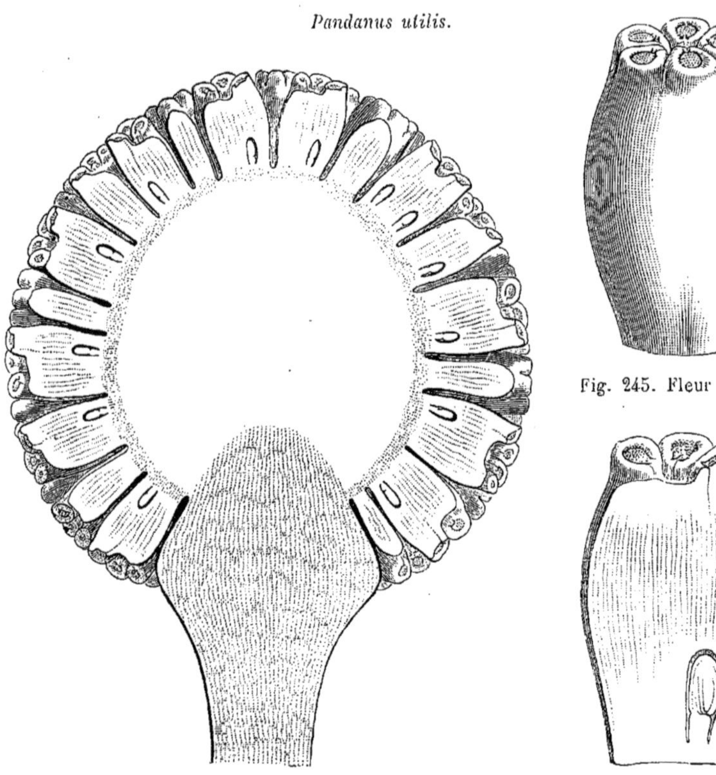

Fig. 244. Inflorescence femelle, coupe longitudinale (2/3).

Fig. 245. Fleur femelle.

Fig. 246. Fleur femelle, coupe longitudinale.

surmonte, et elles se tordent plus ou moins lors de l'évacuation du pollen[1]. La fleur femelle est formée de plusieurs carpelles, dont le nombre est variable, et qui sont connés autour d'un centre commun, en une sorte de verticille. Leur ovaire est uniloculaire, et il est surmonté d'une épaisse colonne qu'on peut, à la rigueur, considérer

(1878), 321, 352, t. 10; in *Engl. u. Prantl Pflanzenfam.*, II, 1, p. 186, fig. 145, 146; 147, A-E; 148; 149, A-H. — BALF. F., *Obs. on the gen.* Pandanus, in *Journ. Linn. Soc.*, XVII, 33. — B. H., *Gen.*, III, 949, n. 1.

1. « *Pollen ovoideum, 3-vittatum* » (SOLMS).

comme un style. Au sommet de celle-ci répond un arc un peu saillant, stigmatifère, à convexité dorsale. Dans la loge ovarienne peu élevée s'insère un seul ovule basilaire, supporté par un pied épais[1]; dressé et anatrope, avec le micropyle inférieur et extérieur[2]. Le fruit est formé de drupes[3] anguleuses, rapprochées autour du centre commun, à péricarpe peu charnu et fibreux, souvent creusé de lacunes irrégulières dans sa portion supérieure que couronnent les restes des stigmates. La portion séminifère est creusée d'une ou de quelques loges dans chacune desquelles se voit une graine dressée, à tégument mince[4], à albumen charnu et huileux abondant, avec un petit embryon voisin de l'ombilic. On a fait une section *Marquartia*[5] des espèces analogues à celle qui précède, et dont les fleurs mâles, sur la disposition desquelles nous reviendrons bientôt, sont pourvues d'un pédicelle ordinairement assez court.

GAUDICHAUD[6] n'avait conservé comme véritables *Pandanus* que ceux qui sont organisés comme les *P. fascicularis* LAMK, de l'Inde, *pedunculatus* R. BR., d'Australie, etc. On en a fait des genres particuliers *Keura*[7] et *Athrodactylis*[8]. Ils ont les fleurs femelles disposées comme celles des *Marquartia*, et leurs fleurs mâles stipitées sont en épis et subverticillées.

Les Vaquois, qu'on a génériquement distingués sous le nom de *Barrotia*[9] et de *Rykia*[10], ont des fleurs mâles stipitées, avec des étamines ombellées. Leur fleur mâle est formée d'un seul carpelle qui se dirige en sens inverse de celui des *Marquartia*. A ce sous-genre se rapportent les *P. furcatus* SPRENG., *ceylanicus* SOLMS, *Lais* KURZ, *nitidus* KURZ, *minor* HAM., etc. Ce groupe a malheureusement été confondu par AD. BRONGNIART[11] avec celui que nous nommerons *Neobarrotia* et qui a pour type des espèces de la Nouvelle-Calédonie, telles que les *P. altissimus*, *Pancheri*, *aragoensis*, *decumbens*, *macrocarpus*, *Balansæ*

1. Il n'est pas libre et se distingue par sa consistance du tissu mou ambiant.

2. Le tégument est double.

3. Expression un peu forcée pour des fruits finalement secs, ligneux et bruns quand ils ont perdu leur coloration verte primitive.

4. Membraneux ou parfois subcrustacé. — B.-MIRB., in *Ann. Mus.*, XVI, t. 17.

5. HASSK., in *Flora* (1848), *Beibl.*, II, 14; *Cat. H. bogor.*, 61. — *Vinsonia* GAUDICH., *loc. cit.*, t. 17, 23, 31. — *Hasskarlia* (part.) WALP., *Ann.*, I, 753 (non H. BN). — *Keura* (part.) KURZ, in *Journ. As. Soc. beng.* (1869), 147 (non FORSK.).

6. *Loc. cit.*, t. 22.

7. FORSK., *Fl. æg. arab.*, 95, 122, 172 (1775). Ce nom a donc en réalité l'antériorité sur celui de LINNÉ fils, puisque celui de *Pandanus* RUMPH. (*Herb. amboin.*, IV, 139, t. 74. — O. K., *Revis.*, 737) n'est pas acceptable comme strictement générique. On comprendra néanmoins pourquoi nous ne faisons pas ici de tous les Vaquois des *Keura*.

8. FORST., *Char. gen.*, 149, t. 75 (1776). — SCOP., *Introd.*, 69.

9. GAUDICH., *loc. cit.*, t. 13, fig. 15-24.

10. DE VRIESE, in *Verh. K. Akad. Wetensk.* (1854); in *Tuinb. Fl.*, I, 161; in *Hook. Kew Journ.*, VI, 268.

11. In *Ann. sc. nat.*, sér. 6, I, 277, t. 14, 15.

Ad. Br., et qui ont des fleurs femelles pluricarpidiées; les carpelles dirigés individuellement comme ceux des vrais *Barrotia*, mais disposés en séries transversales; de façon que l'ensemble est comprimé d'arrière en avant. La région stigmatifère réniforme regarde généralement en haut. Les fleurs mâles, là où elles sont connues, forment, comme les femelles, un ensemble allongé, cylindrique. Leur axe claviforme se termine par un renflement hexagonal au-dessous duquel s'attachent de nombreuses étamines, à anthère oblongue, presque sessile.

On a également fait un genre, sous le nom de *Tuckeya*[1], du *P. Candelabrum* Pal.-Beauv., de l'Afrique tropicale occidentale, dont les fleurs mâles sont assez longuement stipitées, en assez grand nombre (9-12) et rapprochées en une sorte d'ombelle. Les fleurs femelles sont rassemblées en épi; leur syncarpe ovoïde est formé de drupes 1-3-carpellées, avec un court style chargé de petits aiguillons et une dilatation stigmatifère plate et irrégulièrement cordiforme.

Dans les fleurs mâles du *P. Kurzianus* Solms[2], les étamines, en nombre assez restreint (3-8), sont subombellées, courtes et à anthères tronquées au sommet. Le gynécée est formé d'un seul carpelle, et les carpelles des fleurs voisines convergent supérieurement les uns vers les autres. Leur surface stigmatique est sessile. Le fruit composé est spiciforme, formé de nombreuses drupes à sommet pyramidal et suboperculé. Ce sommet présente d'ailleurs une lacune centrale, et le péricarpe est osseux à sa maturité. On a fait de cette plante, qui est javanaise, un genre *Jeanneratia*[3] et une section *Microstigma*[4].

Le *P. caricosus* Spreng.[5], espèce javanaise bien connue, peu élevée, cespiteuse, a des étamines simples, à filet court et à anthère linéaire, acuminée ou mucronée. Ses fleurs femelles sont aussi formées d'un seul carpelle dirigé en arrière. Les fruits, finalement à peu près secs, sont couronnés d'un opercule et s'atténuent graduellement en un style simple et spiniforme, dont un côté est pourvu d'une surface stigmatifère linéaire. On rapporte aussi les *P. monticola* F. Muell., *fœtidus* Roxb., *ornatus* Gaudich. et *Korthalsii* Solms à ce sous-genre qui a reçu le nom générique de *Fisquetia*[6] et celui de section *Acrostigma*[7].

Un genre *Fouilloya*[8] a été proposé pour des espèces des îles orien-

1. Gaudich., *loc. cit.*, t. 26, fig. 10-20. — Solms, *loc. cit.*, 27.
2. *Loc. cit.*, 3, 4. — *P. humilis* Kurz.
3. Gaudich., *loc. cit.*, t. 25.
4. Kurz, in *Seem. Journ.*, V, 104.
5. *Syst.*, III, 897.
6. Gaudich., *loc. cit.*, t. 4, 5. — Solms, *loc. cit.*, 7.
7. Kurz, in *Journ. As. Soc. beng.* (1869), 146; in *Flora* (1869), 450.
8. Gaudich., *loc. cit.*, t. 26, fig. 1-9; 21-24. — Solms, *loc. cit.*, 22.

tales africaines, telles que les *P. racemosus* GAUDICH. et *pygmæus* HOOK., dans lesquelles l'unique carpelle de la fleur femelle, dirigé comme celui des *Fisquetia*, a la portion stigmatifère du style dilatée en lame membraneuse profondément partagée en deux lobes tronqués et subémarginés. Une grande lacune surmonte souvent la loge ovarienne. Les fleurs mâles ne sont formées que d'un petit nombre d'étamines dont les filets sont unis seulement à leur base[1].

Conçu dans ces vastes limites, le genre Vaquois comprend une cinquantaine d'espèces[2] et se trouve répandu dans toutes les régions

1. Nous pouvons considérer comme appartenant probablement aux genre *Pandanus* les types suivants, incomplètement connus et la plupart établis par GAUDICHAUD sur des fragments :

Dorystigma GAUDICH., *Voy. Bonite*, t. 13; 31, fig. 12, 13. — KURZ, in *Journ. As. Soc. beng.* (1869), 50. — SOLMS, *loc. cit.*, 64. Carpelles obpyramidaux, surmontés d'un chapiteau subhémisphérique, à bord inférieur anguleux-sinueux. Lobes du style 3-5, indépendants, irrégulièrement cordiformes. — Plantes de Maurice et de Madagascar.

Roussinia GAUDICH., *loc. cit.*, t. 21. — SOLMS, *loc. cit.*, 57. Fondé sur le *Perim-Kaida* de RHEEDE et rapproché avec doute du *P. Leram* FONTAN. Peu ramifié. Inflorescence ellipsoïde. Loges 4-6, à ovule hémitrope. Styles (?) étoilés sur un sommet en plate-forme polygonale.

Hombronia GAUDICH., *loc. cit.*, t. 22; in *Hombr. et Jacquin. Bot. Voy. Astrol.*, *Monoc.*, t. 2, 5. — WALP., *Ann.*, V, 862. — SOLMS, *loc. cit.*, 48. Établi pour le *Folium Bagea maritimum* RUMPH., *Herb. amboin.*, IV, t. 80. Carpidies de *Vinsonia*, épaisses, costées. Sommet stigmatifère irrégulièrement lobé. Loges fertiles 2 dans l'*H. calathiphora* GAUDICH.

Sussea GAUDICH., *loc. cit.*, t. 24, 25, 38. — KURZ, *loc. cit.*, 148, 150. — SOLMS, *loc. cit.*, 66. De Madagascar. Plantes à inflorescence femelle longuement ovoïde. Carpidies à 2 loges, surmontées de 1, 2 lobes stigmatifères horizontaux, réniformes. Ovule largement sessile, hémitrope, à sommet micropylaire acuminé. Étamines du *P. microstigma*, à filet longuement subulé et dilaté à sa base. Anthère oblongue, à loges libres à la base. Staminodes dans la fleur femelle.

Heterostigma GAUDICH., *loc. cit.*, t. 25.—KURZ, *loc. cit.*, 150. — SOLMS, *loc. cit.*, 66. De Sénégambie. Carpidies obpyramidales-claviformes, surmontées de 1-3 lobes stylaires dressés, à surface stigmatique hippocrépiforme. Loges 3 (dont 2 parfois stériles), surmontées d'une cavité pourvue d'un cône central plein. Région micropylaire longuement acuminée.

Eydouxia GAUDICH., *loc. cit.*, t. 18. — KURZ, *loc. cit.*, 150. — SOLMS, *loc. cit.*, 65. Attribué aussi avec doute au *P. Leram*. Carpelles très rapprochés, à styles au centre d'une aréole terminale, aplati-cordés. Ovule hémitrope, à région micropylaire longuement atténuée.

Bryantia WEBB, ap. GAUDICH., *loc. cit.*, t. 20 (non AD. BR.). Grosse inflorescence ovoïde, à nombreux carpelles obpyramidaux; le sommet operculiforme, plus courtement pyramidal. Ovule inséré dans la portion supérieure de la loge, hémitrope, imparfaitement ascendant; la région micropylaire apiculée et arquée.

Lophostigma AD. BR., in *Ann. sc. nat.*, sér. 6, I, t. 15, fig. 8, 9 (*Bryantiæ* sect.). Plantes de la Nouvelle-Calédonie, à spadice mâle ramifié, sans bractées; les anthères elliptiques, nombreuses, subsessiles; le fruit composé, elliptique ou allongé, à drupes simples, tronquées au sommet; le stigmate sessile, en forme de crête infléchie, avec dilatation cordiforme tournée vers le sommet du fruit total (*P. viscidus* et *Minda* PANCH.).

Doornia DE VR., in *Tuinb. Fl.* (1855), 174. — SOLMS, *loc. cit.*, 49. Plante des îles orientales d'Afrique, à tronc simple; les feuilles spinescentes; à fleurs femelles pluricarpidiées; le sommet des carpelles plan, avec style sessile, subpelté, pourvu d'un pore latéral. C'est (?) le *P. reflexus* K. KOCH, in *Wochenbl. Gartn.* (1858), I, 31.

Par les feuilles et par l'inflorescence à groupes floraux femelles distiques, courtement ovoïdes, dans l'aisselle de bractées foliiformes, semblable à celle des *Fouilloya* et *Tuckeya*, nous ne pouvons que rapprocher des *Pandanus* le *Souleyetia freycinetioides* GAUDICH., *Voy. Bonit.*, t. 19, dont les carpidies obpyramidales, surmontées d'un dôme que coiffe une saillie stigmatifère hippocrépiforme, renferment, au-dessous d'une lacune conique, une loge à trois ovules dressés sur un funicule et longuement apiculés. Il peut y avoir double saillie stigmatifère.

2. PAL.-BEAUV., *Fl. owar. et ben.*, t. 21, 22. — ROXB., *Pl. corom.*, t. 94-96. — GRIFF., *Ic. pl. asiat.*, t. 174. — MIQ., *Fl. ind. bat.*, III, 153, t. 37; *Anal. bot.*, II, 10, t. 2. — KURZ, in *Journ. As. Soc. bengal.*, XXXVIII, 145; in

tropicales de l'ancien monde. Ce sont des plantes rarement herbacées et subacaules, ou bien plus souvent frutescentes ou arborescentes, à tige épaisse, dressée, ou grêle et subsarmenteuse, simple ou plus ou moins ramifiée bi- ou trichotomiquement[1], portant généralement des racines adventives aériennes épaisses. Les feuilles, ordinairement rapprochées les unes des autres vers le sommet de la tige ou de ses divisions, trifariées et spiralées, ont une gaine basilaire, et un limbe

Freycinetia insignis.

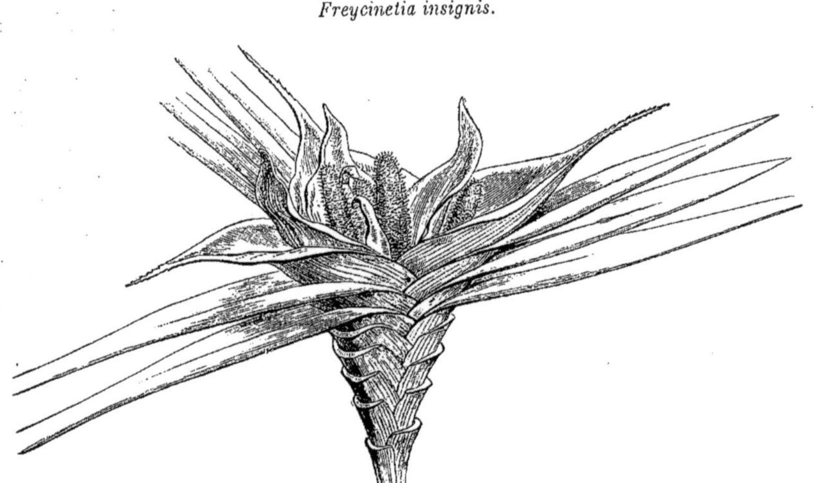

Fig. 247. Rameau florifère mâle.

linéaire, très long ou plus rarement médiocrement allongé, graduellement atténué au sommet, récurvé, caréné, rigide ou coriace; les bords et la carène serrés, rarement inermes, le plus souvent spinescents. Les aiguillons sont souvent récurvés, ou bien les plus élevés sont incurvés; ils sont fréquemment très puissants. Les fleurs[2] sont

Seem. Journ. Bot., V, 93, 125, t. 62-65; *For. Fl.*, 505. — GAUDICH., *Voy. Bon. Bot.*, t. 22. — PLESR, *Epim.*, 239. — JON., in *As. Res.*, III, 263. — BENTH., *Fl. austral.*, VII, 148. — BALF. F., in *Bak. Fl. maurit.*, 395. — SOLMS, in *Bot. Zeit.* (1878), 321, 352, t. 10, fig. 3-7, 10-12, 28; in *Ann. Jard. Buitenz.* (1883), t. 16. — HANCE, in *Trim. Journ.* (1875), 67. — RIDL., in *Trans. Linn. Soc.*, ser. II, *Bot.*, III, 393. — SEEM., *Fl. vit.*, 281. — BAK., in *Journ. Linn. Soc.*, XXI, 447; XXII, 527. — HOOK. F., *Fl. brit. Ind.*, VI, 483. — HILLEBR., *Fl. haw. isl.*, 452. — BL., *Rumphia*, I, 135. — REG., *Gartenfl.*, t. 48, 297. — *Ill. hort.* (1860), t. 265; (1872), t. 55; (1877), t. 288. — *Rev. hort.* (1862), 416, fig. 36, 37; (1866), 271, c. ic.; (1868), 210, fig. 23; (1878), 405, fig. 84; (1879), 290, c. ic.; (1881), 174, fig. 40-45. — *Bot. Mag.*, t. 4736, 5014, 6347, 7063. — WALP., *Ann.*, V, 857.

1. Avec cette disposition des axes coïncident naturellement, comme dans tant d'autres Monocotylédones qui sont dans le même cas, des particularités anatomiques qui ont attiré l'attention des auteurs. NÆG., *Beitr. z. wiss. Bot.*, Hft 1 (1858), 30. — V. TIEGH., in *Ann. sc. nat.*, sér. 5, VI, 195. — SOLMS, *Pflanzenfam.*, 187.

2. Blanches ou jaunâtres, souvent à odeur suave, parfois aussi fétide.

disposées en spadices terminaux ; les mâles composés ou décomposés, avec souvent des phénomènes d'entraînement particuliers[1]. Les inflorescences femelles sont capituliformes ou spiciformes, solitaires ou composées, sessiles ou pédonculées. A la maturité des fruits, le pédoncule épais est souvent pendant, et le plus souvent les carpelles, isolés ou rapprochés du groupe, se détachent de l'axe général de l'inflorescence. Les feuilles florales sont plus ou moins spathiformes, membraneuses, verdâtres ou plus ou moins colorées.

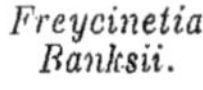
Freycinetia Banksii.

Fig. 248. Fruit composé ($\frac{1}{2}$).

Les *Freycinetia* (fig. 247, 248), des régions chaudes ou tempérées de l'Asie et de l'Océanie, ont des fleurs dioïques qui se distinguent de celles des Vaquois par la présence de staminodes autour de la base de l'ovaire et par un androcée polyandre. Elles sont pourvues d'un gynécée stérile plus ou moins développé, avec un ovaire fertile à placentas pariétaux et pluriovulés. Sur chacun d'eux, les ovules, pourvus d'un funicule, sont disposés sur deux séries. Le fruit est un syncarpe charnu, à une ou plusieurs cavités gorgées de mucilage dans lequel sont plongées des graines oblongues ou fusiformes, à albumen charnu. Ce sont des arbustes sarmenteux et grimpants, à tige simple ou ramifiée et produisant de nombreuses racines adventives.

Le *Sararanga sinuosa*, océanien, incomplètement connu, est décrit comme ayant des fleurs femelles disposées en un vaste spadice très rameux, avec des réceptacles charnus, sinueux et involucrés, dont les fleurs immergées ont un ovaire uniloculaire et uniovulé.

C'est R. BROWN qui, en 1810, a créé cette petite famille, sous le nom de Pandanées[2]. LINDLEY, en 1836, lui donna le nom de Panda-

1. Dans certaines espèces, comme le *P. caricosus*, où un axe principal porte des axes secondaires florifères alternes, les plus inférieurs de ceux-ci sont légèrement entraînés au niveau de leur bord interne ; ce qui simule une courte soudure intérieure, à peu près nulle plus haut. Mais avec de grandes inflorescences mâles décomposées, M. DUTAILLY a fait voir (in *Ann. Soc. bot. Lyon* (1880), 340) que les gros chatons nés dans l'aisselle des bractées alternes deviennent connés, c'est-à-dire soulevés, sur une certaine longueur, avec l'axe principal. Plus on s'élève sur l'axe principal, plus les chatons tendent à fusionner de bas en haut avec celui-ci. Les supérieurs lui sont même unis dans toute leur hauteur.

2. *Prodr. Fl. N.-Holl.*, I, 340 (*Pandaneæ*). — LINDL., *Nat. Syst.* (1836), Ord. 254. — ENDL., *Gen.*, 242, Ord. 74 (part.). — B. H., *Gen.*, III, 949, Ord. 188.

nacées[1]. JUSSIEU avait réuni dans un même groupe naturel les *Pandanus*, *Nipa* et *Phytelephas*[2]; et longtemps on cita au sujet des Vaquois, « leur affinité avec le *Nipa* qui sert de lien entre les Pandanées et les Palmiers[3] ». Le port et le feuillage des Pandanacées est caractéristique, puisque jamais leurs feuilles ne sont composées, pinnatifides ou pinnatiséquées. La torsion des bases foliaires et en même temps les dentelures épineuses des bords ne sont pas moins remarquables. Sinon, il y a une très grande ressemblance entre les *Nipa*, les *Phytelephas* d'une part, et d'autre part les Vaquois. Mais ceux-ci ont les fleurs des deux sexes absolument nues, et leur graine est totalement différente de celle des Palmiers. On ne peut contester les très grandes analogies des *Pandanus* avec les Aracées et les Typhacées. Mais ces dernières, plantes herbacées aquatiques, nous ont paru plutôt représenter la forme amentacée, à carpelles indépendants, des Najadacées. Quant aux Cyclanthacées, souvent unies aux Pandanacées, elles s'en distinguent surtout par leur port et leurs feuilles plissées dans la vernation, non moins que par le rapprochement dans une même inflorescence de leurs fleurs des deux sexes; les mâles entourant les femelles ou se disposant parallèlement à elles.

Les usages[4] des Pandanacées sont peu nombreux. On cite plusieurs espèces[5] comme ayant des semences comestibles. Les fleurs du *P. utilis* BORY[6] (fig. 243-246), odorantes et alimentaires, passent aussi pour aphrodisiaques. Le bois peut servir aux mêmes usages que celui des Palmiers. Aux îles Mascareignes, on fait avec les feuilles des nattes et surtout des enveloppes pour les balles de café et de sucre. Les fruits de plusieurs Vaquois sont astringents, emménagogues, antidiarrhéiques, surtout avant leur maturité. Le péricarpe du *P. edulis* DUP.-TH., de Madagascar, est doux et agréable. On dit que la racine rougeâtre du *Freycinetia strobilifera* BL. sert à Java à colorer les Araks. Aux Moluques, c'est avec les feuilles du *Pandanus repens* RUMPH. qu'on emballait, dit-on, souvent les muscades.

1. *Intr. Nat. Syst.*, ed. II, 361; *Veg. Kingd.*, 130, Ord. 37 (part.). — SOLMS, *Mon. Pandan.*, in *Linnæa* (1878); *Pflanzenfam.*, 186 (Fam.). — *Eupandaneæ* ENDL., *loc. cit.*
2. In *Dict.*, XXXVII, 322 (1825).
3. In *Ann. Mus.*, V, 302.
4. ROSENTH., *Syn. pl. diaphor.*, 145, 1090.
5. Les plus utiles qu'on cite sont les *P. caricosus* KURZ, *furcatus* ROXB. (*Korr*), *Lais* KURZ (*Tjang-Koang*), *humilis* JACQ., *Bagea* MIQ., *sylvestris* RUMPH., *latifolius* RUMPH., *ceramicus* RUMPH., *moschatus* RUMPH., *repens* RUMPH., etc.
6. *Voy. ìl. Afr.*, II, 3, not. — SOLMS, in *Linnæa*, XLII, 29. — *P. odoratissimus* JACQ. — *P. spurius* MIQ. — *P. Candelabrum* HOOK., *Bot. Mag.*, t. 5014 (non P.-BEAUV.). — *Vinsonia utilis* GAUDICH. — *Marquartia globosa* HASSK. Le *P. fascicularis* LAMK (*P. odoratissimus* ROXB.) a, dit-on, les mêmes propriétés.

GENERA

1. **Pandanus** L. F. — Flores diœci nudi; masculorum staminibus paucis v. ∞, receptaculo convexiusculo nuncve peltatim dilatato insertis; filamentis liberis v. varie connatis; antheris basifixis linearibus v. oblongis, apice obtusis v. apiculatis, introrsum, extrorsum v. lateraliter rimosis, nunc 4-locellatis. Floris fœminei staminodia 0 (v. « nunc minuta »). Gynæcei carpella libera, 1-locularia, v. in phalanges 1-∞-loculares connata; vertice attenuato v. varie solido, truncato, tumido, prismatico v. operculiformi, nunc cavo; lobis stigmatosis forma variis, simplicibus subulatis, longitudinaliter linearibus, unguiformibus hincque papillosis, reniformibus, hippocrepicis, furcatis v. 2-lamellatis. Ovulum in loculo quoque 1, adscendens v. basilare; funiculo crasso sæpe haud libero; placenta spurie parietali. Fructus in syncarpium sphæricum, ovoideum, ellipsoideum, oblongum v. cylindraceum, conferti; carpellis drupaceis v. lignosis, inferne connatis v. in phalanges induratas confluentibus, plerumque singulatim v. per greges a receptaculo communi persistente sub maturitate facile deciduis. Semen adscendens oblongo-obovatum v. subfusiforme; hilo sæpe lineari-elongato; apice micropylari inferiore sæpius attenuato recto v. arcuato; testa membranacea v. subcrustacea, sæpe striolata; raphe prominula; albumine carnoso denso; embryone parvo prope ad hilum basilari. — Arbores v. frutices erecti, rarius subsarmentosi, v. herbæ caule brevissimo v. prostrato radicante; trunco simplici v. 2, 3-chotome patentim ramoso; ramis radices adventivas aereas nunc crebras emittentibus. Folia in summo caudice v. in summis ramis conferta, spiraliter 3-fariam disposita, basi vaginantia, longissime v. brevius linearia, subulata v. sensim acuminata recurva concavo-carinata, coriacea v. rigida, demum tota

decidua; marginibus carinaque serratis spinescentibus v. raro integris; aculeis recurvis, v. superioribus incurvis. Flores in spadices terminales dispositi : masculi solitarii v. fasciculati simplices v. plus minus compositi, sessiles v. stipitati; ramis amentiformibus liberis intusve basi v. plus minus alte supremisve fere omnino cum axi primario elevato-connatis; flore quoque sessili v. nunc breviter pedicellato. Inflorescentiæ fœmineæ variæ solitariæ v. compositæ; pedunculo sæpius fructifero pendulo; receptaculo forma vario; foliis floralibus spathaceo-bracteiformibus, viridulis v. coloratis. (*Orb. vet. reg. trop. et subtrop.*) — *Vid. p.* 405.

2. **Freycinetia** GAUDICH.[1] — Flores diœci nudi : masculi ∞-andri; filamentis brevibus subulatis v. gracilibus flexuosis; antheris basifixis lineari-oblongis, apice obtusis v. varie apiculatis; loculis longitudinaliter rimosis. Gynæcei rudimentum varium v. 0. Floris fœminei staminodia ∞, hypogyna brevia linearia imo gynæceo adnata. Germina ∞, libera v. varie in phalanges connata, 1-locularia, vertice truncato incrassata, nunc crenulata; crenis depresse stigmatiferis. Ovula pauca v. ∞, placentis parietalibus 3-∞ affixa, 2-seriata, nunc filis immixta, anatropa; funiculo longo adscendente. Syncarpium baccatum, 1-∞-loculare; septis nunc evanidis; loculis completis v. incompletis, mucilagine repletis. Semina oblonga, ellipsoidea v. fusiformia; integumento extimo crustaceo v. membranaceo striato; raphe prominula; albumine carnoso; embryone axili brevi v. longo. — Frutices v. fruticuli scandentes; caudice simplici v. ramoso annulato radicante. Folia elongata carinata, integra v. serrata, basi vaginantia. Spadices terminales fasciculati v. spurie umbellati simplices[2]; foliis floralibus involucrantibus spathaceis coloratis v. carnosulis; fœmineis post anthesin diu persistentibus v. citius deciduis. (*Asia trop. or., Oceania trop. et subtrop.*[3])

1. In *Freycin. Voy. Bot.*, 431, t. 41-43; *Bot. Voy. Bonite*, t. 27, 35-38, 52, 60. — K., *Enum.*, III, 101. — ENDL., *Gen.*, n. 1712. — SOLMS, in *Linnæa*, XLII, 81; in *Bot. Zeit.* (1878), t. 10, fig. 1, 2, 8, 9, 13. — DR., *Pflanzenfam.*, 190. — B. H., *Gen.*, III, 951, n. 2. — *Jezabel* BANKS, ex SALISB., *Gen. pl. Fragm.*, 5. — *Victoriperrea* GAUDICH., in *Hombr. et Jacquin. Voy. Astrol. Bot.*, *Monoc.*, t. 1.

2. Flores dicuntur a *Pteropo eduli* fecundati.

3. Spec. ad 30. SCHOTT, *Melet.*, 16. — ENDL., *Prodr. Fl. norfolk.*, 24. — BL., *Rumphia*, 156, t. 40-43. — BENN., *Pl. jav. rar.*, t. 9. — A. RICH., *Voy. Astrol. Bot.*, t. 2. — HOMBR. et JACQUIN., *loc. cit.*, t. 2. — HOOK. F., *Fl. N. Zel.*, t. 54, 55; *Fl. brit. Ind.*, VI, 487. — SEEM., *Fl. vit.*, 282, t. 83-86. — MIQ., *Fl. ind. bat.*, III, 167. — KURZ, in *Journ. As. Soc. bengal.*, XX, XVIII, 133; *For. Fl.*, II, 508. — BENTH., *Fl. austral.*, VII, 150. — HILLEBR., *Fl. haw. isl.*, 453. — *Rev. hortic.* (1872), t. 193. — *Bot. Mag.*, t. 6028. — WALP., *Ann.*, III, 494; V, 858.

3? **Sararanga** HEMSL.[1] — « Flores diœci : masculi...? Fœmineorum spadix paniculato-ramosissimus. Ramuli ultimi incrassati sphæroidei receptacula florifera carnosa sinuosa involucrata formantes ; involucro brevi sinuoso. Flores fœminei[2] immersi flexuoso-2-seriati, mamillis[3] superficialibus 2-seriatis conjuncti ; staminodiis 0 ; germine 1-loculari, 1-ovulato ; ovuli hemitropi micropyle infera. — Arbor excelsa ; foliis lineari-lanceolatis coriaceis, apicem versus aculeolatis ; spadice amplo[4]. (*Ins. Salomon, N. Guinea*[5].) »

1. In *Journ. Linn. Soc.*, XXX, 216, t. 11.
2. Perjuveniles.
3. « Stigmatosis? »
4. « 4, 5-pedali, albo. »
5. Spec. 1. *S. sinuosa* HEMSL., e quo character hic omnino desumptus.

CXXXVI

CYCLANTHACÉES

I. SÉRIE DES CYCLANTHUS.

Les *Cyclanthus*[1] ont des fleurs monoïques et tirent leur nom de ce que ces fleurs, sont, dans l'espèce prototype du genre (fig. 249-252), régulièrement groupées en cercles superposés, alternativement mâles

Cyclanthus bipartitus.

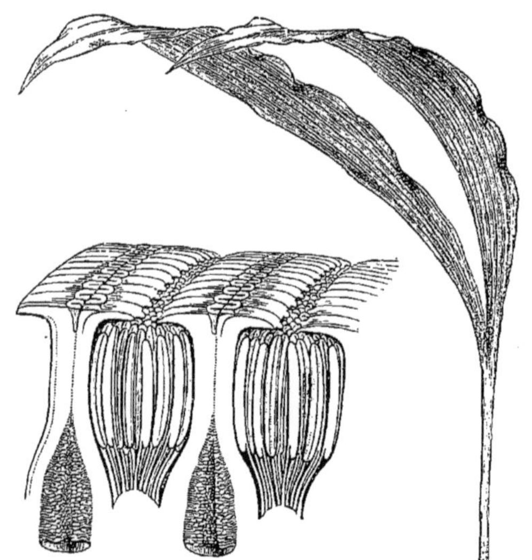

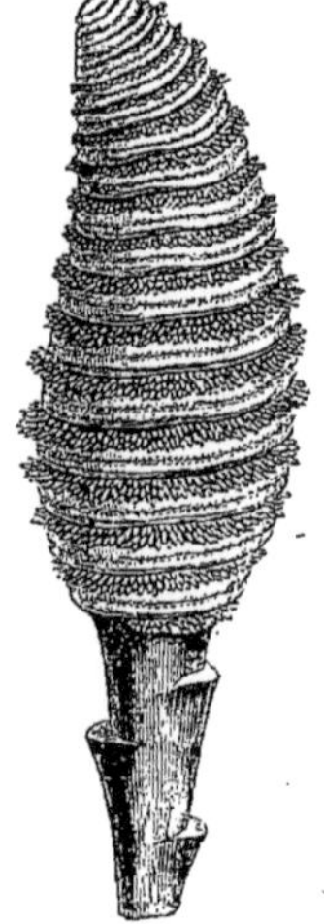

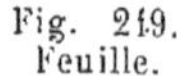

Fig. 252. Portion d'inflorescence, coupe longitudinale.

Fig. 249. Feuille.

Fig. 250. Inflorescence jeune.

Fig. 251. Inflorescence épanouie.

et femelles. La fleur mâle est nue, primitivement incluse dans une cavité de l'inflorescence, plus tard soulevée au dehors, plus haut que les fleurs femelles. Les étamines, en nombre indéfini, libres ou

1. Poit., in *Mém. Mus.*, IX, 35, t. 2, 3. — K., *Enum.*, III, 107, 589. — Turp., in *Dict. sc. nat.*, Atl., t. 134, 135. — Endl., *Gen.*, n. 1714. — B. H., *Gen.*, III, 950, n. 4. — Dr., in *Engl. u. Prantl Pflanzenfam.*, II, 3, p. 101, fig. 68, 71. — *Cyclosanthes* Poepp., in *Froriep. Notiz.*, XXXI, 312. — *Discanthus* Spruce, in *Journ. Linn. Soc.*, III, 196.

unies inférieurement en un ou deux faisceaux, ont un filet court et linéaire, et une anthère linéaire-oblongue, basifixe, à quatre logettes longitudinales, déhiscente vers les bords par deux fentes longitudinales. Elle finit souvent par se tordre suivant sa longueur. Les fleurs femelles ont un ovaire infère, plongé dans le tissu de l'axe de l'inflorescence, uniloculaire et surmonté d'un long col. Son sommet se dilate en lames qu'on considère ordinairement comme les folioles d'un périanthe et qui forment des séries circulaires doubles de dentelures tournées les unes vers la base, les autres vers le sommet de l'inflorescence. En dedans de ces dentelures se trouvent de nombreux staminodes à anthère imparfaite. Les cavités ovariennes confluentes sont surmontées d'un style épais, à lobes stigmatifères émarginés; et leurs placentas pariétaux, au nombre de deux, portent de nombreux ovules anatropes, adscendants, à longs funicules inégaux. Le fruit composé est chargé de bourrelets transversaux, saillants et pourvus d'un sillon dans le milieu de leur épaisseur. Les graines, en nombre indéfini, sont ovoïdes, supportées par un long funicule. Leur tégument extérieur est translucide, et l'intérieur est sillonné en dedans. L'albumen est abondant, charnu, et l'embryon axile est cylindrique, rectiligne.

On distingue trois ou quatre[1] *Cyclanthus*. Ce sont des herbes vivaces, lactescentes, des localités aquatiques de l'Amérique tropicale. De leur rhizome court, plongé dans la vase, partent des racines adventives et des feuilles aériennes rapprochées, à long pétiole dressé; le limbe bifurqué, à deux divisions lancéolées, symétriques l'une de l'autre, totalement indépendantes ou unies inférieurement, plissées, pourvues chacune d'une côte et de nervures parallèles, reliées par de fines veines transversales. Du rhizome s'élève aussi un long pédoncule dressé, cylindrique, nu ou portant des bractées, terminé par un renflement spadiciforme, dont la base donne insertion à plusieurs feuilles modifiées[2], spathiformes, imbriquées, enveloppant d'abord toutes les fleurs[3]. Il y a des espèces dans lesquelles celles-ci sont dites confluentes en spire.

1. SPRENG., *Syst.*, III, 772; *Gen.*, II, 682. — POEPP. et ENDL., *Nov. gen. et spec.*, II, 38, t. 152, 154. — DR., in *Mart. Fl. bras.*, III, II, 243, t. 60, fig. 2.

2. Ce sont des gaines foliaires, et les plus extérieures peuvent même supporter un rudiment de limbe. Les intérieures sont jaunes.

3. Blanches ou jaunâtres, peu visibles.

II. SÉRIE DES CARLUDOVICA.

Les fleurs des *Carludovica*[1] (fig. 253-262) sont aussi monoïques; chaque femelle entourée de quatre mâles. Celles-ci ont un périanthe

Carludovica funifera.

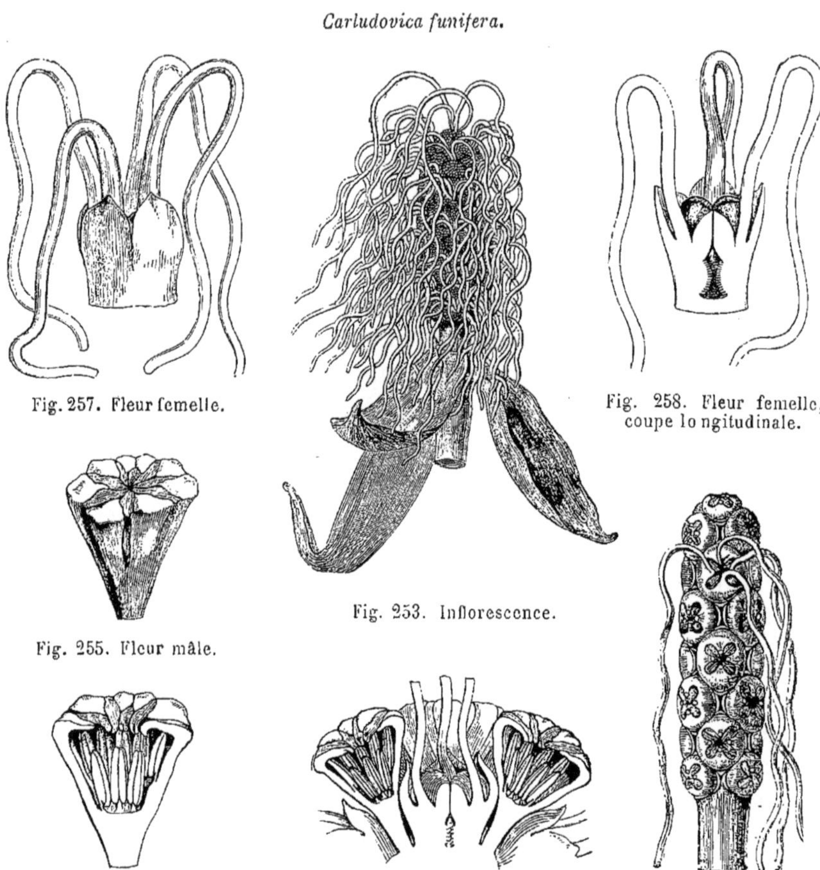

Fig. 257. Fleur femelle.

Fig. 258. Fleur femelle, coupe longitudinale.

Fig. 253. Inflorescence.

Fig. 255. Fleur mâle.

Fig. 256. Fleur mâle, coupe longitudinale.

Fig. 254. Glomérule, coupe longitudinale.

Fig. 259. Fruit composé, jeune.

court, régulier ou oblique, charnu, découpé sur ses bords en une rangée simple ou double de petits lobes en nombre variable sur chaque

1. R. et PAV., *Fl. per. et chil. Prodr.*, 146, t. 31. — K., *Enum.*, III, 104, 588; *Syn.*, I, 128. — ENDL., *Gen.*, n. 1713. — B. H., *Gen.*, III, 953, n. 2. — DR., *Pflanzenfam.*, 99, fig. 66-70; in *Bot. Zeit.* (1877), 591. — *Ludovia* PERS., *Syn.*, II, 156. — POIT., in *Mém. Mus.*, IX, 27, t. 1. — *Salmia* W., in *Ges. Naturf. Fr. Berl. Mag.*, V, 399.

rangée[1]. Plus intérieurement se voient de nombreuses étamines plurisériées. Leur filet, court et subulé, s'épaissit à sa base en un corps qui, inférieurement, s'unit au périanthe et à la portion correspondante des étamines voisines. L'anthère, basifixe ou dorsifixe, oblongue ou didyme, s'ouvre par deux fentes longitudinales en dedans ou vers les bords. Les fleurs femelles, plus ou moins plongées dans l'axe de l'inflorescence, ont un périanthe de quatre folioles, dont deux latérales, une supérieure et une inférieure. Elles sont libres ou plus ou moins unies inférieurement, plus ou moins développées d'abord et ensuite accrescentes, plus ou moins épaisses, parfois émarginées ou bilobées. A chacune d'elles se superpose un grand staminode filiforme, qui lui est adné par la base, d'abord plus ou moins replié sur lui-même, à sommet atténué ou portant un rudiment d'anthère. Il finit par se détacher, soit à sa base, soit un peu au-dessus. L'ovaire, en grande partie infère et adné, est uniloculaire, surmonté de quatre lobes stigmatifères radiants, épais, sessiles, parcourus d'un sillon médian. Quatre placentas pariétaux épais alternent avec eux, latéraux ou plus ou moins rapprochés du plafond de l'ovaire. Chacun d'eux porte un nombre indéfini d'ovules descendants, anatropes, pourvus d'un court funicule[2]. Le fruit composé est un syncarpe cylindrique ou presque sphérique, charnu ou pulpeux, tout chargé des restes du calice et des lobes stylaires. Dans la pulpe sont plongées de nombreuses graines ellipsoïdes, comprimées, à tégument extérieur charnu; l'intérieur coriace, entourant un albumen charnu ou corné dans l'axe duquel se trouve un petit embryon cylindrique.

Il y a des *Carludovica* à ovaire presque entièrement libre[3]. Dans le *C. lancæfolia*, dont on a fait un genre *Ludovia*[4], les sépales de la fleur femelle sont épais et très courts, réduits à des bourrelets obtus. C'est une liane à tige radicante, à feuilles distiques et lancéolées; tandis que dans les *Carludovica* vrais, la tige est souvent courte et épaisse, avec des feuilles palmatiséquées, dont les segments multicostés sont entiers ou dentés. Cependant les feuilles peuvent aussi s'y

1. Les intérieurs ont été parfois considérés comme les lobes d'une corolle. Il y a des espèces où leur forme semble indiquer des staminodes.

2. Le tégument ovulaire est double, et le micropyle est supérieur et intérieur. Les ovules se développent de bas en haut sur le placenta.

3. Tels les *Evodianthus* ŒRST., in *Vid. Medd. Nat. Foren Kjob.* (1875), 194; *Amer. centr.*, t. 1, et *Sarcinanthus* ŒRST., in *Vid. Medd. Nat. Foren Kjob.* (1875), 196; *Amer. centr.*, t. 2 (DR., *Pflanzenfam.*, 100, 101), qui ne constituent que des sections mal définies.

4. AD. BR., in *Ann. sc. nat.*, sér. 4, XV, 360, t. 1; in *Fl. serres*, XV, 33, t. 1515, 1516 (non PERS.). — B. H., *Gen.*, III, 953, n. 3. — DR., *Pflanzenfam.*, 101, n. 5; in *Mart. Fl. bras.*, III, II, 242, t. 60, fig. 1.

montrer distiques et entières. Leur pétiole, long ou court, se dilate en gaine à sa base. Le fruit composé s'élève de terre sur un pédoncule long ou court, ou bien il se détache de l'aisselle des feuilles. Il est d'abord enveloppé par des spathes en nombre variable, souvent deux, imbriquées, et représentant des gaines foliaires[1]. Le genre comprend une trentaine d'espèces[2], toutes originaires de l'Amérique tropicale.

Carludovica palmata.

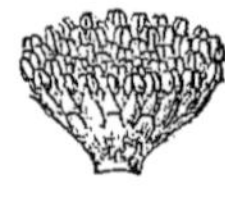

Fig. 260-262. Fleurs mâles.

On a distingué génériquement le *Stelestylis coriacea* Dr., du Brésil oriental, qui a, dit-on, comme les *Cyclanthus*, de grandes feuilles bifides et des fleurs femelles à quatre sépales dissemblables, avec un style pyramidal à quatre cornes divergentes.

Cette petite famille a souvent été annexée soit aux Aracées, soit aux Pandanacées. Poiteau lui avait donné le nom de Cyclanthées[3] en 1822, mais pour le seul genre *Cyclanthus*. Reichenbach[4], tout en en faisant une division des Palmiers, y réunissait les *Cyclanthus* et les *Carludovica*. Plus tard[5], il en fit une subdivision des Pandanées. Schott[6] y joignit les *Phytelephas;* et Meissner[7], les *Nipa*. En somme, la famille ne se distingue absolument des Pandanacées et des Aracées que par le port et par des feuilles presque toujours plissées dans la vernation. Ce caractère n'est cependant pas plus constant que la situation plus ou moins infère de l'ovaire. Les Palmiers, dont la feuille peut être celle des Cyclanthacées[8], n'ont pas le fruit composé charnu de celles-ci et se distinguent par des stipes cloisonnés, ordinairement ligneux[9]. Les Aracées ont rarement les fleurs tétramères ou disposées

1. Avec, assez souvent, un limbe apical rudimentaire.

2. Hook., *Journ. Bot.* (1840), t. 3, 4. — Poepp. et Endl., *Nov. gen. et spec.*, t. 151, 154. — Wendl. f., *Ind. Palm.* (1854), 43. — Lodd., *Bot. Cab.*, t. 1068. — Oerst., *loc. cit.*, 196. — Dr., in *Mart. Fl. bras.*, III, II, 231, t. 54-59. — Schott et Endl., *Melet*, I; 15. — Kl., in *Linnæa*, XX, 469. — Reg., *Gartenfl.*, t. 992, 1046. — *Gardn. Chron.* (1877), II, 715, fig. 136; (1879), II, 278, fig. 46. — *Rev. hort.* (1861), t. 10, 11; (1869), fig. 71. — *Ill. hort.*, t. 165. — Hemsl., *Bot. centr.-amer.*, III, 416. — Griseb., *Fl. brit. W.-Ind.*, 513. — *Bot. Mag.*, t. 2950, 2951, 6418, 7083, 7118, 7263. — Walp., *Ann.*, I, 753; V, 859; 860 *(Evodianthus)*; 861 (*Sarcinanthus*).

3. In *Mém. Mus.*, IX, 34 « (*Ludoviaceæ*, nov. fam. inter *Aroideas* et *Pandaneas* collocanda) ».

4. *Consp.* (1828), 71; *Handb.* (1837), 158.

5. *Nom.* (1841), 43.

6. *Melet.* (1832), 15 (Ord.).

7. *Gen.* (1842), 358 (268) (Trib.).

8. Mais celles-ci ne les ont pas toujours plissées, comme l'on dit.

9. Sur les caractères anatomiques, comparés à ceux des Palmiers, et sur les organes végétatifs, Dr., *Pflanzenfam.*, 94.

sur l'axe de la même façon que celle des Cyclanthacées[1]. A la base de leur spadice, il n'y a qu'une seule spathe unilatérale. On s'accorde généralement aujourd'hui à partager la famille en deux séries :

I. CYCLANTHÉES[2]. — Fleurs monoïques : les mâles et les femelles disposées en séries alternantes verticillées ou spiralées. Fleurs femelles nues. — Herbes vivaces, à suc laiteux et à feuilles bipartites ; les deux segments symétriques l'un de l'autre et costés. — 1 genre.

II. CARLUDOVICÉES[3]. — Fleurs monoïques, disposées en glomérules : une femelle centrale, entourée de quatre mâles. Périanthe mâle à dents nombreuses. Périanthe femelle 4-mère. Staminodes 4, oppositisépales, très longuement filiformes. Style à 4 lobes alternisépales. — Herbes vivaces, à suc aqueux. — 2 genres.

Toutes les Cyclanthacées appartiennent à l'Amérique tropicale[4].

USAGES[5]. — C'est avec les feuilles du *Carludovica palmata*[6] qu'on fabriquait exclusivement autrefois, disait-on, les pailles de Panama, notamment les chapeaux fins dont le prix pouvait être si élevé. Aujourd'hui, plusieurs autres espèces du genre servent aux mêmes usages ; et le *Chidra* de Costa-Rica, dont on fait aussi de beaux chapeaux, des étuis à cigares et bien d'autres objets de fine vannerie, serait le *C. rotundifolia* WENDL. F. On emploie dans un but analogue les *C. latifolia* R. et PAV., *atrovirens* WENDL. F. et d'autres espèces. Ces plantes, avec le *Cyclanthus bipartitus* POIT., se cultivent comme ornementales dans nos serres chaudes. Les feuilles du *Carludovica palmæfolia*[7] servent aux mêmes usages que celles des Palmiers ; et les espèces sarmenteuses s'emploient, au Brésil, comme cordages.

1. LINDL., *Introd. Nat. Syst.*, ed. II, 362. — GARDN., in *Hook. Journ. Bot.*, II, 27.
2. B. H., *Gen.*, III, 952, 953, Trib. 2. — DR., *Pflanzenfam.*, 101, II.
3. B. H., *Gen.*, III, 952, Trib. 1. — DR., *Pflanzenfam.*, 98, I.
4. Sur leur distribution géographique : DR., *Pflanzenfam.*, 98 (*Geogr. Verbreit.*) ; in *Mart. Fl. bras.*, III, II, 247 (*Ration. geogr.*).
5. ROSENTH., *Syn. pl. diaphor.*, 146, 1091. — H. BN, in *Dict. enc. sc. méd.*, sér. 1, XII, 595.
6. R. et PAV., *Fl. per. et chil. Syst.*, 291. — H. B. K., *Nov. gen. et spec.*, t. 79. — K., *Enum.*, III, 105. — *Ludovica palmata* PERS. — *Salmia palmata* W. Les feuilles sont d'abord découpées en fines lanières, puis nattées, ordinairement à la main. A la Nouvelle-Grenade, les plus fins chapeaux, qui doivent être appelés de Murrapa, rivalisent avec ceux de Guayaquil. D'après TRIANA, les principaux centres de fabrication en Colombie se trouvent dans les provinces d'Antioquia, de Neiva et de Socorro. Avec des lanières extraites du pétiole (*nacumas*), on fait aussi des *petacos*, corbeilles ordinairement tressées avec des pailles de diverses couleurs.
7. *C. Plumieri* K., *Enum.*, III, 105. — *Salmia palmæfolia* W. (1811). — *Arum hederaceum foliis bisectis....* PLUM.

GENERA

I. CYCLANTHEÆ.

1. **Cyclanthus** Poit. — Flores monœci inflorescentiæ rhachi immersi: masculi nudi, ∞-andri; filamentis brevibus, basi liberis v. 1, 2-adelphis; antheris basifixis lineari-oblongis, 4-locellatis, ad margines 2-rimosis, nunc demum tortis. Floris fœminei germen 1-loculare; tubo apice in foliola perianthii (?) dilatata; foliolis in seriem ∞-dentatam connatis, basin aliis, aliis autem apicem inflorescentiæ spectantibus. Staminodia ∞, nunc inter se et cum foliolis confluentia; antheris imperfectis v. 0. Germina inter se confluentia; styli crassi lobis stigmatosis emarginatis. Ovula ∞, placentis parietalibus 2 affixa anatropa; funiculis adscendentibus inæqualibus. Fructus compositus discis transversis tumidis sulcatis opertus. Semina ∞, ellipsoidea funiculata; integumento extimo pellucido; intimo autem testaceo, intus sulcato; raphe lineari; albumine carnoso; embryone recto cylindraceo. — Herbæ perennes (lactescentes); rhizomate crasso in limo radicante. Folia conferta petiolata; limbi segmentis 2, asymmetricis, liberis v. basi connatis, lanceolatis plicatis, 1-costatis; nervis parallelis ∞; venis transversis; petiolo longo, basi vaginante. Pedunculus longus, bracteatus v. nudus; spica cylindracea flores in annulos alternatim masculos fœmineosque v. nunc in spiram dispositos confluentes gerente; masculis primum immersis demumque ultra fœmineos elevatis. (*America trop.*) — *Vid. p. 416.*

II. CARLUDOVICEÆ.

2. **Carludovica** R. et Pav. — Flores diœci; masculorum perianthio brevi, regulari v. obliquo carnosulo; dentibus variis ∞, 2-seriatis.

Stamina ∞; filamentis inter se et cum perianthio basi dilatata connatis, apice subulatis; antheris dorsifixis v. subbasifixis, oblongis v. 2-dymis; loculis intus v. ad margines rimosis. Floris fœminei subliberi v. rhachi plus minus immersi perianthium superum, 4-gonum, 4-fidum v. 4-partitum; foliolis nunc emarginato-2-lobis v. raro brevissimis crassis; lateralibus 2; circa fructum sæpius accrescentibus v. induratis. Staminodia 4, sepalis opposita eorumque basi adnata, longissime filiformia, primum corrugata, decidua, apice nunc antheram imperfectam gerentia. Germen plus minus inferum; styli lobis sessilibus crassis stellato-patentibus cum sepalis alternantibus, longitudinaliter sulcatis. Placentæ parietales v. sub apicales 4, opposítisepalæ crassæ; ovulis ∞, descendentibus anatropis; micropyle supera; funiculis varie elongatis. Fructus compositus (syncarpium) carnosus v. pulposus, sepalis stylisque tumidis stipantibus opertus; carne sæpe ab axi soluta. Semina ∞, ellipsoidea; integumento extimo carnoso; intimo autem coriaceo; albumine copioso v. nunc tenui, carnoso v. corneo; embryone cylindraceo minuto. — Herbæ perennes v. suffrutescentes; caudice brevi v. rarius elongato sarmentoso scandente annulato radicante. Folia alterna, disticha v. fasciculata, integra, 2-fida v. palmatisecta; segmentis integris v. dentatis flabellatis, ∞-costatis; petiolo longo v. brevi, basi varie vaginante. Spadices basilares v. axillares, cylindracei, oblongi, obovoidei v. subsphærici, simplices, longe v. breviter pedunculati; floribus glomerulatis; glomerulis in spiras dense dispositis; flore glomeruli centrali fœmineo; exterioribus 4, masculis, sepalis fœmineorum antepositis. Spathæ 2 v. plures imbricatæ, caducæ; vagina membranacea nunc limbo rudimentario superata. (*America trop.*, *Antillæ*.) — *Vid. p.* 418.

3? **Stelestylis** Dr.[1] — Flores (fere *Carludovicæ*) diœci, dense spicati; fœmineorum sepalis 4, inæqualibus; majoribus 2, subquadrato-ovatis; minoribus autem 2, lineari-oblongis apiceque 2-fidis. Styli lobi 4, corniformes, stellatim patentes. Fructus compositus oblongus. — Herba perennis; foliis (amplis) 2-fidis; segmentis fissis; nervis pinnatis; petiolo brevi canaliculato; spadice gracili; involucri spathis 3; cæteris *Carludovicæ*. (*Brasilia or.*[2])

1. In *Mart. Fl. bras.*, III, II, 229, t. 53; *Pflanzenfam.*, 100. — B. H., *Gen.*, III, 952, n. 1.

2. Spec. 1. *S. coriacea* Dr. « Habitus plantæ totius ignotus » (Dr.). Nomen e stylo exserto.

CXXXVII

ARACÉES

I. SÉRIE DES GOUETS.

La plus commune des Aroïdacéees de notre pays est l'*Arum*[1] *maculatum* L. (fig. 263-270). Ses fleurs sont disposées, dans une spathe commune, en un spadice, sorte d'épi dont l'axe porte des fleurs femelles à sa base ; au-dessus d'elles des fleurs femelles avortées ; puis des fleurs mâles, et, encore plus haut, des fleurs neutres. Son sommet est terminé par une massue glabre, elle-même assez souvent considérée comme formée de fleurs mâles imparfaitement développées. Les fleurs sont nues : les mâles représentées chacune par une ou quelques étamines[2] dressées, à filet épais et très court, à anthère basifixe, obtusément tétragone[3], dont les deux loges s'ouvrent par des fentes latérales[4]. Les fleurs femelles consistent en un ovaire sessile, uniloculaire, surmonté d'un petit bouquet sessile de papilles stigmatiques. Dans la loge se voit inférieurement un placenta pariétal qui supporte quelques séries d'ovules peu nombreux, orthotropes, obliquement ascendants, à funicule court et à micropyle supérieur[5]. Les fleurs stériles qui se trouvent au-dessus et au-dessous des mâles consistent en corps piriformes, pleins, surmontés d'une baguette ténue[6]. Le fruit est composé, formé de nombreuses baies à peu près sphériques, rapprochées en épi et renfermant chacune une seule ou

1. T., *Inst.*, 158, t. 69. — L., *Gen.*, ed. I, n. 698; ed. VI, n. 1028 (part.). — J., *Gen.*, 24. — TURP., in *Dict. sc. nat.*, Atl., t. 132. — L.-C. RICH., in *Guillem. Arch. bot.*, I, t. 1. — NEES, *Gen. Fl. germ.*, *Monoc.*, III, n. 39. — ENDL., *Gen.*, n. 1676. — SCHOTT, *Syn. Aroid.*, 9; *Gen. Ar.*, t. 13; *Prodr. Ar.*, 73; *Melet.*, I, 17. — B. H., *Gen.*, III, 967, n. 10. — ENGL., *Arac.*, in *DC. Mon. Phaner.*, II (1879), 580; *Pflanzenfam.*, II, 3, p. 147, fig. 94, A-C. — *Gymnomesium* SCHOTT, in *Œst. Bot. Wochenbl.* (1855), 17; *Syn. Ar.*, 8; *Gen. Ar.*, t. 12; *Prodr. Ar.*, 73.

2. Ordinairement 3, 4.

3. Ce qui répond primitivement à quatre logettes distinctes.

4. Le pollen est généralement sphéroïde ou ellipsoïde et à surface lisse.

5. Il y a deux enveloppes. Parfois dans cette espèce et dans quelques autres du même genre, le sommet du nucelle sort assez longuement de l'exostome.

6. Souvent obliques : ceux qui sont au-dessus des fleurs mâles, d'ordinaire ascendants; ceux qui sont au-dessous, descendants. Leur renflement est rarement un peu creux.

quelques graines ascendantes. Celles-ci sont, comme les ovules,

Arum maculatum.

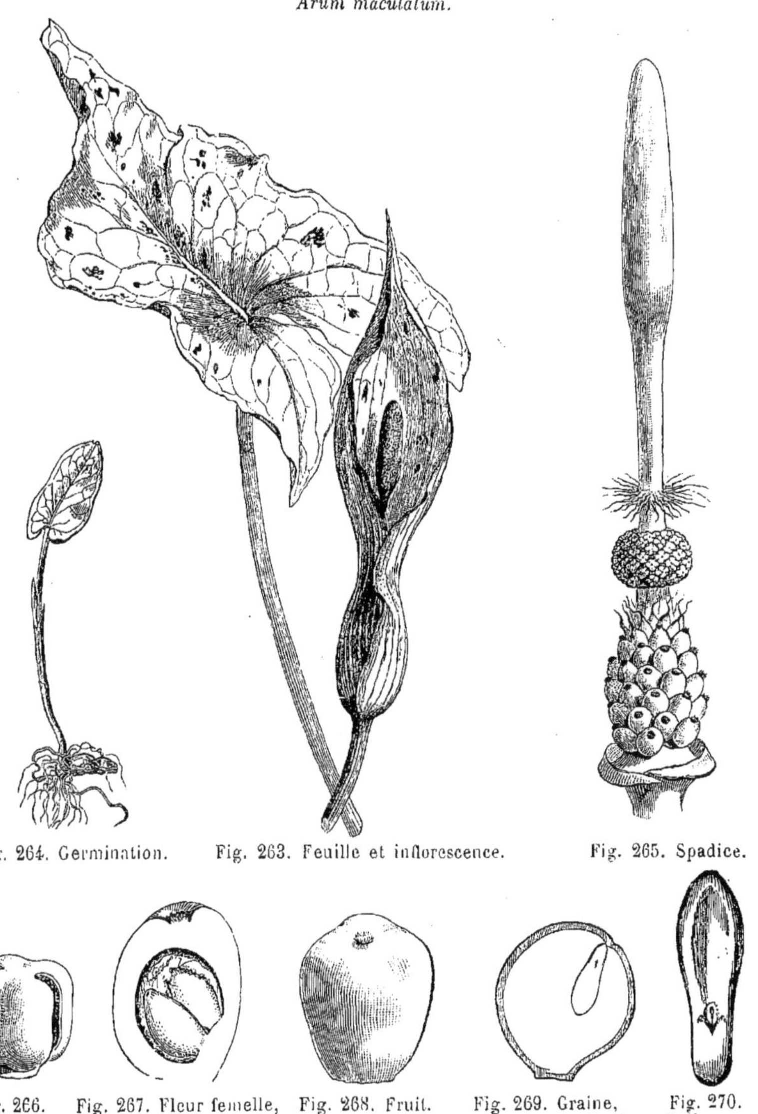

Fig. 264. Germination. Fig. 263. Feuille et inflorescence. Fig. 265. Spadice.

Fig. 266. Étamine. Fig. 267. Fleur femelle, coupe longitudinale. Fig. 268. Fruit. Fig. 269. Graine, coupe longitudinale. Fig. 270. Embryon.

entourées d'un suc gommeux ou mucilagineux. Sous leurs téguments[1]

1. A triple couche : l'intérieure membraneuse, entourée d'une enveloppe testacée, résistante, plus ou moins foncée, ordinairement rugueuse en dehors dans sa portion inférieure. Le tégument superficiel, mince, membraneux, à peu près translucide, s'épaissit plus ou moins

elles contiennent un épais albumen charnu dans lequel se loge un embryon allongé, presque axile ou plus ou moins excentrique.

On distingue une quinzaine[1] d'*Arum*, de l'Europe, de la région Méditerranéenne et de l'Asie occidentale. Ce sont des herbes vivaces, en général peu élevées. Leur portion souterraine consiste en un tubercule charnu, puis riche en fécule, arrondi et portant vers son sommet quelques feuilles et une inflorescence ou deux; ou ovoïde et latéralement foliifère. Les feuilles, en réalité alternes, sont complètes, c'est-à-dire composées d'une gaine, d'un pétiole et d'un limbe sagitté ou hasté, à côte penninerve et à nervures pennées, lâchement réticulées. L'inflorescence est un spadice pédonculé, enveloppé d'abord d'une spathe à tube ovoïde ou oblong, un peu resserré à la gorge, et à limbe lancéolé ou oblong, finalement étalé, réfléchi ou infléchi, membraneux, veiné et marcescent. Plus court que la spathe, le spadice a ses fleurs femelles tout contre elle. Dans les espèces de la section *Gymnomesium*, les fleurs mâles sont séparées des femelles par un court intervalle nu, et il n'y a de fleurs rudimentaires qu'au-dessus des mâles. Le type de cette section, originaire des îles de la région Méditerranéenne, est l'*A. pictum* L. F. L'*A. flavum* SCHOTT a été aussi génériquement distingué sous le nom de *Dochafa*[2].

Arum italicum (byzantinum).

Fig. 271. Port (1/4).

Plusieurs genres voisins des Gouets ont, comme eux, un spadice libre de toute adhérence avec sa spathe; des fleurs mâles composées

en arille. Le point de la graine opposé à son hile est ordinairement apiculé, quelquefois très proéminent. La base des ovules des Aracées est souvent entourée de poils mous, nés du placenta et quelquefois très développés.

1. L., *Spec.* (1753), II, 964. — SCOP., *Fl. carn.*, II, 209. — GRAY, *Brit. pl.*, II, 38. — MICHX, *Fl. bor.-amer.*, II, 188. — PERS., *Syn.*, II, 574. — SIBTH. et SM., *Prodr. Fl. græc.*, II, 245. — BERTOL., *Fl. ital.*, X, 245. — REICHB., *Ic. Fl. germ.*, VII, t. 8-10, 12. — BOISS., *Fl. or.*, V, 35. — HOOK. F., *Fl. brit. Ind.*, VI, 509. — DUR. et SCHINZ, *Consp. Fl. afric.*, V, 481. — REG., *Gartenfl.*, t. 742. — GREN. et GODR., *Fl. de Fr.*, III, 329. — H. BN, *Iconogr. Fl. fr.*, n. 214; *Herbor. par.*, 87, c. xyl. — *Bot. Mag.*, t. 2432, 5509.

2. SCHOTT, *Syn. Ar.*, 24; *Gen. Ar.*, App.

d'étamines à filet très court ou nul, pressées les unes contre les autres. Presque toujours les feuilles se montrent au dehors un peu avant les inflorescences. Ce sont les Arées proprement dites (*Euarées*). Comme les Gouets, elles ont le tube de la spathe enroulé sur lui-même, de telle façon qu'un de ses bords enveloppe étroitement l'autre. C'est ce qu'on observe chez les *Dracunculus*, anciens *Arum* d'Europe et des îles du nord-ouest de la côte africaine; les *Helicodiceros*, des Baléares et des îles voisines; les *Eminium*, de l'Orient; les *Typhonium*, d'Asie et d'Océanie; les *Theriophonum*, de l'Inde. Ailleurs, avec la même organisation générale, les bords du tube de la

Arisarum vulgare.

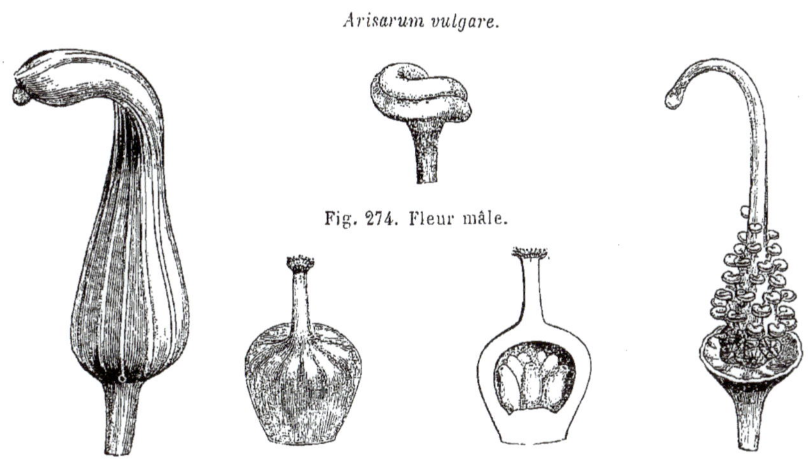

Fig. 272. Inflorescence. Fig. 273. Spadice, sans la spathe. Fig. 274. Fleur mâle. Fig. 275. Fleur femelle. Fig. 276. Gynécée, coupe longitudinale.

spathe demeurent unis, comme dans les *Biarum*, de la région Méditerranéenne, et les *Sauromatum*, de l'Afrique et de l'Asie tropicales.

Les *Arisarum* (fig. 272-276), de la région Méditerranéenne, donnent leur nom à une petite sous-série (*Arisarées*) dans laquelle la spathe, plus ou moins obliquement insérée, est dite adnée au spadice. Les fleurs sont distantes les unes des autres, et les anthères y sont considérées comme sessiles sur des saillies du spadice. Les feuilles et les fleurs se développent en même temps. Les bords de la spathe peuvent être unis; ou bien ils se recouvrent, comme dans les *Arisæma*, nombreux dans l'Amérique du Nord, dans l'Afrique orientale et surtout dans l'Asie tropicale et tempérée. Les fleurs, monoïques dans les *Arisarum*, sont le plus ordinairement dioïques chez les *Arisæma*.

L'*Ambrosinia*, petite herbe vivace de la région Méditerranéenne, a un spadice partagé en deux cavités par une cloison longitudinale, d'un côté de laquelle se trouvent les fleurs mâles, tandis que la fleur femelle est seule, plus bas, de l'autre côté (*Ambrosiniées*).

Dans les *Pinellia* et *Lagenandra*, asiatiques, et qui constituent une petite sous-série très voisine de la précédente (*Pinelliées*), il n'y a pas dans la spathe de cloison longitudinale : c'est le spadice qui, en se dilatant, vient fermer l'orifice supérieur du tube de la spathe.

Le genre *Cryptocoryne* forme aussi une petite sous-série (*Cryptocorynées*) dans laquelle les fleurs femelles, situées à une grande distance des mâles, vers la base d'un spadice ordinairement grêle, sont disposées en une sorte de verticille. Leur ovaire, nu et uniloculaire, a une base très large qui prend une direction presque verticale sur la surface convexe du spadice. Son sommet conique se porte en dehors et en haut et là se dilate en un style court et réfléchi. Le placenta, basilaire et chargé d'ovules dressés, orthotropes, se place verticalement par suite de la direction prise par l'ovaire lui-même; et celui-ci adhère aux ovaires voisins, peu nombreux, de façon à former avec eux une sorte de verticille autour de la base du spadice. Le fruit se trouve, par suite, composé de baies, finalement étalées, qui entourent cette même base. Les loges des anthères sont surmontées d'un petit cône suivant l'axe duquel se produit un canal qui donne issue au pollen par un pore terminal. Ce sont des herbes vivaces, des localités aquatiques de l'Asie et de l'Océanie tropicales, herbes dont les organes végétatifs rappellent beaucoup aussi ceux de nos *Arum*.

Dans les *Zomicarpa*, type d'une autre sous-série (*Zomicarpées*) et originaires du Brésil, les fleurs mâles ont une ou deux anthères poricides; et leur ovaire n'a qu'une loge dans laquelle se trouvent des ovules basilaires et anatropes, peu nombreux. Leurs fruits charnus se détachent, quand ils sont mûrs, circulairement vers leur base. Les genres très voisins *Zomicarpella*, *Xenophya* et *Scaphispatha* sont le premier et le dernier américains; le second, de la Nouvelle-Guinée.

Les *Stylochiton* constituent à eux seuls une petite sous-série (*Stylochitonées*) bien distincte. Dans les mâles, des étamines, au nombre de trois à six, entourent la base d'un gynécée rudimentaire, et sont elles-mêmes encadrées d'un très court périanthe annulaire ou gamophylle. L'ovaire n'a qu'une loge; mais elle peut être incomplètement cloisonnée à sa base. Les fruits charnus ont d'une à quatre loges; et le nombre des graines qu'elles contiennent est, comme celui des ovules, très variable. Ce sont des plantes africaines, herbacées et vivaces, à rhizome formé d'articles disciformes.

Dans les *Spathicarpa*, plantes vivaces et tubéreuses du Brésil et du Paraguay, l'inflorescence se comporte, nous le verrons (p. 439), comme celle des *Dieffenbachia*, en ce sens que son axe est tout entier uni à la côte de la spathe. Elle est formée de fleurs mâles représentées par une sorte de clou dont la tête peltée porte en dessous les loges d'anthère. Les fleurs femelles ont des staminodes insérés sous un ovaire qui n'a qu'une loge et un seul ovule orthotrope et dressé. Les fleurs des deux sexes forment, sur la spathe, quelques séries longitudinales. Les femelles sont extérieures aux mâles et finissent par se diriger horizontalement. Ce genre est le type d'une sous-série (*Spathicarpées*), dans laquelle se rangent aussi les genres affines: *Spathantheum*, de l'Amérique tropicale et (?) de l'Afrique tropicale; *Gearum*, du Brésil; *Gorgonidium*, de l'Archipel Indien, et *Synandrospadix*, de la République Argentine.

Les *Asterostigma*, de l'Amérique tropicale, peuvent aussi être rangés dans une sous-série à part (*Astérostigmatées*). Ils se rapprochent de même, à certains égards, des *Dieffenbachia*, notamment par l'union de leur spadice avec la côte intérieure de la spathe. Mais leurs fleurs mâles sont unies en une sorte de clou, comme celles des *Spathicarpa*. Sur la tête du clou s'insère souvent au centre un gynécée rudimentaire. Quant à l'ovaire fertile, il a d'une à cinq loges uniovulées, et le sommet du style est partagé en lobes rayonnants et bifides. Tout à côté de ce genre se placent encore les *Taccarum* et les *Mangonia*, qui sont les uns et les autres brésiliens.

II. SÉRIE DES COLOCASES.

Le genre *Colocasia*[1] est souvent représenté dans nos jardins par le *C. esculenta*[2] (fig. 277-280), plante alimentaire et ornementale, dont les fleurs sont monoïques et nues. Les mâles sont réunies, au nombre de deux à six, en un corps charnu, qui représente un tronc de

1. SCHOTT, *Melet.*, I, 18; *Gen. Ar.*, t. 37; *Syn. Ar.*, 40; *Prodr. Ar.*, 137. — ENDL., *Gen.*, n. 1683 (part.). — K., *Enum.*, III, 36. — ENGL., *Arac.*, 490; *Bot. Jahrb.*, I, 185; *Pflanzenfam.*, 139. — B. H., *Gen.*, III, 974, n. 30. — *Leucocasia* SCHOTT, in *Œst. Bot. Wochenbl.* (1857), 34; *Gen. Ar.*, t. 38; *Prodr. Ar.*, 140.

2. SCHOTT, *Melet.*, I, 18. — *C. Antiquorum* SCHOTT. — *Arum esculentum* L., *Spec.*, ed. II, 1369. — *Caladium esculentum* VENT.

pyramide renversé, fort irrégulier, creusé de sillons longitudinaux inégaux et coupé droit à son sommet. Les loges linéaires et géminées des anthères inégalement distantes occupent les arêtes mousses du tronc de pyramide et s'étendent dans sa hauteur depuis son sommet jusqu'à sa base ou jusqu'à une distance variable de celle-ci. Chaque anthère s'ouvre tout en haut, sur la plate-forme du sommet, par un petit pore qui répond au point d'union des deux loges[1]. Les fleurs femelles ont un ovaire sessile, obovoïde, un peu irrégulier, uniloculaire, surmonté d'un style cylindrique épais et très court, dont le sommet stigmatifère est capité, plus ou moins déprimé. La loge renferme de deux à cinq placentas pariétaux, longitudinaux, peu proéminents, qui portent de nombreux ovules orthotropes, ascendants ou plus ou moins divergents, à micropyle apical[2]. Près de la base de ces ovules ou plus ou moins au-dessus d'elle s'attache latéralement un funicule assez long, sinueux et généralement ascendant. Le fruit composé est formé de baies presque sphériques, oblongues ou obconiques, verdâtres, surmontées d'un reste de style, uniloculaires et polyspermes. Les graines sont oblongues et supportées par un funicule dont le sommet se continue avec un renflement arillaire, tandis que le reste du tégument superficiel est mince et translucide. Le tégument sous-jacent, plus dur et plus épais, est parcouru de sillons, et l'embryon axile

Colocasia esculenta.

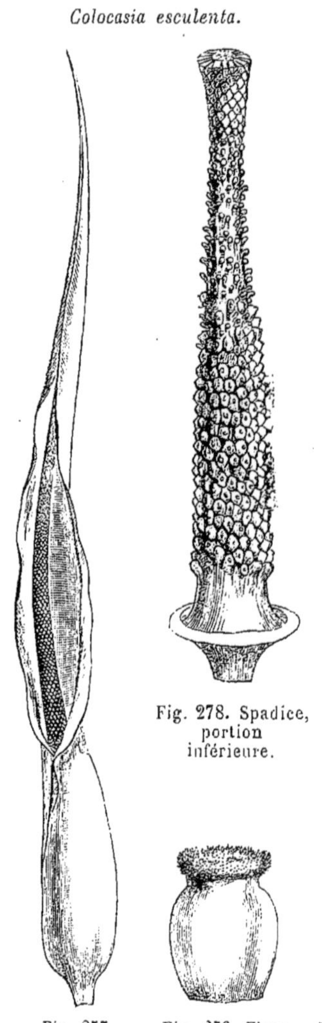

Fig. 278. Spadice, portion inférieure.

Fig. 277. Inflorescence (1/3).

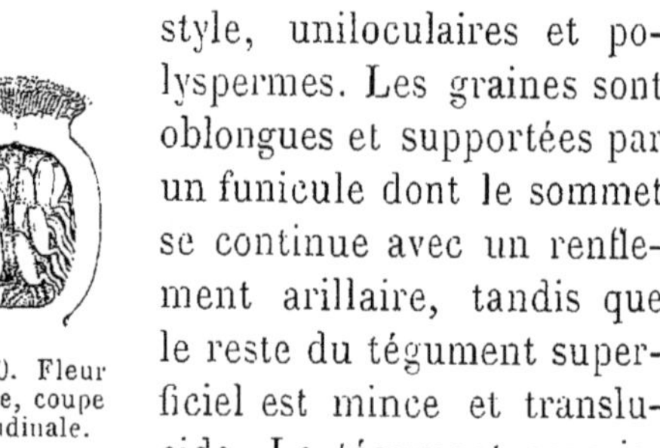

Fig. 279. Fleur femelle.

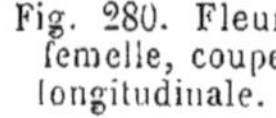

Fig. 280. Fleur femelle, coupe longitudinale.

1. Le pollen blanchâtre en sort sous forme de filaments vermiculés.

2. Le tégument est double, et parfois l'endostome dépasse l'exostome.

est entouré d'un abondant albumen qu'enveloppe un mince tégument interne, opaque ou translucide.

On distingue cinq ou six espèces[1] de *Colocasia*. Ce sont de grandes herbes vivaces, à rhizome tubéreux, charnu, ou à tige aérienne, épaisse dressée et peu résistante, avec de larges feuilles alternes, ovales-cordées ou sagittées, ou peltées; le pétiole long et épais, dilaté inférieurement en une large gaine. Les fleurs s'observent en même temps que les feuilles; et leurs spadices, solitaires, géminés ou fasciculés, ont un épais pédoncule. La spathe[2] a un tube renflé, ovoïde ou ellipsoïde-oblong, qui persiste et s'épaissit autour des fruits. Son

Alocasia macrorrhiza.

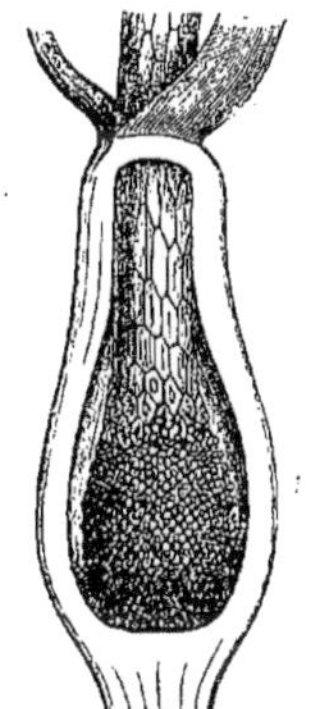

Fig. 281. Base du spadice.

Fig. 282. Fleurs mâles.

Fig. 283. Fleur femelle.

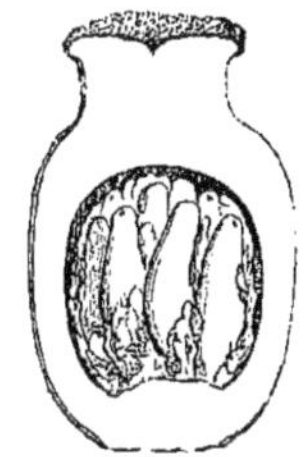

Fig. 284. Fleur femelle, coupe longitudinale.

limbe, qui finalement se détache au niveau d'un léger étranglement, est oblong ou lancéolé, atténué ou acuminé au sommet, à bords involutés. Les fleurs femelles, nombreuses, sessiles, presque immédiatement insérées au-dessus de la spathe, sont irrégulièrement entremêlées de fleurs stériles en forme de massue courte et obtuse. Un peu plus haut, il n'y a plus que de ces fleurs stériles, plus nombreuses et plus rapprochées les unes des autres[3]. Au-dessus d'elles, l'axe porte de nombreuses fleurs mâles, qui se touchent les unes les autres, et sont surmontées d'un appendice (quelquefois absent) formé, dit-on, de

1. LAMK, *Dict.*, III, 13 (*Arum*). — ROXB., *Fl. ind.*, III, 494, 517 (*Calla*). — WIGHT, *Ic.*, III, t. 786 (*Arum*), 808 (*Calla*). — LOUR., *Fl. cochinch.*, 688 (*Arum*). — SCHOTT, in *Œst. Bot. Wochenbl.* (1854), 410 (*Alocasia*). — FR. et SAV., *En. pl. jap.*, 8. — ENGL., in *Becc. Males.*, I, 291. — BENTH., *Fl. austral.*, VII, 155. — SEEM., *Fl. vit.*, 284. — HOOK. F., *Fl. brit. Ind.*, VI, 523. — DUR. et SCHINZ, *Consp. Fl. afric.*, V, 478. — *Fl. Mag.* (1874), t. 107. — *Bot. Mag.*, t. 7364. — WALP., *Ann.*, V, 870.

2. Parfois très odorante.

3. Elles ont la forme de sphérules stipitées ou bien de pyramides renversées et déprimées, tronquées au sommet, parfois un peu comprimées latéralement.

fleurs mâles à peine distinctes ; si bien que l'ensemble figure un cône étroit et à peu près lisse.

Les Colocases sont des plantes de l'Asie tropicale, introduites et cultivées dans tous les pays chauds, principalement en Océanie.

Autrefois confondus avec les Colocases, les *Alocasia* (fig. 281-284) en ont presque les caractères. Leur spadice est appendiculé. Leurs fleurs femelles ont un ovaire uniloculaire, à moins que le sommet de sa cavité ne présente des rudiments descendants de cloisons ; et les ovules, moins nombreux, sont supportés par des funicules rectilignes, plus courts et plus épais, dressés sur le plancher de la loge. Des fleurs imparfaites, étroitement pressées les unes contre les autres, séparent les fleurs femelles des mâles ; et les plus inférieures d'entre elles consistent en un ovaire stérile et plus ou moins béant. Quant aux fleurs mâles, le tronc de pyramide renversé qu'elles représentent est plus régulier que celui des Colocases et porte sur ses arêtes latérales de trois à huit anthères, qui en occupent

Caladium bicolor.

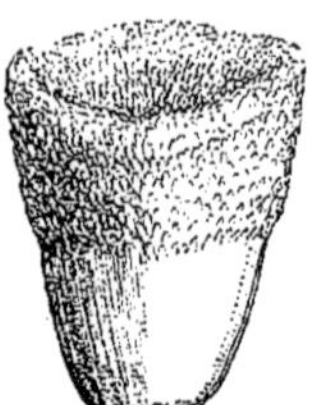

Fig. 285. Inflorescence. Fig. 286. Fleur mâle. Fig. 287. Fleur femelle. Fig. 288. Fleur femelle, coupe longitudinale.

toute la hauteur et s'ouvrent par des pores apicaux quant aux loges, mais situés au-dessous du bord de la plaque terminale du connectif. Ce sont des plantes vivaces de l'Asie et de l'Océanie tropicales, à tige épaisse et peu résistante, à grandes feuilles sagittées ou cordées, quelquefois en partie peltées ; à inflorescences pédonculées, disposées comme celles du genre précédent.

Il n'y a que des différences considérées dans cette famille comme tout à fait secondaires, entre les genres précédents et les *Schizocasia*, de l'Océanie tropicale ; les *Gonatanthus*, des montagnes de l'Inde ; les *Remusatia*, qui habitent les montagnes de l'Inde et de Java ; les *Steudnera*, qui sont aussi de l'Asie tropicale ; les *Caladium* (fig. 285-

288), si souvent introduits de l'Amérique tropicale dans nos cultures; les *Xanthosoma* et *Chlorospatha*, qui sont également américains; l'*Hapaline*, petite herbe vivace et tubéreuse des montagnes de l'Inde et de la Cochinchine.

L'*Ariopsis peltata*, des montagnes de l'Inde, représente à lui seul une sous-série (*Ariopsidées*). C'est aussi une petite herbe tubéreuse. Ses fleurs mâles sont formées de trois étamines unies en une petite masse peltée; et la fleur femelle, relativement grande, a un ovaire uniloculaire, à plusieurs placentas pariétaux, pluriovulés, surmonté d'un style à branches stigmatifères subulées et incurvées, puis étalées.

On constitue également avec les *Syngonium* et les *Porphyrospatha*, qui sont de l'Amérique tropicale, une sous-série (*Syngoniées*), à fleurs mâles, tri- ou tétrandres et à loges ovariennes uni- ou biovulées. Ce sont des lianes, dont le spadice est dépourvu d'appendice, et dont les ovules anatropes sont ascendants, à micropyle inférieur.

III. SÉRIE DES AMORPHOPHALLUS.

Nues et monoïques, les fleurs des *Amorphophallus*[1] (fig. 289, 290) ont, sur un petit réceptacle, une ou de deux à quatre étamines dans les mâles, et dans les femelles, un gynécée libre, dont l'ovaire a de deux à quatre loges. Les étamines sont réduites à une anthère sessile, dont la loge unique ou les deux loges contiguës, oblongues ou obconiques, s'ouvrent à leur sommet obtus par un pore qui laisse échapper un ruban vermiforme formé de grains polliniques. Le connectif ne se prolonge pas ou se prolonge à peine au delà des loges. L'ovaire, à peu près sphérique, libre, est surmonté d'un style court ou long, dont le sommet stigmatifère plus ou moins dilaté est entier ou partagé en deux, trois ou quatre lobes courts ou très longs. Dans chaque loge s'insère, à la base de l'angle interne, un ovule ascendant, complètement ou incomplètement anatrope[2], dont le micropyle est dirigé en dehors et en bas. Son funicule est nul ou court, parfois dilaté en un faux-arille autour de la base de l'ovule. Les fruits composés sont

1. BL., in *Diar. batav.* (1825); *Rumphia*, I, 138, t. 32-35, 37. — ENDL., *Gen.*, n. 1681. — K., *Enum.*, III, 31. — SCHOTT, *Syn. Ar.*, 37; *Gen. Ar.*, t. 29; *Prodr. Ar.*, 127. — ENGL., *Arac.*, 308; *Pflanzenfam.*, 126, fig. 81. — B. H., *Gen.*, III, 970, n. 19. — *Pythion* MART., in *Bot. Zeit.* (1831), 459.

2. A double tégument.

formés de baies à une ou quelques graines. Celles-ci sont ascendantes, ovoïdes, obovoïdes, ellipsoïdes ou comprimées, dépourvues d'albumen, et leur embryon charnu est macropode.

Les *Amorphophallus* sont des herbes vivaces, de taille moyenne, parfois gigantesque. Leur portion souterraine est un tubercule, souvent très gros, aplati, produisant de nombreuses racines adventives, ordinairement détruites à l'époque de la floraison. Celle-ci a lieu avant le développement des feuilles qui sont grandes ou très grandes, basilaires, triséquées, à divisions plus ou moins découpées, bi- ou tripinnatifides; les pinnules oblongues et presque toujours aiguës. Le pétiole, souvent grand, épais, tacheté, peut porter des bulbilles vers son sommet; sa base s'élargit souvent et laisse sur le tubercule des cicatrices arquées ou presque circulaires. Le pédoncule du spadice, long ou court, dressé, se termine par un axe florifère dressé, épais, souvent plus long que la spathe qui est dressée, campanulée, presque régulière, largement infundibuliforme, ou forniquée, colorée souvent en pourpre livide, souvent fétide, marcescente. Les fleurs, femelles en bas, mâles plus haut, pressées les unes contre les autres dans l'ordre spiral, sont surmontées d'un appendice du spadice, sphérique ou conique, fungiforme, parfois très long et fusiforme.

Amorphophallus Rivieri.

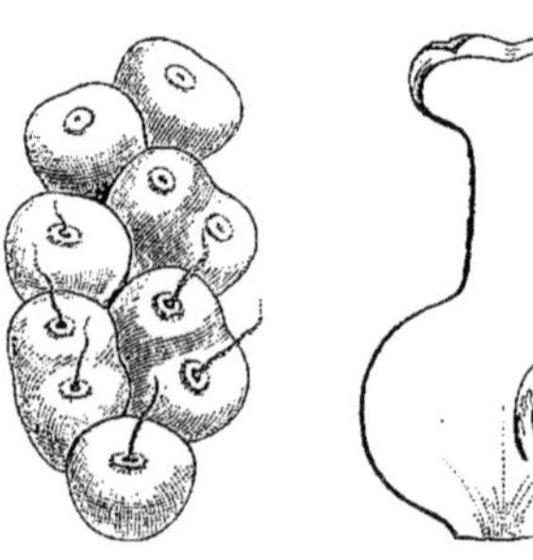

Fig. 289. Groupe de fleurs mâles.

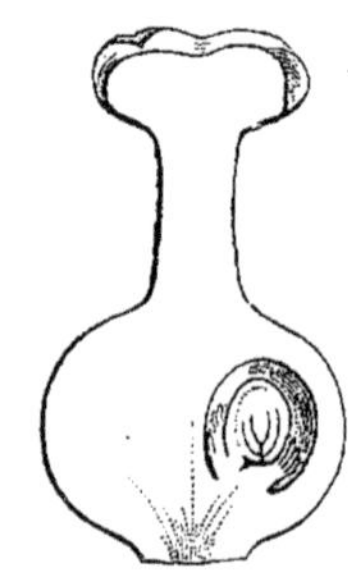

Fig. 290. Fleur femelle, coupe longitudinale.

L'*A. leonensis*, dont on a fait un genre *Corynophallus*[1], a une spathe obliquement campanulée, à tube dilaté; un appendice du spadice épais et fongueux. Le sommet de son style est dilaté et disciforme.

Les *A. maximus*, *gratus*, *angolensis*, etc., ont constitué un genre *Hydrosme*[2] que nous ne pouvons que ramener au rang de section. Leur spathe a un tube involuté et un limbe étalé, ondulé sur les bords. Leur appendice est en forme de massue, de cylindre ou de cône étiré.

1. SCHOTT, in *Œst. Bot. Wochenbl.* (1857), 389; *Gen. Ar.*, t. 32; *Prodr. Ar.*, 132. — ENGL., *Arac.*, 325.

2. SCHOTT, in *Œst. Bot. Wochenbl.* (1857), 389; *Gen. Ar.*, t. 33; *Prodr. Ar.*, 132. — ENGL., *Arac.*, 321; *Pflanzenfam.*, 128 (part.). — *Hansalia* SCHOTT, in *Œst. Bot. Zeitschr.*, (1858), 82; *Gen. Ar.*, App.; *Syn. Ar.*, 133. — *Proteinophallus* HOOK. F., in *Bot. Mag.*, t. 6195 (sphalm. *Tapeinophallus* H. BN, in *Dict. Bot.*, Atl.). Funiculum dicitur (Engl.) in *A. Rivieri* « tota longitudine ovulo accretum ».

L'*A. Hohenackeri*, de l'Inde, type d'un genre *Rhaphiophallus*[1], a des fleurs femelles à style très court; mais se distingue, en somme, fort peu des *Hydrosme* comme section. Il présente parfois des fleurs stériles interposées aux femelles et aux mâles. Le sommet de son style est discoïde, chargé de papilles. La spathe a un limbe lancéolé, et l'appendice du spadice est longuement subulé.

L'*A. campanulatus*, de l'Asie et l'Océanie tropicales, a, pour certains auteurs, formé avec quelques espèces voisines un genre *Candarum*[2]. Ses fleurs femelles ont un long style grêle, et son spadice a un très court pédoncule, avec une spathe campanulée et involutée. Son appendice, irrégulièrement conique, est à peu près aussi épais que long. Le style est, au contraire, court dans les *Brachyspatha*[3], qui ont un long pédoncule et une spathe bien plus courte que l'appendice du spadice, qui est long et fortement atténué vers son sommet; tandis que les espèces de la section *Conophallus*[4], à style presque nul, le sommet stigmatifère disciforme et à deux ou trois crénelures, ont une assez grande spathe à tube involuté, se continuant insensiblement avec un limbe concave, cependant que l'appendice du spadice, un peu plus long que ce limbe, est épais et conoïde.

Ainsi conçu, le genre renferme près de trente espèces[5].

Les *Synantherias*, de l'Inde, sont très voisins des *Amorphophallus*; et dans la même série (*Amorphophallées*) se placent aussi quatre genres assez peu différents : les *Anchomanes*, de l'Afrique tropicale occidentale; le *Pseudohydrosma*, de la même région; les *Thomsonia*, de l'Inde; les *Pseudodracontium*, tous cochinchinois; les *Plesmonium*, herbes indiennes.

Les *Lasia*, de l'Asie et de l'Océanie tropicales, appartiennent à une sous-série particulière (*Lasiées*) dans laquelle le spadice, non appendiculé et chargé de fleurs qui s'épanouissent ordinairement de haut

1. SCHOTT, *Gen. Ar.*, t. 27; *Syn. Ar.*, 125. — ENGL., *Arac.*, 320. — B. H., *Gen.*, III, 972, n. 23.

2. REICHB. — SCHOTT, *Melet.*, I, 17. — BL., *Rumphia*, I, 139.

3. SCHOTT, *Syn. Ar.*, 34; *Gen. Ar.*, t. 29; *Prodr. Ar.*, 127.

4. SCHOTT, *Syn. Ar.*, 34; *Gen. Ar.*, t. 30; *Prodr. Ar.*, 127.

5. RUMPH., *Herb. amboin.*, V, 326, t. 113 (*Tacca*). — RHEED., *H. malab.*, XI, 37, t. 19 (*Mulenschena*). — FORST., *Pl. esc.*, n. 29 (*Dracontium*). — GAUDICH., in *Freycin. Voy. Bot.*, t. 34 (*Arum*). — ROXB., *Pl. corom.*, III, t. 272 (*Arum*). — WIGHT, *Ic.*, t. 782, 785 (*Arum*). — SCHOTT, in *Pet. Moss. Bot.*, t. 56; in *Bonplandia* (1859), 28. — MIQ., *Fl. ind. bat.*, III, 201; in *Ann. Mus. lugd.-bat.*, I, 285. — TEYSM. et BINN., in *Nat. Tijdschr. Ned. Ind.* (1862), 329. — REG., *Gartenfl.*, t. 845; *Animadvers.* (1873), 307. — ENGL., *Bot. Jahrb.*, I, 87; in *Becc. Males.*, I, 279, t. 24, fig. 7-20. — *Fl. serres* (1846), t. 161. — *Gardn. Chron.* (1872), fig. 343; (1873), 610, c. ic.; (1876), II, fig. 129, 130; (1878), II, fig. 127. — FR. et SAV., *En. pl. jap.*, II, 7 (*Conophallus*). — HOOK. F., *Fl. brit. Ind.*, VI, 513. — *Bot. Mag.*, t. 2072, 2182, 2508 (*Arum*), 6978, 7327.

en bas, est pourvu d'une spathe souvent allongée et tordue, plus rarement assez courte, et longtemps persistante. L'ovaire a une ou de deux à cinq loges uniovulées, et l'ovule est complètement ou incomplètement anatrope. Les genres qui ne peuvent quitter les *Lasia* sont : le *Podolasia*, de Bornéo; l'*Anaphyllum*, de l'Inde; les *Cyrtosperma*, qui croissent à la fois en Asie, en Afrique et en Amérique; les *Dracontium*, qui habitent tous l'Amérique tropicale; les *Urospatha* et *Ophione*, qui sont également américains.

Le genre *Montrichardia*, de l'Amérique tropicale, constitue à lui seul une sous-série (*Montrichardiées*) qu'on a parfois aussi rapprochée des Aglaonémées. Il a des étamines indépendantes, des fleurs des deux sexes contiguës; les femelles à ovaire uniloculaire, déprimé et tétragone au sommet, avec un ou deux ovules descendants et incomplètement anatropes.

On peut placer les *Nephthytis*, de l'Afrique tropicale, à la tête d'une autre sous-série (*Nephthytidées*) dans laquelle l'ovule, toujours solitaire, est ascendant et plus ou moins complètement anatrope. Dans le genre type, la fleur mâle n'est pas connue. Mais dans les *Oligogynium*, également africains et peu différents, il y a une ou de deux à quatre étamines comprimées ou presque cubiques. Dans le *Rhektophyllum mirabile*, il y en a de trois à cinq, trigones et tronquées. Dans le *Cecrestis*, on en compte quatre, prismatiques et contiguës. Dans l'*Allocasium*, il y en a deux ou trois, inégalement prismatiques. Tous ces genres affinés sont également d'ailleurs de l'Afrique tropicale et presque toujours de ses régions occidentales.

IV. SÉRIE DES PHILODENDRON.

Les fleurs nues des *Philodendron* [1] (fig. 291-292) sont situées dans un même spadice. Les mâles ont de deux à six étamines rapprochées et unies en un corps épais, qui a la forme d'un tronc de pyramide renversé. La base supérieure est tronquée ou un peu déprimée; et les angles longitudinaux de la surface convexe portent les anthères, à

1. SCHOTT, *Melet.*, I, 19; *Gen. Ar.*, t. 53; *Ic. Ar.*, t. 1-10; *Syn. Ar.*, 72; *Prodr. Ar.*, 219. — MART., in *Flora* (1831), II, 456. — ENDL., *Gen.*, n. 1690. — ENGL., *Arac.*, 355; *Pflanzenfam.*, 132, fig. 84, A-F; 86, 87. — B. H., *Gen.*, III, 978, n. 41. — *Elopium* SCHOTT, in *Œst. Bot. Zeit.* (1865), 35. — *Canniphyllum* SCHOTT, *Syn. Ar.*, 76.

loges linéaires ou oblongues, plus courtes que leur support, et à déhiscence apicale qui se fait par des pores ou des fentes courtes d'où sort le pollen en masse vermiculée. Les fleurs femelles ont parfois quelques staminodes hypogynes et claviformes. Leur ovaire ovoïde, obconique, oblong ou obovoïde, est surmonté d'un cône stylaire plus ou moins surbaissé, dont le sommet obtus, hémisphérique ou presque sphérique, est entier ou crénelé, chargé de papilles stigmatiques[1]. Le nombre des loges ovariennes varie de deux à une dizaine. Chacune d'elles renferme des ovules nombreux ou en nombre très réduit, orthotropes ou plus ou moins complètement anatropes[2], plongés dans une glu mucilagineuse. Leurs funicules allongés et ascendants sont insérés sur deux séries à des placentas adnés à la cloison ou à l'angle interne de la loge. Le fruit, inclus dans le tube de la spathe, est formé de baies étroitement rapprochées les unes des autres, et dont la loge ou les loges contiennent un nombre variable de graines supportées par un funicule de longueur variable, et dont les téguments épais[3] entourent un albumen abondant, enveloppant un embryon axile.

Philodendron Fenzlii.

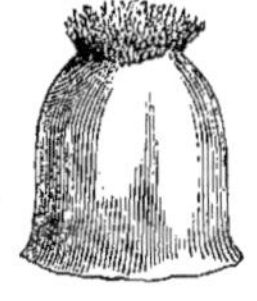

Fig. 291. Fleur femelle.

Fig. 292. Fleur femelle, coupe longitudinale.

Il y a plus de cent espèces[4] dans ce genre, toutes des régions chaudes de l'Amérique. Ce sont des arbustes ou des arbrisseaux sarmenteux, grimpants, rarement des herbes vivaces et subacaules. Au niveau des nœuds se développent souvent des racines adventives, ordinairement aériennes. Les feuilles sont opposées aux gaines, ovales, oblongues, cordées, sagittées ou hastées, entières, lobées, pinnatifides ou une ou deux fois pinnatiséquées, coriaces, nervées et nervulées, à pétiole cylindrique ou canaliculé en dessus, quelquefois

1. Le style peut être plus ou moins creux.
2. A double enveloppe.
3. A triple couche : la moyenne épaisse, dure, lisse ou costée ; l'intérieure membraneuse ; l'extérieure plus ou moins charnue, souvent translucide, parfois partiellement épaissie en arille.
4. SCHOTT, in *Œst. Bot. Wochenbl.* (1857), 237; in *Œst. Bot. Zeitschr.* (1859), 98. — K., *Enum.*, III, 49. — LIEBM., in *Vid. Medd. Kjob.* (1850), 16. — POEPP. et ENDL., *Nov. gen. et spec.*, III, 86. — *Ill. hort.* (1871), 172, t. 76. — MART., in *Flora* (1831), 551. — GRISEB., *Cat. pl. cub.*, 220. — K. KOCH, *Ind. sem. H. berol.* (1854), App., 7; (1855), App., 4. — JACQ., *St. amer.*, t. 152 (*Arum*); *H. schœnbr.*, t. 187, 189, 190, 468 (*Arum*). — RUDGE, *Pl. Guian.*, t. 33 (*Pothos*). — HOOK., *Exot. Fl.*, t. 206 (*Caladium*). — VELL., *Fl. flum.*, Atl., IX, t. 110-112, 114, 116, 120 (*Arum*). — PEYR., *Ar. Maxim.*, t. 34-42. — LEME, *Ill. hort.*, 76, 79, 149, 150, 262. — ENGL., in *Mart. Fl. bras.*, III, II, t. 28-37. — WARM., in *Engl. Jahrb.* (1883), 328. — HEMSL., *Bot. centr.-amer.*, III, 419. — REG., *Gartenfl.*, t. 159, 621, 789. — *Bot. Reg.*, t. 1958. — *Bot. Mag.*, t. 2314, 2643, 3345, 3621, 5071, 5899, 5948, 6021, 6375, 6779, 6813. — WALP., *Ann.*, V, 883.

géniculé vers son sommet, avec un long renflement à ce niveau. Les gaines sont persistantes. Les spadices sont pédonculés, non appendiculés, terminaux ou axillaires, solitaires ou fasciculés. Leur axe porte, contre les fleurs inférieures ou un peu au-dessous d'elles, une spathe épaisse, persistante, dont le tube est involuté et accrescent, se rompant finalement. Le limbe cymbiforme se referme après l'anthèse et finit souvent par devenir charnu. Les fleurs sont étroitement pressées en spirale les unes contre les autres : les inférieures femelles, moins nombreuses ; les mâles supérieures et séparées des femelles par des fleurs mâles imparfaites, ordinairement assez rapprochées.

Très voisins des *Philodendron* sont les trois genres *Adelonema*, *Philonotion*, *Thaumatophyllum*, qui habitent les mêmes régions.

Les *Homalonema*, également de l'Amérique tropicale, ont des étamines indépendantes ; un ovaire pluriloculaire, entouré de quelques staminodes hypogynes ; des ovules anatropes ; des fruits inclus dans une spathe qui persiste entière autour d'eux. Près d'eux se rangent : les *Schismatoglottis*, d'Amérique, dont les fruits sont enveloppés par le seul tube de la spathe, car son limbe se détache transversalement ; les *Chamæcladon*, de l'Asie tropicale, dont la spathe persiste entière, comme celle des *Homalonema*, avec des ovules en nombre indéfini, insérés sur un placenta axile ; les *Gamogyne*, de Bornéo, dont les ovules sont orthotropes, dans des ovaires unis entre eux, et dont les anthères ont le sommet tronqué ; les *Piptospatha*, dont les ovaires sont indépendants, en même temps que leur anthère est surmontée d'un long prolongement du connectif ; les *Rhynchopyle*, qui ont, avec des anthères tronquées, des ovules de *Schismatoglottis* ; les *Bucephalandra*, à ovules anatropes et à anthères pourvues d'une double corne ; le *Microcasia*, de Bornéo, comme les trois genres précédents, petite plante à anthères bi-aristées et à ovaires libres, peu nombreux, avec un appendice à peu près sphérique au sommet du spadice.

Les *Zantedeschia* forment avec les *Typhonodorum* une petite sous-série (*Zantedeschiées*), qui appartient à l'Afrique continentale et insulaire. Les premiers n'ont que des fleurs fertiles, soit femelles, soit mâles, dans leur spadice non appendiculé. Les étamines libres sont au nombre de deux ou trois, avec un long filet et une anthère à deux loges poricides. Elles sont représentées par des staminodes dans la fleur femelle, dont l'ovaire a un nombre variable de loges pluri-ovulées. Leur spathe est colorée en blanc ou en jaune, et leurs feuilles sont sagittées. Dans les derniers, dont l'appendice est rudimentaire, les fleurs mâles ont de quatre à huit étamines, et l'unique loge ovarienne renferme un ou deux ovules ascendants. Les feuilles sont hastées ou triangulaires, et il y a des rudiments aplatis de fleurs mâles entre les fleurs parfaites des deux sexes.

Les *Dieffenbachia* (fig. 293-296), type d'une sous-série particulière (*Dieffenbachiées*), ont des fleurs monoïques, réunies dans un même spadice. Celui-ci possède un axe adné d'un côté à la spathe dans sa portion inférieure. De l'autre côté s'insèrent les fleurs femelles, au-dessus desquelles se trouve une portion occupée par quelques fleurs

Dieffenbachia Seguine.

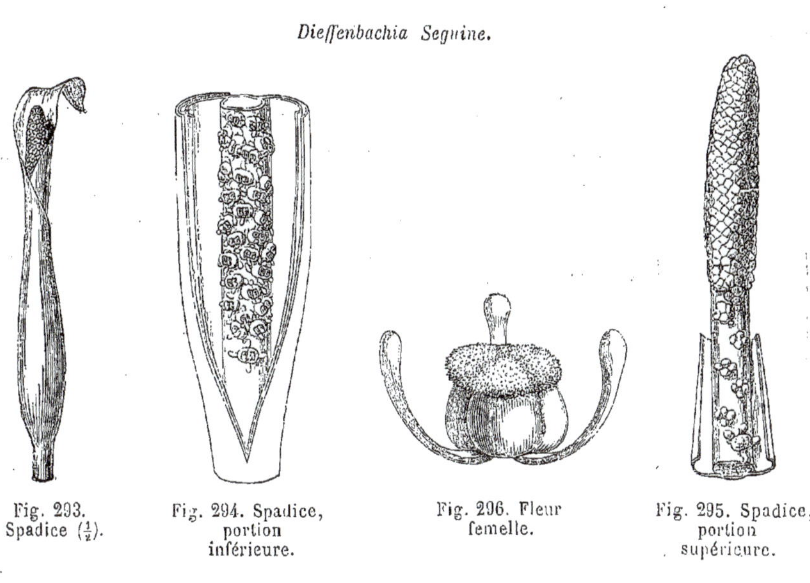

Fig. 293. Spadice ($\frac{1}{2}$). Fig. 294. Spadice, portion inférieure. Fig. 296. Fleur femelle. Fig. 295. Spadice, portion supérieure.

mâles stériles. Quant aux fleurs mâles fertiles, elles occupent, serrées les unes contre les autres, toute la portion supérieure et cylindrique ou légèrement claviforme de cet axe. Chacune d'elles est formée d'un clou à tige épaisse et courte; à tête plane, polygonale. Sous cette tête s'insèrent de quatre à six anthères sessiles, descendantes, à deux loges qui s'ouvrent au sommet par une sorte de pore ou de fente courte. Les fleurs mâles stériles, clairsemées sur le réceptacle, ont aussi la forme de têtes de clou, lobées, sessiles et sans anthère à la face inférieure. Quant aux femelles, elles sont également sessiles et nues, formées d'un gynécée sous lequel s'insèrent quelques staminodes claviformes, d'un blanc mat, incurvés, un peu renflés au sommet. L'ovaire, à deux ou trois loges, est surmonté d'un court et épais style partagé en un même nombre de lobes papilleux; et chacune des loges renferme, inséré dans son angle interne, un ovule fertile, plus ou moins obliquement ascendant, anatrope, à micropyle généralement inférieur et extérieur. Un ovule stérile et rudimentaire accompagne parfois le précédent. Le fruit est composé de baies incluses dans le tube de la spathe, finalement séparé de son limbe. Ce sont des plantes herbacées, vivaces ou suffrutescentes, de l'Amérique tropicale.

Les *Aglaonema* (fig. 297-300), dont les fleurs mâles sont à deux, trois ou quatre étamines, ont souvent des staminodes au pied de l'ovaire, dont la loge unique contient un ovule oblique ou horizontal, plus ou moins complètement anatrope. Les feuilles sont ovales ou lancéolées; et les fleurs mâles sont nombreuses et pressées jusqu'en haut du spadice, tandis que les femelles, à sommet stylaire très dilaté, sont peu nombreuses et éloignées les unes des autres au niveau de la base du spadice. Ils sont de l'Asie et de l'Océanie tropicales, de même que l'*Aglaodorum*, Aracée aquatique, à feuilles oblongues ou lancéo-

Aglaonema marantifolium.

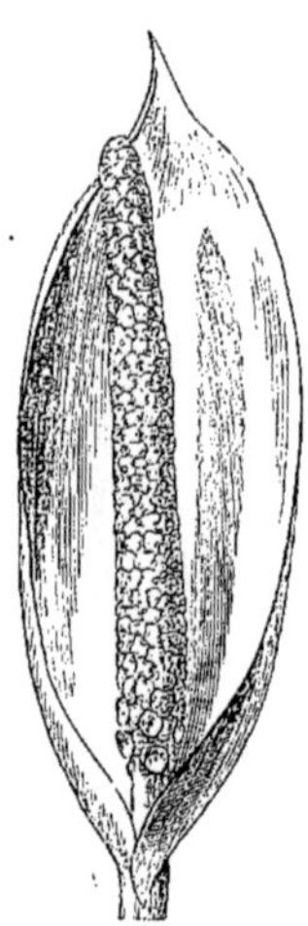

Fig. 297. Spadice.

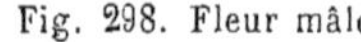

Fig. 298. Fleur mâle.

Fig. 299. Fleur femelle.

Fig. 300. Fleur femelle, coupe longitudinale.

lées, un peu charnues, dont la fleur mâle a trois ou quatre étamines, et dont l'ovaire est creusé d'une ou de deux loges uniovulées; la dilatation apicale du style court, quadrilobée, creusée au centre.

On pourra aussi cantonner les *Peltandra* et les *Anubias* dans deux petites sous-séries distinctes (*Peltandrées* et *Anubiées*). Les uns, de l'Amérique du Nord, ont quelques étamines connées en une masse prismatique, et un seul ou quelques ovules basilaires sur un placenta central déprimé. Ces ovules sont presque complètement orthotropes, à micropyle supérieur. Les autres, de l'Afrique tropicale occidentale, ont le même androcée; mais leurs ovules, presque orthotropes ou imparfaitement anatropes, sont en nombre indéfini sur le large placenta basilaire. Le tube du spadice n'existe pas dans le dernier de ces genres; il est ou nul, ou court et ovoïde dans le premier.

V. SÉRIE DES MONSTERA.

Les *Monstera*[1] (fig. 301-303) ont des fleurs hermaphrodites et nues. Leurs étamines, au nombre de quatre, plus rarement cinq ou six, sont hypogynes, à filet assez large et un peu aplati, atténué tout d'un coup en un connectif étroit sur les côtés duquel s'insèrent deux loges d'anthère[2] qui le dépassent et s'ouvrent par une fente longitudinale, extrorse ou sublatérale, ne s'étendant pas en général jusqu'en bas. L'ovaire, sessile, a la forme d'un tronc de pyramide renversé. Son sommet, polygonal et tronqué, présente une saillie centrale oblongue, parcourue par un sillon médian horizontal dont les lèvres sont stigmatifères. Les deux loges renferment chacune deux ovules ascendants, supportés par un court funicule, incomplètement anatropes, avec le micropyle dirigé en bas et en dehors[3]. Le fruit est composé de baies nombreuses, dont la portion supérieure se détache finalement de la basilaire. Celle-ci présente alors, sous une mince membrane enveloppante, une ou quelques graines ellipsoïdes ou subcordées, à funicule peu visible, à enveloppe extérieure membraneuse qui se sépare finalement d'un épais tégument testacé. Celui-ci enveloppe un embryon macropode, charnu et dépourvu d'albumen.

Monstera deliciosa.

Fig. 301. Spadice ($\frac{1}{4}$).

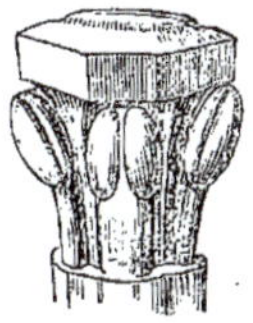

Fig. 302. Fleur hermaphrodite.

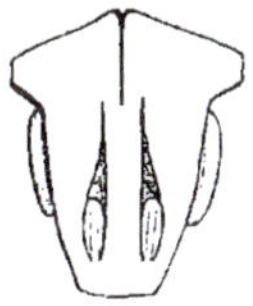

Fig. 303. Fleur, coupe longitudinale.

On distingue dans ce genre une douzaine d'espèces[4], toutes amé-

1. ADANS, *Fam. des pl.*, II, 470 — SCHOTT, in *Wien. Zeitschr.* (1830), 1028; *Melet.*, I, 21; *Gen. Ar.*, t. 75; *Prodr. Ar.*, 358. — ENDL., *Gen.*, n. 1698. — K., *Enum.*, III, 60. — B. H., *Gen.*, III, 991, n. 77. — ENGL., in *N. Act. nat. cur.*, XXXIX, 177 (ramif.); *Arac.*, 255; *Pflanzenfam.*, 120, fig. 77. — *Tornelia* GUTTIER., ex *Linnæa*, XXVI, 382. — SCHOTT, *Prodr. Ar.*, 354; *Gen. Ar.*, t. 74. — *Heteropsis* MIQ., in *Linnæa*, XVIII, 79 (non K.). — *Serangium* WOOD. — SALISB., *Gen. pl. Fragm.*, 5 (ex B. H.).

2. A logettes souvent distinctes.

3. A double enveloppe.

4. JACQ., *H. schœnbr.*, t. 184, 185 (*Dracontium*). — VELL., *Fl. flum.*, Atl., IX, t. 117 (*Dracontium*). — SCHOTT, *Gen. Ar.*, t. 74 (*Tornelia*); in *Œst. Bot. Wochenbl.* (1854), 65. — ENGL., in *Mart. Fl. bras.*, III, II, t. 19-21. — HEMSL., *Bot. centr.-amer.*, III, 426. — K. KOCH, in *Ind. sem. H. berol.* (1855), App., 5. — DE VRIES, *H. Spaarn. Ber. gens.* (1839). — GRISEB., *Fl. brit. W.-Ind.*, 509. — LIEBM., in *Vid. Medd. f. Nat. For. Kjob.* (1849), 19. — K. et BOUCH., in *Ind. sem. H. berol.* (1848) (*Philodendron*). — *Bot. Mag.*, t. 5086. — WALP., *Ann.*, III, 499; V, 895.

ricaines, frutescentes et grimpantes, parfois très ramifiées et à branches très développées. Elles portent des feuilles alternes, distiques, oblongues ou lancéolées, insymétriques, entières ou pinnatifides, ou criblées de trous[1]. Leur pétiole se dilate en une gaine qui persiste et s'accroît ou tombe. Les spadices terminaux sont solitaires ou groupés en cyme, pédonculés, pourvus d'une spathe ovoïde ou oblongue, plus ou moins longuement apiculée, involutée[2]. Elle s'étale hors de l'anthèse, se referme autour du fruit, puis se détache de l'axe. Elle est plus longue que le spadice, qui est cylindrique, sessile, et qui est couvert de fleurs disposées dans l'ordre spiral et étroitement comprimées entre elles. Les fleurs tout à fait inférieures sont seules stériles, plus ou moins coniques et à ovaire dépourvu d'ovules, à étamines souvent avortées.

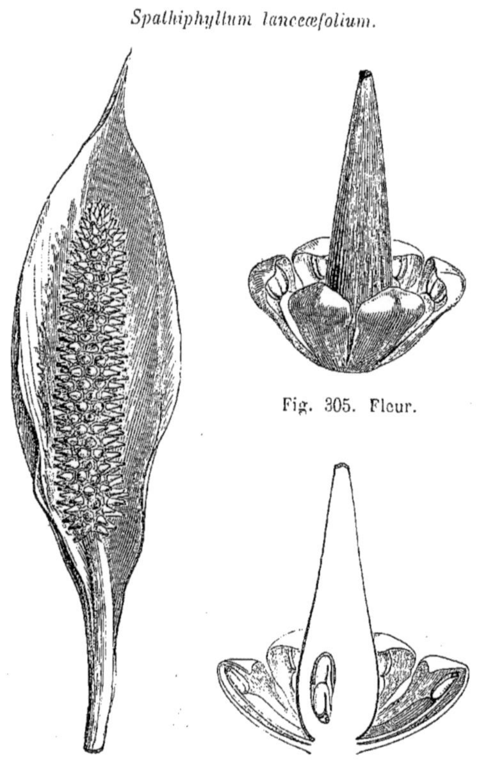

Spathiphyllum lanceæfolium.

Fig. 304. Spadice. Fig. 305. Fleur. Fig. 306. Fleur, coupe longitudinale.

Très voisins des *Monstera* sont : les *Alloschemone*, du Brésil ; les *Epipremnum*, de l'Océanie tropicale ; les *Scindapsus*, des régions les plus chaudes de l'Asie et de l'Océanie ; le *Cuscuaria*, de l'Océanie tropicale ; les *Rhodospatha*, de l'Amérique tropicale ; l'*Anepsias*, du Vénézuela ; les *Rhaphidophora*, à la fois océaniens, asiatiques et africains ; les *Stenospermatium*, qui croissent au pied des Andes dans l'Amérique tropicale.

1. Au sujet de ces singulières solutions de continuité, voy. surtout : A. Trécul, *Note sur la formation des perforations que présentent les feuilles de quelques Aroïdées* (in *Ann. sc. nat.*, sér. 4, I, 37).

2. Souvent épaisse ou coriace, blanche ou jaunâtre, parfois presque charnue et très odorante. Sa base peut se prolonger en une saillie décurrente de forme variable, à insertion plus ou moins oblique : une sorte de talon.

Les *Spathiphyllum* (fig. 304-306) forment, avec les *Holochlamys*, une petite sous-série (*Spathiphyllées*). Les premiers sont à la fois américains et malais. Leurs fleurs ont un périanthe de quatre à huit folioles bisériées, des étamines hypogynes en même nombre, et un ovaire libre, à deux, trois ou quatre loges, souvent développé en cône allongé ou surbaissé dans sa portion supérieure. Chaque loge ovarienne contient deux ou un plus grand nombre d'ovules ascendants et bisériés. Le spadice est entièrement couvert de fleurs pressées, et sa base est adnée à celle de la spathe. Dans l'*Holochlamys*, herbe de Bornéo, le périanthe a quatre folioles connées inférieurement; l'androcée est formé de quatre étamines hypogynes; et l'ovaire, lobé au sommet, renferme de nombreux ovules ascendants et anatropes. Le port de ces plantes est semblable à celui des *Spathiphyllum*.

VI. SÉRIE DES CALLA.

Les fleurs hermaphrodites des *Calla*[1] (fig. 307-309) sont nues. Leur androcée hypogyne se compose d'étamines, au nombre de six ou plus, dont les filets sont libres, linéaires, comprimés, et dont l'anthère courte a deux loges latérales et ellipsoïdes, déhiscentes vers les bords par une fente longitudinale. Le gynécée libre a un ovaire sessile et uniloculaire, surmonté d'un style très court, à sommet stigmatifère déprimé. Sur le placenta basilaire s'insèrent des ovules, au nombre de quatre ou plus, dressés, anatropes, à micropyle extérieur et inférieur[2]. Le fruit est composé de baies[3] rapprochées, à mince

Calla palustris.

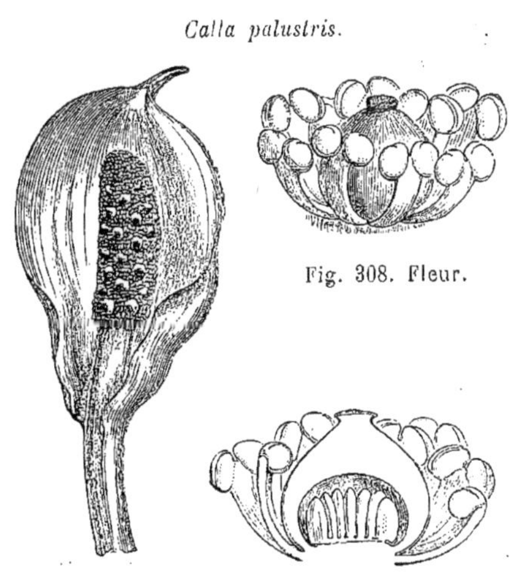

Fig. 307. Spadice. Fig. 308. Fleur. Fig. 309. Fleur, coupe longitudinale.

1. L., *Gen.*, ed. I, n. 697; ed. VI, n. 1030; *Phil. bot.*, 27 (*Piperitæ*). — J., *Gen.*, 24. — GÆRTN., *Fruct.*, II, t. 84. — NEES, *Gen. Fl. germ.*, *Monoc.*, III, n. 38. — L.-C. RICH., in *Guillem. Arch. bot.*, I, t. 2. — K., *Enum.*, III, 58. — SCHOTT, *Melet.*, I; *Gen. Ar.*, t. 69; *Prodr. Ar.*, 345. — SCHKUHR, *Handb.*, t. 278. — ENDL., *Gen.*, n. 1697. — ENGL., *Arac.*, 213; *Pflanzenfam.*, 123. — B. H., *Gen.*, III, 989, n. 72.

2. A double enveloppe.

3. Rouges, pisiformes ou un peu anguleuses,

péricarpe, à graines dressées, en nombre variable, à raphé et chalaze turgides, à embryon axile et entouré d'un abondant albumen charnu.

C'est une herbe aquatique, vivace[1], dont le rhizome cylindrique rampe dans la vase ou à sa surface et porte des feuilles alternes, distiques, à pétiole dilaté inférieurement en gaine, à limbe cordé-ovale ou lancéolé, avec des nervures arquées. Les spadices ont un pédoncule vaginé à la base, pourvu d'une spathe[2] acuminée et étalée, décurrente à sa base. Les fleurs, pressées les unes contre les autres, sont insérées dans l'ordre spiral au-dessus d'une portion basilaire nue. Elles occupent jusqu'au sommet du spadice. La seule espèce de *Calla* connue[3] habite l'Europe tempérée et boréale, l'Asie et l'Amérique septentrionales.

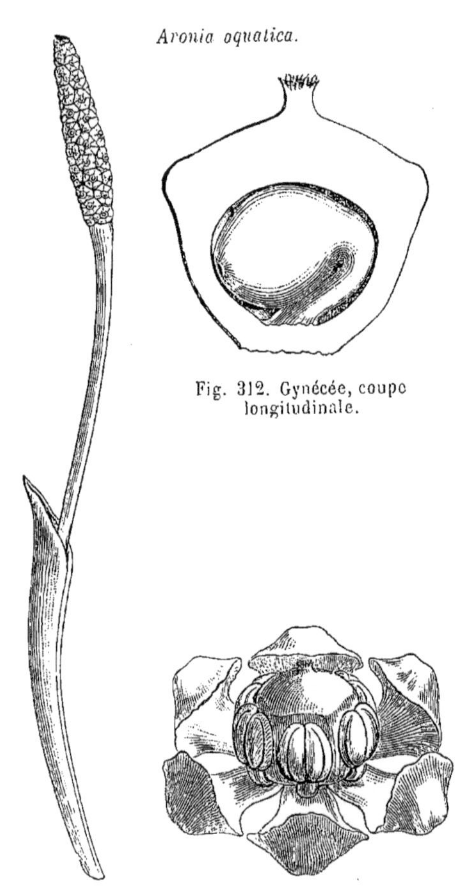

Aronia aquatica.

Fig. 312. Gynécée, coupe longitudinale.

Fig. 310. Spadice.

Fig. 311. Fleur.

L'*Aronia* (fig. 310-312), herbe aquatique de l'Amérique du Nord, a des fleurs hermaphrodites, plus parfaites en réalité que celles des *Calla*, puisqu'elles sont pourvues d'un périanthe de quatre ou six folioles. Les étamines hypogynes sont en même nombre; et l'ovaire uniloculaire, plongé en partie dans l'axe du spadice, renferme un ovule horizontal et incomplètement anatrope. La spathe est étroite et n'enveloppe pas le spadice, porté au-dessus d'elle sur

1. Sur le mode de végétation, A. BRAUN, in *Verh. bot. Ver. Prov. Brandenb.* (1859), I, 84. — ENGL., in *N. Act. nat. cur.*, XXXIX, 916, t. 3, fig. 2.

2. Blanche, verdissant autour des fruits.

3. *C. palustris* L., *Spec.*, ed. II, 1373. — LAMK, *Ill.*, t. 739, fig. 1. — GREN. et GODR., *Fl. de Fr.*, III, 332. — H. BN, *Iconogr. Fl. fr.*, n. 235. — *Bot. Mag.*, t. 1831. — *C. æthiopica* GÆRTN., *loc. cit.* (non L.).

un long pied nu qui simule un pédoncule. C'est le type d'une sous-série (*Aroniées*), à laquelle on a encore rapporté les *Spathyema* et les *Lysichiton*. Les premiers, américains et asiatiques, ont une large spathe forniquée et longtemps persistante; un spadice court, à peu près sphérique, et un ovaire à une ou deux loges dans lesquelles se trouve un seul ovule descendant. Les derniers, qui croissent également dans l'Asie du Nord-Est et dans l'Amérique du Nord, sont aquatiques comme l'*Aronia*, ont comme lui une spathe étroite, un long spadice stipité; mais leur ovaire a deux loges incomplètes, et, dans chacune d'elles, un ou deux ovules descendants et orthotropes.

VII. SÉRIE DES ACORES.

Les fleurs des Acores[1] (fig. 313-316) sont hermaphrodites et régulières. Leur petit réceptacle convexe porte trois sépales et trois pétales

Acorus Calamus.

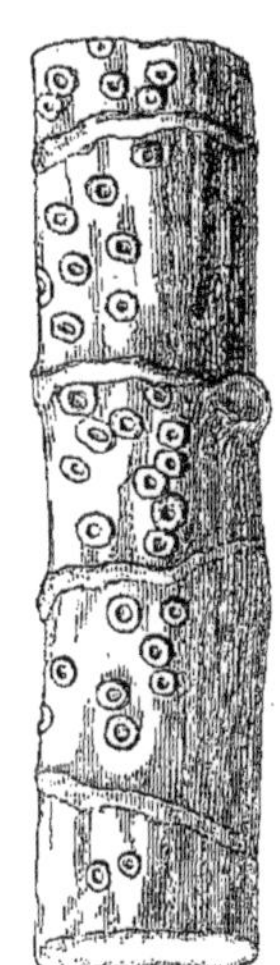

Fig. 313. Portion du rhizome.

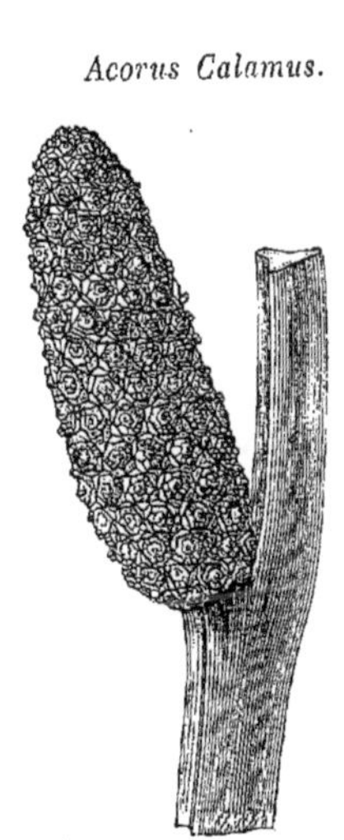

Fig. 314. Spadice.

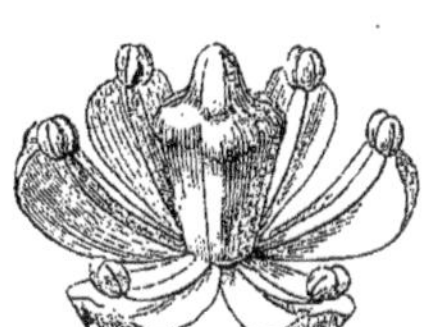

Fig. 315. Fleur.

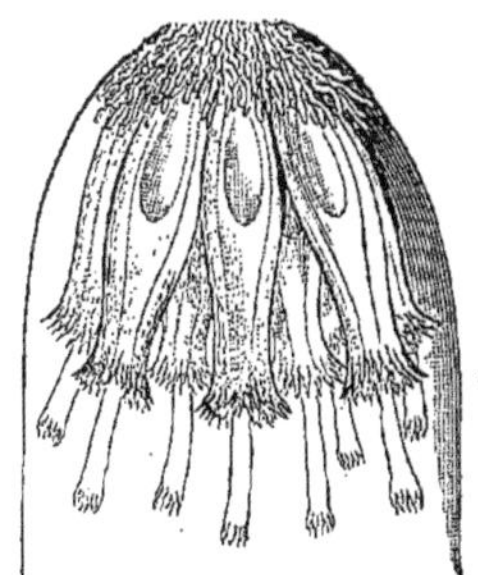

Fig. 316. Ovules.

alternes, à peu près tous semblables entre eux, herbacés, allongés, à

1. *Acorus* L., *Gen.*, ed. I, n. 296; ed. VI, n. 434; *H. Cliff.*, 137. — J., *Gen.*, 25. — GÆRTN., *Fruct.*, II, t. 84. — LAMK, *Ill.*, t. 252. — SCHKUHR, *Handb.*, I, t. 97. — NEES, *Gen. Fl. germ.*, *Monoc.*, III, n. 37. — L.-C. RICH., in *Guillem. Arch.*, I, t. 3. — SCHOTT, *Gen. Ar.*, t. 9; *Prodr. Ar.*, 577; *Melet.*, I, 22. — K., *Enum.*, III, 86. — ENDL., *Gen.*, n. 1708. — ENGL., in *N. Act. nat. cur.*, XXXIX, 170, t. 3, fig. 11 (ramif.); *Arac.*, 215; *Pflanzenfam.*, 118, fig. 76. — B. H., *Gen.*, III, 999, n. 97. — *Calamus* POURF.-DUP., *Lettres à un médecin* (1710), 49, c. tab. — L., *Gen.*, ed. I, 104. — RIDL., in *Trim. Journ.* (1883), 349.

sommets forniqués et connivents. L'androcée est formé de six étamines hypogynes, superposées chacune à une foliole du périanthe. Leur filet est allongé, aplati, atténué à son sommet en un connectif qui supporte une anthère courte, à deux loges à peu près elliptiques, dépassant le connectif, divergentes en bas et déhiscentes en dedans par une fente longitudinale[1]. L'ovaire supère, allongé-obconique, est surmonté d'un cône qui porte à son sommet les papilles stigmatiques. Dans chacune de ses trois loges superposées aux sépales, il y a un placenta qui en occupe la partie supérieure et qui porte plusieurs ovules descendants, orthotropes, à micropyle inférieur[2], noyés dans une glu gommeuse qui remplit la loge. Le fruit composé est formé de baies plus ou moins incluses dans le périanthe persistant, et dont les deux ou trois loges renferment quelques graines. Celles-ci sont descendantes, pourvues d'un court funicule, et renferment sous leurs téguments[3] un albumen charnu, qui entoure un embryon de même longueur que lui, cylindrique et axile.

On distingue deux espèces[4] dans ce genre, habitantes des régions tempérées de l'hémisphère boréal. Elles sont herbacées, vivaces, aquatiques ou plus rarement terrestres, aromatiques, et possèdent un rhizome ramifié qui rampe sous terre ou dans la vase. Il porte en dessous des racines adventives et en dessus des feuilles distiques, ensiformes, à base équitante, Leur limbe est dressé, étroit ou aplati, à nervures longitudinales. Leur inflorescence a un long pédoncule foliiforme, allongé, terminé par une spathe aiguë, ensiforme, parfois peu développée. Le spadice est cylindro-conique, supportant un grand nombre de fleurs comprimées, qui s'épanouissent ordinairement de haut en bas.

Gymnostachys anceps.

Fig. 317. Inflorescence.

Fig. 318. Fleur hermaphrodite.

1. Ses bords se révolutent ensuite.

2. Le tégument interne est souvent prolongé au delà de l'exostome en un tube à bords entiers ou frangés. La base des ovules est accompagnée de poils cloisonnés.

3. L'intérieur charnu, à exostome frangé.

4. L., *Spec.*, 463. — AIT., *H. kew.*, I, 474. — SCHOTT, in *Œst. Bot. Zeitschr.* (1859), 101, 357; in *Ann. Mus. lugd.-bat.*, I, 284. — SM., *Spicil.*, t. 17. — SIEB., in *Verh. Bat. Gen.*, XII, 2. — MIQ., in *Ann. Mus. lugd.-bat.*, II, 203; III, 192. — GRIFF., *Ic. pl. as*, t. 162. — BERTOL., *Pl. nuov. asiat. mem.*, II (1865), 8. — FR. et SAV., *En. pl. jap.*, II, 10. — BOISS., *Fl. or.*, V, 44. — HOOK. F., *Fl. brit. Ind.*, VI, 555. — DUR. et SCHINZ, *Consp. Fl. afric.*, V, 472. — CHAPM., *Fl. S. Un.-St.*, 442. — GREN et GODR. *Fl. de Fr.*, III, 332.

Le *Gymnostachys anceps* (fig. 317, 318), herbe vivace de l'Australie, a des fleurs d'Acore, tétrandres et à périanthe tétramère. Leur ovaire n'a qu'une loge uniovulée, et l'ovule orthotrope pend du sommet de la loge. Les feuilles sont étroites, et la portion souterraine de la plante est tubéreuse.

Avec l'inflorescence des Acores, les *Anthurium* (fig. 319-322) ont des fleurs tétramères et tétrandres, et leur ovaire a deux loges latérales, avec dans chacune d'elles un ou deux ovules orthotropes, anatropes ou campylotropes. Mais ce sont des herbes vivaces ou frutescentes, terrestres, et à tige courte ou longue et grimpante, radicante, avec des feuilles entières, lobées ou partites, et une spathe coriace, ovale ou lancéolée, libre, sessile ou continue avec le pédoncule du spadice. Tels sont les principaux caractères différentiels d'une sous-série (*Anthuriées*) qui est formée de ce seul genre de l'Amérique tropicale.

Anthurium coriaceum.

Fig. 319. Spadice.

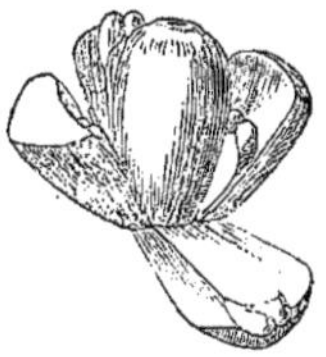

Fig. 320. Bouton.

Fig. 321. Fleur.

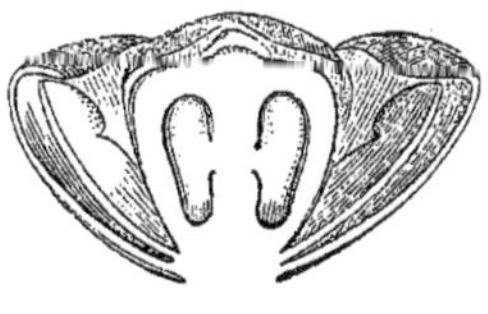

Fig. 322. Fleur, coupe longitudinale.

Les *Pothos*, des régions chaudes de l'ancien monde, en sont extrêmement voisins. Leur spathe est persistante, accrescente, comme celle des *Anthurium*. Leur spadice s'épanouit de haut en bas, comme celui des Acores; et leur ovaire a une ou trois loges uniovulées. Leur graine renferme un embryon charnu, macropode, sans albumen. Ce sont des lianes. Dans la même sous-série qu'eux (*Pothées*) se rangent les trois genres *Amydrium*, *Heteropsis* et *Anadendron*.

Auprès d'eux, le genre *Zamioculcas* constitue aussi une petite sous-série (*Zamioculcasées*). Il est formé d'herbes vivaces de l'Afrique tropicale orientale, qui ont des feuilles basilaires pinnatiséquées et des fleurs unisexuées, à périanthe tétramère : les inférieures femelles, à anthères stériles; les supérieures mâles, à gynécée non fertile, plus ou moins rudimentaire.

Dans une autre sous-série, les *Culcasia*, qui sont africains, se caractérisent par des fleurs mâles obpyramidales, à trois ou quatre étamines. L'ovaire de la fleur femelle est à une ou deux loges, avec un sommet stylaire dilaté-pelté. Il n'y a dans chaque loge qu'un ovule ascendant et imparfaitement anatrope. Ce sont des arbustes sarmenteux et grimpants, à feuilles oblongues ou assez souvent cordées. Leurs spadices, solitaires ou fastigiés, sont dépourvus d'appendice; et leur spathe, petite, d'abord dressée, est plus ou moins involutée et se détache bientôt de la base de l'inflorescence. Les graines ont un abondant albumen (*Culcasiées*).

VIII. SÉRIE DES PISTIA.

Souvent rapportés à une famille particulière, les *Pistia*[1] (fig. 323-327) ont des fleurs monoïques et nues. Les mâles sont formées de deux étamines unies en une masse sessile, épaisse, courtement obconique, plus ou moins comprimée et obtusément quadrilobée. Chaque anthère a deux loges courtes, opposées l'une à l'autre et déhiscentes vers leur sommet par une fente courte, finalement allongée, extrorse. Le connectif obtus ne dépasse pas les loges. La fleur femelle est formée d'un ovaire uniloculaire, à base oblique ou presque verticale, qui s'atténue supérieurement en un style plus ou moins arqué, dont le sommet obtus est garni de tissu stigmatique. Le placenta basilaire, large et surbaissé, tend à devenir, vu le mode d'insertion du gynécée, à peu près vertical. Sa surface supérieure porte de nombreux ovules dressés, orthotropes, subcylindriques[2], à court funicule, à micropyle supérieur[3]. Le fruit est uniloculaire, indéhiscent[4], à paroi mince[5],

1. L., *Fl. zeyl.*, 152; *Gen.*, ed. I, n. 694; ed. VI, n. 1023. — J., *Gen.*, 69 (Hydrocharidées). — LAMK, *Ill.*, t. 733. — TURP., in *Dict. sc. nat.*, Atl., t. 136, 137. — ENDL., *Gen.*, n. 1669. — K., *Enum.*, III, 7. — HEGELM., in *Bot. Zeit.* (1874), n. 39. — ENGL., in *N. Act. nat. cur.*, XXXIX, III, 154; IV, 194, t. 5; *Arac.*, 631; *Pflanzenfam.*, 152, fig. 100. — B. H., *Gen.*, III, 964, n. 5. — *Zara* LOUR., *Fl. cochinch.*, 405. — *Apiospermum* KL., in *Abh. Akad. Wiss. Berl.* (1853), 351. — *Limnonesis* KL., *loc. cit.*, 352, t. 1-3. — *Kodda-pail* RHEED., *Arac.*, 631; *H. malab.*, XI, 63, t. 32. — *Kiambam-Kitsii* RUMPH., *Herb. amboin.*, VI, 177.

2. Souvent un peu étranglés vers le milieu de leur hauteur.

3. A double tégument. Les ovules apparaissent de bas en haut sur le placenta.

4. Ou se détruisant par putréfaction.

5. Parsemée en dehors de poils courts.

et renferme un nombre très variable de semences oblongues, rugueuses-ponctuées, à sommet umboné, et dont les téguments[1] recouvrent un abondant albumen farineux, enveloppant lui-même un embryon axile, bien plus court, obovoïde-allongé.

La seule espèce[2] du genre est une singulière petite herbe vivace, très variable, qui flotte à la surface des eaux douces, et dont la tige très courte, stolonifère, porte aussi de nombreuses et longues racines

Pistia Stratiotes.

Fig. 323. Spadice, entr'ouvert latéralement.

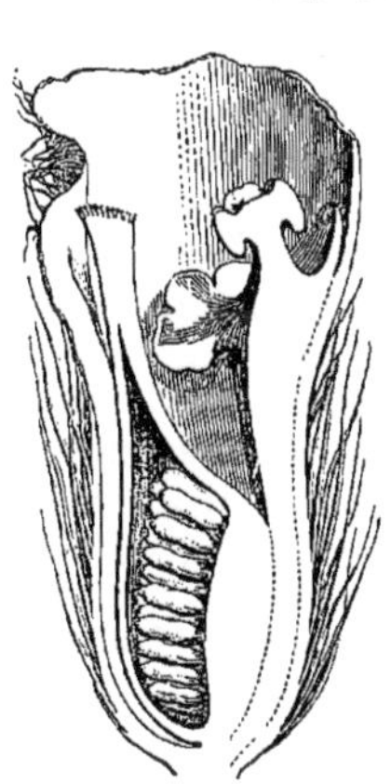

Fig. 324. Spadice, coupe longitudinale.

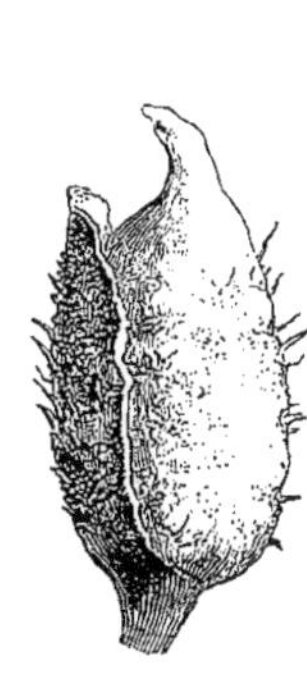

Fig. 325. Fruit adné à la spathe.

Fig. 326. Graine.

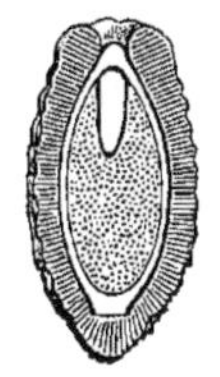

Fig. 327. Graine, coupe longitudinale.

adventives. Les feuilles, rapprochées en rosette, sont sessiles, obovales-cunéiformes, à nervures flabellées, plus ou moins saillantes à la face inférieure. Les fleurs des deux sexes sont réunies dans un même petit spadice axillaire qu'enveloppe une petite spathe pubérulente et blanchâtre. En bas se voit la portion femelle de l'axe florifère, adnée à la spathe sur la ligne médiane de sa côte. Au delà

1. Ils sont triples : un barillet épais et crustacé, rugueux, doublé en dedans comme en dehors d'une enveloppe membraneuse; l'extérieure brune et molle. En haut, le testa est creusé d'une sorte d'entonnoir, dont le fond aboutit à la saillie brune qui surmonte l'albumen. B.-MIRBEL a figuré assez nettement les caractères de cette semence (in *Ann. Mus.*, XVI, t. 17.

2. *P. Stratiotes* L. — ENGL., *Arac.*, 634; *Fl. bras.*, III, II, 212, t. 52. — K., *Enum.*, III, 8. — SCHLEID., in *Bot. Zeit.* (1838), n. 3, p. 19. — H. B. K., *Nov. gen. et spec.*, I, 66. — HEMSL., *Bot. centr.-amer.*, III, 417. — HOOK. F., *Fl. brit. Ind.*, VI, 496. — DUR. et SCHINZ, *Consp. Fl. afr.*, V, 483. — *Bot. Mag.*, t. 4564. — *P. spathulata* MICHX. — SCHLEID. — *P. minor* BL. — *P. crispata* BL. — *P. occidentalis* BL. — *P. Weigelliana* PRESL. — *P. amazonica* PRESL. — *P. africana* PRESL. — *P. Leprieuri* SCHLEID. — *P. ægyptiaca* SCHLEID. — *P. obcordata* SCHLEID. — *P. commutata* SCHLEID. — *P. linguiformis* SCHLEID. — *P. natalensis* KL. — *P. Cumingii* KL. — *P. brasiliensis* KL. — *P. Schleideniana* KL. — *P. texensis* KL. — *P. Turpini* K. KOCH. — *Apiospermum obcordatum* KL. — *Limnonesis commutata* KL. — *L. Friedrichsthaliana* KL.

de l'ovaire de l'unique fleur femelle, l'axe demeure assez longuement adné; après quoi il devient libre dans une courte portion qui se termine par un verticille de quelques fleurs mâles, latéralement insérées. La spathe est plissée de chaque côté, et la base du spadice porte des organes neutres dilatés et une écaille plus ou moins développée qui se détache bientôt. Toutes les régions tropicales des deux mondes possèdent les formes si variables de cette petite plante, sauf, croit-on, les îles de l'Océan Pacifique et la Nouvelle-Hollande.

Cette famille est indiquée dans la liste des plantes du Jardin de Trianon par B. DE JUSSIEU, sous le nom d'*Aroideæ*[1]. Il y comprenait les *Lemna* et, malheureusement, les *Potamogeton*, *Ruppia*, *Saururus* et *Menyanthes*. ADANSON[2], moins heureux encore dans la délimitation du groupe, y plaça des Cryptogames aquatiques. NECKER, qui adopta la dénomination d'*Araceæ*[3] en 1770, adjoignit à la famille les Butomées et les *Sparganium*. Elle fut mieux délimitée par BLUME[4], puis surtout par SCHOTT, qui en fit l'objet de travaux spéciaux, très nombreux et très remarquables[5]. Ils ont servi de point de départ à M. ENGLER, dont on ne saurait trop louer les recherches persévérantes[6]. Celles-ci devaient inévitablement nous guider; elles ont abouti à la division suivante de la famille en huit séries :

I. ARÉES[7]. — Fleurs monoïques, rarement disposées sur toute la surface du spadice, bien plus souvent surmontées d'un appendice parfois très allongé. Fleurs nues ou très rarement périanthées; les mâles formées d'une ou quelques étamines libres ou unies; les femelles à ovaire uniloculaire, pluriovulé, rarement pluriloculaire. Graines

1. In *A.-L. Juss. Gen.*, lxiv. — J., *Gen.*, 23, Ord. 1. — VENT., *Tabl.*, II, 83. — K., *Enum.*, III, 1. — ENDL., *Gen.*, 232, Ord. 72. — B. H., *Gen.*, III, 955, Ord. 191.

2. *Fam. des pl.*, II (1763), 461, Fam. 56 (*Ara*).

3. In *Act. Acad. theod.-palat.*, II, 462. — LINDL., *Nat. Syst.*, ed. II, 363; *Veg. Kingd.*, 127, Ord. 36.

4. *Rumphia*, I, 75 (1835).

5. *Araceen Betreff.* (1854); *Synops. Aroidearum* (1856); *Icon. Aroid.* (1857); *Gen. Aroid.* (1858); *Prodr. Syst. Aroid.* (1860).

6. *Vergl. Unters. morph. Werhältn. Arac.*, in *N. Act. Acad. Leop.-Car. nat. cur.*, XXXIX (1876); *Morph. Arac.*, in *Bot. Zeit.* (1876); in *Mart. Fl. bras.*, III, II (1878), 23; in *DC. Monogr. Phaner.*, II (1879); *Beitr. z. Kenntn. Arac.*, in *Bot. Jahrb.*, I, 179, 480; IV, 59, 341; V, 141, 287; XV, 447; *Pflanzenfam.*, II, 3 (Lief. 9), p. 102. A Kew, M.-N.-E. BROWNE a également fait de très nombreuses et intéressantes recherches sur les Aracées.

7. *Aroideæ* ENGL., in *N. Act. nat. cur.*, XXXIX, 150 (18); *Arac.*, 73, Subfam. 8. — *Arineæ* B. H., *Gen.*, III, 957, Trib. 1 (part.). — *Staurostigmoideæ* ENGL., *Arac.*, 72, Subfam. 7. — *Zomicarpeæ* ENGL. — B. H., *Gen.*, III, 958, Trib. 3. — *Stilochitoneæ* SCHOTT. — ENGL. — B. H., *loc. cit.*, 958, Trib. 2. — *Arisareæ* SCHOTT, *Melet.*, I, 16 (Subtrib.). — *Allechuchieæ* SCHOTT, *Syn. Ar.*, I, 1 (Trib.). — *Pinelliniæ* SCHOTT. — *Ambrosinieæ* SCHOTT. — *Cryptocorineæ* SCHOTT.

droites ou arquées, albuminées. — Plantes vivaces, terrestres ou de marais, souvent tubéreuses, ordinairement lactescentes, à feuilles diverses; les nervures réticulées. — 27 genres.

II. COLOCASIÉES[1].— Fleurs monoïques dans un spadice ordinairement inappendiculé, à périanthe nul ou rarement court, cupuliforme. Étamines connées en une seule masse prismatique ou obpyramidale, sessile ou peltée. Ovaire 1-pluriloculaire. — Herbes vivaces, tubéreuses ou à tige aérienne épaisse, rarement frutescentes et grimpantes. — 13 genres.

III. — AMORPHOPHALLÉES[2]. — Fleurs hermaphrodites ou monoïques, nues ou périanthées, souvent dimères. Embryon macropode, sans albumen. — Herbes vivaces, tubéreuses ou à sympode rampant; plus rarement arbustes grimpants ou arborescents. Feuilles alternes, sagittées, pédalées ou triséquées, à nervures réticulées. — 20 genres.

IV. PHILODENDRÉES[3]. — Fleurs monoïques, nues; les étamines souvent unies en groupes prismatiques ou obpyramidaux. Staminodes souvent sous le gynécée. Ovaire à plusieurs (2-8) loges; les ovules orthotropes ou anatropes. Graines albuminées, à embryon axile. — Plantes frutescentes, grimpantes, ou suffrutescentes, à entre-nœuds courts. Feuilles alternes, à nervures latérales subparallèles. Spadice souvent (mais non constamment) inappendiculé. — 19 genres.

V. MONSTÉRÉES[4]. — Fleurs hermaphrodites, nues ou rarement périanthées, le plus souvent dimères. Ovules anatropes ou amphitropes. —Plantes ordinairement frutescentes et grimpantes, à feuilles distiques, le plus souvent antidromes, à nervures latérales plus ou moins richement réticulées. — 11 genres.

VI. CALLÉES[5]. — Fleurs hermaphrodites, nues ou souvent périanthées, à étamines hypogynes 4 ou ∞. Ovaire à une ou deux loges uni- ou pluriovulées. Ovules orthotropes ou plus ou moins complètement

1. *Colocasieæ* SCHOTT, *Melet.*, I, 18 (Subtrib.). — ENGL., in *N. Act. nat. cur.*, XXXIX, 148 (66); *Arac.*, 71 (Subfam. 6). — B. H., *Gen.*, III, 958, Trib. 5. — *Caladieæ* SCHOTT, *Melet.*, I, 18 (part.). — *Syngoninæ* SCHOTT (Subtrib.). — *Colocasioideæ* ENGL., *Pflanzenfam.*, 113, 137.

2. *Amorphophalleæ* ENGL., *Pflanzenfam.*, 112, IV, 11. — *Lasioideæ* ENGL., in *N. Act. nat. cur.*, XXXIX, 144 (42) (Subfam.); *Pflanzenfam.*, 112, IV. — *Lasieæ* B. H., *Gen.*, III, 962 (Subtrib.).

3. *Philodendreæ* SCHOTT, *Melet.*, I, 19 (Subtrib.); *Syn. Ar.*, I, 71 (Trib.). — B. H., *Gen.*, III, 959, Trib. 6. — *Philodendroideæ* ENGL., in *N. Act. nat. cur.*, XXXIX, 146 (114) (Subfam. 4); *Pflanzenfam.*, 112, V. — *Richardieæ* SCHOTT, *Melet.*, I, 20 (Subtrib.); *Syn. Ar.*, I, 131 (Trib.). — *Pellandrinæ* SCHOTT, *Syn. Ar.*, I, 50 (Subtrib.).

4. *Monsterinæ* SCHOTT, *Prodr. Ar.*, 346 (Subtrib.). — *Monsteroideæ* ENGL., in *N. Act. nat. cur.*, XXXIX; *Arac.*, 64 (Subfam. 2); *Pflanzenfam.*, 112, II.

5. *Calleæ* REICHB., *Consp.*, 44. — ENDL., *Gen.*, 239 (Trib.). — B. H., *Gen.*, III, 961, Trib. 9 (part.). — *Calloideæ* ENGL., *Pflanzenfam.*, 112, III. — *Callaceæ* REICHB. — ENDL. (part.). — *Orontiaceæ* R. BR., *Prodr.*, 337. — *Orontieæ* SCHOTT, *Melet.*, I, 22.

anatropes. Embryon axile ou macropode et sans albumen. — Herbes vivaces, à rhizome rampant ou à tubercule souterrain. Feuilles basilaires, distiques au moins au jeune âge, à nervures latérales nombreuses. — 4 genres.

VII. ACORÉES[1]. — Fleurs hermaphrodites, périanthées ou rarement nues. Étamines hypogynes 4-6. Ovaire à une ou plusieurs loges 1-pluriovulées. Ovules descendants orthotropes, ou incomplètement anatropes, ventrifixes, à micropyle inférieur. — Herbes vivaces ou arbustes grimpants, à feuilles basilaires ou alternes sur la tige; les nervures latérales réticulées. — 9 genres.

VIII. PISTIÉES[2]. — Fleurs nues; la femelle solitaire verticalement insérée vers la base du spadice, adnée à la spathe; les mâles peu nombreuses autour du sommet libre de l'axe du spadice. Ovules nombreux, basilaires et orthotropes. — Herbe vivace et stolonifère, aquatique, à feuilles sessiles, disposées en rosette. — 1 genre.

Ainsi constituée, cette famille très naturelle comprend 104 genres[3] et environ 950 espèces, qui habitent toutes les régions tropicales et sous-tropicales des deux mondes[4]. En Europe, elle est représentée par les seuls genres Acore, Gouet, *Dracunculus*, *Arisarum*, *Calla*, *Biarum*, *Helicodiceros*, *Ambrosinia*. Les cinq premiers seuls appartiennent à notre pays.

On ne peut méconnaître les étroites affinités de cette famille avec les Typhacées, qui la relient aux Alismacées et aux Najadacées par l'intermédiaire des *Sparganium;* ni avec les Lemnacées, que plusieurs auteurs y ont fait rentrer. D'ailleurs, les Aracées constituent un groupe tout à fait à part par leur spadice, qui n'a rien de commun avec celui des Palmiers, non plus que leur spathe[5]. Celle-ci, alors qu'elle donne insertion sur la face interne de sa côte aux groupes floraux, rappelle assez bien celle des *Spathanthus* parmi les Rapatéacées; mais la fleur de ces dernières, par son périanthe, son androcée et

1. *Acoreæ* LINDL., *Veg. Kingd.*, 194 (Trib.). — B. H., *Gen.*, III, 963 (Subtrib.). — *Acorinæ* LINK, *Enum.*, I, 304 (*Juncinearum* Subord.). — *Acoraceæ* LINDL., *Nat. Syst.*, ed. II, 365. — *Zamioculcaseæ* ENGL., *Pflanzenfam.*, 116, 4.

2. *Pistieæ* REICHB., *Nom.*, 32 (Subdiv.). — *Pistiaceæ* H. B. K., *Nov. gen. et spec.*, I, 81 (Sect.). — AGH, *Aphor.*, 130 (Ord.). — LINDL., *Nix. pl.*, 35 (Ord.). — A. JUSS., in *Dict. d'Orb.*, XII, 416 (Fam.). — SPACH, *Suit. à Buff.*, XII, 36 (*Callacearum* Trib.). — *Pistioideæ* ENGL., *Arac.*, 77 (Subfam. 9); *Pflanzenfam.*, 152, VIII.

3. Sans compter l'*Arisacontis* SCHOTT, *Prodr. Ar.*, 415, genre douteux, de Radack, dont on ne connaît que la feuille.

4. Pour les tableaux détaillés de la distribution géographique des Aracées, voy. ENGL., *Arac.*, 36; in *Mart. Fl. bras.*, III, II, 219, 221; *Pflanzenfam.*, 110.

5. Celle-ci est remarquable par l'élévation plus ou moins considérable de température qui se produit dans son intérieur lors de la floraison; phénomène étudié par un grand nombre d'auteurs, tous cités par M. ARCANGELI (in *N. Giorn. bot. ital.*, XV, 92, not.).

son gynécée, appartient au type pluricarpellé des Liliacées. Les Aracées sont en même temps très spéciales au point de vue histologique[1], qui a occupé beaucoup d'observateurs[2]. Leurs tissus, riches en cristaux, peuvent aussi être caractérisés par des réservoirs à latex[3]; mais ce trait d'organisation est loin d'être constant. On a aussi remarqué dans ces plantes des cellules particulières, plus ou moins ramifiées, auxquelles on a attribué des rôles variables[4]. A ces particularités des tissus répondront naturellement quelques-unes des propriétés dont nous allons actuellement nous occuper.

USAGES[5]. —Les Aracées sont, avant tout, remarquables par l'abondance de la fécule que renferment leurs renflements souterrains; mais cette substance ne peut devenir alimentaire que quand elle a été débarrassée des principes âcres et volatils que la dessiccation et la coction dans l'eau font en général disparaître. Frais, leur suc propre est souvent d'une saveur brûlante, irrite énergiquement la peau et les muqueuses et peut produire chez l'homme et les animaux les accidents les plus terribles. Les Colocases et les *Alocasia* sont, à ce point de vue, avec raison redoutés, et beaucoup d'autres Aracées moins connues ont les mêmes propriétés délétères. Elles s'observent

1. Et aussi par leurs organes végétatifs : ENGL., *Vergl. Unters. ueb. d. morphol. Verhältn. d. Arac.*, in *Nov. Act. K. leop.-carol. Akad.*, XXXIX, (1877), n. 3, 4; *Arac.*, 15; in *Mart. Fl. bras.*, III, II, 29; *Pflanzenfam.*, 102.

2. V. TIEGH., in *Ann. sc. nat.*, sér. 5, VI, 72 (1866). — ENGL., *Arac.*, 2; in *Mart. Fl. bras.*, III, II, 31, t. 2-5; *Pflanzenfam.*, 105, fig. 73.

3. M. ENGLER a appliqué ce caractère à la classification, distinguant des sous-familles des *Pothoideæ* et *Monsteroideæ* dans lesquelles les faisceaux fibro-vasculaires ne renferment pas de laticifères, tandis que les *Lasioideæ* en contiennent de simples, rarement anastomosés. Ceux des *Philodendroideæ* et *Aglaonemoideæ* sont simples. Ceux des *Colocasioideæ* sont dits « *fusione nata, anastomose hinc inde inter se conjuncta* ». Dans les *Staurostigmoideæ*, les cellules à latex ne sont pas anastomosées. Elles sont disposées en séries rectilignes de chaque côté du phloème, de même que dans les *Aroideæ;* et les *Pistioideæ* n'ont pas de laticifères. Son mode de classification anatomique a été jugé (B. H., *Gen.*, III, 956) de la sorte : « *Nobis judicibus infeliciter pro systemate Schottiano novum proposuit ad characteres histologicos axis incrementi conditum, quod nobis videtur mancum quoad explicationem affinitatum naturalium, ut et modum generum determinandorum.* » Certaines feuilles d'Aracées laissent sortir de grandes quantités d'eau par leurs stomates (voy. RAMEY, in *C. rend. Ass. fr.*, IV, 731; in *Bull. Soc. Linn. Par.*, 29). Les phénomènes de floraison et d'impollinisation par les insectes de plusieurs Aracées ont été l'objet de recherches et de discussions intéressantes (voy. ARCANG., in *N. Giorn. bot. ital.* (1879), 24; (1883), 72. — DELP., *Ult. obs. Dichog.* (1875), 223).

4. On les a souvent nommées des poils intercellulaires. H. SUEUR (in *Adansonia*, VII, 292) les a le premier considérées comme des « cellules consolidantes ». Les cavités ovariennes des Aracées sont encore remarquables par l'abondant mucus gommeux ou gélatineux qui enduit les ovules et par les poils particuliers qui entourent la base des ovules.

5. ENDL., *Enchirid.*, 130. — LINDL., *Veg. Kingd.*, 128. — ROSENTH., *Syn. plant. diaphor.*, 138, 1087. — ENGL., *Arac.*, 110; in *Mart. Fl. bras.*, III, II, 224.

aussi, quoique avec moins d'intensité, chez nos Gouets communs, notamment l'*Arum maculatum*[1] (fig. 263-270) et l'*A. italicum*[2] (fig. 271), dont les tubercules sont drastiques, caustiques, mais deviennent émollients après une cuisson prolongée. Mais alors aussi ces tubercules sont comestibles et ont souvent nourri l'homme dans les temps de disette. Leur fécule, débarrassée de tout suc irritant, a pu servir non seulement d'aliment, mais a été employée en grand à la préparation des dextrines et des alcools[3]. Pour un grand nombre de populations des régions tropicales, les tubercules des *Colocasia*, principalement du *C. esculenta*[4] (fig. 277-280) constituent un aliment analogue à la Pomme de terre et aux *Tacca*. Aussi ces plantes ont-elles été cultivées de toute antiquité en Égypte, dans l'Inde, et le sont-elles aujourd'hui dans la Polynésie, en Afrique et dans l'Amérique tropicale. Les autres Aracées comestibles des tropiques sont surtout

1. L., *Spec.*, 1370. — BLACKW., *Herb.*, t. 228. — HAYNE, *Arzneigew.*, 13, t. 32. — BRANDT, *Giftgew.*, t. 7. — REICHB., *Ic. Fl. germ.*, VII, t. 8. — GREN. et GODR., *Fl. de Fr.*, III, 330. — H. BN, *Iconogr. Fl. fr.*, n. 214; *Tr. Bot. méd. phanér.*, fig. 3474-3478; *Herbor. par.*, 87, c. xyl. — *A. vulgare* LAMK, *Fl. fr.*, III, 357. — *A. pyrenæum* DUF. — *A. gracile* UNVERR. — *A. Zelebori* SCHOTT. — *A. Malyi* SCHOTT. — *A. intermedium* SCHUR. — SCHOTT, *Prodr.*, 91. — *A. Besserianum* SCHOTT, in *Œst. Bot. Zeitschr.* (1858), 349. — *A. alpinum* SCHOTT et KOTSCH., in *Linnæa* (1851), 15 (*Gouet commun, Aron, Vaquette, Baratte, Chevalet, Cheval-bayard, Pied-de-veau, Giron, Giraude de moine, Cornet, Claujit, Marquette, Pilon, Religieuse, Thoureux, Fuseau, Manteau de la Vierge, Choupoivre, Contre-feu, Langue de bœuf, Herbe-à-pain, Mourride, Pain de crapaud, P. de lièvre, Picotin, Epiteste*, etc.).

2. MILL., *Dict.*, I, n. 2. — LAMK, *Dict.*, III, 9. — W., *Spec.*, IV, 484. — REICHB., *Ic. Fl. germ.*, VII, t. 12. — GREN. et GODR., *Fl. de Fr.*, III, 330. — ENGL., *Arac.*, 591, n. 10. — *A. numidicum* SCHOTT. — *A. albispathum* hort. — *A. maculatum* ALL. (non L.). — *A. byzantinum* SCHOTT, *Ic. Ar.*, t. 34, 35. — *A. ponticum* SCHOTT. — *A. trapezuntinum* SCHOTT. — *A. concinnatum* SCHOTT. — *A. marmoratum* SCHOTT. — *A. Nickelii* SCHOTT. — *A. canariense* WEBB et BERTHEL., *Hist. Canar.*, III, 293.

3. L'*A. Dioscoridis* SIBTH. et SM., *Prodr. Fl. græc.*, II, 245; *Fl. græc.*, t. 947, cultivé en Orient, est emménagogue, abortif, employé au traitement des angines. En Abyssinie, on mange les tubercules de l'*A. abyssinicum* A. RICH., *Tent. Fl. abyss.*, 332 (*Ambatche*), qui est probablement le *Sauromatum abyssinicum* SCHOTT, *Syn. Ar.*, I, 25. — ENGL., *Arac.*, 569, n. 2.

4. SCHOTT, *Syn. Ar.*, 41; *Melet.*, I, 18. — K., *Enum.*, III, 37. — *C. Antiquorum* SCHOTT, *Melet.*, I, 18; *Syn. Ar.*, 40; *Prodr. Ar.*, 138. — ENGL., *Arac.*, 491. — *Bot. Mag.*, t. 7364. — *C. Fontanesii* SCHOTT. — *C. acris* SCHOTT. — *C. euchlora* K. KOCH. — *C. nymphæifolia* K. — *Arum esculentum* L. — *A. Colocasia* L., *Spec.*, ed II, 1368. — WIGHT, *Ic.*, III, t. 786. — *A. peltatum* LAMK. — *A. colocasioides* DESF. — *A. nymphæifolium* ROXB. — WIGHT, *Ic.*, III, t. 786. — *Caladium colocasioides* AD. BR. — *C. esculentum* VENT., *H. Cels*, 30. — *C. nymphæifolium* VENT. — *Alocasia illustris* BULL, ex *Fl. Mag.*, t. 107 (*Chou caraïbe, Songe, Grand Arum, Gingembre d'Égypte, Eddoas-Kalo, Taro* des Polynésiens). Son suc est d'une âcreté extrême et sert de médicament. Les *Alocasia* sont souvent aussi alimentaires et se cultivent comme tels dans les régions tropicales des deux mondes. Tel l'*A. macrorrhiza* SCHOTT, in *Œst. Bot. Wochenbl.* (1854), 409. — ENGL., *Arac.*, 502, n. 6; in *Mart. Fl. bras.*, III, II, 202, t. 46, 47 (fig. 281-284). — *Arum macrorrhizum* L., *Fl. zeyl.*, 327. — *A. mucronatum* LAMK. — *A. peregrinum* L. — *Colocasia macrorrhiza* SCHOTT. — *C. odora* AD. BR. (part.). — *Caladium odoratum* LODD., *Bot. Cab.*, t. 416. — *C. odorum* LINDL., *Bot. Reg.*, t. 641. — *C. glyzyrrhizum* FRAS. — *Arum indicum sativum* RUMPH., *Herb. amboin.*, V, t. 106 (*Tara, Kopeh*). On confond assez souvent avec cette espèce l'*A. odora* K. KOCH, *Ind. sem. H. berol.* (1854), App., 5. — ENGL., *Arac.*, 503, n. 7. — *A. commutata* SCHOTT. — *Arum odorum* ROXB. — WIGHT, *Icon.*, III, t. 797, qui a les mêmes propriétés et dont le suc frais est d'une âcreté extrême. Ces plantes sont d'ailleurs fréquemment prises, dans les cultures ornementales, pour de vraies Colocases.

des *Caladium*[1] et des *Xanthosoma*[2]. On mange non seulement leurs tubercules, mais parfois aussi leurs bourgeons et leurs feuilles. Le *Peltandra virginica*[3] est alimentaire, non seulement par son tubercule, mais aussi par son spadice. Du *Monstera deliciosa*[4] (fig. 301-303), ce qu'on consomme, c'est le fruit composé, sucré et parfumé, un peu fade, dont la saveur a été souvent comparée à celle de l'Ananas. Il y a peu d'autres Aracées à péricarpes comestibles. Le *Dracunculus vulgaris*[5], belle espèce de l'Europe méridionale, a toutes les propriétés de nos *Arum;* on a prétendu, vraisemblablement à cause des taches de ses pétioles et de sa hampe, qu'il guérissait les morsures des serpents venimeux. Une autre espèce indigène, l'*Arisarum vulgare*[6] (fig. 272-276), a un tubercule comestible quand il est cuit. Le *Calla palustris*[7] (fig. 307-309), herbe de nos marais, était vanté par les anciens comme diaphorétique et alexipharmaque. Dans le nord de l'Europe, on fait, dit-on, du pain avec son rhizome en cas de disette. En Amérique, le *Spathyema fœtidum*[8] passe pour un bon

1. Notamment le *C. bicolor* VENT., *J. Cels*, t. 30. — ENGL., *Arac.*, 457, qui donne tous les jours à la culture de si nombreuses variétés ornementales, parmi lesquelles figure le *C. Pœcile* SCHOTT, à tubercule comestible et à sève médicinale.

2. Surtout le *X. sagittifolium* SCHOTT, *Melet.*, I, 19. — *X. utile* KOCH et BOUCH., *Ind. sem. H. berol.* (1854). — ENGL., *Arac.*, 469, n. 1. — *Caladium xanthorrhizon* W., des Antilles et du Brésil, qui est comestible par sa portion souterraine; de même que le *X. edule* SCHOTT, *Melet.*, I, 19, de la Guyane.

3. RAFIN., in *Journ. phys.* (1819), 102. — SCHOTT, *Gen. Ar.*, t. 41, fig. 16-25. — ENGL., *Arac.*, 330. — *Arum virginicum* L. — PURSH, *Fl. Am. sept.*, II, 399. — *Calla virginica* MICHX. — *Lecontea virginica* TORR., *Comp.*, 358. — *Peltandra virginica* SCHOTT. — *Bensselaeria virginica* BECK.

4. LIEBM., in *Vid. Medd. f. Nat. For. Kjob.* (1849), 19.—ENGL., *Arac.*, 265; *Fl. bras.*, III, II, 112. — *M. Lennea* K. KOCH. —*Tornelia fragrans* GUTT., ex *Linnæa*, XXVI, 382. — SCHOTT, *Gen. Ar.*, t. 74. — *Philodendron pertusum* K. et BOUCH., in *Ind. sem. H. berol.* (1848) (*Pina anona* des Mexicains). Ses feuilles sont également employées en médecine. Le *M. Adansonii* SCHOTT est usité comme irritant et rubéfiant. On cultive fréquemment ces espèces dans nos serres.

5. SCHOTT, *Melet.*, I, 17; *Gen.*, *Ar.*, t. 22. — K., *Enum.*, III, 29. — PARLAT., *Fl. ital.*, II, 250. — ENGL., *Arac.*, 602. — *D. creticus* SCHOTT. — *Arum Dracunculus* L., *Spec.*, 1367. — LAMK, *Ill.*, t. 740, fig. 2. — SIBTH. et SM., *Fl. græc.*, t. 946. — GREN. et GODR., *Fl. de Fr.*, III, 329 (*Serpentaire*). Le *D. canariensis* K. a les mêmes propriétés. On cite des cas de migraine intense et de vomissements produits par les émanations de leurs spadices.

6. TARG.-TOZ., in *Ann. Mus. Flor.*, II, 266. — REICHB., *Ic. Fl. germ.*, VII, t. 7. — PARLAT., *Fl. ital.*, II, 235. — MOGGR., *Contr. Fl. Ment.*, t. 47. —ENGL., *Arac.*, 561. — *A. Libani* SCHOTT. — *A. Forbesii* SCHOTT. — *A. Jacquini* SCHOTT. — *A. Clusii* SCHOTT. — *A. tingitanum* SCHOTT. — *A. subexsertum* WEBB. — *A. Veslingii* SCHOTT. — *A. Balansanum* SCHOTT. — *A. subalpinum* KOTSCH. — *A. crassifolium* SCHOTT. — *Arum Arisarum* L. — JACQ., *H. schœnbr.*, II, t. 192. — GREN. et GODR., *Fl. de Fr.*, III, 331. — *A. incurvatum* LAMK (*Capuchon*).

7. L., *Spec.*, ed. II, 1373. — SCHKUHR, *Handb.*, t. 278. — SCHOTT, *Gen. Ar.*, t. 69. — HAYN., *Arzneigew.*, IV, t. 5. — NEES, *Gen. Fl. germ.*, *Monoc.*, II, t. 4. — GREN. et GODR., *Fl. de Fr.*, III, 332. — H. BN, *Iconogr. Fl. fr.*, n. 235. — ENGL., *Arac.*, 214. — *Calla æthiopica* GÆRTN., *Fruct.*, II, 20, t. 84, fig. 2 (non L.). — *Prouvenzalia palustris* POIRF.-DUPET., *Lettr. à un médecin* (1710), 45, c. tab. — *Dracunculus aquatilis* J. BAUH. — DOD. (*Chou-calle*).

8. *Symplocarpus fœtidus* SALISB. — NUTT., *Gen.*, 105. — TORR., *Fl.*, I, 181. — SCHOTT, *Gen. Ar.*, t. 90. — ENGL., *Arac.*, 213. — *Bot. Mag.*, t. 3224. — *Dracontium fœtidum* L. — *Ictodes fœtidus* BIGEL., *Med. Bot.*, II, 41, t. 24. — *Pothos fœtidus* MICHX, *Fl. bor.-amer.*, II, 186. — PURSH, *Fl. Am. sept.*, II, 398. — *Bot. Mag.*, t. 836. — *P. Putorii* BAST. (*Skunk-Cabbage*). C'est probablement à cause de sa fétidité qu'on l'a prescrit comme antispasmodique.

remède de la bronchite chronique et de l'asthme. Mais le plus célèbre dans l'antiquité des médicaments empruntés à cette famille est l'Acore vrai[1] (fig. 313-316). Son parfum le rend stimulant, stomachique; il est aussi sudorifique et odontalgique. Il y a longtemps qu'on a proposé de le substituer à un certain nombre de végétaux odoriférants d'origine exotique et d'un prix élevé. Le parfum est plus suave encore dans la belle spathe blanche du *Zantedeschia æthiopica*[2], qu'on cultive si souvent comme plante ornementale et dont le rhizome s'emploie dans son pays natal aux mêmes usages médicaux que celui des Gouets. Il en est de même pour les tubercules des *Homaida Bovei*[3], *Russelliana*[4] et *tenuifolia*[5], plus ou moins usités en Orient. Le *Pistia Stratiotes*[6] (fig. 323-327) a longtemps joui d'une réputation, peut-être exagérée, comme dépuratif, antisyphilitique; on le prescrit dans l'Inde et en Égypte contre les blessures, les abcès, les affections du poumon et du rein. Dans l'Inde, le *Lagenandra toxicaria*[7], dont le nom spécifique indique assez les propriétés dangereuses, est employé dans les usines pour hâter la cristallisation des sucres granulés. Un grand nombre d'*Arisæma* sont utiles: l'*A. atrorubens*[8], de l'Amérique du Nord, préconité comme tonique, stimulant, antirhumatismal. Son rhizome pulvérisé s'emploie aussi comme cosmétique, et sa fécule constitue une sorte inférieure d'*Arrow-root*. Les *A. Dracontium*[9] et *pentaphyllum*[10] servent aux

1. *Acorus Calamus* L., *Spec.*, 462. — LAMK, *Ill.*, t. 252. — SCHKUHR, *Handb.*, I, t. 97. — HAYN., *Arzneigew.*, VI, t. 31. — TORR., *Fl.*, 359. — NEES, *Gen. Fl. germ.*, *Monoc.*, II, t. 3. — SCHOTT, *Gen. Ar.*, t. 98, fig. 1-13. — GUIB., *Drog. simpl.*, éd. 7, II, 89, fig. 330. — BERG et SCHM., *Darst. off. Gew.*, t. 8, C. — GREN. et GODR., *Fl. de Fr.*, III, 332. — H. BN, *Tr. Bot. méd. phanér.*, fig. 3484-3487; *Herbor. par.*, 88. — *A. Commersonii* SCHOTT. — *A. triqueter* TURCZ. — *A. commutatus* SCHOTT. — *A. angustifolius* SCHOTT. — *A. Griffithii* SCHOTT. — *A. Tatarinowii* SCHOTT. — *A. Casia* BERTOL. — *A. nilaghirensis* SCHOTT. — *A. spurius* SCHOTT. — *A. Belengeri* SCHOTT. — *Calamus aromaticus* auct. vet. — POURF.-DUPET., *Lettr. à un médecin* (1710), 49, c. tab. (*Roseau odorant*, *R. aromatique*, *Galanga des marais*).

2. SPRENG. — H. BN, in *Bull. Soc. Linn. Par.*, 254. — ENGL., *Pflanzenfam.*, 136. — *Calla æthiopica* L., *Spec.*, 1373. — *Bot. Mag.*, t. 832. — *Richardia africana* K., in *Ann. Mus.*, IV, t. 20. — ENGL., *Pflanzenfam.*, 327. — *Colocasia æthiopica* SPRENG. — LINK, *Handb.*, I, 267. — *Arodes æthiopica* O. K. (*Arum d'Afrique*).

3. O. K., *Revis.*, 742. — *Biarum Bovei* BL., *Rumphia*, I, t. 29. — ENGL., *Arac.*, 577. — *Ischarum Bovei* SCHOTT. — *I. dispar* SCHOTT. — *I. Haenseleri* SCHOTT.

4. *Biarum Russellianum* SCHOTT. — ENGL., *Arac.*, 579. — ? *B. Homaid* BL.

5. *Biarum tenuifolium* SCHOTT. Var. (?) du précédent.

6. Voy. p. 449, not. 2.

7. DALZ., in *Hook. Journ. Bot.*, IV, 289; V, t. 4. — ENGL., *Arac.*, 621. — *L. ovata* THW. — *Arum ovatum* L. — *Caladium ovatum* VENT. — *Cryptocoryne ovata* SCHOTT. — *Karin-pola* RHEED, *H. malab.*, XI, t. 23.

8. BL., *Rumphia*, I, 97. — ENGL., *Arac.*, 535, n. 2. — *Arum atrorubens* AIT. — BECK, *Bot.*, 381. — *A. triphyllum* L. (part.). — MICHX, *Fl. bor.-amer.*, II, 188. — PURSH, *Fl. Amer. sept.*, II, 399.

9. SCHOTT, *Melet.*, I, 17. — ENGL., *Arac.*, 547, n. 20. — *Arum Dracontium* L., *Spec.*, 1368. — *Arisæma Boscii* BL. — *A. Plukenetii* BL.

10. SCHOTT, *Melet.*, I, 17. — ENGL., *Arac.*, 560. — *Arum pentaphyllum* L., *Spec.*, 964. — LOUR., *Fl. cochinch.*, 533 (*Tien nan sin*).

mêmes usages que nos Gouets[1]. Au Brésil, le *Zomicarpa Pythonium*[2] est recherché par les Indiens comme remède de la morsure des Crotales. Le *Typhonium divaricatum*[3] est prescrit dans l'Inde comme antidiarrhéique, et le *T. trilobatum*[4] a les qualités de nos *Arum*. Le *T. cuspidatum*[5] et le *Theriophonum minutum*[6], de l'Asie et l'Océanie tropicales, sont astringents et antidiarrhéiques, antientéralgiques. Les *Amorphophallus* sont presque tous cités comme remèdes de la morsure des serpents venimeux et comme emménagogues[7]. Plusieurs d'entre eux ont une portion souterraine riche en fécule, et par suite alimentaire. Le *Remusatia vivipara*[8] est aussi une plante alexipharmaque. Les *Alocasia indica*[9] et *cuprea*[10] sont des herbes très âcres, qui sont cependant employées au traitement des plaies et de diverses maladies. Avec des propriétés analogues, l'*A. montana*[11] fournit une teinture rouge[12]. Sa souche est usitée, aux Moluques, comme poison d'épreuve judiciaire. Il en est de même de l'*A. longiloba*[13]. Dans l'Asie et l'Océanie tropicales, l'*Homalonema album*[14] sert d'appât pour la pêche; on emploie des fragments de son rhizome. Celui de l'*H. rubescens*[15] s'applique au traitement des plaies par armes à feu et

1. Les *A. Koujak* et *gracilis* K. sont aussi indiqués comme remèdes de la morsure des reptiles venimeux.

2. SCHOTT, *Syn. Ar.*, 33; *Gen. Ar.*, t. 23, fig. 1-17. — ENGL., *Arac.*, 524; in *Fl. bras.*, III, II, 208. — *Arum Pythonium* MART. — *Arisæma Pythonium* BL., *Rumphia*, I, 108.

3. DCNE, *Herb. timor.*, 39. — ENGL., *Arac.*, 611, n. 4. — *Arum divaricatum* L. — *A. trilobatum Bot. Mag.*, t. 339, 2324. — *T. Roxburghii* SAUND., *Ref. bot.*, t. 283.

4. SCHOTT, in *Wien. Zeitschr.*, III, 72. — *Arum trilobatum* L. — *A. orixense* ROXB. — *Bot. Reg.*, t. 450. — WIGHT, *Ic.*, III, t. 801.

5. DCNE, *Herb. timor.*, 39. — ENGL., *Arac.*, 616. — *Arum cuspidatum* BL. — *A. flagelliforme* LODD., *Bot. Cab.*, t. 396.

6. *T. crenatum* BL., *Rumphia*, I, 128. — *Arum minutum* W., *Spec.*, IV, 484.

7. Les plus célèbres sont l'*A. campanulatus* BL., *Rumphia*, I, t. 32, 33. — SCHOTT, *Gen. Ar.*, t. 31. — ENGL., *Arac.*, 309, qui est l'*Arum Rumphii* GAUDICH. et le *Tacca phallifera* RUMPH., *Herb. amboin.*, V, 326, t. 113, fig. 2; l'*A. giganteus* BL., *Rumphia*, I, t. 34, le *Mulenschena* de RHEEDE (*H. malab.*, XI, t. 19); l'*A. bulbifer* BL., *Rumphia*, I, 148, parfois cultivé (REG., *Gartenfl.* (1871), t. 688); l'*A. Gigas* TEYSM. et BINN. — ENGL., *Arac.*, 316, n. 10, dont les pétioles et les hampes ont deux ou trois mètres de long; l'*A. Rivieri* DUR. (fig. 289, 290). — ENGL., *Arac.*, 312. — *Proteinophallus Rivieri* HOOK. F., *Bot. Mag.*, t. 6195, cultivé aujourd'hui dans nos parterres. Il y a un *A. sativus* BL. (*Tacca sativa* RUMPH., *Herb. amboin.*, V, t. 112), dont la souche serait comestible.

8. SCHOTT, *Melet.*, I, 18; *Gen. Ar.*, t. 36; in *Ann. Gand*, t. 6 (1846). — ENGL., *Arac.*, 496. — *Arum viviparum* ROXB. — *Caladium viviparum* LODD., *Bot. Cab.*, t. 281.

9. SCHOTT, in *Œst. Bot. Wochenbl.* (1854), 410. — ENGL., *Arac.*, 501; in *Mart. Fl. bras.*, III, II, 201. C'est l'*Arum sylvestre* RUMPH., *Herb. amboin.*, V, t. 107; et l'*A. metallica* SCHOTT en est une variété. Il est cultivé dans l'Amérique tropicale (*Manguri*).

10. K. KOCH, in *Berl. Woch.* (1861), 141. — *A. metallica* HOOK. F., in *Bot. Mag.*, t. 5190.

11. SCHOTT, in *Œst. Bot. Wochenbl.* (1854), 410. — ENGL., *Arac.*, 499. — *Arum montanum* ROXB. — WIGHT, *Ic.*, III, 796. D'après ROYLE, le suc de son *Colocasia himalaiensis* est usité comme médicament dans les montagnes de l'Inde; et il y a dans ce pays, un *C. virosa* K., *Enum.*, III, 41. — *Calla virosa* ROXB. — WIGHT, *Ic.*, III, t. 808, vanté comme alimentaire, sudorifique et expectorant.

12. « *Cassomba*. »

13. MIQ., *Fl. ind. bat.*, III, 207.

14. HASSK., *Cat. H. bogor.* (1844), 57. — *H. cordata* ZOLL. — *Zantedeschia alba* K. KOCH. — *Dracunculus amboinicus* RUMPH., *Herb. amboin.*, V, 322.

15. K., *Enum.*, III, 57 — ENGL., *Arac.*, 336.

passe pour faire aboutir les abcès et les panaris ; tandis que l'*H. aromatica*[1] jouit, dans l'Inde, d'une certaine réputation comme stimulant et aphrodisiaque. Le *Dieffenbachia Seguine*[2] (fig. 293-296) passe, au Brésil, pour être la plus vénéneuse de toutes les Aracées. Son suc laiteux constitue une encre indélébile pour marquer le linge. Sa sève est employée dans la fabrication de certains sucres. Elle s'applique comme caustique sur les plaies et les ulcères. Plusieurs *Philodendron* ont un suc âcre et irritant, parfois recommandé comme sudorifique et antirhumatismal. Les plus usités sont les *P. pinnatifidum*[3], *grandifolium*[4], *hederaceum*[5], *oblongum*[6], de même que le *Montrichardia arborescens*[7], des Antilles et du Brésil. Au Bengale, on vante comme anthelminthique le *Scindapsus officinalis*[8]. Le *Schismatoglottis calyptrata*[9] est âcre ; mais sa souche devient comestible quand elle est cuite. Le *Dracontium polyphyllum*[10] est réputé, dans les Guyanes, un bon remède des affections pulmonaires et des morsures des animaux venimeux. A Java, les feuilles de l'*Aglaonema simplex*[11] servent à envelopper le tabac et lui communiquent une odeur particulière. Les rebouteurs indiens prétendent guérir les affections des membres avec les feuilles de l'*A. marantifolium*[12] (fig. 297-300). Dans l'Amérique du

— *H. rubra* HASSK. — REG., *Gartenfl.*, t. 634. — *Calla rubens* ROXB. — *Zantedeschia rubens* K. KOCH.

1. SCHOTT, *Melet.*, I, 20. — *H. cordata* SCHOTT. — *Calla aromatica* ROXB. — *Bot. Mag.*, t. 2279.

2. SCHOTT, *Melet.*, I, 20. — K., *Enum.*, III, 53. — ENGL., *Arac.*, 445 ; in *Fl. bras.*, III, II, 173, 224, t. 39. — *D. Ventenatiana* SCHOTT. — *D. consobrina* SCHOTT. — *D. neglecta* SCHOTT. — *D. Barraquiniana* VERSCH. et LEME, in *Ill. hort.* (1864), t. 387. — *D. Wallisii* LIND., in *Ill. hort.* (1870), t. 11. — *D. gigantea* VERSCH., in *Ill. hort.* (1866), t. 470, 471. — *D. robusta* K. KOCH. — *D. lingulata* SCHOTT. — *D. cognata* SCHOTT. — *D. liturata* SCHOTT. — *D. Plumieri* SCHOTT. — *D. conspurcata* SCHOTT. — *D. irrorata* SCHOTT. — *Arum Seguine* JACQ., *Amer.*, t. 151. — *Arum Seguinum* L. — *Caladium Seguinum* VENT. — HOOK., *Exot. Fl.*, t. 1.

3. K., *Enum.*, III, 50. — ENGL., *Arac.*, 421. — *Arum pinnatifidum* JACQ., *H. schœnbr.*, II, t. 87. — *Caladium pinnatifidum* W. Le *P. rubropunctatum* HOOK. F., in *Bot. Mag.*, t. 5948, en est une simple variété.

4. SCHOTT, *Melet.*, I, 19. — ENGL., *Arac.*, 393. — *Arum grandifolium* JACQ., *H. schœnbr.*, t. 189. — PERS., *Syn.*, II, 575.

5. SCHOTT, *Melet.*, I, 19. — *Arum hederaceum* W. — *Colocasia hederacea* PLUM., *Descr. pl. Amer.* (1693), t. 51, d ; 55.

6. K., *Enum.*, III, 78. — SCHOTT, *Syn. Ar.*, 78 ; *Prodr. Ar.*, 235. — ENGL., *Arac.*, 365. — *Arum oblongum* VELL., *Fl. flum.*, Atl., IX, t. 115.

7. SCHOTT, *Arac. Betr.*, 4 ; *Syn. Ar.*, 71. — ENGL., *Arac.*, 288 ; in *Fl. bras.*, III, II, 127, t. 25. — *Arum arborescens* PLUM. — VELL., *Fl. flum.*, Atl., IX, 109. — *Philodendron arboreum* K., *Enum.*, II, 48.

8. SCHOTT, *Melet.*, I, 21. — MIQ., *Fl. ind. bat.*, III, 182. — ENGL., *Arac.*, 254. — *Pothos officinalis* ROXB. — WIGHT, *Ic.*, III, t. 778.

9. ZOLL. et MOR., *Syst. Verz. Jav.*, 83. — ENGL., *Arac.*, 352. — *S. longipes* MIQ. — SCHOTT, *Gen. Ar.*, t. 55. — *Homalonema calyptratum* K. — *Arisarum esculentum* RUMPH., *Herb. amboin.*, V, t. 111.

10. L., *Spec.*, I, 967. — ENGL., *Arac.*, 283. — *Bot. Reg.*, t. 700. Cultivé aux Antilles.

11. BL., *Rumphia*, I, 152, t. 36, D ; 65. — MIQ., *Fl. ind. bat.*, III, 216. — ENGL., *Arac.*, 439. — *A. fallax* SCHOTT. — *A. princeps* K. — *Caladium simplex* BL., *Cat. H. Buitenz.*, 103.

12. K., *Enum.*, III, 55. — SCHOTT, *Syn. Ar.*, 21. — *A. marantifolium* BL., *Rumphia*, I, t. 66. — *Calla oblongifolia* ROXB. — WIGHT, *Ic.*, III, t. 806. — *Scindapsus erectus* PRESL. — *Appendix erecta* RUMPH., *Herb. amboin.*, V, t. 182, fig. 2. Le suc de cette plante passe pour tuer les Ascarides. Dans la République Argentine, on traite les affections vermineuses par le *Synandrospadix vermitoxicus* ENGL. (p. 472, not. 9).

Nord, on a, dit-on, recours, dans les cas de disette, aux graines et au rhizome de l'*Aronia aquatica*[1] (fig. 310-312) comme aliment. Le *Pothos scandens*[2], si commun dans l'Inde et ailleurs, passe pour astringent, stomachique et même fébrifuge ; on emploie ses feuilles. Celles du *P. tener*[3] s'administrent contre l'asthme. Dans l'Amérique tropicale, celles du *Spathiphyllum cannæforme*[4] ont une odeur vanillée qui les fait mélanger au tabac. Dans beaucoup d'Aracées, surtout les *Amorphophallus*, *Dracunculus* et même certains *Arum*, l'odeur de la spathe est d'une fétidité extrême au moment de la floraison. Cette odeur cadavérique appelle les insectes qui doivent assurer la fécondation de ces plantes. Nous savons que l'odeur est, au contraire, suave dans les *Zantedeschia* et quelques autres plantes de la famille. Un grand nombre de celles-ci sont ornementales, cultivées surtout dans les serres pour leur port singulier, la beauté de leur feuillage ou la couleur éclatante de la spathe de certaines espèces ou variétés aujourd'hui très multipliées. Quelques espèces gigantesques, telles que l'*Amorphophallus giganteus* BL., l'*A. Gigas* TEYSM., l'*A. Titanum* BECC., le *Dracontium Gigas* ENGL., etc., ont attiré par leurs dimensions exceptionnelles l'attention des voyageurs et des curieux.

1. *Orontium aquaticum* L., *Amœn.*, III, 17, t. 1, fig. 3; *Spec.*, 463. — BARTON, *Fl.*, II, t. 27. — TORR., *Fl.*, I, 358. — PURSH, *Fl. Am. sept.*, I, 235. — HOOK., *Exot. Fl.*, t. 19. — LODD., *Bot. Cab.*, t. 402. — SCHOTT, *Gen. Ar.*, t. 92. — ENGL., *Arac.*, 213. — *Pothos ovata* WALT., *Fl. carol.*, 224.

2. L., *Spec.*, 1374. — SCHOTT, *Aroid.*, I, 22, t. 33. — HOOK., *Ic.*, t. 175. — ENGL., *Arac.*, 84. — HOOK. F., *Fl. brit. Ind.*, VI, 551. — *P. decipiens* SCHOTT. — *P. fallax* SCHOTT. — *P. exiguiflorus* SCHOTT. — *P. Hookeri* SCHOTT. — *P. cognatus* SCHOTT. — *P. Roxburghii* DE VR.

3. SCHOTT, *Prodr. Ar.*, 572. — ENGL., *Arac.*, 94. — *Adpendix arborum prima* RUMPH., *Herb. amboin.*, V, t. 181, fig. 1.

4. ENGL., in *Mart. Fl. bras.*, III, II, 103, t. 16, fig. 2; *Arac.*, 229, n. 17. — *S. candicans* POEPP., *Nov. gen. et spec.*, III, t. 285. — *Pothos cannæformis* CURT., in *Bot. Mag.*, t. 603. — *P. leucophæus* POEPP. — *P. odorata* ANDERS. — LODD., *Bot. Cab.*, 471. — *Monstera cannæfolia* K. — *Leucochlamys callacea* POEPP. — *Massowia cannæfolia* K. KOCH, in *Bot. Zeit.* (1852), 278. — *M. cannæformis* K. KOCH, ex END., *Ind. Ar.*, 52.

GENERA

I. AREÆ.

1. **Arum** T. — Flores monœci nudi : masculi 2-4-andri ; antheris brevibus sessilibus ; loculis oppositis obovoideis obtusis, apice rimulosis ; connectivo haud v. vix producto. Floris fœminei germen oblongum obtusum, 1-loculare ; stylo subnullo, apice subsessili pulvinari stigmatoso. Ovula pauca v. ∞, orthotropa adscendentia ; micropyle supera ; funiculis brevibus placentæ parietali v. hinc subbasilari affixis. Fructus compositi baccæ ∞, subsphæricæ v. obovoideæ. Semina pauca v. ∞, subsphærica, apice producta v. apiculata ; arillo tumido ; albumine copioso ; embryone axili v. excentrico subobliquo. — Herbæ perennes ; rhizomate varie tuberoso. Folia proteranthia v. cum floribus coetanea basilaria sagittata v. hastata ; petiolo basi vaginante. Spadices solitarii v. pauci pedunculati appendiculati ; spathæ marcescentis v. evanidæ tubo brevi involuto ; limbo ovato v. lanceolato, spadice longiore ; appendice stipitata clavata v. cylindracea ; floribus fœmineis inferioribus spathæ contiguis ; masculis ab iis remotis v. nunc contiguis ; neutris interjectis et supra masculos ∞, subulatis basique plus minus tumidis. (*Europa*, *Reg. Medit.*, *Oriens.*) — *Vid. p.* 424.

2. **Dracunculus** Schott[1]. — Flores (fere *Ari*) monœci nudi : masculi 3, 4-andri ; filamentis brevibus ; antheris reniformibus sub-4-gonis, 2-locularibus ; loculis obovoideis v. subellipsoideis contiguis[2], apice poris v. rimulis dehiscentibus[3] ; connectivo tenui, nunc

1. *Melet.*, I, 17 ; *Syn. Ar.*, 23 ; *Gen. Ar.*, t. 22 ; *Prodr. Ar.*, 119. — Bl., *Rumphia*, I, 124. — Endl., *Gen.*, n. 1679. — K., *Enum.*, III, 29. — Engl., *Arac.*, 601 ; *Pflanzenfam.*, 92, fig. 94, D. — B. H., *Gen.*, III, 969, n. 15. — *Anarmodium* Schott, in *Bonplandia*, IX, 368.

2. Nunc omnino oppositis.

3. Pollen vermiforme farciminulosum.

demum loculos superante, simplici v. 2-fido. Floris fœminei germen ovoideo-oblongum, in stylum longe conicum attenuatum, apice dilatato stigmatosum. Ovula pauca orthotropa, aut adscendentia, aut descendentia omnia, nunc pendula alia, alia autem suberecta; funiculo brevi. Fructus baccati obovoidei. Semina pauca, sphærica, ovoidea, obovoidea v. plano-convexa, rugosa; albumine copioso, basi intruso; embryone axili. — Herbæ perennes tuberosæ; foliis alternis pedatisectis; segmentis lanceolatis convolutis demumque arrectis; petiolo longo longeque vaginante. Pedunculus cum foliis coetaneus eaque superans; spatha ampla marcescente persistente ovato-lanceolata aperta recurva; tubo recto involuto. Spadix spatha brevior sessilis; appendice longe stipitata elongata conoidea erecta, demum fungosa; floribus fœmineis inferioribus cum masculis arcte contiguis v. remotiusculis; floribus neutris supra masculos paucis conicis. (*Europa austr.*, *Ins. Canar.*[1])

3. **Helicodiceros** SCHOTT[2]. — Flores (fere *Dracunculi*) monœci nudi : masculi 2, 3-andri; antherarum subsessilium subsphæricorum loculis contiguis confluenti-rimosis; connectivo haud producto. Floris fœminei germen obovoideum, 1-loculare, apice sub-3-lobum, apice stigmatoso pulvinatum; ovulis orthotropis 4-6, adscendentibus v. descendentibus; funiculo brevi crasso. Fructus baccati. — Herba perennis tuberosa; foliis basilaribus petiolatis pedatisectis; segmentis circa costam spiraliter dispositis lanceolatis; lateralibus pinnatifidis. Spadix cum foliis coetaneus crassus stipitatus, longe crasseque pedunculatus; spathæ crassæ involutæ tubo tesselato; fauce constricta; limbo ovato-oblongo v. lanceolato retroverso; disco setoso; appendice stipitata spathæ limbo incumbente vermiformi et usque ad apicem attenuatum crinita; floribus sexus utriusque remotis; interjectis supraque fœmineos insertis floribus neutris ∞, subulatis magnis[3] porrectis incurvis; superioribus gradatim ad setos reductis. (*Mediterr. ins. occident.*[4])

1. Spec. 2. L., *Spec.*, 1367 (*Arum*).—GÆRTN., *Fruct.*, t. 84 (*Arum*). — LAMK, *Ill.*, t. 740, fig. 2 (*Arum*). — SIBTH., *Fl. græc.*, t. 946 (*Arum*). — SCHOTT, *Aroid.*, t. 25. — WEBB, *Phyt. canar.*, t. 219. — BOISS., *Fl. or.*, V, 42. — REICHB., *Ic. Fl. germ.*, VII, t. 11. — *Bot. Reg.*, t. 831. — PARL., *Fl. ital.*, II, 250. — WILLK. et LGE, *Prodr. Fl. hisp.*, I, 31 (*Arum*).— DUR. et SCHINZ, *Consp. Fl. afric.*, V, 482.

2. In *Œst. Bot. Wochenbl.* (1853), 369; *Syn. Ar.*, 22; *Prodr. Ar.*, 119; *Gen. Ar.*, t. 21; *Aroid.*, t. 26, 27. — ENGL., *Arac.*, 604; *Pflanzenfam.*, 148. — B. H., *Gen.*, III, 968, n. 14.

3. Nunc subpollicaribus.

4. Spec. 1. *H. muscivorus* ENGL. — *H. crinitus* SCHOTT. — *Arum muscivorum* L. F., *Suppl.*, 410. — GREN. et GODR., *Fl. de Fr.*, III, 329. — *Arum crinitum* AIT. — *Dracunculus crinitus* SCHOTT. — *D. muscivorus* PARL. — *D. minor* BL. (part.).

4. **Eminium** Bl.[1] — Flores (fere *Dracunculi*) monœci nudi; masculi 2-andri; antheris subsessilibus brevibus compressiusculis; loculis contiguis oblongis, rimulis (nunc brevibus hiantibus) apicalibus v. extrorsum lateraliter dehiscentibus; connectivo haud producto. Floris fœminei germen sphæricum v. obovoideum, 1-loculare, vertice truncatum; stylo brevissimo, apice stigmatoso pulvinari v. capitato. Ovula 2, basilaria orthotropa; micropyle supera. Fructus baccatus; seminibus 1, 2, erectis, mucilagine gummoso immersis, depresso-sphæricis apiculatis; albumine copioso, basi intruso; embryone axili verticali. — Herbæ tuberosæ; foliis basilaribus longe petiolatis, hastatis, sagittatis v. pedatisectis, coriaceis; segmentis demum basi confluentibus sæpeque spiraliter convolutis. Spadices cum foliis coetanei pedunculati; spathæ marcescentis tubo ventricoso persistente; limbo erecto oblongo. Spadix spatha brevior; appendice varia, aut conoidea brevi, aut longiore clavata rugosa v. tenuiter cylindracea; floribus fœmineis inferioribus et fœmineis remotis; interpositis neutris sparsis subulatis arcuatis; inferioribus basi germiniformi dilatatis. (*Asia occid.*[2])

5. **Typhonium** Schott[3]. — Flores (fere *Ari*) monœci nudi: masculi 1-3-andri; antherarum subsessilium subovoidearum loculis contiguis, apice rimulosis v. poricidis; connectivo apice nunc leviter producto. Floris fœminei germen 1-loculare, apice stigmatoso pulvinatum v. hemisphæricum. Ovula basilaria orthotropa 1, 2; funiculo brevi erecto; micropyle apicali. Fructus baccati; seminibus 1, 2, erectis rugulosis; arillo basilari cum funiculo confluente; albumine copioso; embryone axili. — Herbæ perennes tuberosæ; foliis basilaribus sagittatis, hastatis, 3-6-lobis, partitis v. pedatisectis; petiolo longo. Spadices e tubere erecti pedunculati inappendiculati; floribus fœmineis inferioribus axi sub eis sessili v. stipitato insertis; masculis superioribus remotis; neutris interpositis ∞, longe clavatis v. subu-

1. *Rumphia*, I, 121 (*Ari* sect.). — Schott, *Syn. Ar.*, 16; *Gen. Ar.*, t. 19; *Prodr. Ar.*, 111. — O. K., *Revis.*, 741. — *Helicophyllum* Schott, *Aroid.*, I, 20; *Gen. Ar.*, t. 20; *Syn. Ar.*, 22; *Prodr. Ar.*, 112. — Engl., *Arac.*, 597; *Pflanzenfam.*, 149, fig. 95.

2. Spec. 3, 4. K., *Enum.*, III, 25 (*Arum*). — Ledeb., *Fl. ross.*, IV, 10 (*Typhonium*). — Boiss., *Fl. or.*, V, 41. — *Bot. Mag.*, t. 6969 (pleraque sub *Helicophyllo*).

3. In *Wien. Zeitschr.*, III, 72; *Aroid.*, I, 11 (part.); *Syn. Ar.*, 18 (part.); *Gen. Ar.*, t. 17; *Prodr. Ar.*, 105. — Endl., *Gen.*, n. 1677. — Mart., in *Flora* (1831), II, 455. — Spach, *Suit. à Buff.*, XII, 38. — K., *Enum.*, III, 26 (part.). — Engl., *Arac.*, 609; *Pflanzenfam.*, 148; *Jahrb. Bot.* (1883), 66. — B. H., *Gen.*, III, 967, n. 11. — *Heterostalis* Schott, in *Œster. Bot. Wochenbl.* (1857), 261; *Gen. Ar.*, t. 18; *Prodr. Ar.*, 109.

latis, v. nunc sub masculis subulatis; appendice forma varia, nunc stipitata. (*Asia et Oceania calid.*[1])

6. **Theriophonum** Bl.[2] — Flores (fere *Typhonii*) monœci nudi : masculi 1, 2-andri; antherarum sessilium didymarum loculis contiguis, sub apice poricidis v. rimulosis; connectivo brevi emarginato v. varie producto. Floris fœminei germen 1-loculare, vertice stigmatoso pulvinatum. Ovula pauca v. ∞, orthotropa, alia adscendentia, descendentia alia; funiculis brevibus. Fructus e baccis oligospermis ∞; seminum ovoideorum funiculo brevi in arillum abeunte; embryone axili dite albuminoso. — Herbæ perennes tuberosæ; foliis basilaribus cordatis, sagittatis v. hastatis; spadice cum foliis coetaneo breviter sæpius pedunculato; spathæ marcescentis demumque evanidæ tubo involuto; fauce constricta; limbo oblongo v. lanceolato acuminato erecto; spadicis brevioris appendice erecta clavata gracilive; floribus sexus utriusque remotis; imperfectis interpositis ∞ nonnulisque nunc supra masculos insertis. (*India*[3].)

7. **Homaida** Adans.[4] — Flores (fere *Ari*) monœci nudi : masculi 1, 2-andri; filamentis brevissimis crassis; antheræ loculis extrorsum v. ad margines rimosis; rimis distinctis v. vertice nunc apiculato confluentibus. Floris fœminei germen sessile, 1-loculare; stylo plus minus elongato, apice stigmatoso plus minus dilatato. Ovulum 1, basilare erectum orthotropum; micropyle supera. Fructus baccæ obovoideæ; seminis erecti arilloque conoideo instructi albumine copioso; embryonis axilis radicula supera. — Herbæ tuberosæ, sæpe annis alternis foliiferæ v. floriferæ; foliis basilaribus oblongis v.

1. Spec. 12, 13. Wight, *Ic.*, t. 790, 791, 793, 801, 803. — Bl., *Rumphia*, II, t. 30 (*Typhonium*), 36. — Miq., in *Ann. Mus. lugd.-bat.*, III, t. 3, B. — Griff., *Ic. pl. as.*, t. 50 (*Arum*). — Lodd., *Bot. Cab.*, t. 396, 422, 516 (*Arum*). — Andr., *Bot. Rep.*, t. 356 (*Arum*). — Saund., *Ref. bot.*, t. 283. — Fr. et Sav., *En. pl. jap.*, II, 6. — Hook. f., *Fl. brit. Ind.*, VI, 497. — Engl., in *Becc. Males.*, I, 295. — Benth., *Fl. austral.*, VII, 153. — *Bot. Reg.*, t. 450 (*Arum*). — *Bot. Mag.*, t. 339, 2324 (*Arum*), 6180.

2. *Rumphia*, I, 127. — Endl., *Gen.*, Suppl., 1370. — K., *Enum.*, III, 27. — Schott, *Aroid.*, 15; *Gen. Ar.*, t. 14; *Syn. Ar.*, 21; *Prodr. Ar.*, 101. — Engl., *Arac.*, 605; *Pflanzenfam.*, 148. — B. H., *Gen.*, III, 967, n. 12. — *Calyptrocoryne* Schott, *Gen. Ar.*, t. 16. — *Tapinocarpus* Dalz., in *Hook. Kew Journ.*, III, 345. — Schott, *Gen. Ar.*, t. 15.

3. Spec. ad 5. Schott, *Melet.*, I, 17 (*Typhonium*); in *Œst. Bot. Zeit.* (1858), 3. — Wight, in *Hook. Misc.*, II, 100; Suppl., t. 3 (*Arum*). — Miq., *Fl. ind. bat.*, III, 196. — Hook. f., *Fl. brit. Ind.*, VI, 512.

4. *Fam. des pl.*, II, 461, 470 (*Homaid*). — O. K., *Revis.*, 742. — *Biarum* Schott, *Melet.*, I, 17; *Gen. Ar.*, t. 7. — Endl., *Gen.*, n. 1675. — K., *Enum.*, III, 21. — Engl., *Arac.*, 571; *Pflanzenfam.*, 149. — *Cyllenium* Schott, *Gen. Ar.*, t. 9; *Prodr. Ar.*, 64. — *Ischarum* Bl., *Rumphia*, I, 144, t. 29. — Schott, *Syn. Ar.*, 6; *Gen. Ar.*, t. 10; *Prodr. Ar.*, 65. — *Leptopetion* Schott, *Gen. Ar.*, t. 8; *Prodr. Ar.*, 64. — *Stenurus* Salisb., *Gen. pl. Fragm.*, t. 5.

linearibus petiolatis; spathæ tubo cylindraceo v. dilatato; limbo longe angustato aperto, sæpius marcescente; spadice sessili gracili; appendice sæpius valde elongata vermiformi exserta; floribus masculis fœmineisque remotis; interjectis nuncque supra masculos insertis sterilibus conicis, subulatis v. furcatis. (*Reg. Medit.*, *Oriens*[1].)

8. **Sauromatum** SCHOTT[2].— Flores (fere *Homaidæ*) monœci nudi; masculorum antheris sessilibus subcompressis, 4-lobis; loculis obovato-oblongis oppositis contiguis, apice extus poricidis; connectivo demum prominulo. Floris fœminei germen 1-loculare; stylo brevi, demum in summo germine refracto, pulvinari-stigmatoso. Ovula erecta orthotropa 1-2, placentæ basilari papillosæ affixa; funiculo brevissimo; micropyle supera. Fructus baccati obpyramidati substipitati, vertice rugosi. Semen 1, sphæricum læve arillatum; embryone axili dite albuminoso. — Herbæ perennes tuberosæ, annis alternis foliiferæ v. floriferæ; folio basilari 1, pedatipartito, longe petiolato. Spadix sessilis longe appendiculatus; appendice teretiuscula; spathæ tubo ventricoso; marginibus plus minus connatis; fauce aperta; limbo longe lanceolato, hinc aperto; floribus masculis fœmineisque remotis; interpositis neutris clavatis stipitatis crassis ∞. (*Asia et Africa trop.*[3])

9. **Arisarum** T.[4] — Flores (fere *Ari*) monœci nudi : masculi 1-andri; filamento erecto brevi; anthera reniformi subpeltata; loculis rimis confluenti-hippocrepiformibus lateraliter v. demum subextrorsum dehiscentibus. Floris fœminei germen obovoideum v. depressum, 1-loculare; stylo terminali erecto, tenui v. crasso, apice stigmatoso pulvinari v. depresse capitato. Ovula ∞, placentæ basilari inserta erecta; micropyle supera; funiculis brevibus v. 0. Fructus

1. Spec. 10-12. L., *Spec.*, 13, 70 (*Arum*). — REICHB., *Ic. Fl. germ.*, VII, t. 6. — BOISS., *Fl. or.*, V, 31. — DUR. et SCHINZ, *Consp. Fl. afric.*, V, 481. — *Bot. Reg.*, t. 512 (*Arum*). — *Bot. Mag.*, t. 5324, 6355 (omnia sub *Biaro* v. *Ischaro*).

2. *Melet.*, I, 17; *Syn. Ar.*, 24; *Gen. Ar.*, t. 11; *Prodr. Ar.*, 70. — ENDL., *Gen.*, n. 1678. — K., *Enum.*, III, 28. — ENGL., *Arac.*, 568; *Pflanzenfam.*, 148. — B. H., *Gen.*, III, 966, n. 9.

3. Spec. ad 5. WALL., *Pl. as. rar.*, II, t. 115 (*Arum*). — A. RICH., *Tent. Fl. abyss.*, 332 (*Arum?*). — MIQ., *Fl. ind. bat.*, III, 196. — WIGHT, *Ic.*, t. 800 (*Arum*). — LINK et OTT., *Ic. pl. rar.*, I, t. 8 (*Arum*). — REG., *Gartenfl.*, t. 495. — *Fl. serres*, t. 1334. — LEME, *Jard. fl.*, I, t. 12. — HOOK. F., *Fl. brit. Ind.*, VI, 508. — DUR. et SCHINZ, *Consp. Fl. afric.*, V, 480. — *Bot. Mag.*, t. 4465.

4. *Inst.*, 161, t. 70, B. — ADANS., *Fam. des pl.*, II, 470 (*Arisaron*). — TARG.-TOZZ., in *Ann. Mus. Flor.*, II, 617 (1810). — K., in *Mém. Mus.*, IV, 438; *Enum.*, III, 14. — ENDL., *Gen.*, n. 1673. — BL., *Rumphia*, I, 89. — SCHOTT, *Melet.*, I, 16; *Syn. Ar.*, 4; *Prodr. Ar.*, 20; *Gen. Ar.*, t. 5. — ENGL., *Arac.*, 560; *Pflanzenfam.*, 149, fig. 96. — B. H., *Gen.*, III, 965, n. 6.

compositi baccæ paucæ v. ∞, angulatæ v. costatæ. Semina pauca; integumento crustaceo striato v. rugoso; arillo funiculo crassiore stipata; albumine carnoso, basi intruso; embryone axili. — Herbæ perennes tuberosæ; foliis basilaribus sagittatis v. rotundato-hastatis, tenuiter nervatis; petiolo longo, basi breviter vaginante. Spadix cum foliis coetaneus pedunculatus; spatha inferne tubuloso-ventricosa clausa, ad faucem subconstricta et ad limbum breviter fornicatum procurva hincque concavitate aperta; spadice basi hinc breviter spathæ adnato; appendice stipitata decurva, apice clavata v. attenuata; floribus fœmineis contra spatham hinc paucis; masculis numerosioribus sparsis; infimis cum fœmineis contiguis. (*Reg. Medit.*[1])

10. **Arisæma** MART.[2] — Flores (fere *Arisari*) monœci v. multo sæpius diœci nudi : masculi 2-5-andri; antheris subsessilibus v. stipiti parvo affixis; loculis 2, contiguis, subovoideis v. didymis, nunc confluentibus, aut poricidis, aut extrorsum breviter rimosis. Floris fœminei germen sphæricum v. sæpius ovoideum oblongumve, 1-loculare; stylo brevi v. brevissimo, mox pulvinari-dilatato stigmatoso. Ovula 1-∞ e placenta basilari depressa v. plus minus prominente erecta orthotropa; funiculo brevi v. 0; micropyle supera apicali. Fructus baccatus, sphæricus v. subturbinatus, 1-∞-spermus. Semina sphærica v. oblonga 1-∞, erecta; albumine carnoso; embryone axili. —Herbæ perennes tuberosæ; foliis paucis (1-3), varie sectis v. pedatim verticillatimve 5-∞-sectis; segmentis variis integris v. crenatis; petiolo basi vaginante. Spadices coetanei inclusi v. exserti sæpe conoidei appendiculati; appendice varia, aut e basi dilatata angustatave brevi obtusa acutave, raro acutiuscula, aut in filum longissime exsertum sub vernatione involutum v. demum ad terram protrusum producta; floribus confertis fœmineis v. remote sparsis masculis; organis neutris subulatis simplicibus v. parce ramosis nunc supra

1. Spec. 2, 3. L., *Spec.*, ed. II, 1370 (*Arum*). — JACQ., *H. schœnbr.*, II, t. 192 (*Arum*).— L.-C. RICH., in *Guillem. Arch. bot.*, I, t. 2. — SIBTH., *Fl. græc.*, t. 948. — DUN., *Bouq. médit.*, t. 5. — DUR., *Fl. alger.*, t. 44. — PARLAT., in *Bull. Soc. bot. Fr.* (1856), 341; *Fl. ital.*, II, 234. — MOGGR., *Contr. Fl. Ment.*, t. 47. — REICHB., *Ic. Fl. germ.*, VII, t. 7. — CAR., in *N. Giorn. bot. ital.*, XI, t. 1. — GREN. et GODR., *Fl. de Fr.*, III, 331 (*Arum*). — N.-E. BR., in *Journ. Linn. Soc.*, XVIII, 246. — BOISS., *Fl. or.*, V, 44. — DUR. et SCHINZ, *Consp. Fl. afric.*, V, 479. — *Gardn. Chron.* (1871), 301 (*Arum*). — *Bot. Mag.*, t. 6023, 6634. De *A. vulgari*, ARCANG., in *N. Giorn. bot. ital.* (1891), 545.

2. In *Flora* (1831), II, 459. — ENDL., *Gen.*, n. 1674. — SCHOTT, *Melet.*, I, 17; *Syn. Ar.*, 25; *Gen. Ar.*, t. 6; *Prodr. Ar.*, 24. — ENGL., *Arac.*, 533; *Pflanzenfam.*, 150, fig. 97. — B. H., *Gen.*, III, 965, n. 7.

flores sexus utriusque insertis. Spathæ tubus oblongus v. inflatus convolutus, sæpe ∞-costatus; fauce contracta v. aperta; limbo deciduo plerumque amplo fornicato v. breviusculo, acuminato v. caudato. (*Asia, Africa et America calid. et temp.*[1])

11. **Ambrosinia** BASSI[2]. — Flores nudi, in loculis distinctis spathæ ejusdem monœci : masculi in loculo spathæ dorsali 6-10, 2-andri sessiles, 2-seriatim superpositi. Anthera sessilis; loculis transversis contiguis oblongis, rima continua dehiscentibus. Flos fœmineus in loculo spathæ ventrali solitarius. Germen floribus masculis demissius in septo sessile subovoideum; basi lata subverticali; 1-loculare; stylo terminali arcuato, apice stigmatoso adscendente capitato suborbiculari v. nunc breviter elliptico. Ovula ∞, orthotropa cylindrica e placenta basilari erecta; micropyle supera[3]; funiculo plus minus elongato. Fructus baccatus sphæricus, stylo coronatus; seminibus subsphæricis apiculatis arillatis striatis albuminosis. — Herba perennis parva tuberosa; foliis basilaribus paucis; petiolo longo, basi vaginante; limbo ovato-oblongo obtuso membranaceo; nervis utrinque paucis arcuatis. Flores cum foliis coetanei; spadice in summo pedunculo hypogæo e tubere orto reflexo. Spatha[4] navicularis terræque oblique accumbens delitescens, apice in rostrum tenuem procurvum producta; septo verticali minute apiculato cavitatemque in loculos sic dictos ventralem dorsalemque divideute, post anthesin accreto; pedunculo fructifero mox elongato. (*Italia, Africa bor.*[5])

1. L., *Spec.*, 1368 (*Arum*). — W., *Spec.*, IV, 478 (*Arum*). — BL., *Rumphia*, I, t. 27, 28; 37, E. — WALL., *Tent. Fl. nepal.*, t. 18-20 (*Arum*); *Pl. as. rar.*, II, t. 135, 136. — GRIFF., *Ic. pl. as.*, III, 163 (*Pythonium*). — DCNE, in *Jacquem. Voy. Bot.*, t. 168. — WIGHT, *Ic.*, t. 784; 788 (*Arum*). — MIQ., in *Ann. Mus. lugd.-bat.*, III, t. 3. — MORR., in *Ann. Gand* (1846), t. 58. — LODD., *Bot. Cab.*, t. 320 (*Arum*). — REG., *Gartenfl.* (1861), t. 313. — *Fl. serres*, t. 1269, 1270, 1322. — BAR., in *Bull. Soc. bot. ital.* (1893), n. 10. — FR. et SAV., *En. pl. jap.*, II, 4. — ENGL., in *Becc. Males.*, I, 295. — BOISS., *Fl. or.*, V, 43. — HOOK. F., *Fl. brit. Ind.*, VI, 497. — O. K., *Revis.*, 739. — DUR. et SCHINZ, *Consp. Fl. afric.*, V, 479. — CHAPM., *Fl. S. Un.-St.*, 439. — HEMSL., *Bot. centr.-amer.*, III, 417. — *Bot. Mag.*, t. 950 (*Arum*), 4388, 5267, 5496, 5507, 5914, 5931, 5964, 6446, 6457, 6474, 6491, 6634, 6964, 7105, 7150, 7211.

2. In *Comm. bonon.*, V, I, 83 (1763). — L., *Gen.*, ed. VI, n. 1238. — J., *Gen.*, 24. — LAMK, *Ill.*, t. 737. — ENDL., *Gen.*, n. 1670. — SCHOTT, *Gen. Ar.*, t. 3; *Aroid.*, t. 11. — ENGL., *Arac.*, 618; *Pflanzenfam.*, 151, fig. 98. — B. H., *Gen.*, III, 964, n. 4.

3. Integumento duplici.

4. Viridis purpureo-maculata.

5. Spec. 1. *A. proboscidea* DUR. et SCHINZ, *Consp. Fl. afr.*, V, 482. — *A. Bassii* L., *Gen.*, ed. VI (1764); *Syst.*, 689. — TARG.-TOZZ., in *Ann. Mus. Flor.* (1809), II, 62. — BL., *Rumphia*, I, 81, t. 36. — CESAT., in *Linnæa*, XI, 281, t. 5. — K., *Enum.*, III, 10. — GUSS., *Syn. Fl. sic.*, II, II, 594. — BIV., *St. rar. sic.*, III, 9. — UCR., *H. panorm.*, 390. — BERTOL., *Fl. ital.*, X, 252. — PARL., *Fl. ital.*, II, 230. — *Bot. Mag.*, t. 6360. — *A. nervosa* LAMK, *Dict.*, I, 128. — *A. maculata* UCR. — *A. reticulata* GUSS. — *Arum proboscideum* L., *Spec.*, 1370 (part.). — W., *Spec.*, IV, 485. — *Dracunculus Potamogeti foliis* BOCC., *Ic. rar. pl. Sic.*, t. 26.

12. **Pinellia** TEN.[1] — Flores (fere *Arisari*) monœci nudi : masculi 1-andri; antheræ sessilis quadratæ loculis contiguis truncatis, extrorsum rimosis[2]. Floris fœminei germen sessile, 1-loculare; stylo terminali, apice stigmatoso truncato v. capitellato. Ovulum 1, basilare erectum orthotropum; funiculo brevissimo; micropyle apicali supera. Fructus compositi baccati ovoidei v. oblongi; semine erecto apiculato ruguloso dite albuminoso; embryone axili. — Herbæ tuberosæ; foliis basilaribus, 3-sectis v. pedatisectis membranaceis; segmentis ellipticis v. oblongo-lanceolatis acutis; petiolo longo, nunc varie gemmifero. Spadices pedunculati appendiculati cum foliis coetanei; floribus fœmineis inferioribus hinc axi spathæ adnato insertis; masculis superioribus parum remotis in cylindrum confertis; appendice longe subulata vermiformi exserta; spathæ marcescentis tubo convoluto fructusque involvente; fauce dilatatione laterali clausa; limbo oblongo concavo. (*China, Japonia*[3].)

13. **Lagenandra** DALZ.[4] — Flores (fere *Pinelliæ*) monœci nudi : masculi 1, 2-andri; antheris concavo-truncatis, 2-dymis; loculis oppositis contiguis cornubusque perforatis apertis. Floris fœminei germen liberum v. cum germine florum vicinorum connatum, 1-loculare; stylo in peltam stigmatiferam dilatato. Ovula in loculo 1-∞, orthotropa erecta; funiculis brevibus placentæ basilari insertis; micropyle supera. Fructus baccati liberi v. connati, stylo coronati; seminibus 1-∞, rugoso-costatis albuminosis; embryone axili. — Herbæ perennes paludosæ; rhizomate stolonifero; caudice epigæo haud simplici; foliis ovatis v. lanceolatis costatis tenuiterque nervatis; petiolo brevi v. longo. Spadix longe pedunculatus, breviter appendiculatus; axi tenui flores fœmineos inferiores, masculos superiores longe distantes neutrosque paucos tuberculiformes fœmineis superpositos gerente. Spatha lanceolata subulatave, torta v. convo-

1. In *Att. Real. Acad. sc. Nap.*, IV, 57; *Cat. O. bot. nap.*, 91; in *Att. Riun. sc. Ital.*, III, 522. — SCHOTT, *Syn. Ar.*, 5; *Gen. Ar.*, t. 4; *Prodr. Ar.*, 20. — ENDL., *Gen.*, Suppl., I, 1370. — ENGL., *Arac.*, 565; *Pflanzenfam.*, 151. — B. H., *Gen.*, III, 964, n. 3. — *Hemicarpurus* NEES, *Del. sem. H. vrat.* (1839), 4; in *Linnæa*, XIV, *Litt.-Ber.*, 167. — *Atherurus* BL., *Rumphia*, I, 136, t. 31, 37. — ENDL., *Gen.*, n. 1693.

2. Polline « amorpho ».

3. Spec. 3. K., *Enum.*, III, 54 (*Atherurus*). — HOUTT., *Nat. Hist.*, II, 184 (*Arum*). — THUNB., *Fl. jap.*, 233 (*Arum*). — ROTH, *Pl. ind. or.*, 362 (*Arum*). — DESF., *Cat. H. par.*, ed. II, 7, 385. — LOUR., *Fl. cochinch.*, 652 (*Arum*). — MIQ., in *Ann. Mus. lugd.-bat.*, I, 123. — FR. et SAV., *En. pl. jap.*, II, 3. — SCHOTT, *Melet.*, I, 17 (*Arisæma*). — BL., *Rumphia*, I, 108 (*Arisæma*). — *Hook. Icon.*, t. 1875. Cf. BREITENB., *Die Blutheneinr. v.* Arum ternatum, in *Bot. Zeit.* (1879), 687.

4. In *Hook. Kew Journ.*, IV, 289. — SCHOTT, *Syn. Ar.*, 3; *Gen. Ar.*, t. 2; *Aroid.*, 9; *Prodr. Ar.*, 19. — ENGL., *Arac.*, 620; *Pflanzenfam.*, 151; in *N. Act. nat. cur.*, XXXIX, t. 6, fig. 22 (ramif.). — B. H., *Gen.*, III, 963, n. 2.

luta; tubi marginibus connatis; fauce plica reflexa apiceque dilatata accreta mox clausa. (*India or.*[1])

14. **Cryptocoryne** Fisch.[2] — Flores (fere *Arisari*) monœci nudi : masculi 1, 2-andri; antheris subsessilibus truncatis; loculis contiguis parallelis erectis, apice cupulatis ibique processu conico perforato apertis[3]. Flores fœminei sessiles; germinis oblique conici loculo 1, apice in stylum liberum brevem recurvum plus minus dilatatum retrorsumque stigmatosum producto. Ovula ∞, orthotropa, placentæ basilari subverticali inserta erecta, 2-4-seriata; micropyle apicali. Fructus baccati in syncarpium pluriloculare connati, valvatim dehiscentes; valvis polyspermis stellatim expansis. Semina oblonga v. obovoidea orthotropa rugosa; embryone dite albuminoso axili[4]. — Herbæ perennes paludosæ; rhizomate in limo repente stolonifero; foliis in caudice epigæo basilaribus petiolatis, ovatis, oblongis, linearibus, lanceolatis v. cordatis, valide costatis, tenuiter nervatis. Spadix longe v. breviter pedunculatus, nunc subsessilis, supra spatham sessilis ibique flores fœmineos monocyclos[5] gerens, ultra eos gracilis v. crassiusculus longe nudus[6] floribusque masculis cylindraceo-spicatis crebris terminatus. Spatha basi breviter v. nunc longe tubulosa; marginibus connatis; fauce plica reflexa spadicis apice varie dilatati clausa; limbo recto angusto plicato v. contorto. (*Asia et Oceania trop.*[7])

15. **Zomicarpa** Schott[8]. — Flores monœci nudi : masculi 1, 2-andri; antheris subsessilibus erectis, 2-dymis; loculis parallelis contiguis, apice rimulosis v. poricidis; connectivo loculos haud supe-

1. Spec. 5. L., *Spec.*, 1371 (*Arum*). — Vent., in *Rœm. Arch.*, II, 357 (*Caladium*). — Schott, *Melet.*, I, 16; *Gen. Ar.*, t. 1 (*Cryptocoryne*). — Bl., *Rumph.*, 1, 86 (*Cryptocoryne*). — Thw., *En. pl. Zeyl.*, 334. — Trim., *Cat. pl. Ceyl.*, 97. — Hook. f., *Fl. brit. Ind.*, VI, 495.

2. Ex Reichb., *Consp.*, 44. — Wydl., in *Linnæa*, V, 428. — Schott, *Melet.*, I, 16; in *Bonplandia* (1857), 221; *Syn. Ar.*, 1; *Gen. Ar.*, t. 1; *Prodr. Ar.*, 13 (part.) — Bl., *Rumphia*, I, t. 84. — Endl., *Gen.*, n. 1671. — K., *Enum.*, III, 12. — Engl., *Arac.*, 623; *Pflanzenfam.*, 152, fig. 99; in *N. Act. nat. cur.*, XXXIX, 193 (ramif.). — B. H., *Gen.*, III, 963, n. 1. — *Myrioblastus* Wall., herb.

3. Polline vermiformi e poro emisso farciminuloso.

4. In fructu germinante; gemmula nunc ∞-phylla.

5. Cyclo altero nunc superposito sterili.

6. V. nunc flores masculos 1-paucos supra fœmineos gerens.

7. Spec. ad 25. L., *Spec.*, 1371 (*Arum*). — Retz., *Obs.*, I, 28 (*Arum*). — Roxb., *H. beng.* (1814), 65; *Fl. ind.*, III, 491; *Pl. corom.*, III, 90, t. 294 (*Ambrosinia*). — Griff., in *Trans. Linn. Soc.*, XX, t. 10-12; *Ic. pl. as.*, t. 170-172. — Wight, *Ic.*, t. 773. — Lodd., *Bot. Cab.*, t. 525 (*Arum*). — Engl., in *Becc. Males.*, I, 296, t. 27, 28. — Hook. f., *Fl. brit. Ind.*, VI, 492. — *Bot. Mag.*, t. 2220 (*Arum*).

8. *Syn. Ar.*, I, 33; *Gen. Ar.*, t. 23; *Prodr. Ar.*, 121. — Engl., *Arac.*, 524; *Pflanzenfam.*, 146. — B. H., *Gen.*, III, 970, n. 17.

rante. Floris fœminei germen sessile ovoideum v. oblongum, 1-loculare; stylo brevissimo mox discoideo-dilatato-stigmatoso. Ovula pauca placentæ basilari inserta erecta anatropa; micropyle infera. Fructus baccatus, demum basi circumcissus. Semina pauca erecta; integumento chartaceo, hinc conico-arillato; embryone albuminoso axili. — Herbæ tuberosæ; foliis basilaribus reniformibus, 3-pedatisectis; segmentis ovatis v. oblongis; lateralibus minoribus; petiolo longo, basi vaginante. Spadices post folia orti pedunculati, appendiculati, basi spathæ adnati; floribus fœmineis inferioribus 1-lateralibus cum masculis superioribus numerosioribus contiguis; floribus neutris supra masculos paucis conicis (v. 0). Spatha spadice longior lanceolato-acuminata reticulato-venosa persistens; tubo convoluto arcte clauso, basi cucullato. (*Brasilia*[1].)

16. **Zomicarpella** N.-E. BR.[2] — Flores (fere *Zomicarpæ*) monœci nudi; antherarum loculis subsphærico-2-dymis, apice poricidis. Floris fœminei germen ovoideo-oblongum, apice discoideo-stigmatosum; ovulo solitario erecto brevi anatropo; funiculo basilari brevissimo; micropyle infera. — Herba perennis parvula gracilis tuberosa; foliis cum floribus coetaneis late sagittatis v. cordato-ovatis acutis (maculatis); lobis posticis deltoideo-ovatis obtusis; nervis digitatis v. subpedatis; petiolo crassiusculo, basi vaginante. Spadix longiuscule pedunculatus, dorso basi spathæ adnatus, graciliter appendiculatus; spatha lanceolata membranacea ad basin aperta; floribus sexus utriusque subremotis. (*Columbia*[3].)

17. **Xenophya** SCHOTT[4]. — Flores monœci nudi : « masculi 2-andri; staminum filamento dilatato; antheræ brevis loculis in apice connectivi oppositis, poris apicalibus dehiscentibus. Floris fœminei germen[5] sessile, 1-loculare; stigmate sessili sub-4-lobo. Ovula ad 6; funiculis brevibus basi loculi medio affixis erectis, brevibus anatropis; micropyle infera. — Herba tuberosa; foliis ovatis pinnatipartitis; segmentis lanceolato-acuminatis; infimis ex pedato 2-fidis. Spadices

1. Spec. ad 3. MART., *Amœn. monac.*, 18, part. (*Arum*). — K., *Enum.*, III, 20 (*Arisæma*). — BL., *Rumphia*, I, 108, part. (*Arisæma*). — SCHOTT, in *Bonplandia*, X, 86; in *Saund. Ref. bot.*, t. 15. — ENGL., in *Mart. Fl. bras.*, III, II, 119, t. 50.

2. In *Gardn. Chron.* (1881), II, 266; in *Ill. hort.*, XXVIII, 144. — B. H., *Gen.*, III, 970, n. 18. — ENGL., *Pflanzenfam.*, 146.

3. Spec. 1. *Z. maculata* N.-E. BR.

4. In *Ann. Mus. lugd.-bat.*, I, 124. — ENGL., *Arac.*, 526; *Pflanzenfam.*, 145. — B. H., *Gen.*, III, 972, n. 24.

5. « 4-gynum? » (ENGL.).

plures coetanei; spatha convoluta; floribus in spadice inappendiculato stipitato masculis fœmineisque remotis; interjectis neutris gibbosis. (*Nova Guinea*[1].)

18. **Scaphispatha** AD. BR.[2] — Flores monœci nudi : masculi 4-andri; staminibus in corpus breviter obpyramidatum, 4-gonum apiceque truncato planum connatis; antherarum loculis breviusculis contiguis ad summos angulos prominulis, apice extrorsum hiantirimulosis. Floris fœminei germen sessile obovoideum, apice in stylum breviter cylindraceum attenuatum; summo stylo stigmatoso breviter conico[3]. Ovula in loculo germinis unico erecta anatropa 4, 5; micropyle extrorsum infera. Fructus....? — Herba....? Folia....? Spadix inappendiculatus; pedunculo longo gracilique; spathæ tubo limbo evato-lanceolato acuminato paulo breviore; spadice imæ spathæ hinc breviter adnato; floribus fœmineis paucioribus masculisque contiguis. (*Bolivia*[4].)

19. **Stylochiton** LEPR.[5] — Flores monœci; perianthio brevissimo annulari v. urceolato, integro v. denticulato. Stamina 3-6, sub gynæcei rudimento hypogyna; filamentis liberis gracilibus; antheris basifixis, apice truncatis; loculis ad margines rimosis. Floris fœminei calyx gamophyllus, cupularis v. saccatus. Germen inclusum oblongo-ovoideum, 1-loculare v. inferne imperfecte septatum; stylo crasso, apice stigmatoso pulvinari v. capitato. Ovula in loculis 2-∞, muco gummoso immersa, adscendentia; micropyle extrorsum infera; funiculo brevi v. longo placentæ adnato. Fructus e baccis liberis v. coalitis; pericarpiis stylo apiculatis, 1-4-locularibus. Semina in loculo quoque 1-∞, ovoidea v. compressiuscula, extus striata; micropyle prominula; embryone axili dite albuminoso. — Herbæ perennes; rhizomate articulato; articulis disciformibus (annotinis). Folia sagittato-hastata v. cordata; petiolo longe vaginante. Spadices breviter pedunculati inappendiculati; spathæ tubo longo; marginibus connatis; fauce aperta; limbo ovato v. oblongo-lanceolato acuminato

1. Spec. 1. *X. brancæfolia* SCHOTT.

2. Ex SCHOTT, *Prodr. Ar.*, 214. — ENGL., *Arac.*, 526; *Pflanzenfam.*, 145. — B. H., *Gen.*, III, 978, n. 39.

3. Pulposo, albido.

4. Spec. 1. *S. gracilis* AD. BR. — SCHOTT. Folia forte haud coetanea hucusque ignota.

5. In *Ann. sc. nat.*, sér. 2, II, 184, t. 5 (*Stylochæton*). — ENDL., *Gen.*, n. 1672. — BL., *Rumphia*, I, 88. — K., *Enum.*, III, 13. — SCHOTT, *Syn. Ar.*, 132; *Aroid.*, I, 10, t. 14; *Gen. Ar.*, t. 68, *Prodr. Ar.*, 344. — ENGL., *Arac.*, 521; *Pflanzenfam.*, 142, fig. 91. — B. H., *Gen.*, III, 969, n. 16. — *Gueinzia* SOND. herb.

hiante; floribus masculis densis a fœmineis remotis; fœmineis quoque densis spiraliter dispositis v. sub-1-cyclis paucis; inferioribus nunc inter se et cum spadice confluentibus. (*Africa trop. et austr.*[1])

20. **Spathicarpa** Hook.[2] — Flores monœci nudi; masculi 3-6-andri; staminibus sub corpore peltato graciliterque stipitato appensis; loculis distinctis parallelis ovoideis v. subsphæricis, nunc obtuse angulatis, extus sub apice poro dorsali apertis. Gynæcei rudimentum (nunc minimum v. 0) peltæ impositum. Floris fœminei staminodia pauca hypogyna inæqualia, subsphærica v. peltata stipitata. Germen ovoideum v. lageniforme, 1-loculare, apice cum stylo continuum; stylo summo capitato stigmatoso integro v. obtuse lobulato. Ovulum basilare sessile orthotropum; micropyle supera. Fructus baccatus staminodiis cinctus styloque coronatus. Semen erectum ovoideum, extus gummosum, dite albuminosum; embryone axili supero cylindraceo. — Herbæ perennes tuberosæ; foliis basilaribus lanceolatis, hastatis, sagittatis v. hastato-trisectis membranaceis; petiolo longo vaginante. Spadices cum foliis coetanei pedunculati, omnino intus spathæ costæ adnati eaque breviores, 2-sexuales; floribus longitudinaliter pauciseriatis; exterioribus fœmineis demum subhorizontalibus. (*Brasilia, Argentina, Paraguaya*[3].)

21. **Spathantheum** Schott[4]. — Flores (fere *Spathicarpæ*) monœci nudi: masculi 4-8-andri; loculis contiguis apice rimulis v. extrorsum fere a basi ad apicem hiantibus. Floris fœminei staminodia 3-∞, hypogyna inæqualia. Germen lageniforme, 3-∞-loculare; stylo 3-∞-lobato cæterisque *Spathicarpæ*. Ovula in loculis solitaria, anguli interni basi funiculo longiusculo inserta anatropa; micropyle extrorsum infera. — Herbæ tuberosæ; foliis cordatis, sagittatis, integris v. pinnatifido-lobatis; spatha inflorescentiaque ejus costæ adnata (*Spathicarpæ*). (*America trop., ? Africa trop.*[5])

1. *Spec.* 3. Kotsch. et Peyr., *Pl. Tinn.*, n. 60, t. 20. — Dur. et Schinz, *Consp. Fl. afric.*, V, 478.

2. *Bot. Misc.*, II, 147, t. 77. — Schott, *Gen. Ar.*, t. 67; *Syn. Ar.*, 124; in *Bonplandia* (1858), 124; (1862), 87. — Endl., *Gen.*, n. 1691. — K., *Enum.*, III, 52. — Engl., *Arac.*, 530; *Pflanzenfam.*, 144, fig. 92, A-H. — B. H., *Gen.*, III, 989, n. 70.

3. Spec. 4, 5. Peyr., *Ar. Maxim.*, t. 12-15. — Engl., in *Mart. Fl. bras.*, III, II, 230, t. 51. — Griseb., *Symb. Fl. argent.*, 283.

4. In *Bonplandia* (1859), 165; *Prodr. Ar.*, 343. — Engl., *Arac.*, 529; *Pflanzenfam.*, 144. — B. H., *Gen.*, III, 989, n. 71. — *Gamochlamys* Bak., in *Gardn. Chron.* (1876), 164. — Engl., *Arac.*, 512.

5. Spec. 2. *S. Orbignyanum* Schott et *S. heterandrum* (*Gamochlamys heterandra* Bak.), africanum sic dictum.

22. **Gearum** N.-E. Br.[1] — Flores (fere *Spathicarpæ*) monœci nudi : masculi 4-andri; staminibus in massam 6-gonam vertice tumentem connatis; antheræ loculis remotis, subtus peltæ margini insertis, elliptico-oblongis, apice rimulosis. Floris fœminei staminodia compressa. Germen sphærico-3-gonum, 3, 4-loculare, apice stigmatoso 3, 4-lobum; ovulo in loculis 1, erecto orthotropo. — Herba perennis; rhizomate tuberoso; foliis basilaribus hysteranthiis petiolatis pedatis; segmento intermedio sessili; lateralibus pinnatifidis. Spadix inappendiculatus elongatus cylindraceus spatha longa erecta infra medium constricta superneque acuta cymbiformi paulo brevior sessilis; floribus densis utriusque sexus contiguis; staminodiis interpositis. (*Brasilia*[2].)

23? **Gorgonidium** Schott[3]. — « Flores 1-sexuales : masculi 6-8-andri; staminibus florum inferiorum liberis, sæpissime irregulariter dispositis; superiorum plus minus alte connatis; filamentis longis; connectivo prominente truncato; antheræ loculis stipitatis sphæroideis infra apicem connectivi oppositis, vertice poricidis. Floris fœminei staminodia filiformia 6-8, apicem versus incrassata circaque germen irregulariter disposita. Germen ovoideum, 4-loculare; ovulo in loculis 1, erecto orthotropo; stylo filiformi elongato, apice stigmatoso depresso, 4-lobo. — Herba; foliis...? Pedunculus brevis. Spatha navicularis persistens, fere ad basin hians. Spadix brevior conico-cylindraceus stipitatus (inappendiculatus?); floribus masculis et fœmineis nudis arcte contiguis. (*Archip. Ind.*[4])

24. **Synandrospadix** Engl.[5] — Flores (fere *Spathanthei* v. *Geari*) monœci; staminibus liberis 4, 5. Germina 2-5-locularia; stylo æquilongo conoideo; lobis stigmatosis radiatim usque ad basin decurrentibus. Fructus compositi baccæ[6] ∞; loculis 1-spermis; funiculo brevi; cæteris *Asterostigmatis*. — Herba perennis; tubere maximo[7]; foliis longe petiolatis; limbo profunde 2-pinnatifido; spatha[8] quam spadice 2-plo breviore. (*Argentina*[9].)

1. In *Trim. Journ.* (1882), 196, t. 231, fig. 1. — B. H., *Gen.*, III, 987, n. 66. — Engl., *Pflanzenfam.*, 144.
2. Spec. 1. *G. brasiliense* N.-E. Br.
3. In *Ann. Mus. lugd.-bat.*, I, 283. — Engl., *Arac.*, 529; *Pflanzenfam.*, 144. — B. H., *Gen.*, III, 988, n. 69.
4. Spec. 1. *G. mirabile* Schott, inter *Staurostigma* et *Gearum* ex Engl. (e quo char. desumpt.) collocandum, v. *Pseudodracontio* affine (N.-E. Br.).
5. *Pflanzenfam.*, 144, fig. 92, K-N.
6. Purpureæ.
7. « Ponderis usque ad libr. 4. » !
8. Pallente.
9. Spec. 1. *S. vermitoxicus* Engl. — *Bot.*

25. **Asterostigma** FISCH. et MEY.[1] — Flores (*Geari*) monœci nudi : masculi 3, 4-andri ; staminibus in corpus peltatum crasse stipitatum verticeque umbonato sub-6-gonum connatis ; antherarum loculis sub peltæ margine appensis contiguis sacciformibus, apice poricidis v. rimulosis ; rimula nunc demum extensa subtransversa[2]. Gynæcei rudimentum plus minus evolutum nunc summæ peltæ impositum. Floris fœminei staminodia 3-5, crassiuscula brevia cuneata truncata, sublibera, connata v. in cupulam lobatam confluentia. Germen sphæricum v. pyriforme, 1-5-loculare ; stylo conoideo v. brevissimo, apice stigmatoso 2-5-lobo ; lobis clavatis v. 3-gonis, 2-fidis, stellato-patentibus. Ovulum in loculis 1, funiculo adscendenti brevi appensum ; micropyle introrsum infera. Fructus baccati subsphærici, 2-5-sulcati, 2-5-loculares. Semen oblongum, obtuse 3-gonum, extus læve v. granulatum[3] ; arillo oblongo-conoideo ; embryone axili dite albuminoso. — Herbæ perennes tuberosæ stoloniferæ ; foliis basilaribus proteranthiis v. cum floribus coetaneis, longe petiolatis, cordato-hastatis, pinnatisectis v. 1, 2-pinnatipartitis ; pinnis sessilibus acuminatis. Spadices pedunculati plures v. 1, cylindracei inappendiculati ; spatha erecta lanceolata, basi involuta imoque spadici hinc adnata, superne aperta v. hiante ; floribus sexus utriusque perfectis omnibus contiguisque. (*America trop.*[4])

26. **Taccarum** AD. BR.[5] — Flores monœci nudi : masculi 4-∞-andri ; antheris circa massam stipitatam peltatam v. capitatam verticillatis, peltæ dorsifixis sessilibus v. appensis, oblongis parallelis contiguis ; facie extrorsa longitudinaliter sulcata ibique rimosa v. apicem versus rimulosa. Floris fœminei staminodia (?) hypogyna numero varia, crassa, libera v. in cupulam lobatam dentatamve perianthii-

Mag., t. 7242. — *Asterostigma vermitoxicum* GRISEB., *Pl. Lorentz.*, 199 ; *Symb. Fl. argent.*, 282. — *Staurostigma vermitoxicum* ENGL., *Arac.*, 517, n. 5. Spatha dicitur pallens pedunculusque nunc sæpe ultrapedalis.

1. In *Bull. Acad. Pétersb.*, III (1845), 148. — SCHOTT, in *Œstr. Bot. Wochenbl.* (1852), 67 ; *Syn. Ar.*, 124 ; *Gen. Ar.*, t. 66 ; *Prodr. Ar.*, 337. — O. K., *Revis.*, 740. — *Staurostigma* SCHEIDW., in *Ott. et Dietr. Allg. Gartenz.*, XVI, 129 (1848) ; in *Bot. Zeit.* (1849), 141. — ENGL., *Arac.*, 513 ; *Pflanzenfam.*, 144, fig. 92, J. — B. H., *Gen.*, III, 987, n. 65. — *Rhopalostigma* SCHOTT, in *Œstr. Bot. Zeit.* (1859), 39 ; *Prodr. Ar.*, 340.

2. Polline vermiformi.

3. Epidermide diaphana.

4. Spec. ad 6. VELL., *Fl. flum.*, Atl., IX, t. 103 (*Arum*). — LODD., *Bot. Cab.*, t. 1590 *Caladium*). — K., *Enum.*, III, 50 (*Philodendron*). — SCHOTT, in *Bonplandia* (1862), 86. — SCHWEIDL., in *Ott. et Dietr. Allg. Gartenzeit.* (1848), 129 (*Staurostigma*). — ENGL., in *Mart. Fl. bras.*, III, II, 202, t. 48 (*Staurostigma*). — K. KOCH, in. *Ind. sem. Hort. berol.* (1854), App., 8 ; in *End. Ind. Ar.*, 77 (*Staurostigma*), 78. — *Bot. Mag.*, t. 5972.

5. Ex SCHOTT, *Gen. Ar.*, t. 65 ; *Prodr. Ar.*, 336. — ENGL., *Arac.*, 519, 645 ; *Pflanzenfam.*, 144. — B. H., *Gen.*, III, 986, n. 63. — *Lysistigma* SCHOTT, in *Bonplandia*, X, 222. — *Endera* REG., *Gartenfl.* (1872), 226, t. 732.

formem connata. Germen sessile teres v. 3-6-lobum, 3-6-loculare; stylo columnari recto v. arcuato, apice crasse capitato lobato. Ovula in loculis 1, 2, loculorum ad basin angulo interno inserta anatropa; funiculo brevi; micropyle extrorsum infera. Fructus...? — Herbæ elatæ perennes; rhizomate tuberoso; foliis basilaribus longe petiolatis hastato-ovatis, 2-pinnatifidis; pinnis undulatis; spadicibus pedunculatis inappendiculatis; floribus fœmineis inferioribus masculisque superioribus numerosioribus contiguis; spatha erecta oblongo-acuta, explanata v. hiante; tubo brevi convoluto. (*Brasilia*[1].)

27. **Mangonia** SCHOTT[2]. — Flores monœci nudi : masculi 3-5-andri; staminibus in corpus peltatum stipitatumque connatis; antheris in stipite summo verticillatis, 2-dymis; loculis sphæricis contiguis, apice poricidis. Floris fœminei staminodia circa germen 3, linearia apiceque dilatata. Germen ovoideum, 3-loculare; stylo columnari, apice stigmatoso-3-lobo, inter lobos obtusos recurvosque depresso. Ovula in loculis 2-na anatropa; micropyle supera; funiculo brevi imæ placentæ adnato. — Herba perennis (tuberosa?); foliis basilaribus proteranthiis sagittatis arcuato-nervatis. Spadix longe pedunculatus inappendiculatus; spatha oblongo-lanceolata, basi convoluta; limbo reclinato; spadice multo longiore; floribus masculis inferioribus dissitis laxis; imperfectis autem densis; fœmineis majoribus densis; supremis imperfectis. (*Argentina*, *Brasilia austr.*[3])

II. COLOCASIEÆ.

28. **Colocasia** LUDW. — Flores monœci nudi : masculi oligandri; staminibus in massam inæqui-obpyramidatam vertice dilatato deplanatam ambituque longitudinaliter sulcato-angulatam connatis; antherarum loculis linearibus fere ad imum connectivum extensis, apice omnino poricidis. Flores fœminei germen oblongum v. obovoideum, 1-loculare; stylo brevissimo crasso v. subnullo, apice stigmatoso depresse capitato. Ovula ∞, placentis parietalibus 2-5 inserta,

1. Spec. ad 4. ENGL., in *Mart. Fl. bras.*, III, II, t. 49. — ARCANG., in *N. Giorn. bot. ital.*, XI, 312, 48. — N.-E. BR., in *Gardn. Chron.* (1881), 654, fig. 134.

2. In *Œstr. Bot. Wochenbl.* (1857), 77; *Gen. Ar.*, t. 64. — ENGL., *Arac.*, 518; *Pflanzenfam.*, 143. — B. H., *Gen.*, III, 988, n. 67.

3. Spec. 1. *M. Tweedieana* SCHOTT. — ENGL., in *Mart. Fl. bras.*, III, II, 206. Spatha palide viridis circ. 1/2 decim. longa.

2-seriata, orthotropa v. suborthotropa; funiculis longis hinc supra basin ovulo lateraliter affixis. Fructus compositi baccæ obconicæ v. oblongæ spathæ tubo inclusæ. Semina ∞, oblonga; testa sulcata epidermide diaphana induta; arillo cum funiculo confluente; embryone axili dite albuminoso. — Herbæ perennes elatæ; caudice tuberoso v. aerio crasso; foliis cordato-ovatis v. sagittatis peltatis; petiolo longo nunc basi vaginante. Spadices cum foliis coetanei solitarii v. plures pedunculati; spathæ tubo ovoideo v. oblongo accrescente persistente, demum rupto; fauce constricta; limbo lanceolato v. oblongo, demum soluto; appendice spadicis erecta conoidea v. fusiformi (nunc 0); floribus masculis numerosioribus a fœmineis remotis; interjectis masculis imperfectis sphæricis stipitatis v. deplanatis ∞. (*Asia et Oceania trop.*) — *Vid. p.* 429.

29. **Alocasia** SCHOTT[1]. — Flores (fere *Colocasiæ*) in spadice eodem monœci nudi. Stamina, 3-8 in corpus obpyramidatum vertice deplanatum polygonoideum connata; antherarum loculis linearibus, fere imum connectivum attengentibus, apice sub pelta disciformi poriformi-rimosis. Floris fœminei germen 1-loculare; septis valde incompletis, apice magis evolutis 2-6; stylo brevi crasso v. elongato, apice pulvinato stigmatoso subintegro v. lobato. Ovula pauca basilaria erecta inæqualia suborthotropa[2]; micropyle supera[3]; funiculis brevibus crassis rectis. Baccæ tubo spathæ inclusæ ellipsoideæ v. obovoideæ. Semina pauca subsphærica lævia; funiculo brevi; albumine copioso carnoso, basi intruso; embryone axili. — Herbæ elatæ; caudice crasso cicatrisato; foliis ex parte peltatis; majoribus sagittato-cordatis; vagina longa. Pedunculi cymosi plures; spathæ tubo ovoideo v. oblongo convoluto, persistente accrescente, demum inæqui-lacero; limbo oblongo v. cucullato, demum soluto. Spadix crassus erectus, spatha brevior; appendice cylindracea v. conoidea crasse sinuata, basi rugosa; floribus fœmineis inferioribus masculisque superioribus remotis; interjectis masculis imperfectis compactis deplanatis. (*Asia trop., Arch. Malayan.*[4])

1. In *Œstr. Bot. Wochenbl.* (1852), 59; *Gen. Ar.*, t. 60; *Syn. Ar.*, 44; *Prodr. Ar.*, 144. — ENDL., *Gen.*, n. 1683, b. — ENGL., *Arac.*, 497; *Bot. Jahrb.*, XV, 524; *Pflanzenfam.*, 137, fig. 88. — B. H., *Gen.*, III, 975, n. 31. — *Eusolenanthe* SCHOTT, in *Bonplandia*, IX, 368.

2. Funiculo excentrice affixo.

3. Integumento duplici.

4. Spec. 18-20. SCHOTT, *Melet.*, I, 18 (*Colocasia*). — WIGHT, *Ic.*, t. 787, 789, 792, 794, 796, 797 (*Arum*). — AD. BR., in *N. Ann. Mus.*, III, 145, t. 7 (*Colocasia*). — LODD., *Bot. Cab.*, t. 416 (*Caladium*). — GRIFF., *Ic. pl. as.*, t. 167 (*Arum*). — N.-E. BR., in *Gardn. Chron.* (1879), 296. — LEME, in *Ill. hort.*, t. 283. — *Fl. serres*, t. 2204, 2206, 2208, 2209. — FR. et SAV., *En.*

30. **Schizocasia** SCHOTT[1]. — Flores (fere *Colocasiæ*) monœci nudi: masculi 4-7-andri; staminibus in massam sulcatam apiceque deplanatam leviterve in centro excavatam connatis; loculis cylindraceis apiceque poricidis[2]. Floris fœminei germen depresso-sphæricum, 1-loculare, apice depresso et sub-3, 4-lobo stigmatosum; ovulis ∞, anatropis; funiculis brevibus placentæ basilari insertis. Fructus compositi baccæ subsphæricæ, 2-6-spermæ; seminum obtuse 3-gonorum funiculo brevi; albumine duro copioso; embryone subaxili. — Herbæ perennes; caudice crasso, nunc valde elato. Folia cordato-ovata v. sagittata pinnatipartita, longe petiolata. Spadix breviter pedunculatus; spathæ tubo involuto; limbo 3-plo longiore, ad faucem constricto, lineari-oblongo obtuso; appendice sursum attenuata; floribus masculis multo numerosioribus a fœmineis remotis; interjectis masculis imperfectis longis, depressis v. compressis. (*Nova Guinea*, *Ins. Philipin.*[3])

31. **Gonatanthus** KL.[4] — Flores monœci nudi: masculi 2-4-andri; antheris in massam crasse pyramidatam verticeque depressam v. truncatam connatis; loculis sub apice massæ lateraliter poricidis; connectivis crassis. Floris fœminei germen sessile, 1-loculare, v. sub apice imperfecte 2, 3-septatum; stylo brevissimo crasso, mox peltato-capitato stigmatoso. Ovula ∞, placentæ basilari inserta orthotropa, in summo funiculo erecto moxque arcuato horizontalia v. obliqua; micropyle apicali. Fructus baccatus subsphæricus; seminibus muco gummoso immersis oblongis verruculosis albuminosis. — Herbæ perennes tuberosæ; foliis e tubere[5] ortis longe petiolatis peltatis cordato-ovatis v. sublanceolatis acuminatis. Spadices coetanei breviter pedunculati. Spatha[6] basi inflata tubulosa convoluta, mox constricta geniculata, superne longissime acutata involuta. Spadix fructusque tubo spathæ inclusi; floribus inferioribus fœmineis (supra masculos steriles paucos) spicatis; masculis perfectis in spadicis parte supe-

pl. jap., II, 8. — SEEM., *Fl. vit.*, 285. — ENGL., in *Becc. Males.*, I, 292, t. 26, fig. 1-4; in *Mart. Fl. bras.*, III, II, t. 47. — HOOK. F., *Fl. brit. Ind.*, VI, 524. — RIDL., in *Trans. Linn. Soc.*, ser. II, *Bot.*, III, 394. — DUR. et SCHINZ, *Consp. Fl. afric.*, V, 478. — *Bot. Reg.*, t. 641 (*Caladium*). — *Bot. Mag.*, t. 3935 (*Colocasia*), 5190, 5376, 5497.

1. In *Bonplandia*, X, 148. — ENGL., *Arac.*, 495, 645; *Pflanzenfam.*, 139. — B. H., *Gen.*, III, 978, n. 40.

2. Polline vermiformi.

3. Spec. 2. ENGL., *Bot. Jahrb.*, I, 185; in *Becc. Males.*, I, 293, t. 26, fig. 5-13.

4. KL., in *Link*, *Kl. et Ott. Ic. pl. rar.*, I, 33, t. 14. — ENDL., *Gen.*, Suppl., II, 23. — K., *Enum.*, III, 36. — SCHOTT, *Syn. Ar.*, 44; *Gen. Ar.*, t. 39; *Prodr.*, 142. — ENGL., *Arac.*, 510; *Pflanzenfam*, 137. — B. H., *Gen.*, III, 974, 29.

5. Turiones gemmiferas ramosas vaginatas emittente.

6. Flava.

riore breviter claviformi confertis summumque tubum haud æquantibus. (*India mont.*[1])

32. **Remusatia** SCHOTT[2]. — Flores (fere *Colocasiæ*) monœci nudi : masculi 2, 3-andri ; staminibus in massam obcuneatam verticeque depressam connatis ; antherarum loculis oblongis adnatis extrorsis, apice rimulosis. Floris fœminei germen 1-loculare, nunc superne 2-4-loculare, vertice pulvinari-stigmatosum. Ovula ∞, orthotropa ; funiculis brevibus 2-seriatis, placentis parietalibus 2-4 affixis ; micropyle supera. Fructus compositi spathæque tubo inclusi baccæ ∞, parvæ, sphæricæ v. obovoideæ. Semina ∞, ovoidea, apice retusa ; integumento extimo succulento ; interiore autem crasso duro ; embryone axili dite albuminoso. — Herbæ perennes tuberosæ, annis alternis folium plerumque 1 spadicemve proferentes ; tubere quoque turiones longas vaginatas gemmiferasque emittente. Folia longe petiolata peltata cordato-ovata v. lanceolata. Spadix breviter pedunculatus sessilis inappendiculatus ; spathæ tubo convoluto persistente accrescente ; fauce constricta ; limbo patente v. refracto demumque disrupto deciduo ; floribus masculis a fœmineis remotis ; masculis sterilibus deplanatis interjectis et spadicis sub floribus masculis stipiti insertis. (*India et Java mont.*[3])

33. **Steudnera** K. KOCH[4]. — Flores monœci nudi ; masculorum staminibus 3-6 in corpus prismaticum acute v. obtuse 3-6-gonum connatis ; vertice corporis depresso ; antherarum thecis oblongis usque ad basin haud productis, superne dilatatis contiguis ibique apice poriformi-cymosis. Floris fœminei staminodia hypogyna pauca (v. 0). Germen 1-loculare, apice stigmatoso stellatim 3-6-lobum. Placentæ parietales 3-6 ; ovulis in quaque ∞, 2-seriatim confertis suborthotropis ; micropyle supera ; funiculo adscendente supra basin hinc affixo. Baccæ ovoideæ ; seminibus ∞, ovoideis, ad latus funiculi arillatis, sub epidermide diaphana sulcatis ; embryone axili dite albu-

1. Spec. typ. 1. *G. sarmentosus* KL. — REG., *Gartenfl.* (1868), 227, t. 588. — HOOK. F., *Fl. brit. Ind.*, VI, 522. — *Bot. Mag.*, t. 5275. — *Colocasia? pumila* K., *Enum.*, III, 40. — *Caladium pumilum* DON, *Prodr. Fl. nepal.*, 21. *G. ornatus* SCHOTT, in *Œst. Bot. Zeitschr.* (1858), 121, dubitanter ad genus refertur.

2. *Melet.*, I, 18 ; *Syn. Ar.*, 43 ; *Gen. Ar.*, t. 36 ; *Prodr. Ar.*, 136. — ENDL., *Gen.*, n. 1682. — K., *Enum.*, III, 35. — ENGL., *Arac.*, 495 ; *Pflanzenfam.*, 139. — B. H., *Gen.*, III, 974, n. 28.

3. Spec. 2. RHEED., *H. malab.*, XII, t. 9. — ROXB., *Fl. ind.*, III, 496 (*Arum*). — LODD., *Bot. Cab.*, t. 281 (*Caladium*). — WIGHT, *Ic.*, III, t. 798 (*Arum*). — HOOK. F., *Fl. brit. Ind.*, VI, 521.

4. In *Wochenschr. Gartn.* (1862), 114. — ENGL., *Arac.*, 451 ; *Pflanzenfam.*, 137. — B. H., *Gen.*, III, 988, n. 68.

minoso. — Herbæ perennes; caudice crasso ascendente vaginifero; foliis longe petiolatis ovato-oblongis peltatis. Spadix breviter pedunculatus inappendiculatus; spatha ovata marcescente, mox supra medium reflexa, spadici breviori inferne adnata; floribus masculis in massam clavatam cum fœmineis contiguam confertis. (*India or.*, *Burmania*[1].)

34. **Caladium** VENT.[2] — Flores monœci nudi: masculi 3-9-andri; staminibus in massam breviter obconicam vertice deplanatam ambituque 6-gonam connatis; antherarum lateralium loculis contiguis linearibus, apice extus rimulosis. Floris fœminei germen sessile plus minus longe obconicum, plerumque 2-loculare; vertice truncato, hemisphærico v. depresso nunc sulcato v. 2-lobulato dense papilloso cumque germinibus cæteris nunc cohærente. Ovula in loculis ∞, complete v. incomplete anatropa; funiculis brevibus e septo adscendentibus v. subtransversis; micropyle extrorsum infera. Fructus baccati clavati, obovoidei v. pyriformes, stylo coronati; pericarpio tenui; seminibus pulpa involutis; embryone albuminoso axili. — Herbæ perennes lactescentes; rhizomate tuberoso; foliis[3] basilaribus longe petiolatis, oblongis v. sagittatis, sæpe peltatis, reticulato-venosis. Spadix pedunculatus cum foliis coetaneus, spatha brevior cumque ea basi adnatus, ultra eam nunc stipitatus, inappendiculatus; floribus fœmineis inferioribus; masculis perfectis numerosioribus a fœmineis remotis; masculis imperfectis forma variis nunc crassis interjectis. (*America trop.*[4])

35. **Xanthosoma** SCHOTT[5]. — Flores (fere *Caladii*) monœci nudi; masculorum staminibus 4-6, in corpus obpyramidatum verticeque

1. Spec. 3, 4. GRIFF., *Ic. pl. as.*, t. 164, fig. 1 *Arum*). — REG., *Gartenfl.*, t. 633. — *Fl. serres*, t. 2201. — N.-E. BR., in *Gardn. Chron.* (1875), II, 708. — *Ill. hort.*, XIX, t. 90. — HOOK. F., *Fl. brit. Ind.*, VI, 519. — *Bot. Mag.*, t. 6076, 6762.

2. In *Rœm. Arch.*, II, 347 (1799); *Jard. Cels*, t. 30. — SCHOTT, *Syn. Ar.*, 50; *Gen. Ar.*, 45; *Prodr. Ar.*, 162. — ENDL., *Gen.*, n. 1684. — K., *Enum.*, III, 42. — ENGL., *Arac.*, 452; *Pflanzenfam.*, 139. — B. H., *Gen.*, III, 976, n. 34. — *Cyrtospadix* K. KOCH, *Ind. sem. H. berol.* (1853), App., 3.

3. In varietatibus cult. varie discoloribus.

4. Spec. 8, 9. JACQ., *H. schœnbr.*, II, t. 186 (*Arum*). — AIT., *H. kew.*, III, 316 (*Arum*). — K. KOCH, in *Wochenschr. Gartn.* (1861, 62); in *Belg. hort.*, X, 165. — PEYR., *Ar. Maxim.*, t. 28. — SCHOTT, in *Œst. Bot. Zeitschr.* (1858), 122; (1859), 38. — K. KOCH et BODCH., in *Ind. sem. H. berol.* (1853], App., 3. — ENGL., in *Mart. Fl. bras.*, III, II, t. 40-42. — *Bot. Mag.*, t. 2543, 5199, 5255, 5263.

5. *Melet.*, I, 19; *Gen. Ar.*, t. 46; *Syn. Ar.*, 56; *Prodr. Ar.*, 179. — ENDL., *Gen.*, n. 1686. — K., *Enum.*, III, 44. — ENGL., *Arac.*, 468; *Pflanzenfam.*, 140. — B. H., *Gen.*, III, 976, n. 35. — *Acontias* SCHOTT, *Melet.*, I, 19; *Syn. Ar.*, 64; *Gen. Ar.*, 47; *Prodr. Ar.*, 191. — *Andromycia* A. RICH., in *R.-Sagr. Fl. cub.*, II, 982, t. 89. — *Phyllotænium* ANDRÉ, in *Ill. hort.* (1872), t. 88.

deplanato 4-6-gonum connatis. Antheræ laterales; loculis linearibus v. cuneatis connectivo æquilongis contiguis, apice sub vertice connectivi breviter rimulosis. Floris fœminei germina oblongo-obovoidea, 2, 3-locularia, vertice supra collum brevem disciformi-dilatata, ibi inter se cohærentia, at basi distincta, apice hemisphærico v. pulvinato stigmatosa. Ovula in loculis ∞, complete v. incomplete anatropa; micropyle plerumque infera; funiculis transversis longis, basi septo adnatis. Fructus compositi baccati spatha inclusi cylindracei, superne dilatati cohærentes; loculis 3, ∞-spermis. Semina ovoidea; funiculo brevi; integumento extimo diaphano; intimo sulcato; raphe incrassata; embryone axili dite albuminoso. —Herbæ perennes lactescentes; rhizomate tuberoso v. in caudicem crassum producto. Folia sagittata, hastata v. pedatisecta, longe petiolata. Spadices 1-∞, pedunculati; spathæ tubo ovoideo v. oblongo convoluto persistente accreto, demum inæqui-rupto; fauce constricta; limbo cymbiformi. Spadix ima basi spathæ longiori adnatus, inappendiculatus; floribus fœmineis a masculis remotis; masculis imperfectis deplanatis compactis interjectis. (*America trop.*[1])

36. **Chlorospatha** ENGL.[2] — Flores (fere *Xanthosomatis*) monœci nudi : masculi 3-5-andri; staminibus in massam obpyramidatam truncatam angulatamque connatis; loculis adnatis oblongis sub apice rimulosis. Floris fœminei germen sæpius asymmetricum breve, 2, 3-loculare, vertice discoideo-stigmatosum. Ovula in loculis plura anatropa, 2-seriata; funiculis placentæ subcentrali affixis. — Herba perennis lactescens; rhizomate tuberoso. Folia basilaria petiolata pedatisecta, ad margines crispato-undulata; costis in sinu denudatis. Spadices plures pedunculati inappendiculati; spatha basi longe tubulosa; fauce haud constricta sensimque in limbum lanceolatum apicem versus compressum desinente; floribus masculis a fœmineis laxe dispositis remotis; germinibus irregulariter 4, 5-verticillatis; floribus masculis interjectis paucis, 3, 4-lobis. (*Columbia*[3].)

1. Spec. ad 23. L., *Spec.*, 1369 (*Arum*). — JACQ., *H. vindob.*, II, t. 157 (*Arum*). — SPRENG., *Syst.*, III, 771 (*Caladium*). — SCHOTT, *Ar. Betr.*, II, 5; in *Bonplandia*, X, 322. — GRISEB., *Fl. brit. W.-Ind.*, 511. — ENGL., in *Mart. Fl. bras.*, III, II, 188, t. 43-45. — CHAPM., *Fl. S. Un.-St.*, 440. — HEMSL., *Bot. centr.-amer.*, III, 418. — REG., *Ind. sem. H. petrop.* (1868), 81. — K. KOCH, *Ind. sem. H. berol.* (1855), App., 2; *Blonplandia* (1856), 4. — LIEBM., in *Vid. Medd. Kjob.* (1850), 15. — DUR. et SCHINZ, *Consp. Fl. afric.*, V, 478. — MAST., in *Gardn. Chron.* (1874), 258, fig. 53. — *Bot. Mag.*, t. 4989.

2. In *Gartenfl.* (1878), 97, t. 933; *Arac.*, 487; *Pflanzenfam.*, 140. — B. H., *Gen.*, III, 977, n. 37.

3. Spec. 1. *C. Kolbii* ENGL.

37. **Hapaline** SCHOTT[1]. — Flores monœci nudi: masculi oligandri. Stamina corpori peltato breviter stipitato tenuiter oblongo-6-gono inserta; loculis antherarum minutis margini peltæ subtus remote affixis, demum subtus poro orbiculari-obovato dehiscentibus indeque cupulatis[2]. Floris fœminei germen sessile, 1-loculare; stylo mox late pulvinari-dilatato stigmatoso. Ovulum 1, suberectum anatropum; micropyle infera. Fructus ovoidei pauci baccati; semine conformi; albumine copioso duro. — Herba perennis parva tuberosa; foliis paucis v. 1, hysteranthiis cordato-sagittatis acutis membranaceis; petiolo gracili, basi vaginante; exterioribus 1-paucis ad vaginas tenues reductis. Spadix pedunculatus e tubere ortus gracilis inappendiculatus, spatham subæquans eique inferne hinc adnatus; floribus fœmineis inferioribus paucis spadicis basi adnatæ hinc insertis; masculorum autem peltis spiraliter imbricatis. Spatha cylindracea convoluta lanceolata, ad faucem vix v. haud constricta, acuta v. acuminata, demum fructus involvens. (*India et Cochinchina mont.*[3])

38. **Ariopsis** GRAH.[4] — Flores monœci nudi: masculi 3-andri; antheris in massulam peltatam connatis; connectivis florum omnium in stratum summi spadicis clavati superficiale foveolatumque connatis; antherarum loculis sphæricis immersis et poro foveolis respondente dehiscentibus[5]. Floris fœminei masculo multo majoris germen subconicum, 1-loculare, styli ramis subulatis 3-6, oblique incurvis, demum patentibus, coronatum. Ovula ∞, placentis parietalibus 3-6 inserta, muco gummoso immersa, orthotropa obliqua; micropyle apicali; funiculo longiusculo. Fructus baccati, stylorum ope coaliti; seminibus ∞, descendentibus orthotropis sulcatis; albumine carnoso; embryone axili. — Herba parva tuberosa, anno altero folia, altero autem flores gerens. Folia petiolata peltata cordato-ovata, nunc basi emarginata. Pedunculi graciles. Spatha[6] erecta cymbiformis, lanceolato-apiculata aperta, basi leviter involuta persistens. Spadix spatha brevior ejusque dorso basi accretus; stipite

1. In *Œstr. Bot. Wochenbl.* (1857), 85; *Prodr. Ar.*, 162. — ENGL., *Arac.*, 489; *Pflanzenfam.*, 139. — B. H., *Gen.*, III, 977, n. 38. — *Apale* SCHOTT, *Gen. Ar.*, t. 44.

2. Flores abortivi nunc remotiusculi pauci apicalesque.

3. Spec. 1. *H. Benthamiana* SCHOTT. — KURZ, in *Journ. As. Soc. beng.* (1873), 109, t. 9. Additur nunc *H. Brownei* HOOK. F., *Fl. brit. Ind.*, VI, 521; *Bot. Mag.*, t. 7325.

4. *Cat. pl. Bomb.*, *Add.*, 252. — SCHOTT, *Syn. Ar.*, 40; *Gen. Ar.*, t. 35; *Prodr. Ar.*, 135. — ENGL., *Arac.*, 527; *Pflanzenfam.*, 141. — B. H., *Gen.*, III, 973, n. 27.

5. Polline in cavitatem emisso.

6. Violacea, gracilis.

gracili; floribus fœmineis inferioribus sessilibus ∞, 1-lateralibus; masculis superioribus remotiusculis. (*India mont.*[1])

39. **Syngonium** SCHOTT[2]. — Flores monœci nudi : masculi 3, 4-andri; staminibus in corpus obpyramidatum truncatum connatis; antherarum loculis lateraliter applicitis linearibus contiguis, extus sub apice rimulosis. Floris fœminei germina solitaria, v. lateraliter connata 2, apice convexo integro v. lobato stigmatosa. Ovula in loculis singulis 1, adscendentia anatropa; micropyle extrorsum infera. Fructus baccati inque syncarpium spathæ tubo inclusum mucilaginosum coaliti. Semina lævia (nigra) exalbuminosa, hinc arillata; embryone carnoso macropodo. — Frutices scandentes radicantes; foliis alternis sagittatis, adultis pedati-∞-sectis; petiolo longo vaginante; vaginis persistentibus sæpiusque accretis. Spadices solitarii v. fasciculati pedunculati, spatha breviores; receptaculi basi fœminea breviore conica; superiore autem mascula clavata; floribus masculis imperfectis in clavæ parte angustata sessilibus. Spathæ limbus cymbiformis, demum deciduus; tubo sub fauce constricta ovoideo accrescente. (*America trop.*[3])

40. **Porphyrospatha** ENGL.[4] — Flores (fere *Syngonii*) monœci nudi; staminibus connatis 4. Floris fœminei germina truncata v. apice 2-loba. Ovula in placentis singulis 2, collateraliter adscendentia; micropyle extrorsum infera. — Frutices scandentes lactiflui; caudicibus elongatis radicantibus. Folia juniora oblongo-ovata, basi rotundata v. 2-auriculata; adulta sagittata v. 3-secta; vagina elongata, apice haud soluta. Spadices inappendiculati crassi spatha breviores; limbo spathæ ovato-acuto; tubo ovoideo. Flores fœminei a masculis remoti; interjectis masculis imperfectis ∞, obconicis verticeque depressis. Cætera *Syngonii*. (*America centr.*[5])

1. Spec. 1. *A. peltata* GRAH. — HOOK., in *Bot. Mag.*, t. 4222; *Fl. brit. Ind.*, VI, 519. — *A. protanthera* N.-E. BR., in *Kew Gard. Rep.* (1877), 51. — *Remusatia vivipara* WIGHT, *Ic.*, III, t. 900 (non SCHOTT). — *Caladium ? ovatum* HAM., herb.

2. In *Wien. Zeitschr.*, III (1829), 780 (part.); *Melet.*, I, 19; *Syn. Ar.*, 65; *Gen. Ar.*, t. 48; *Prodr. Ar.*, 199. — ENDL., *Gen.*, n. 1688. — K., *Enum.*, III, 45. — ENGL., *Arac.*, 292; *Pflanzenfam.*, 141, fig. 89. — B. H., *Gen.*, III, 979, n. 43.

3. Spec. ad 10. JACQ., *H. schœnbr.*, II, t. 191 (*Arum*). — VELL., *Fl. flum.*, Atl., IX, t. 113 (*Arum*). — PŒPP. et ENDL., *Nov. gen. et spec.*, III, 89. — MIQ., *Del. sem. H. amstel.* (1853) (*Xanthosoma*). — PEYR., *Ar. Maxim.*, t. 17, 18. — ENGL., in *N. Act. nat. cur.*, XXXIX, 184 (ramif.); in *Mart. Fl. bras.*, III, II, 129, t. 26, 27.

4. *Arac.*, 289; *Pflanzenfam.*, 140. — B. H., *Gen.*, III, 980, n. 44.

5. Spec. 2. SCHOTT, *Prodr. Ar.*, 200 (*Syngonium*); in *Œst. Bot. Zeitschr.* (1858), 178 (*Syngonium*). — ŒRST., *Aroid. mex.*, 55 (*Syngonium*). — HEMSL., *Bot. centr.-amer.*, III, 423.

III. AMORPHOPHALLEÆ.

41. **Amorphophallus** Bl. — Flores monœci nudi : masculi 1-4-andri ; antherarum sessilium loculis 1, v. sæpius 2, contiguis, oblongis v. obconicis, apice obtuso poricidis ; connectivo haud v. vix producto ; polline farciminuloso. Floris fœminei germen subsphæricum, 1-4-loculare ; stylo erecto brevi v. longo, apice stigmatoso dilatato integro v. obtuse 2-4-lobo. Ovula in loculis 1, ab imo angulo interno adscendentia, complete v. incomplete anatropa ; micropyle extrorsum infera ; funiculo brevi v. 0, nunc in arillum spurium circa ovuli basin producto. Fructus baccati ; seminibus 1-paucis adscendentibus lævibus ovoideis, ellipsoideis, obovoideis v. nunc compressis exalbuminosis ; embryone carnoso macropodo. — Herbæ perennes ; tubere vario ; foliis basilaribus amplis hysteranthiis, varie 3-sectis ; segmentis varie et inæqui-sectis, 1, 2-pinnatifidis ; pinnis plus minus elongatis acutis ; petiolo valido, nunc apice bulbifero. Spadix breviter v. longe pedunculatus, e tubere haud foliato erumpens, appendiculatus ; appendice conica, fusiformi v. subsphærica varie dilatata fungosave ; floribus fœmineis inferioribus masculisque contiguis crebris ; spatha erecta campanulata v. varie infundibulari fornicatave, subregulari v. hinc valde producta, marcescente. (*Orbis vet. reg. calid.*) — *Vid. p.* 433.

42. **Synantherias** Schott[1]. — Flores (fere *Amorphophalli*) monœci nudi : masculi 3-6-andri ; antherarum subsessilium circaque receptaculi centrum disciforme insertarum loculis contiguis obovoideis, apice poricidis ; poris demum rimuloso-confluentibus[2] ; connectivo vix prominulo. Floris fœminei germen sphæricum v. oblongum, 2-loculare ; stylo amplo hemisphærico subsessili stigmatoso-2-4-lobo. Ovulum in loculo adscendens ; funiculo brevi septo adnato ; micropyle extrorsum infera. — Herba perennis tuberosa ; foliis hysteranthiis pedatisectis ; segmentorum pinnatifidorum pinnis lineari-lanceolatis. Spadices tenuiter pedunculati[3] ; spatha erecta brevi ventricosa ; tubo aperto parum conspicuo ; limbo e basi abrupta lato acuto ; spadice

1. *Gen. Ar.*, t. 28 ; *Prodr. Ar.*, 126. — Engl., *Arac.*, 319 ; *Pflanzenfam.*, 126. — B. H., *Gen.*, III, 972, n. 22.

2. Polline farciminuloso.

3. Pedunculo post folia 1, 2 e tubere lævigato emisso.

multo longiore erecto gracili substipitato; appendice subulata gracili valde elongata; floribus masculis a fœmineis remotis; interjectis organibus neutris paucis depresso-conoideis et elongato-quadratis. (*India penins.*[1])

43. **Anchomanes** SCHOTT[2]. — Flores (fere *Amorphophalli*) monœci nudi : masculi 2-andri; antherarum sessilium quadratarum loculis contiguis oblongis, vertice connectivo crasso truncato v. depresso separatis, extrorsum rimulosis. Floris fœminei germen lageniforme, 1-loculare; stylo crasse conico tuberculato, recto v. recurvo, apice stigmatoso depresso v. truncato. Ovulum suberectum incomplete anatropum; micropyle extrorsum laterali v. subinfera. Fructus compositi baccæ ovoideæ, stylo coronatæ, decurvæ. Semen ellipsoideum exalbuminosum; embryone carnoso macropodo. — Herbæ perennes tuberosæ; foliis hysteranthiis solitariis; primariis sagittatis; secundariis autem 3-sectis; segmentis subtrapezoideis; tertiariarum segmentis 2-chotomis v. pinnatifidis; petiolo erecto longo aculeato-asperato. Spadix erectus longe conoideus; pedunculo longo aculeato; spatha cymbiformi v. lanceolata acuminata carnosula erecta marcescente; tubo brevi involuto; floribus fœmineis et masculis multo numerosioribus contiguis. (*Africa trop. occid.*[3])

44. **Pseudohydrosme** ENGL.[4] — Flores (fere *Anchomanis*) monœci nudi : « masculi 2-5-andri; staminibus vix stipitatis compressis; loculis suboppositis linearibus connectivo brevioribus, apice confluentibus. Floris fœminei germen 2-loculare; stylo brevi, apice stigmatoso discoideo-2-lobo. Ovulum in loculis 1, erectum, ovoideum v. oblongum, anatropum; funiculo brevissimo placentæ ad basin sublaterali affixo; micropyle infera. Fructus ...? — Herbæ perennes tuberosæ; tubere sphærico. Folia hysteranthia ...? Spadix breviter pedunculatus, appendicibus bracteiformibus cinctus; spatha (maxima) tota involuta; floribus masculis quam fœmineis multo numerosio-

1. Spec. 1. *S. sylvatica* SCHOTT. — HOOK. F., *Fl. brit. Ind.*, VI, 518. — *Bot. Mag.*, t. 7190. — *Arum sylvaticum* ROXB., *Fl. ind.*, III, 511. —? *Amorphophallus sylvaticus* K., *Enum.*, III, 34 (ex ENGL.). — *Brachyspatha sylvatica* SCHOTT, *Syn. Ar.*, 35. — *B. zeylanica* SCHOTT.

2. In *Œst. Bot. Wochenbl.* (1853), 313; *Gen. Ar.*, t. 34; *Syn. Ar.*, 70; *Prodr. Ar.*, 134. — ENGL., *Arac.*, 303; *Pflanzenfam.*, 126. — B. H., *Gen.*, III, 973, n. 26.

3. Spec. 1, 2. BL., *Rumphia*, I, 149 (*Amorphophallus*). — K., *Enum.*, III, 31 (*Pythonium*). — SCHOTT, in *Bonplandia* (1852), 314. — *Bot. Mag.*, t. 3728 (*Caladium*), 5394. — DUR. et SCHINZ, *Consp. Fl. afric.*, V, 473.

4. *Bot. Jahrb.*, XV, 455; t. 14, J-P; XV-XVII.

ribus, nunc superioribus sterilibus e staminibus subprismaticis haud confluentibus constantibus. (*Africa trop. occid.*[1])

45. **Thomsonia** WALL.[2] — Flores (fere *Amorphophalli*) monœci nudi: masculi 3-5-andri; filamentis brevissimis; antheræ quadratæ loculis 2, apice poricidis; poris demum confluentibus; connectivo tenui nunc prominulo. Floris fœminei germen sessile subsphæricum, 1-loculare; stylo longe cylindraceo, apice stigmatoso capitato-4-gono. Ovulum 1, basifixum anatropum; funiculo erecto brevi; micropyle infera. Fructus ...? — Herbæ tuberosæ; foliis petiolatis, 3-pedatisectis; segmentis pinnatipartitis; pinnis lanceolatis acuminatis; spadicis appendiculati pedunculo longo; floribus fœmineis inferioribus masculisque arcte contiguis; spadice[3] spatham subæquante; appendice inferne floribus neutris apiceque tuberculis conoideis operta; spatha oblonga cymbiformi coriacea decidua; tubo haud distincto. (*India mont.*[4])

46. **Pseudodracontium** N.-E. BR.[5] — Flores monœci nudi: masculi 3-6-andri; staminibus liberis v. plus minus alte 1-adelphis; filamentis crassiusculis v. clavatis; antheræ terminalis sphæricæ v. obcordatæ loculis contiguis, extrorsum poris v. rimulis subapicalibus apertis; connectivo inter loculos haud v. parum producto. Floris fœminei germen obovoideum, sphæricum v. oblongum, 1-loculare; stylo perlongo terminali, apice stigmatoso pulvinari. Ovulum 1, basilare anatropum; funiculo erecto brevi; micropyle infera. Fructus ...? — Herbæ perennes tuberosæ; foliis basilaribus 3-sectis; segmentis fissis v. pinnatis; pinnis lanceolato-acuminatis; superioribus decurrenti-confluentibus; inferioribus sæpius minoribus; petiolo longo, basi vaginante. Spadices cum foliis coetanei pedunculati appendiculati; floribus fœmineis inferioribus dense congestis; masculis autem sparsis longe distantibus; appendice spatha breviore, cylindraceo-conica obtusa, floribus neutris stipitatis apicibus corrugatis quasi verrucosis operta; spatha cymbiformi erecta acuta membra-

1. Spec. 2, *P. gabunensis* ENGL. et *P. Buettneri* ENGL. — DUR. et SCHINZ, *Consp. Fl. afric.*, V, 475.

2. *Pl. as. rar.*, I, 83, t. 99. — BL., *Rumphia*, I, 150. — ENGL., *Arac.*, 306; *Pflanzenfam.*, 126. — B. H., *Gen.*, III, 971, n. 20. — *Pythonium* SCHOTT, *Melet.*, 17; *Syn. Ar.*, 36; *Gen. Ar.*, t. 25; *Prodr. Ar.*, 123. — ENDL., *Gen.*, n. 1680. — K., *Enum.*, III, 30. — *Allopythion* SCHOTT, *Gen. Ar.*, t. 24; *Prodr. Ar.*, 122.

3. Odore putrido deterrimo.

4. Spec. 2. HOOK. F., *Fl. brit. Ind.*, VI, 518. — *Bot. Mag.*, t. 7342.

5. In *Trim. Journ.* (1881), 193, t. 231, fig. 2. — B. H., *Gen.*, III, 971, n. 21. — ENGL., *Pflanzenfam.*, 126.

nacea, basi breviter convoluta, circa fructus diu persistente. (*Cochinchina*[1].)

47. **Plesmonium** SCHOTT[2]. — Flores (*Amorphophalli*) monœci nudi; masculorum staminibus distinctis; antheræ oblongulo-quadratæ loculis contiguis breviter obovoideis, transverse confluenti-rimulosis; connectivo prominulo. Floris fœminei germen sphæricum v. ovoideum, 2, 3-loculare; stylo conico, apice stigmatoso majuscule pulvinari. Ovula in loculis solitaria erecta anatropa; micropyle extrorsum infera. Fructus ovoidei baccati, vertice intrusi; loculis 1-spermis 1-3. Semen ellipsoideum plano-convexum obtuseve 3-gonum, extus rugulosum; embryone exalbuminoso macropodo. — Herbæ perennes tubere (maximo) depresso donatæ; foliis proteranthiis, 3-sectis; segmento terminali pinnatipartito; lateralibus pinnatisectis furcatis; pinnis linearibus lanceolatisve. Spadix stipitatus rectus cylindraceus; spatha ovata campanulato-involuta, superne aperta, marcescente; floribus crebris; masculis multo numerosioribus a fœmineis remotis; organis neutris crebris pisiformibus crassis margaritaceis interpositis. (*India*[3].)

48. **Lasia** LOUR.[4] — Flores hermaphroditi fertiles; perianthii foliolis 4-6, obovatis, apice fornicato truncatis, imbricatis; lateralibus sæpius extimis. Stamina totidem opposita; filamentis brevibus latis, apice incrassatis; antheræ loculis ellipsoideis parallelis connectivum superantibus, extrorsum rimosis. Floris fœminei germen ovoideum, 1-loculare; stylo apicali tumido depresse capitato stigmatoso; ovulo complete v. incomplete anatropo; funiculo brevi e summo loculo descendente. Fructus e baccis mutua pressione angulatis, vertice dense muricatis, 1-spermis. Semen compressum v. angulatum cuneatum descendens, juxta funiculum verrucosum; albumine demum 0; embryone campylotropo macropodo. — Herbæ paludosæ perennes robustæ lactifluæ; rhizomate repente crasso ramoso spinescente. Folia juniora hastata v. sagittata; adulta pedato-pinnatifida;

1. Spec. 2, 3. LIND. et ANDRÉ, in *Ill. hort.* (1878), 90, t. 316 (*Amorphophallus*). — *Bot. Mag.*, t. 6673.

2. *Syn. Ar.*, 34; *Gen. Ar.*, t. 26; *Prodr. Ar.*, 124. — ENGL., *Arac.*, 302; *Pflanzenfam.*, 126. — B. H., *Gen.*, III, 973, n. 25.

3. Spec. ad 3. ROXB., *Fl. ind.*, III, 512 (*Arum*). — WIGHT, *Ic.*, III, t. 795 (*Arum*). — K., *Enum.*, III, 34 (*Amorphophallus*). — SCHOTT, in *Ann. Mus. lugd.-bat.*, I, 279. — HOOK. F., *Fl. brit. Ind.*, VI, 518.

4. *Fl. cochinch.*, 81 (non PAL.-BEAUV.). — SCHOTT, *Melet.*, I, 21; *Gen. Ar.*, t. 82; *Prodr. Ar.*, 399. — SPACH, *Suit. à Buff.*, XII, 33 (*Orontieæ*). — ENDL., *Gen.*, n. 1701. — K., *Enum.*, III, 65. — ENGL., *Arac.*, 272; *Pflanzenfam.*, 123.

petiolo robusto, basi vaginante ibique (cum nervis subtus) spinoso. Spadices sessiles inappendiculati; pedunculo longo spinescente; spatha longissima angusta carnosa, basi breviter involuta, mox arcte contorta, sub anthesi supra basin aperta deinque reclusa, decidua; spadice breviter cylindraceo; floribus dense spiraliter insertis. (*Asia et Oceania trop.*[1])

49. **Podolasia** N.-E. Br.[2] — « Flores (fere *Lasiæ*) hermaphroditi; perianthii foliolis 4-6, imbricatis. Stamina totidem hypogyna; filamentis oblongo-quadratis, apice incrassatis; anthera terminali brevi didyma; loculis sphæricis connectivum superantibus parallelis, extrorsum rimosis[3]. Floris fœminei germen 4-6-gonum, vertice tumido pulvinari-stigmatosum; ovulo 1, sessili anatropo basilari v. subbasilari. Fructus ...? — Herba gracilis; caudice erecto brevi; foliis sagittatis v. hastatis, graciliter pedunculatis; lobis longis acuminatis; petiolo aculeato. Spadix stipitatus inappendiculatus; pedunculo gracili inermi v. aculeato; spatha[4] anguste cymbiformi erecta, dorso infra medium 1-costata, a basi aperta; spadice breviore longiuscule stipitato densifloro cylindraceo obtuso. (*Borneo*[5].) »

50. **Anaphyllum** Schott[6]. — Flores (fere *Lasiæ*) hermaphroditi fertiles omnes; perianthii foliolis 4, obovatis latis, apice truncato fornicatis; præfloratione imbricata. Stamina totidem opposita; filamentis late complanatis, apice abrupte angustatis; antheræ terminalis loculis connectivo longioribus subparallele sacciformibus, apice extrorsum rimulosis. Floris fœminei germen oblongum v. late ovoideum, 1-loculare; stylo disciformi sessili stigmatoso. Ovulum 1, hemitropum; funiculo brevi placentæ adnatum; micropyle infera. Fructus e baccis obovoideis ∞. — Herba elata perennis prorepens; foliis (amplis) membranaceis; junioribus sagittatis; adultis pedatipartitis; segmentis sessilibus remotis, v. inferioribus petiolatis longe lineari-lanceolatis acuminatis integris; petiolo gracili longissimo,

1. Spec. 2. L., *Fl. zeyl.*, 328; *Spec.*, 967 (*Dracontium*). — Roxb., *Fl. ind.*, I, 457 (*Pothos*). — Ham., in *Cat. Wall.*, n. 4447 (*Pothos*). — Wight, *Ic.*, III, t. 777 (*Pothos*). — Griff., *It. not.*, III, 155. — Miq., *Fl. ind. bat.*, III, 176. — Schott, in *Bonplandia* (1857), 125; in *Ann. Mus. lugd.-bat.*, I, 127. — Engl., in *Becc. Males.*, I, 278. — Hook. f., *Fl. brit. Ind.*, VI, 550. — Ridl., in *Trans. Linn. Soc.*, ser. II, *Bot.*, III, 395.

2. In *Gardn. Chron.* (1882), II, 70. — B. H., *Gen.*, III, 996, n. 88. — Engl., *Pflanzenfam.*, 124.

3. Polline pulvereo.

4. Purpurea.

5. Spec. 1. *P. stipitata* N.-E. Br. — Hook. f., *Fl. brit. Ind.*, VI, 550.

6. *Gen. Ar.*, t. 83; *Prodr. Ar.*, 404. — Engl., *Arac.*, 274; *Pflanzenfam.*, 124. — B. H., *Gen.*, III, 996, n. 90.

basi vaginante. Spadices longe graciliterque pedunculati stipitati inappendiculati; spatha longe lanceolato-acuminata membranacea, basi convoluta, superne torta, decidua, spadice multo longiore ejusque stipiti adnata; floribus spiraliter sessilibus. (*India*[1].)

51. **Cyrtosperma** GRIFF.[2] — Flores (fere *Lasiæ*) hermaphroditi; perianthii foliolis 4-8, imbricatis fornicatis. Stamina totidem; filamentis brevibus complanatis; antherarum loculis oblongis, extrorsum rimosis. Germen 1-loculare; stylo pulvinari, superne stigmatoso. Ovula 1-∞, hemitropa, placentis parietalibus inserta, 2-seriata; micropyle extrorsum infera; funiculis longis placentæ ad apicem germinis extensis, 2-seriatis. Fructus baccati conferti, 1-oligospermi. Semina reniformia v. arcuata compressa cristata; albumine carnoso parco; embryone semini conformi arcuato. — Herbæ perennes; rhizomate longo v. tuberoso; foliis basilaribus hastatis; petiolo plerumque spinuloso v. verrucoso, basi vaginante. Spadices inappendiculati, sessiles v. stipitati, cylindracei v. subsphærici densiflori, deorsum florentes; petiolo sæpe spinuloso; spatha longiore ovato-oblonga v. lanceolata, recta v. torta, diu tota persistente, basi convoluta demumque aperta. (*America, Asia et Africa trop.*[3])

52. **Dracontium** L.[4] — Flores hermaphroditi; perianthii foliolis 4-8, oblongis, cuneatis v. spathulatis, apice fornicato imbricatis. Stamina 4-12, 2-4-seriata; filamentis lineari-dilatatis; antherarum terminalium loculis connectivo longioribus elliptico-oblongis, apice extrorsum rimulosis[5]. Germen sphæricum v. ovoideum; loculis completis v. incompletis 2-4, 1-ovulatis; stylo brevi longove, apice stigmatoso integro[6] v. 2-4-lobo. Ovulum campylotropum; funiculo

1. Spec. 1. *A. Wightii* SCHOTT. — WIGHT, *Ic.*, t. 777. — HOOK. F., *Fl. brit. Ind.*, VI, 551.

2. *Notul.*, III, 149; *Ic. pl. as.*, t. 169. — SCHOTT, *Gen. Ar.*, t. 84; *Prodr. Ar.*, 402. — ENGL., *Arac.*, 268; *Pflanzenfam.*, 123. — B. H., *Gen.*, III, 997, n. 92. — *Lasimorpha* SCHOTT, in *Bonplandia* (1857), 127; *Gen. Ar.*, t. 85; *Prodr. Ar.*, 405.

3. Spec. 8-10. ENGL., in *Mart. Fl. bras.*, III, II, t. 22; in *Becc. Males.*, I, 278, t. 24. — HASSK., *Cat. H. bog.*, 59 (*Lasia*). — SEEM., *Fl. vit.*, 287. — SCHOTT, in *Ann. Mus. lugd.-bat.*, I, 284. — HOOK. F., *Fl. brit. Ind.*, VI, 550. — DUR. et SCHINZ, *Consp. Fl. afr.*, V, 472. — *Ill. hort.*, XXVII, t. 395 (*Alocasia*).

4. *H. Cliff.*, 431; *Gen.*, ed. II, n. 841; ed. VI, n. 1029. — J., *Gen.*, 24 (part.). — VENT., *Tabl.*, II, 86 (part.). — SPRENG., *Anl.*, II, 125; *Syst.*, III, 766; *Gen.*, II, 680. — SCHOTT, *Melet.*, 22; *Gen. Ar.*, 87; *Prodr.*, 417. — ENDL., *Gen.*, n. 1704. — K., *Enum.*, III, 83. — ENGL., *Arac.*, 282; *Pflanzenfam.*, 124, fig. A-H. — B. H., *Gen.*, III, 995, n. 86. — *Chersydrium* SCHOTT, in *Œst. Bot. Zeit.* (1865), 72. — *Echidnium* SCHOTT, in *Œst. Bot. Wochenbl.* (1857), 62; *Gen. Ar.*, t. 88; *Prodr. Ar.*, 418. — ENGL., *Arac.*, 285. — *Godwinia* SEEM., in *Journ. Bot.* (1869), 313, t. 96, 97?

5. Polline conglutinato.

6. E. g. in *Echidnio*.

brevi placentæ ad medium angulum adnato; micropyle extrorsum infera. Fructus baccati, 2-4-lobi, 2-4-loculares; semine in loculis 1, reniformi, cristato v. dorso tuberculato; hilo intruso; embryone exalbuminoso macropodo arcuato. — Herbæ perennes, giganteæ v. magnæ, lactifluæ; tubere hypogæo. Folium 1, synanthium v. hysteranthium, giganteum v. amplum, 3-partitum; segmentis 3-sectis pinnatipartitis; petiolo magno v. maximo verrucoso, basi vaginante. Spadix pedunculatus; pedunculo mox elongato; spatha[1] oblonga erecta, basi convoluta, mox aperta fornicata persistente marcescenteque; spadice breviore cylindraceo appendiculato breviter stipitato, dense florifero deorsumque florente. (*America trop.*[2])

53. **Urospatha** SCHOTT[3]. — Flores (fere *Dracontii*) hermaphroditi; sepalis 3-6, apice fornicato truncatis v. retusis. Stamina totidem hypogyna; filamentis latis brevibus complanatis; antheris extrorsis; loculis parallelis connectivum superantibus, apice breviter hiantirimosis. Germen obpyramidatum, imperfecte 2-loculare; papillis stigmatosis verticem pulvinatum coronantibus. Ovula 2-∞, adscendentia anatropa; funiculo longiusculo ad imum septum inserto. Fructus baccatus scrobiculatus; seminibus 1-paucis muco gummoso immersis adscendentibus meniscoideis scrobiculatis; albumine carnoso; embryone arcuato tereti carnoso. — Herbæ perennes paludosæ; rhizomate crasso; foliis paucis sagittato-hastatis; petiolo longo lævi v. verrucoso vaginante. Spadices longe pedunculati inappendiculati spatha breviores ultraque eam subsessiles; spatha erecta, basi primum clausa deinque aperta, recta, arcuata v. torta persistente. (*America trop.*[4])

54? **Ophione** SCHOTT[5]. — Flores (fere *Urospathæ*) hermaphroditi

1. Brunneo-violascente v. rubente.

2. Spec. ad 6. L., *Spec.*, 967. — ? HERM., *Parad.*, 93, c. fig. (*Arum*). — W., *Spec.*, II, 288. — K., *Ind. sem. H. berol.* (1844), 9; in *Linnæa* (1844), 498.— ENGL., in *Mart. Fl. bras.*, III, II, 124, t. 24. — SAUND., *Ref. bot.*, IV, t. 282. — LEME, in *Ill. hort.* (1864), t. 124 (*Amorphophallus*); (1866), 14, c. ic. — MAST., in *Gardn. Chron.* (1870), fig. 58. — *Fl. serres*, t. 2244. — K. KOCH, in *End. Ind. Ar.*, 44. — REG., *Gartenfl.*, t. 503 (*Echidnium*). — HEMSL., *Bot. centr.-amer.*, III, 427. — *Bot. Reg.*, t. 700. — *Bot. Mag.*, t. 6048 (*Godwinia*), 6523, 6608.

3. *Ar.*, 3, t. 7-10; *Gen. Ar.*, t. 86; *Prodr. Ar.*, 406; in *Bonplandia* (1857), 128. — ENGL., *Arac.*, 275; *Pflanzenfam.*, 124.

4. Spec. ad 10. RUDGE, *Pl. Guian.*, t. 34 (*Pothos*). — PŒPP. et ENDL., *Nov. gen. et spec.*, III, t. 296 (*Spathiphyllum*). — SCHOTT, *Melet.*, I, 22 (*Spathiphyllum*); in *Œst. Bot. Wochenbl.* (1857), 253, 254. — K., *Enum.*, III, 83 (*Spathiphyllum*). — ENGL., in *Mart. Fl. bras.*, III, II, t. 23. — PEYR., *Ar. Maxim.*, t. 16. — RODSCH., *Obs.*, 30 (*Arum*). — HEMSL., *Bot. centr.-amer.*, III, 427.

5. In *Œst. Bot. Wochenbl.* (1857), 101; *Gen. Ar.*, t. 89; *Prodr. Ar.*, 419. — ENGL., *Arac.*, 281; *Pflanzenfam.*, 124.

fertiles; perianthii foliolis 4, 5, apice late dilatato truncatis, dorso tuberculatis, imbricatis. Stamina totidem hypogyna; filamentis linearibus, dorso angulatis, apice abrupte angustatis; antheræ terminalis loculis connectivo longioribus obovoideis erectis, sub apice hianti-rimosis. Germen ovoideum; stylo crasse conico, apice stigmatoso obscure 4, 5-lobato; loculis totidem 1-ovulatis. Ovulum adscendens hemitropum; funiculo brevi placentæ in angulo interno adnato; micropyle extrorsum infera. — Herba tuberosa; foliis ...? Spadix graciliter pedunculatus, ultra vaginas exsertus subsessilis inappendiculatus; spatha lanceolata, apice convoluta moxque reflexa; spadice multo breviore cylindracco obtuso inappendiculato, deorsum florente. (*Columbia*[1].)

55. **Montrichardia** CRUEG.[2] — Flores (*Dracontii*) monœci nudi: masculi 3-6-andri. Antheræ sessiles dorso contiguæ, obpyramidato-3-gonæ; loculis oblongis acutatis connectivoque truncato brevioribus, ab apice retrorsum rimosis. Floris fœminei germina connata turbinato-6-gona, apice dilatato rotundata; areola apicali depressa stigmatosa, 4-loba. Ovula 1, 2, subbasilaria, collateraliter adscendentia, plus minus complete anatropa; micropyle infera; funiculo brevissimo. Fructus compositi baccæ ∞, subconnatæ spongiosæ, vertice intruso radiatim sulcatæ. Semen 1, subsphæricum, ovoideum v. compressum; embryone exalbuminoso macropodo. — Frutices, nunc arborescentes lactiflui; caudicibus sympodialibus crassis erectis annulatis, lævibus v. aculeatis, simplicibus v. ramosis. Folia alterna sagittata coriacea; lobis posticis elongatis; petiolo robusto, basi alte vaginante; vagina in ligulam varie producta. Spadices 1, 2; pedunculis folio brevioribus; spatha erecta late ovato-acuta crassa, basi convoluta, fauce aperta, demum tota decidua; spadice breviore sessili erecto crasso obtuso inappendiculato; floribus sæpius crebris densissimisque; fœmineis et masculis multo numerosioribus contiguis; parte fœminea cylindracea (axis totius partem quartam superante). (*America trop.*[3])

1. Spec. 1, male nota. *O. Purdieana* SCHOTT.

2. In *Bot. Zeit.* (1854), 25. — SCHOTT, *Syn. Ar.*, 71; *Prodr. Ar.*, 215; *Gen. Ar.*, 49. — ENGL., *Arac.*, 287; *Pflanzenfam.*, 129, fig. 82, 83. — B. H., *Gen.*, III, 982, n. 50.

3. Spec. ad 3: PLUM.; *Amer.*, t. 204 (*Arum*). — VELL., *Fl. flum.*, Atl., IX, t. 109 (*Arum*). — K., *Enum.*, III, 48 (*Philodendron*). — ARRUD., ex NEES et MART., in *N. Act. nat. cur.* (1824) (*Arum*). — ENGL., in *Mart. Fl. bras.*, III, II, 127, t. 25. — PEYR., *Ar. Maxim.*, t. 21, 22. — G.-F.-W. MEY., *Prim. Fl. esseq.*, 274 (*Caladium*). — ? SCHOTT, in *Bonplandia* (1859), 29. — HEMSL., *Bot. centr.-amer.*, III, 424.

56. **Nephthytis** SCHOTT[1]. — « Flores monœci nudi : masculi ... ? Floris fœminei germen ovoideum, 1-loculare ; ovulo 1, anatropo oblongo-ovoideo sub apice inserto descendente ; micropyle infera ; funiculo brevissimo. Fructus compositi baccæ[2] ellipsoideæ. Semen 1, loculi apici appensum obovoideum ; hilo excavato circulari ; embryone exalbuminoso macropodo. — Herba perennis prorepens ; rhizomate crasso. Folia[3] basilaria longe petiolata ; limbi sagittati lobis posticis retrorsis acuminatis nervatis et reticulato-venosis. Pedunculus tenuis petiolo 2-plo brevior ; spatha ad pedunculum decurrente ; spadice stipitato. (*Guinea*[4].) »

57. **Oligogynium** ENGL.[5] — Flores (fere *Nephthytidis*) monœci nudi ; masculorum 1-4-androrum staminibus subcubicis v. prismaticis compressis ; antheræ subsessilis locellis parallelis, apice poricidis. Floris fœminei germen subsphæricum v. lageniforme, 1-loculare ; stylo brevi v. longiusculo, apice pulvinari stigmatoso ; ovulo subbasilari adscendente anatropo ; micropyle infera. Fructus baccæ[6] ellipsoideæ v. ovoideæ. Semen adscendens ; embryone macropodo. — Herbæ perennes ; rhizomate vario ; foliis basilaribus sagittatis ; petiolo basi breviter vaginante. Spadix pedunculatus inappendiculatus ; spatha elliptica, ovata v. oblongo-acuminata involuta ; axi contra spatham florifero v. plus minus stipitato ; floribus fœmineis ∞ masculisque contiguis spiraliter insertis. (*Africa trop.*[7])

58. **Rhektophyllum** N.-E. BR.[8] — « Flores monœci nudi. Masculorum stamina 3-5, 3-gona truncata, dorso contigua ; antheræ loculis linearibus contiguis, apice poricidis. Floris fœminei germen sphæricum, oblongum v. compressum obliquum, 1-loculare, apice pulvinari-stigmatosum. Ovulum anatropum ; funiculo brevi placentæ parietali elongatæ affixum ; micropyle infera. Fructus... ? — Frutex scandens ; foliis longe petiolatis (amplis), ambitu cordato-ovatis v.

1. In *Œst. Bot. Wochenbl.* (1857), 406 ; *Gen. Ar.*, t. 51 ; *Prodr. Ar.*, 218. — ENGL., *Arac.*, 301 ; *Bot. Jahrb.* (1893), 451 ; *Pflanzenfam.*, 128. — B. H., *Gen.*, III, 982, n. 51 (part.).

2. Rubræ.

3. *Lasiæ* v. *Cyrtospermatis* (ENGL.).

4. Spec. 1. *N. Afzelii* SCHOTT. — DUR. et SCHINZ, *Consp. Fl. afric.*, V, 475.

5. *Bot. Jahrb.* (1883), 64 ; (1893), 452 ; *Pflanzenfam.*, 129.

6. Rubræ v. aurantiacæ, nunc majusculæ, haud indecoræ, male nunc ab hortulanis pro seminibus nudis sumptæ.

7. Spec. 4, 5. N.-E. BR., in *Gardn. Chron.* (1881), 453, 790 (*Nephthytis*). — B. H., *Gen.*, III, 982 (*Nephthytis*, part.). — DUR. et SCHINZ, *Consp. Fl. afric.*, V, 476.

8. In *Trim. Journ.* (1882), 194, t. 230. — B. H., *Gen.*, III, 981, n. 47. — ENGL., *Pflanzenfam.*, 128.

subhastatis, acutis, pertusis inque lacinias paucas inæquales pinnatisectis; costa nervisque patentibus validis; petiolo longissimo, basi vaginante. Spadices solitarii v. plures, breviter crasseque pedunculati; spatha subcylindrica tota convoluta coriacea crassa obtusa; spadice cylindraceo sessili inappendiculato obtuso; floribus masculis fœmineisque contiguis. (*Africa trop. occid.*[1]) »

59. **Cercestis** SCHOTT[2]. — Flores (*Nepthytidis?*) monœci nudi: masculi 4-andri; staminibus sessilibus, dorso contiguis prismatico-3-gonis, vertice deplanatis; antheræ loculis oblongis connectivo crassiore brevioribus sapiu contiguis, apice rimulosis. Floris fœminei germen sphæricum v. obovoideum, 1-loculare, apice orbiculari-dilatato pulvinari stigmatosum, 1-ovulatum; ovulo placentæ suprabasilari inserto adscendente anatropo; micropyle infera; funiculo brevissimo. « Fructus obovoidei baccati, apice styliferi; semine pendulo obovoideo ad hilum excavato; embryone exalbuminoso macropodo. » — Frutices scandentes lactiflui; ramis gracilibus ad nodos radicantibus. Folia alterna, hastata v. cordato-sagittata; petiolo tenui; vagina angusta longa. Spadices breviter pedunculati axillares solitarii v. plures inappendiculati; spatha spadice longiore erecta parva convoluta decidua; floribus dense spiraliter insertis; masculis numerosioribus fœmineisque remotis; interpositis masculis imperfectis compactis deplanatis. (*Africa trop. occid.*[3])

60. **Alocasiophyllum** ENGL.[4] — Flores (fere *Nepthytidis*) masculi 2, 3-andri; staminibus inæqui-prismaticis; loculis linearibus latis, infra connectivum summum extrorsum apertis[5]. Floris fœminei germen valde depressum, 1-loculare, apice late discoideo orbiculari stigmatosum. Ovulum 1, hemitropum; funiculo brevi basifixo. Fructus...? — Scandens adque nodos radicans; caudice post folia pauca bracteas et spadicem emittente. Folia petiolata; petiolo basi vaginante; limbo ovoideo-oblongo; nervis lateralibus subhorizontaliter patentibus, prope marginem nervulis arcuatis connexis; venis

1. Spec. 1. *R. mirabile* N.-E. BR. — DUR. et SCHINZ, *Consp. Fl. afric.*, V, 475.

2. In *Œst. Bot. Wochenbl.* (1857), 414; *Gen. Ar.*, t. 52; *Prodr. Ar.*, 218. — ENGL., *Arac.*, 300; *Pflanzenfam.*, 128. — B. H., *Gen.*, III, 980, n. 46.

3. Spec. 1. *C. Afzelii* SCHOTT (ex ENGL., potius spec. 3). « Genus *Culcasiæ* quam maxime affine » (B. H.). — DUR. et SCHINZ, *Consp. Fl. afric.*, V, 475.

4. *Bot. Jahrb.*, XV, 449, t. 10.

5. Polline farciminuloso.

tenuibus parce reticulatis. Spadix pedunculatus; spatha oblonga, inferne leviter involuta; floribus sexus utriusque contiguis. (*Africa trop.*[1])

IV. PHILODENDREÆ.

61. **Philodendron** SCHOTT. — Flores in spadice eodem monœci nudi : masculi 2-6-andri; staminibus in massam obpyramidatam angulatam sulcatam verticeque deplanato dilatatam truncatamve connatis; antherarum loculis lineari-oblongis parallelis, connectivo brevioribus eique lateraliter affixis, extrorsum ab apice poricidis v. rimulosis. Floris fœminei germen oblongum, obovoideum v. obconicum, 2-12-loculare; stylo brevi crasso, brevissimo v. subnullo, apice stigmatoso pulvinari v. hemisphærico, integro, sinuato v. lobato. Ovula in loculis 1-∞, orthotropa v. incomplete anatropa; micropyle sæpius supera; funiculis placentæ 2-seriatim basi adnatis adscendentibus rectis v. sinuosis. Staminodia nunc hypogyna clavata ∞. Fructus baccæ confertæ, 1-12-loculares, spathæ tubo involutæ. Semina adscendentia lævia v. costata, extus succulenta; funiculo erecto; albumine copioso; embryone axili. — Arbusculæ v. sæpius frutices scandentes radicantes, v. raro herbæ perennes subacaules; foliis vaginis oppositis, integris, lobatis, pinnatifidis v. semel bisve pinnatisectis; vagina persistente; limbo coriaceo nervato venosoque. Spadices inappendiculati axillares terminalesque, sæpe fasciculati; spatha oblique inserta convoluta persistente, demum reconvoluta succulenta; tubo sæpe accreto demumque rupto; spadicis axi sessili v. breviter ultra spatham stipitato; floribus fœmineis a masculis remotis; masculis nunc sterilibus clavatis v. apice cupulari dilatatis intermixtis. (*America trop.*) — *Vid. p.* 436.

62? **Adelonema** SCHOTT[2]. — « Flores fere *Philodendri*; staminibus in massam obpyramidato-4-gonam coalitis; vertice conico-elevato. Floris fœminei germen oblongum sub-4-gonum; loculis 2, ∞-ovulatis. Ovula anatropa; micropyle infera; funiculis placentæ medio dissepimento adnatæ 2-seriatim affixis longiusculis. Stigma

1. Spec. 1. *A. Kamerunianum* ENGL. — DUR. et SCHINZ, *Consp. Fl. afric.*, V, 475.

2. *Prodr. Ar.*, 316. — ENGL., *Arac.*, 432; *Pflanzenfam.*, 135.

discoideum orbiculare sessile. — Herba perennis; rhizomate prorepente; caudice densiuscule folioso, post folia spiraliter ordinata pedunculum tenuem proferente; foliorum limbo oblongo-elliptico. Pedunculus tenuis; spatha oblonga acuta, inferne convoluta; fauce leviter constricta. (*Brasilia bor.*[1]) »

63. **Philonotion** Schott[2]. — Flores (fere *Philodendri*) monœci nudi : masculi 2-andri. Floris fœminei germen oblongum, 1-loculare, apice stigmatoso minute hemisphærico. Ovulum 1, erectum orthotropum; micropyle supera; funiculo arcuato parieti infra medium affixo. — Herba perennis; rhizomate parvo; foliis basilaribus lanceolatis acuminatis; petiolo vaginante longo, apice geniculato. Spadix longe pedunculatus; spathæ erectæ tubo involuto; limbo cymbiformi erecto; floribus masculis fœmineisque remotis; interpositis neutris paucis conicis. (*Brasilia*[3].)

64? **Thaumatophyllum** Schott[4]. — « Flores (fere *Philodendri*) monœci nudi; masculorum staminibus distinctis; filamento stipitiformi; anthera subclavata obtuse 6-gona; loculis contiguis angustis, apice poricidis? Floris fœminei germen prismaticum v. obpyramidatum, vertice rotundatum, 4-loculare; stigmate hemisphærico sessili. Ovula ∞, placentis elongatis 2-seriatim affixa orthotropa; funiculo supra basin ovulorum inserto; micropyle supera. Fructus...? — Frutex scandens; caudice lævi ramoso. Folia (ampla) longe petiolata, pinnatim pedatisecta; cruribus cum petiolo articulatis; pinnis sessilibus oblongo-lanceolatis acuminatis; nervis creberrimis tenuibus; petiolo longo, ima basi vaginante. Spadix crassus appendiculatus; pedunculo...; spatha lata crassa; floribus masculis fœmineisque contiguis. (*Brasilia bor.*[5]) »

65. **Homalonema** Schott[6]. — Flores (fere *Philodendri*) monœci

1. Spec. 1. *A. erythropus* Schott. — Engl., in *Mart. Fl. bras.*, III, II, 171, t. 38. — *Caladium erythropus* Mart., *Obs.*, 3084. — *Philodendron erythropus* Schott, *Syn. Ar.*, 76. « Vix sine dubio *Homalonematis* species » (B. H., *Gen.*, III, 983).

2. *Gen. Ar.*, t. 54; *Prodr. Ar.*, 317. — Engl., *Arac.*, 431; *Pflanzenfam.*, 135. — B. H., *Gen.*, III, 981, n. 49. — *Nebrownia* O. K., *Revis.*, 742.

3. Spec. 1. *P. Spruceanum* Schott. — Engl., in *Mart. Fl. bras.*, III, II, 170. — *Nebrownia Spruceana* O. K.

4. In *Bonplandia* (1859), 31. — Engl., *Arac.*, 636; *Pflanzenfam.*, 135. — B. H., *Gen.*, III, 979, n. 42.

5. Spec. male nota 1. *T. Spruceanum* Schott. — Engl., in *Mart. Fl. bras.*, III, II, 215.

6. *Melet.*, I, 20; *Syn. Ar.*, 117; *Prodr. Ar.*, 308; *Gen. Ar.*, t. 61. — Endl., *Gen.*, n. 1695. — K., *Enum.*, III, 56. — Engl., *Arac.*, 332; *Pflanzenfam.*, 130, fig. 84, H, J. — *Curmeria*

nudi : masculi 3-6-andri; staminibus distinctis breviter prismaticis truncato-3, 4-gonis dorsoque contiguis; antherarum loculis brevibus v. elliptico-oblongis connectivoque crasso brevioribus, extrorsum rimulosis[1]. Floris fœminei germen obovoideum v. oblongum, apice vix in stylum vertice stigmatoso integrum lobatumve attenuatum; loculis completis v. incompletis 3, 4. Ovula ∞, orthotropa v. imperfecte anatropa; funiculis placentis parietalibus v. axilibus affixis, sæpe longis, adscendentibus v. descendentibus, apice imo ovulo v. ejus lateri affixis. Staminodia hypogyna cum germinibus alternantia, capitata v. clavata. Fructus spatha inclusus, e baccis sphæricis, obovoideis v. angulatis ∞; loculis 3, 4. Semina ∞; integumento extimo succoso; testa[2] rugosa v. costata; embryone axili dite albuminoso. — Herbæ perennes robustæ; rhizomate crasso v. caudice aerio brevi; foliis ovatis, lanceolatis v. cordato-3-angularibus, nunc pubentibus; petiolo vaginante. Spadices sæpius breviter stipitati inappendiculati; spatha recta cylindracea involuta acuminata, accrescente persistenteque; floribus sexus utriusque contiguis v. remotis, aut perfectis omnibus, aut masculis infimis imperfectis. (*Asia et America trop.*[3])

66. **Schismatoglottis** ZOLL. et MOR.[4] — Flores (fere *Homalonematis*) monœci nudi : masculi 2, 3-andri; staminibus cuneatis prismaticis truncatis, apice nunc verrucosis; filamento late lineari loculis ovoideis porisque apicalibus apertis terminato. Floris fœminei staminodia hypogyna clavata pauca v. 0. Germen oblongum, 1-loculare, apice discoideo stigmatosum; placentis parietalis 2-4, ∞-ovulatis. Ovula anatropa; funiculo longo; micropyle infera. Fructus baccati oblongi, tubo spathæ inclusi; seminibus arrectis ellipsoideis ∞[5]; embryone...? — Herbæ perennes; rhizomate stolonifero; caudice brevi; foliis[6] ovato- v. oblongo-cordatis, nunc hastatis v. lanceolatis; nervis fere ad margines extensis; petiolo basi vaginante. Spadices

LIND. et ANDRÉ, in *Ill. hort.* (1873), 45; XXV, t. 108.

1. Polline vermiformi.

2. Fuscata v. atrata.

3. Spec. ad 20. GRIFF., *Notul.*, III, 152. — REG., *Gartenfl.*, t. 634; 891 (*Curmeria*). — LODD., *Bot. Cab.*, t. 12 (*Calla*). — SCHOTT, in *Ann. Mus. lugd.-bat.*, I, 120, 280; in *Bonplandia* (1859), 30. — HASSK., *Cat. H. bogor.* (1844), 57. — MAST., in *Gardn. Chron.* (1874), fig. 159, 160; (1876), fig. 16 (*Curmeria*); (1877), 273, fig. 45, 46. — WIGHT, *Ic.*, t. 805, 807 (*Calla*). — HEMSL., *Bot. centr.-amer.*, III, 424. — ENGL., in *Becc. Males.*, I, 280. — HOOK. F., *Fl. brit. Ind.*, VI, 531. — *Bot. Mag.*, t. 2279 (*Calla*), 6571.

4. *Syst. Verz.*, 83 (1846). — SCHOTT, *Syn. Ar.*, 120; *Gen. Ar.*, t. 55; *Prodr. Ar.*, 320. — ENGL., *Arac.*, 349; *Pflanzenfam.*, 131. — B. H.; *Gen.*, III, 984, n. 55. — *Apoballis* SCHOTT, in *Œster. Bot. Zeitschr.* (1858), 317. — *Colobogynium* SCHOTT, in *Œster. Bot. Zeitschr.* (1865), 34.

5. Viridibus; integumento exteriore sæpius diaphanco.

6. Sæpe maculatis v. marmoratis.

inappendiculati supra spatham sessiles eaque inclusi, ad medium v. infra constricti; floribus fœmineis parte inferiore cylindracea v. conica insertis; masculis autem contiguis v. subcontiguis, parte superiore cylindracea v. clavata insertis[1]. Spatha cylindracea apiculata v. acuminata circumcisse decidua; tubo convoluto persistente, vix fauce constricto. (*Arch. Malayan.*[2])

67? **Chamæcladon** Miq.[3] — Flores (*Homalonematis*) monœci : masculi 2, 3-andri; fœmineorum staminodiis clavatis 1-3. Germen 2, 3-loculare; ovulis in loculo quoque ∞, anatropis v. hemitropis; micropyle infera; funiculis longiusculis placentæ angulo loculi interno adnatæ insertis pauciseriatis; cæteris *Homalonematis*. — Herbæ parvæ; caudice brevissimo diviso v. subnullo; foliis ellipticis, ovatis, oblongis, lanceolatis v. 3-angularibus; spadice stipitato; spatha longiore subcylindracea, basi convoluta, superne hiante demumque circa fructus rursus clausa persistente, spadicem fructusque includente. (*Asia et Oceania trop.*[4])

68. **Gamogyne** N.-E. Br.[5] — Flores (*Homalonematis*) monœci nudi : masculi 1, 2-andri; staminibus distinctis; filamento brevi lato; antheræ loculis parallelis cylindraceis, magna ex parte remotis, superne in verticem truncatum confluentibus ibique confluenti-rimulosis. Floris fœminei germina (parva) connata, 1-locularia; apice pulvinato stigmatoso. Ovula ∞, orthotropa erecta; funiculis placentæ parietali affixis; micropyle supera. Fructus...? — Herba; foliis lanceolatis coriaceis tenuiter nervatis; petiolo breviore, basi vaginante. Spadix longe pedunculatus inappendiculatus; spatha inclinata

1. Superiores fere omnes inferioresque nunc pauci imperfecti.

2. Spec. 15-18. K., *Enum.*, III, 57 (*Homalonema*, part.). — Roxb., *Fl. ind.*, III, 514 (*Calla*). — K. Koch, in *Ind. sem. H. berol.* (1854), App., 8 (*Zantedeschia*). — Miq., *Fl. ind. bat.*, III, 214; in *Bot. Zeit.* (1856), 565. — Hook. f., *Fl. brit. Ind.*, VI, 537. — Schott, in *Ann. Mus. lugd.-bat.*, I, 125. — Engl., in *Becc. Males.*, I, 284, t. 22, fig. 1-20; 25, fig. 1. — Ridl., in *Trans. Linn. Soc.*, ser. II, *Bot.*, III, 394. — *Bot. Mag.*, t. 6576.

Apatemone Schott, *Gen. Ar.*, t. 57; *Prodr. Ar.*, 318. — Engl., *Arac.*, 354, primum generice distinctum, postea ad *Schismatoglottidis* sectionem redactum est (Engl., *Pflanzenfam.*, 132), loculis apice truncatis poricidis; spadicis appendice tuberculata.

3. In *Bot. Zeit.* (1856), 564; *Fl. ind. bat.*, III, 212, t. 40. — Schott, *Gen. Ar.*, t. 60; *Prodr. Ar.*, 312. — Engl., *Arac.*, 343; *Pflanzenfam.*, 131; in *N. Act. nat. cur.*, XXXIX, 185, t. 3, fig. 13 (ramif.). — B. H., *Gen.*, III, 983, n. 54.

4. Spec. ad 12. Hassk., *Cat. H. bogor.* (1844), 57 (*Aglaonema*). — Jack, in *Calc. Journ. Nat. Hist.*, IV, n. 13, p. 11 (*Calla*). — Schott, in *Ann. Mus. lugd.-bat.*, I, 126, 280; in *Bonplandia* (1858), 369; (1859), 30. — N.-E. Br., ex Hook. f., *Fl. brit. Ind.*, VI, 531 (*Homalonema*). — Engl., in *Becc. Males.*, I, 283. — Ridl., in *Trans. Linn. Soc.*, ser. II, *Bot.*, III, 394. Melius forte ad *Homalonematis* sectionem reducendum.

5. In *Trim. Journ.* (1882), 185. — B. H., *Gen.*, III, 985, n. 60. — Engl., *Pflanzenfam.*, 132.

ovoidea involuta rostrata, apice rimosa; limbo a tubo circumcisse soluto; spadice incluso robuste cylindraceo, apice obtuso; floribus masculis numerosioribus a fœmineis remotis; interpositis arcteque contiguis masculis sterilibus densis, ambitu undulatis. (*Borneo*[1].)

69? **Piptospatha** N.-E. Br.[2] — Flores (fere *Chamæcladi*) monœci nudi: masculi 1, 2-andri; staminibus compressiusculis; filamento brevissimo; loculis ovoideo-oblongis, apice poricidis v. rimulosis; connectivo ultra loculos in rostrum producto. Floris fœminei germen 1-loculare, apice depresse conico stigmatosum; ovulis ∞, placentis parietalibus 2, 3 affixis adscendentibus orthotropis; micropyle supera. — Herba perennis cæspitosa pusilla; foliis basilaribus lanceolatis coriaceis; petiolo brevi, basi vaginante. Spadix inappendiculatus; pedunculo apice decurvo; spatha ovoidea v. ellipsoidea cuspidata cernua; limbo a tubo obscuro circumcisse deciduo; floribus sexus utriusque contiguis crebris; neutris infra fœmineos crebris clavatis v. peltatis. (*Borneo*[3].)

70. **Rhynchopyle** Engl.[4] — Flores (fere *Piptospathæ*) monœci nudi; masculorum staminibus distinctis 2, 3; antheris connectivo truncato æquilongis; loculis apice poricidis. Floris fœminei germen sub-2, 3-loculare, apice stigmatoso tenuiter suborbiculare; ovulis ∞, hemitropis v. suborthotropis, placentis parietalibus affixis; funiculis adscendentibus sæpius supra ovuli basin ovuli insertis; micropyle supera. Fructus obovoidei baccati, 2, 3-loculares; seminibus ∞, fusiformibus; integumento extimo pellucido ultra micropylen in tubum producto; embryone axili dite albuminoso. — Herbæ perennes, sæpius humiles; caudice brevi; foliis lanceolatis, nunc tubulo apiculatis; petiolo basi vaginante; vagina liguliformi fere a basi soluta. Spadices inappendiculati; pedunculo longo; spatha cernua pluries involuta; limbo apiculato a tubo cupulari circumcisse deciduo; floribus crebris utriusque sexus contiguis; fœmineis infimis paucis masculisque summis imperfectis. (*Borneo*[5].)

1. Spec. 1. *G. Burbidgei* N.-E. Br.
2. In *Gardn. Chron.* (1879), 138, fig. 20. — Engl., *Arac.*, 644; *Pflanzenfam.*, 132. — B. H., *Gen.*, III, 985, n. 59.
3. Spec. 1. *P. insignis* N.-E. Br. — *Bot. Mag.*, t. 6598.
4. *Bot. Jahrb.*, I, 183; in *Becc. Males.*, I, 288, t. 23; *Pflanzenfam.*, 132. — B. H., *Gen.*, III, 985, n. 58.
5. Spec. 2. Engl., in *Bull. Soc. tosc. ortic.* (1879), 298 (*Schismatoglottis*). — Hook. f., *Fl. brit. Ind.*, VI, 539, n. 9 (*Schismatoglottis*). — Ridl., in *Trans. Linn. Soc.*, ser. II, *Bot.*, III, 395.

71. **Bucephalandra** SCHOTT[1]. — Flores (*Piptospathæ*) monœci : masculi 1, 2-andri; staminibus breviter cuneato-obovoideis v. compressis; filamento crasso; antherarum loculis contiguis ovoideis suboppositis v. oblique oppositis, cornu tubuloso basi annulo verrucoso cincto dehiscentibus. Floris fœminei germen[2] sphæricum, imperfecte 2, 3-loculare; stylo disciformi sessili; ovulis ∞, hemitropis; funiculis longis flexuosis septo affixis. Fructus... ? — Herba pusilla subacaulis; foliis basilaribus lineari-lanceolatis apiculatis, subtus punctatis, parallele nervulosis; petiolo tenui, basi vaginante. Spadices pedunculati appendiculati stipitati; spathæ tubo brevi involuto persistente; limbo lanceolato circumcisso; appendice ellipsoidea crassa; organis neutris verrucosis floribus masculis fœmineisque contiguis multoties majoribus appendicemque inde 6-gono-areolatam vestientibus. (*Borneo*[3].)

72? **Microcasia** BECC.[4] — « Flores (*Piptospathæ*) monœci nudi; masculorum staminibus sessilibus; antherarum globoso-didymarum loculis apice aristatis. Floris fœminei germen sphæricum, 1-loculare; stigmate sessili pulvinari. Ovula ∞, placentæ basilari latæ inserta erecta orthotropa; micropyle apicali; funiculo brevi. Fructus baccati spathæ tubo involucrati. — Herbæ perennes pusillæ cæspitosæ; rhizomate repente brevi radicifero. Folia oblonga v. spathulata; petiolo basi vaginante. Spadices solitarii v. pauci pedunculati; spathæ tubo convoluto persistente; limbo ovato-lanceolato acuminato vix hiante demumque circumcisso. Spadix inclusus clavatus; appendice sphærica nuda; floribus masculis superioribus et inferioribus dilatatis imperfectis, supra fertiles iis multo majoribus tenuibus; floribus fœmineis infimis sterilibus paucis. (*Borneo*[5].) »

73. **Zantedeschia** SPRENG.[6] — Flores (fere *Philodendri*) monœci nudi : masculi 2, 3-andri; staminum distinctorum filamentis cras-

1. *Gen. Ar.*, t. 56; *Prodr. Ar.*, 319. — ENGL., *Arac.*, 354; *Pflanzenfam.*, 132. — B. H., *Gen.*, III, 984, n. 57.
2. « Diaphanum. »
3. Spec. 1. *B. Molleyana* SCHOTT.
4. In *Bull. Soc. tosc. ortic.* (1879), 180, c. xyl.; in *N. Giorn. bot. ital.*, XI, 394. — ENGL., in *Bull. Soc. tosc. ortic.* (1879), 299; in *Becc. Males.*, I, 289, t. 22, fig. 21-24; 25, fig. 28; *Pflanzenfam.*, 132, fig. 85. — B. H., *Gen.*, III, 986, n. 61.
5. Spec. 2.
6. *Syst.*, III, 765 (part.). — H. BN, in *Bull. Soc. Linn. Par.*, 254. — ENGL., *Pflanzenfam.*, 136. — *Richardia* K., in *Ann. Mus.*, IV, 437, t. 20 (non HOUST.). — SCHOTT, *Syn. Ar.*, 131; *Gen. Ar.*, t. 62; *Prodr. Ar.*, 324. — ENDL., *Gen.*, n. 1696. — ENGL., *Arac.*, 326; in *N. Act. nat. cur.*, XXXIX, 183, t. 6 (ramif.). — B. H., *Gen.*, III, 982, n. 52. — *Aroides* HEIST., ex FABR., *Comm. H. helmst.* (1763), 42. — O. K., *Revis.*, 739 (nom. anter. at vix gener.).

siusculis; loculis connectivo truncato adnatis oblongis, apice poricidis, 2-locellatis[1]. Floris fœminei staminodia pauca hypogyna, spathulata, clavata v. apice dilatata. Germen 1-5-loculare; stylo brevi v. subnullo, apice stigmatoso capitato v. pulvinari. Ovula pauca v. ∞, placentæ septali 2-seriatim affixa; funiculo adscendente[2]; incomplete anatropa; micropyle extrorsum infera[3]. Fructus compositi baccæ tubo spathæ inclusæ subsphæricæ v. obovoideæ, 1-5-loculares[4]. Semina ovoidea v. subsphærica; funiculo brevi cum arillo chalazico continuo; albumine copioso; embryone axili carnoso. — Herbæ paludosæ; rhizomate crasso; foliis[5] basilaribus sagittatis; nervis a costa valida ad margines extensis; petiolo longo, basi vaginante. Spadices cum foliis coetanei inappendiculati valide pedunculati; spathæ erectæ involutæ tubo brevi accrescente persistente; fauce aperta; limbi[6] oblique explanati, apice cuspidato recurvi, marcescentis, marginibus reversis; floribus masculis numerosioribus et fœmineis contiguis, spiraliter denseque e spathæ basi dispositis[7]. (*Africa austr.*[8])

74. **Typhonodorum** SCHOTT[9]. — Flores (fere *Zantedeschiæ*) monœci nudi : masculi fertiles 4-8-andri; staminibus in massam obpyramidatam verticeque deplanato dilatato sinuatam v. angulatam connatis; antherarum loculis contiguis parallelis linearibus connectivo subæquilongis, extrorsum ab apice rimosis. Floris fœminei germen sphæricum v. ovoideum, 1-loculare; apice stigmatoso discoideo-subsessili; lobis marginalibus recurvis 3-6. Ovula in loculo 1, 2, e placenta basilari erecta anatropa; funiculo brevi; micropyle extrorsum infera. Fructus spatha inclusus e baccis (magnis) orbicularibus compressis, basi exsculptis; embryone...? — Herbæ perennes robustæ; caudice crasso vaginis vetustis obtecto. Folia hastata v. subovata acuminata; costa nervisque pinnatis validis; petiolo crasso. Spadices elongati subappendiculati; pedunculo crasso; spatha

1. Polline vermiformi.
2. Nunc rarius descendente.
3. Integumento duplici.
4. Sæpe virentes spongiosæ, nunc demum cum spathæ tubo usque ad terram nutantes.
5. Nunc albido-translucido-fenestratis.
6. Albi v. flavidi, raro viridis herbacei, nunc suaveolentis.
7. De spadicibus nunc monstrosis, etc., H. BN, *loc. cit.*
8. Spec. ad 5. L., *Spec.*, 1373 (*Calla*). — GÆRTN., *Fruct.*, t. 84 (*Calla*). — SPRENG., in *Link Handb.*, I, 267 (*Colocasia*). — REG., *Garten fl.*, t. 462 (*Richardia*). — LEME, in *Ill. hort.* (1860), t. 255 (*Richardia*). — *Fl. serres*, t. 1167, 2258 (*Richardia*). — SCHOTT, in *Seem. Journ.* (1865), 35 (*Richardia*). — E. WALK., in *Bot. Gaz.*, XIX, n. 6. — *Gartenfl.* (1894), 12, t. 7. — ENGL., *Bot. Jahrb.* (1883), 63 (*Zantedeschia*). — DUR. et SCHINZ, *Consp. Fl. afric.*, V, 476 (*Zantedeschia*). — *Bot. Mag.*, t. 832 (*Calla*), 5140, 5176, 5765.
9. In *Œst. Bot. Wochenbl.* (1857), 69; *Gen. Ar.*, t. 43; *Prodr. Ar.*, 161. — ENGL., *Arac.*, 331; *Pflanzenfam.*, 136. — B. H., *Gen.*, III, 977, n. 36.

oblongo-lanceolata acuminata v. caudata aperta; tubo multo breviore accrescente, ad faucem constricto. Flores masculi multo numerosiores a fœmineis remoti; interjectis masculis imperfectis deplanatis ∞; spadicis parte imperfecta inferiore ei florum perfectorum subæquilonga; superiore autem multo longiore et in conum appendiciformem producta. (*Madagascaria*[1].)

75. **Dieffenbachia** SCHOTT[2]. — Flores (fere *Philodendri*) monœci nudi : masculi 4-6-andri; staminibus in massam crassam depressam verticeque deplanato-capitatam connatis; antherarum loculis connectivo brevioribus contiguis lineari-oblongis apiceque rimulosis v. subporicidis. Floris fœminei germen sphæricum v. depresso-ellipsoideum, nunc lobatum, 1-3-loculare; stylo brevi subsphærico v. depresso, convexitate stigmatoso, nunc apice umbonato. Ovulum[3] in loculis 1 ; addito nunc altero laterali abortivo; fertili erecto, horizontali v. obliquo; hilo basilari; micropyle infera, laterali v. nunc adscendente; funiculo brevi cupula arilliformi placentaria basi cincto. Staminodia sub germine pauca varie clavata, nunc arcuata. Fructus compositi baccæ spathæ tubo demum rupto inclusæ, sphæricæ v. varie 2, 3-dymæ, 1-3-loculares. Semina sphærica v. ovoidea lævia, spurie arillata; embryone macropodo carnoso exalbuminoso. —Herbæ perennes v. suffrutescentes crassæ; caudicibus erectis v. basi decumbentibus. Folia alterna subterminalia, oblonga v. lanceolata acuta, crasse costata nervataque; petiolo ultra medium vaginante. Spadices plures v. raro solitarii inappendiculati pedunculati; spatha angusta; tubo longo involuto accrescente; limbo paulo longiore anguste cymbiformi v. lanceolato acuminato aperto, apice demum recurvo; spadicis axi erecto stipitato spatha breviore eique longe hinc adnato; floribus fœmineis 1-lateralibus remotis; masculis autem densis circa summum axin liberum dense spiraliter insertis; imperfectis paucis interpositis sparsis. (*America trop.*[4])

1. Spec. 2. ENGL., in *Bot. Jahrb.*, I, 188. — DUR. et SCHINZ, *Consp. Fl. afric.*, V, 477.

2. *Melet.*, I, 20; *Gen. Ar.*, t. 63; *Ic. Ar.*, t. 21-30; *Syn. Ar.*, 126; *Prodr. Ar.*, 326. — ENDL., *Gen.*, n. 1692. — ENGL., *Arac.*, 444; *Pflanzenfam.*, 136. — B. H., *Gen.*, III, 986, n. 62.

3. H. BN, in *Bull. Soc. Linn. Par.*, 417.

4. Spec. circ. 6, variabiles. JACQ., *St. amer.*, t. 151 (*Arum*). — LODD., *Bot. Cab.*, t. 608 (*Caladium*). — HOOK., *Exot. Bot.*, t. 1 (*Caladium*). — SCHOTT, in *Œst. Bot. Wochenbl.* (1852), 68; in *Œst. Bot. Zeitschr.* (1858), 179. — POEPP., *Nov. gen. et spec.*, III, 90. — SPACH, *Suit. à Buff.*, XII, 49. — REG., *Gartenfl.*, t. 673. — LEME, in *Ill. hort.*, t. 387, 470, 471. — LIND. et ANDRÉ., in *Ill. hort.* (1871), t. 85. — E. BERGM., in *Journ. Soc. centr. hort. Fr.* (1888), 579. — HEMSL., *Bot. centr.-amer.*, III, 425. — ENGL., in *Mart. Fl. bras.*, III, II, t. 39.

76. **Aglaonema** SCHOTT[1]. — Flores (fere *Dieffenbachiæ*) monœci nudi : masculi 2-4-andri ; staminibus distinctis 2-4 ; filamento erecto crasso ovoideo, cuneato v. obpyramidato ; antheræ brevis crassæ loculis parallelis, poro v. rima arcuata brevi dehiscentibus. Floris fœminei germen 1- v. raro 2-loculare, staminodiis 1-3 nunc stipatum ; stylo cylindraceo brevi v. subnullo, apice stigmatoso dilatato orbiculari v. plus minus infundibulari. Ovulum in loculis 1, subbasilare plus minus complete anatropum, nunc obliquum v. subhorizontale ; micropyle infera v. laterali[2] ; funiculo brevi. Fructus baccæ paucæ ; seminis exalbuminosi embryone carnoso macropodo. — Herbæ perennes erectæ, prostratæ v. raro subscandentes ; foliis ovatis v. lanceolatis ; petiolo vaginante sæpius limbo subæquilongæ ; spadicibus solitariis v. fasciculatis sympodialibus ; spathæ rectæ convolutæ limbo spadici æquali v. longiore ; floribus axin usque ad apicem obtegentibus ; fœmineis cum masculis contiguis sæpiusque invicem remotiusculis. (*Asia et Oceania trop.*[3])

77. **Aglaodorum** SCHOTT[4]. — « Flores (fere *Aglaonematis*) monœci nudi, 3, 4-andri ; staminum brevium loculis oblongis juxtapositis fere ad basin extensis, apice poricidis ; connectivo crasso prismatico. Floris fœminei staminodia hypogyna prismatica 1-3. Germen ovoideum, 1, 2-loculare ; ovulo 1, anatropo ; micropyle infera ; funiculo lateraliter affixo brevissimo ; stigmate discoideo, 4-lobo, medio excavato. — Herba aquatica ; foliis anguste lanceolatis v. oblongis coriaceis carnosulis costatis ; nervis pinnatis paucis adscendentibus ; petiolo longiore basi vaginato. Pedunculus erectus longissimus crassus ; spatha oblonga convoluta, breviter acuminata, medio leviter constricta ; spadicis paulo brevioris parte fœminea mascula 2, 3-plo breviore. (*Oceania trop.*[5]) »

1. *Melet.*, I, 20 ; *Gen. Ar.*, t. 59 ; *Syn. Ar.*, 121 ; *Prodr. Ar.*, 300. — ENDL., *Gen.*, n. 1694. — K., *Enum.*, III, 54. — BL., *Rumphia*, I, 152, t. 65, 66. — ENGL., *Arac.*, 436 ; in *N. Act. nat. cur.*, XXXIX, 187 (ramif.) ; *Pflanzenfam.*, 135. — B. H., *Gen.*, III, 981, n. 48.

2. Integumento duplici.

3. Spec. ad 10. ROXB., *Fl. ind.*, III, 516 (*Calla*). — BL., *Cat. H. Buitenz.*, 103 (*Caladium*). — MIQ., *Fl. ind. bat.*, III, 217. — WIGHT, *Ic.*, t. 804 ; 806 (*Calla*). — SCHOTT, in *Ann. Mus. lugd.-bat.*, I, 279. — JACK, in *Calc. Journ. Nat. Hist.*, IV, XIII, 12 (*Calla*). — ROXB., *Fl. ind.*, III, 516 (*Calla*). — SCHOTT, in *Ann. Mus. lugd.-bat.*, I, 279. — LINK, *En. H. berol.*, II, 394 (*Arum*). — ENGL., in *Becc. Males.*, I, 290. — HOOK. F., *Fl. brit. Ind.*, VI, 528. — REG., *Gartenfl.*, t. 470. — *Bot. Mag.*, t. 5500, 5760.

4. *Gen. Ar.*, t. 58 ; *Prodr. Ar.*, 306 ; *Pflanzenfam.*, 135. — ENGL., *Arac.*, 443 ; *Pflanzenfam.*, 135.

5. Spec. 1. *A. Griffithii* SCHOTT. — ENGL., in *Becc. Males.*, I, 291. — *Aglaonema palustre* TEYSM. et BINN., in *Nat. Tijdschr. Ned. Ind.*, XXV (1863), 399. — KURZ, in *Journ. As. Soc. beng.*, XLV, II (1876), 153. — *A. Griffithii* SCHOTT *Syn. Ar.*, 123. — HOOK. F., *Fl. brit. Ind.*, VI, 528.

78. **Peltandra** RAFIN.[1] — Flores monœci nudi : masculi 3-6-andri; staminibus in massam prismaticam 3-6-gonam verticeque deplanatam connatis; antherarum loculis contiguis linearibus, apice poricidis[2]. Floris fœminei germen[3] 1-loculare; vertice stigmatoso[4] subsessili. Ovula 1-4, placentæ basilari inserta erecta suborthotropa; micropyle supera[5]; funiculo brevi supra basin ovuli extus lateraliter inserto. Staminodia hypogyna pauca plus minus alte connata. Fructus baccæ subsphæricæ utriculiformes; seminibus 1-paucis muco gummoso immersis; embryone carnoso macropodo exalbuminoso. — Herbæ perennes paludosæ; rhizomate crasso; foliis basilaribus subpeltatis hastatis valide costatis, dense nervatis; petiolo longo vaginante. Spadix coetaneus appendiculatus ; spathæ convolutæ elongato-lanceolatæ deciduæ fauce subconstricta; tubo circa fructus persistente accrescente; spadicis appendice brevi ovoidea v. 0; floribus fœmineis cum masculis numerosioribus contiguis. (*America bor.-occid.*[6])

79. **Anubias** SCHOTT[7]. — Flores monœci nudi : masculi 3-5-andri; antheris lateraliter massæ obpyramidatæ verticeque dilatato-6-gonæ affixis; loculis oblongis contiguis, extrorsum rimosis. Floris fœminei germen incomplete 2-loculare; stylo brevi, apice stigmatoso pulvinato. Ovula in loculis ∞, suborthotropa v. incomplete anatropa; micropyle supera ; funiculis longis placentæ basilari latæ insertis. Fructus baccati obovoidei umbilicati, 2-loculares. Semina ∞, longe funiculata, basi ad raphen subarillata albuminosa; embryone axili. — Herbæ perennes; rhizomate brevi; foliis basilaribus, longe petiolatis lanceolatis v. sagittatis tenuiter nervosis nervulosisque. Spadices cum foliis coetanei longe pedunculati inappendiculati, supra spatham stipitati; floribus fœmineis inferioribus a masculis remotis; interjectis neutris deplanatis ∞. Spatha oblongo-acuta decidua; tubo

1. In *Journ. phys.* (1819), 89 (non WIGHT). — SCHOTT, *Melet.*, I, 19; *Syn. Ar.*, 50; *Gen. Ar.*, t. 41; *Prodr. Ar.*, 157. — ENDL., *Gen.*, n. 1685. — K., *Enum.*, III, 43. — ENGL., *Arac.*, 329; *Pflanzenfam.*, 136. — B. H., *Gen.*, III, 975, n. 33. — *Lecontia* TORR., *Comp.*, 358. — *Rensselæria* BECK, *Bot.*, 382; *Darl. Cest.*, 530.

2. Polline farciminuloso.

3. Nunc in flore masculo inter stamina minutum conicum sterile.

4. Papillis longis solutis.

5. Integumento duplici.

6. Spec. 2. L., *Spec.*, 1370 (*Arum*). — MICHX, *Fl. bor.-amer.*, II, 187 (*Calla*). — HOOK., *Exot. Fl.*, t. 182 (*Caladium*). — BL., *Rumphia*, I, 120. — W., *Spec.*, IV, 484 (*Arum*). — PURSH, *Fl. Amer. sept.*, II, 399 (*Arum*). — CHAPM., *Fl. S. Un.-St.*, 440.

7. In *Œsterr. Bot. Wochenbl.* (1857), 398; *Gen. Ar.*, t. 42; *Prodr. Ar.*, 159. — ENGL., *Arac.*, 433; *Pflanzenfam.*, 135. — B. H., *Gen.*, III, 975, n. 32.

crasso convoluto fructus includente circaque os accreto. (*Africa trop. occid.*[1])

V. MONSTEREÆ.

80. **Monstera** ADANS. — Flores hermaphroditi nudi, 4-6-andri; filamentis hypogynis latis complanatis, apice abrupte in connectivum tenuiter acuminatum angustatis; antherarum brevium connectivumque superantium loculis oblongis suboppositis, divaricatis v. divergentibus apiculatis, extrorsum breviter rimosis. Floris fœminei germen obconicum, obpyramidatum v. prismaticum, 3-6-gonum, 2-loculare, vertice dilatato deplanato v. depresso stigmatosum. Ovula in loculis 2, anatropa v. hemitropa; micropyle extrorsum infera; funiculo brevi v. brevissimo placentæ tumidæ septorum basi adnatæ affixo. Fructus compositi baccæ cohærentes; parte superiore extimaque sponte solvenda. Semina 1-pauca exalbuminosa; epidermide a testa solubili; embryone carnoso macropodo.— Frutices scandentes ramosi radicantes, dite raphidiati; foliis distichis, oblongis v. lanceolatis asymmetricis, integris, pinnatifidis v. pertusis; petiolo longo, basi vaginante; vagina demum decidua v. accrescente. Spadices pedunculati terminales solitarii v. plures inappendiculati; spatha ovata v. oblonga cymbiformi apiculata imbricata, post anthesin reclusa demumque decidua; spadice subcylindraceo densifloro; floribus compressis spiraliter insertis; inferioribus sæpius minoribus sterilibus. (*America trop.*) — *Vid. p.* 441.

81? **Alloschemone** SCHOTT[2]. — « Flores (fere *Monsteræ*) hermaphroditi; staminibus 10-12[3]; filamentis complanatis germen haud æquantibus; antheris oblongis; loculis oblongis, lateraliter rimosis. Germen 1-loculare (?). Ovulum 1, obovatum erectum[4]. Stylus 0; stigmate sessili longitudinaliter lineari. — Frutex scandens; foliis (magnis) pinnatipartitis v. pinnatisectis; petiolo teretiusculo, basi breviter incrassata vaginante. Spadix ad apicem ramulorum solitarius

1. Spec. ad 3. *Bot. Jahrb.*, XV (1893), 462. — DUR. et SCHINZ, *Consp. Fl. afric.*, V, 476.

2. *Gen. Ar.*, App.; *Prodr. Ar.*, 358. — ENGL., *Arac.*, 267; *Pflanzenfam.*, 120.

3. « Ex POEPP, at vix credibile » (ENGL.). Sunt forte antheræ loculi.

4. « Ex POEPP., at fortasse anatropum? » (ENGL.)

pedunculatus; spatha ovato-cylindriformi coriaceo-carnosa spadici sessili crasso cylindrico obtusissimo æquali. (*Brasilia bor.*[1]) »

82. **Epipremnum** SCHOTT[2]. — Flores (fere *Monsteræ*) hermaproditi v. polygami nudi; masculorum staminibus hypogynis 4; filamentis complanatis; antheris terminalibus; loculis oblongis v. linearibus connectivum superantibus, parallelis v. inferne divergentibus, extrorsum rimosis. Germen prismaticum v. obpyramidatum, vertice deplanatum; stylo brevi v. subnullo lineari-stigmatoso; loculis 1 v. incompletis 2. Ovula adscendentia in loculo quoque 2-∞, septo adnata; micropyle infera. Fructus baccati, liberi v. inter se cohærentes, sponte soluti[3], 1-spermi. Semen reniforme compressum; hilo lato; embryone axili arcuato dite albuminoso. — Frutices scandentes raphidiati; caudicibus longis radiciferis; foliis distichis, ovatis, cordatis v. lanceolatis, inæquilateralibus, integris, pinnatifidis v. pertusis; petiolo longo vaginante, apice geniculato. Spadices terminales, solitarii v. plures pedunculati inappendiculati; spatha cymbiformi crassa, convoluta, demum aperta marcescente decidua, apice nunc rostrata; spadice crasso densifloro incluso; floribus inferioribus nunc fœmineis paucis. (*Arch. Malayan., ins. mar. Pacif.*[4])

83. **Scindapsus** SCHOTT[5]. — Flores (fere *Epipremni*) hermaphroditi fertiles omnes nudi. Stamina 4; filamentis longis v. brevibus hypogynis complanatis, apice sæpe incrassatis; antherarum loculis parallelis, divergentibus v. divaricatis, oblongo-linearibus, ad margines v. extrorsum rimosis. Germen oblongum angulato-prismaticum v. obpyramidatum, vertice dilatatum; stylo terminali brevi v. brevissimo, apice plus minus incrassato stigmatoso. Ovulum 1, anatropum basilare; funiculo brevi; micropyle infera laterali. Fructus angulatus baccatus, intus succosus, vertice soluto dehiscens. Semen rotundato-

1. Spec. 1. *A. occidentalis*. — *A. Pœppigiana* SCHOTT, *Prodr. Ar.*, 358. — ENGL., in *Mart. Fl. bras.*, III, II, 116. — *Scindapsus occidentalis* PŒPP., *Nov. gen. et spec.*, III, 88. — *Monstera occidentalis* K. KOCH. — END., *Ind. Ar.*, 4.

2. In *Bonplandia* (1857), 45; *Gen. Ar.*, t. 79; *Prodr. Ar.*, 388. — ENGL., *Arac.*, 248; *Pflanzenfam.*, 120. — B. H., *Gen.*, III, 993, n. 80 (part.).

3. Telam abjicientes (ENGL.).

4. Spec. ad 5. SCHOTT, in *Ann. Mus. lugd.-bat.*, I, 130. — HASSK., *Cat. H. bogor.* (1844), 58; in *Hœv. et Vr. Tijdsch.* (1842), 168 (*Raphidophora*). — ENGL., *Bot. Jahrb.*, I, 182; in *Bull. Soc. tosc. ort.* (1879), 179. — N.-E. BR., in *Trim. Journ.* (1882), 332. — END., *Ind. Ar.*, 74 (*Monstera*). — HOOK. F., *Fl. brit. Ind.*, VI, 548. — ENGL., in *Becc. Males.*, I, 272, t. 19, fig. 10-15.

5. *Melet.*, 21; *Gen. Ar.*, t. 81; *Prodr. Ar.*, 393. — K., *Enum.*, III, 61 (part.). — ENDL., *Gen.*, n. 1699. — ENGL., *Arac.*, 252; *Pflanzenfam.*, 120; — B. H., *Gen.*, III, 992, n. 78 (part.).

reniforme; integumento duro lævi v. verrucoso, basi arillato; embryone exalbuminoso hippocrepico carnoso macropodo. — Frutices robusti scandentes radicantes; foliis ovatis, oblongis v. lanceolatis, ∞-nervibus; petiolo longo, basi late vaginante, apice geniculato. Spadices inappendiculati; pedunculo terminali brevi crasso v. 0. Spatha cymbiformis rostrata crassa involuta, mox decidua; spadicis sessilis spathaque brevioris axi crasse cylindraceo breviore. (*Asia et Oceania trop.*[1])

84? **Cuscuaria** RUMPH.[2] — Flores (fere *Scindapsi*[3]) « hermaphroditi (infimi steriles?); stylo crassissimo abrupte conice attenuato. — Foliorum petioli geniculati; vagina lata persistente; limbo oblongo-elliptico cuspidato; spadice cylindroideo sessili. (*Oceania trop.*[4]) »

85. **Rhaphidophora** SCHOTT[5]. — Flores (fere *Scindapsi*) hermaphroditi[6] nudi; staminibus hypogynis 4, 5; filamentis liberis erectis; antherarum basifixium oblongarum loculis connectivo lineari adnatis, extrorsum v. ad margines rimosis. Germen sessile prismaticum v. obpyramidatum sub stylo brevi truncato v. elongato dilatatum; placentis parietalibus 2, nunc in dissepimentum spurium productis. Ovula ∞, adscendentia anatropa muco gummoso immersa; micropyle infera. Fructus baccæ cohærentes, vertice conglutinato sæpe solvendæ; seminibus dite albuminosis; embryone axili. — Frutices scandentes, sæpe robusti; foliis distichis inæquilateris, integris, pertusis, pinnatifidis v. pinnatipartitis; petiolo longo vaginante ad apicem geniculato. Spadices terminales solitarii v. pauci; spatha crassa sæpe rostrata oblonga convoluta, demum aperta marcescente deciduaque; floribus crebris axin cylindraceum usque ad apicem dense obtegentibus; cæteris *Scindapsi*. (*Asia et Oceania calid.*, *Africa trop.*[7])

1. Spec. ad 10. ENGL., *Bot. Jahrb.*, I, 182; in *Bull. Soc. tosc. ort.* (1879), 270; in *Becc. Males.*, I, 275, t. 21, fig. 6-18. — ROXB., *Fl. ind.*, I, 452 (*Pothos*). — HOOK. F., *Fl. brit. Ind.*, VI, 541. — RIDL., in *Trans. Linn. Soc.*, ser. II, *Bot.*, III, 395.

2. *Herb. amboin.*, V, 488, t. 183, fig. 1. — SCHOTT, in *Bonplandia* (1857), 45; *Gen. Ar.*, t. 80; *Prodr. Ar.*, 397; in *Ann. Mus. lugd.-bat.*, I, 130. — ENGL., *Arac.*, 251; *Pflanzenfam.*, 121.

3. Ad quem nunc refertur (B. H., *Gen.*, III, 992).

4. Spec. 1. *C. marantifolia* SCHOTT. — SEEM., *Fl. vit.*, 287. — *C. latifolia* RUMPH. — *C. spuria* SCHOTT. — *C. Rumphii* SCHOTT. — *Pothos Cuscuaria* GMEL. — *Scindapsus Cuscuaria* PRESL. — HOOK. F., *Fl. brit. Ind.*, VI, 542. — *S. marantæfolius* MIQ., *Fl. ind. bat.*, III, 187. — *Aglaonema ? Cuscuaria* MIQ.

5. *Gen. Ar.*, t. 77; *Prodr. Ar.*, 377 (part.). — HASSK., *Cat. H. bogor.* (1844), 58. — ENGL., *Arac.*, 238; in *N. Act. nat. cur.*, XXXIX, 176 (ramif.); *Pflanzenfam.*, 119. — B. H., *Gen.*, III, 992, n. 79.

6. Vel abortu pauci fœminei.

7. Spec. ad 22. ROXB., *Fl. ind.*, I, 456 (*Pothos*). — SCHOTT, *Melet.*, I, 121 (*Scin-*

86. **Rhodospatha** PŒPP. et ENDL.[1] — Flores (fere *Scindapsi*) hermaphroditi, v. inferiores fœminei, nudi; staminibus 4; loculis lateraliter rimosis, parallelis v. divergentibus. Germen 2-loculare. Ovula in loculis ∞, campylotropa v. hemitropa, 2-seriata; funiculis septo plus minus alte adnatis; micropyle infera. Baccæ ∞, truncatæ, 4-6-gonæ, 2-loculares. Semina ∞, reniformia, tuberculato-cristata; albumine parco; embryone carnoso. — Frutices scandentes; ramis radicantibus; foliis distichis oblongo-acuminatis; nervis crebris arcuatis; petiolo vaginante, apice geniculato. Spadices inappendiculati, supra spatham longe stipitati; pedunculis basi vaginantibus; floribus densis; spatha cymbiformi rostrata decidua. (*America trop.*[2])

87. **Stenospermatium** SCHOTT[3]. — Flores (fere *Monsteræ*) hermaphroditi nudi; masculorum staminibus 4; filamentis brevibus planis, apice abrupte acuminatis; antherarum connectivo longiorum loculis subovoideis divaricatis, lateraliter hianti-rimulosis[4]. Germen obpyramidatum, vertice dilatato-4-gonum; loculis 2; ovulis in loculo 4-6, erectis anatropis; funiculo breviusculo, inferne septo adnato; micropyle infera. Fructus baccati obovoidei truncati, 2-loculares, vertice operculatim dehiscentes. Semina pauca, ad chalazam tumentia; embryone axili dite albuminoso. — Herbæ v. suffrutices[5] scandentes; caudice elongato ad nodos radicante. Folia disticha lanceolato-acuminata coriacea, tenuiter multinervata; petiolo varie v. usque ad apicem vaginante. Spadices terminales vaginati longi stricti. Spatha navicularis convoluta, decidua; spadice multo breviore cylindraceo stipitato inappendiculato; floribus spiraliter sessilibus invicem compressis. (*America trop. subandin.*[6])

dapsus). — K., *Enum.*, III, 61 (*Scindapsus*). — BL., in *Flora* (1825), 147 (*Calla*). — HASSK., *Cat. H. bogor.*, 58; *Pl. jav. rar.*, 139 (*Scindapsus*). — WALL., *Pl. as. rar.*, II, t. 156, 192 (*Pothos*). — WIGHT, *Ic.*, t. 779, 781 (*Scindapsus*). — ENGL., in *Becc. Males.*, I, 266, t. 19, fig. 6-9; 20; 21, fig. 1-5. — SEEM., *Fl. vit.*, 286. — HOOK. F., *Fl. brit. Ind.*, VI, 543. — *Gardn. Chron.* (1874), II, fig. 124. — *Bot. Mag.*, t. 7282.

1. *Nov. gen. et spec.*, III, 91, t. 300. — SCHOTT, *Gen. Ar.*, t. 72; *Prodr. Ar.*, 349; in *Coll. icon. Herb. casar. vindob.* (ex ENGL.). — ENGL., *Arac.*, 231; *Pflanzenfam.*, 119. — B. H., *Gen.*, III, 990, n. 74. — *Atimeta* SCHOTT, *Gen. Ar.*, t. 71; *Prodr. Ar.*, 348.

2. Spec. 5, 6. SCHOTT, in *Bonplandia* (1861), 368. — ENGL., in *Mart. Fl. bras.*, III, II, t. 17. — PEYR., *Aroid. Maxim.*, t. 19, 20 (*Atimeta*), 29, 30.

3. *Gen. Ar.*, 70; *Prodr. Ar.*, 346. — ENGL., *Arac.*, 235; *Pflanzenfam.*, 119. — B. H., *Gen.*, III, 990, n. 73.

4. Polline pulvereo.

5. Raphidibus dite instructi.

6. Spec. 4, 5. SCHOTT, in *Œst. Bot. Zeitschr.* (1859), 39. — PŒPP., *Nov. gen. et spec.*, III, 88 (*Monstera*). — BENTH., *Pl. Hartweg.*, 256. — MAST., in *Gardn. Chron.* (1875), 558, fig. 116. — ENGL., in *Mart. Fl. bras.*, III, II, 108, t. 18. — *Bot. Mag.*, t. 6331. — HEMSL., *Bot. centr.-amer.*, III, 425.

88? **Anepsias** SCHOTT[1]. — « Flores (fere *Rhodospathæ*) hermaphroditi; germine 2-6-loculari. Ovula in loculis ∞; placenta axi centrali affixa. — Fruticulus; ramulis distiche foliatis; petiolo fere usque ad apicem vaginato; spatha[2] oblonga acuminata cæterisque *Rhodospathæ*. (*Venezuela*[3].) »

89. **Spathiphyllum** SCHOTT[4]. — Flores hermaphroditi; perianthii foliolis 4-8, liberis v. basi connatis varie imbricatis. Stamina totidem opposita; filamentis hypogynis brevibus v. sæpius latis acuminatis; antheris basifixis extrorsis; loculis nunc ex parte liberis, rimosis. Germen 3, 4-loculare, vertice truncatum v. plus minus longe conicum inque stylum longum v. brevem apice stigmatoso 3-6-lobum producto. Ovula in loculis 2-∞, adscendentia paulo supra basin inserta; funiculo longiusculo; micropyle extrorsum infera. Fructus baccæ sphæricæ v. conoideo-oblongæ; loculis sæpe 3, 1, 2-spermis. Semina recta v. arcuata, extus striata v. foveolata; embryone axili dite albuminoso. — Herbæ perennes, dite raphidiatæ; caudice brevi; foliis oblongis v. lanceolatis; petiolo longe vaginante, nunc sub apice geniculato. Spadices densiflori inappendiculati; spatha oblonga, acuta v. acuminata persistente accrescente; axi ultra spatham nunc stipitato, hinc inde lateraliter adnato. (*America trop.*, *Malaisia*, *Oceania trop.*[5])

90. **Holochlamys** ENGL.[6] — « Flores (fere *Spathiphylli*) hermaphroditi; perianthii foliolis 4, in cyathum connatis, apice fornicatis. Stamina 4; filamentis brevibus; antheræ ovatæ paulo brevioris loculis oblongis, introrsum rimulosis. Germen ovoideum, 1-loculare, apice stigmatoso 3, 4-lobo; ovulis ∞, anatropis; micropyle fundum spectante; funiculo longo placentæ basi affixo. Baccæ ∞-spermæ; semi-

1. *Gen. Ar.*, t. 73; *Prodr. Ar.*, 352. — ENGL., *Arac.*, 230; *Pflanzenfam.*, 119.

2. Extus flavicante.

3. Spec. 1. *A. Moritzianus* SCHOTT, nunc (B. H.) ad *Rhodospatham* relata.

4. *Melet.*, I, 22; *Gen. Ar.*, t. 93, *Prodr. Ar.*, 422. — ENDL., *Gen.*, n. 1703. — K., *Enum.*, III, 83 (part.). — ENGL., in *N. Act. nat. cur.*, XXXIX, 180 (ramif.); *Arac.*, 219; *Pflanzenfam.*, 121. — B. H., *Gen.*, III, 997, n. 93. — *Hydnostachyon* LIEBM., in *Act. Soc. hafn.* (1849), 24. — *Massowia* K. KOCH, in *Bot. Zeit.*, X, 277 (part.). — *Spathiphyllopsis* TEYSM. et BINN., in *Ind. sem. H. lugd.-bat.* (1863); *Epim.*, 2. — *Amomophyllum* ENGL., in *Gardn. Chron.* (1877), 139. — *Leucochlamys* POEPP., herb. (ex B. H., *loc. cit.*).

5. Spec. ad 20. JACQ., *Coll.*, IV, 118; *Ic. rar.*, III, t. 612 (*Dracontium*). — MIQ., in *Ann. Mus. lugd.-bat.*, III, t. 1, 2. — LODD., *Bot. Cab.*, t. 471 (*Pothos*). — MAST., in *Gardn. Chron.* (1875), I, fig. 109 (*Anthurium*). — POEPP. et ENDL., *Nov. gen. et spec.*, III, t. 295. — ENGL., in *Mart. Fl. bras.*, III, II, 102, t. 16. — HEMSL., *Bot. centr.-amer.*, III, 428. — REG., *Gartenfl.*, t. 738. — ANDRÉ, in *Ill. hort.*, XXIV, t. 269 (*Anthurium*). — *Ill. hort.* (1877), t. 159 (*Anthurium*). — *Bot. Mag.*, t. 603 (*Pothos*).

6. In *Becc. Males.*, I, 265, t. 19, fig. 1-5; *Pflanzenfam.*, 121.

nibus oblongo-3-gonis (minutis) verrucosis, micropylen versus attenuatis. — Herba[1] brevicaulis; foliorum petiolis longis equitantibus geniculatis; limbo oblongo acuminato; nervis lateralibus parallelis; spadice omnino sessili usque ad apicem florifero; spatha spadicem arcte includente convoluta, demum ab infima tertia parte aperta et lacerata. (*Borneo*[2].) »

VI. CALLEÆ.

91. **Calla** L. — Flores hermaphroditi nudi; staminibus hypogynis 6 v. pluribus; filamento libero lineari; antheræ subpeltatæ basifixæ loculis ovoideis lateralibus, ab apice ad margines rimulosis. Germen sessile, 1-loculare; stylo brevissimo, apice depresse capitato stigmatoso. Ovula basilaria erecta 4-∞, anatropa; micropyle extrorsum infera; funiculo brevissimo. Fructus compositi baccæ subsphæricæ v. depresso-obconicæ, apice nunc sulcatæ; pericarpio tenui subsicco. Semina ∞, oblonga teretiuscula erecta; chalaza rapheque tumidis turgidis; testa ad apicem striata; embryone axili dite albuminoso. — Herba aquatica perennis; rhizomate repente elongato annulato. Folia alterna disticha cordato-ovata; nervis arcuatis; petiolo basi longe vaginante. Spadices pedunculati, basi vaginati; spatha ovata v. lanceolata acuminata tota aperta, basi decurrente, accrescente persistente; spadice ultra eam longe stipitato cylindraceo v. ellipsoideo inappendiculato; floribus crebris spiraliter dispositis; supremis nunc masculis. (*Europa bor. et med., Asia bor., America bor.-or.*) — *Vid. p.* 443.

92. **Aronia** MITCH.[3] — Flores (fere *Callæ*) hermaphroditi; perianthii foliolis 6[4], imbricatis. Stamina totidem opposita; filamentis hypogynis dilatatis, apice repente acuminatis; antheris dorsifixis, extrorsum 2-rimosis. Germen[5] subliberum, 1-loculare, apice con-

1. *Spathiphylli* habitu.
2. Spec. 1. *H. Beccarii* ENGL. — *Spathiphyllum Beccarii* ENGL., in *Bull. Soc. tosc. ortic.* (1879), 268.
3. In *Act. nat. cur.*, VIII, App. (1748), 206 (non PERS., non MEDIC.). — *Orontium* L., *Amœn.*, III (1751), 17, t. 1, fig. 3; *Gen.*, ed. VI, n. 435. — J., *Gen.*, 25. — SCOP., *Intr.*, 80 (*Liliaceæ*). — SCHOTT, *Gen. Ar.*, t. 92; *Prodr. Ar.*, 421. — ENDL., *Gen.*, n. 1706. — K., *Enum.*, III, 85. — ENGL., in *Nov. Act. nat. cur.*, XXXIX, 172, t. 4, fig. 14 (ramif.); *Arac.*, 212; *Pflanzenfam.*, 122, fig. 79, F-K. — B. H., *Gen.*, III, 994, n. 83.
4. Nunc rarius 4.
5. Nunc in floribus summis effœtum.

vexiusculo stigmatosum. Ovulum 1, basilare, valde incomplete anatropum horizontaliter protensum; micropyle laterali[1]; funiculo brevi. Fructus baccæ spicatæ; semine albuminoso. — Herba perennis aquatica; foliis rosulatis; petiolo longe vaginato; spatha brevi foliacea; spadice inappendiculato longe stipitato; stipite spatha multo longiore denudato tenuiter conico densifloro. (*America bor.-or.*[2])

93. **Spathyema** RAFIN.[3] — Flores (fere *Aroniæ*) hermaphroditi; perianthii foliolis 4, apice truncatis, varie imbricatis. Stamina totidem opposita; filamentis hypogynis complanatis, apice angustatis; antherarum extrorsarum loculis parallelis rimosis. Germen magna ex parte spadicis parenchymate immersum, 1-loculare; stylo longe pyramidato crasso, 4-gono, apice stigmatoso depresso. Ovulum 1, sub apice loculi affixum descendens orthotropum; micropyle infera. Fructus sphærici compositi baccæ ∞, spadicis axi spongioso ex parte immersæ; semine descendente irregulari (magno); embryone longo albuminoso axili. — Herba[4] perennis robusta fœtida; tuberculo crasso; foliis basilaribus (amplis) cordato-ovatis; petiolo longe vaginante. Pedunculus brevis; spatha[5] ventricosa fornicata rostrata crassa involuta; spadice incluso sphærico longe ultra spatham stipitato. (*America bor., Asia bor.-or.*[6])

94. **Lysichitum** SCHOTT[7]. — Flores (fere *Aroniæ*) hermaphroditi; sepalis 4, perigynis, apice fornicato-3-gonis, imbricatis. Stamina 4, sepalis opposita cumque iis inserta; filamentis longis complanatis; antheris brevibus; loculis basi apiceque obtusis liberis, extrorsum rimosis. Germen ex parte inferum, basi rhachi immersum, 2-loculare, apice conico minute capitellato-stigmatosum. Ovula in loculo

1. Integumento duplici.

2. Spec. 1. *A. aquatica*. — *Orontium aquaticum* L. — CATESB., *Carol.*, I, t. 82. — BART., *Fl.*, II, t. 37. — TORR., *Fl.*, I, 358. — PURSH, *Fl.*, I, 235. — HOOK., *Exot. Fl.*, t. 19. — LODD., *Bot. Cab.*, t. 402. — CHAPM., *Fl. S. Un.-St.*, 441. — *Pothos ovata* WALT., *Fl. carol.*, 224.

3. In *N.-York Med. Rep.* (1808), X, 173; in *Desvx Journ. Bot.*, II, 171. — *Symplocarpus* SALISB., in *Nutt. Gen.*, I, 105; in *Hort. Trans.*, I, 267. — SCHOTT, *Gen. Ar.*, t. 90; *Melet.*, I, 22 (part.); *Prodr. Ar.*, 419. — ENDL., *Gen.*, n. 1705. — ENGL., *Arac.*, 211; *Pflanzenfam.*, 122, fig. 70, A-C. — B. H., *Gen.*, III, 995, n. 85. — *Ictodes* BIGEL., *Med. Bot.*, II, 41, t. 24; *Fl. bost.*, ed. II, 59.

4. Fœtida.

5. Atro-rubra, violaceo-lineata.

6. Spec. 1. *S. fœtidum*. — *Symplocarpus fœtidus* SALISB. — TORR., *Fl.*, I, 181. — K., *Enum.*, III, 84. — FR. et SAV., *En. pl. jap.*, II, 9. — *Bot. Mag.*, t. 3224. — *Dracontium fœtidum* L. — *Pothos fœtidus* MICHX, *Fl. bor.-amer.*, II, 183. — *P. Putorii* BAST. — *Ictodes fœtidus* BIGEL. — De plantæ evol., FOERST., in *Bull. Torr. Bot. Club* (1888), n. 6.

7. In *Œst. Bot. Wochenbl.* (1857), 62; *Gen. Ar.*, t. 94; *Prodr. Ar.*, 420. — ENGL., in *N. nat. cur.*, XXXIX, 173 (ramif.); *Arac.*, 209; *Pflanzenfam.*, 122 (*Lysichiton*). — B. H., *Gen.*, III, 994, n. 84. — *Arctiodracon* A. GRAY, in *Mem. Amer. Acad.*, ser. 2, VI, 408.

quoque 1, 2, e funiculis septalibus dorso cristatis adscendentibus moxque decurvis descendentibus orthotropis, muco gummoso immersis; micropyle infera. Fructus baccati in rhachide immersi, 2-loculares. Semen in loculo quoque 1, oblongum, convexo-concavum, dorso rotundatum; hilo ventrali intruso; embryone carnoso exalbuminoso macropodo. — Herba (paludosa) robusta; caudice horizontali crasso folioso; foliis (amplis) oblongis v. sublanceolatis acutis, sessilibus v. breviter petiolatis, crasse coriaceis, arcuato-nervatis; costa lata. Spadix oblongo-cylindraceus longissime supra spatham stipitatus dense floriferus inappendiculatus. Spatha foliacea spadicem juniorem includens demumque stipitem elongatum inferne involvens; limbo ovato-cucullato, demum deciduo; pedunculo sub spatha brevi crasso. (*America bor.-occid.*, *Japonia*, *Sibiria occid.*, *Kamtschatka*[1].)

VII. ACOREÆ.

95. **Acorus** L. — Flores hermaphroditi regulares fertiles; receptaculo brevi convexiusculo. Sepala 3, quorum postica 2, petalaque totidem alterna, omnia subæqualia herbacea concava, apice fornicata. Stamina 6, hypogyna perianthii foliolis opposita; filamentis longe linearibus compressis, apice angustatis; antherarum brevium loculis subellipticis connectivum superantibus, basi divergentibus introrsumque confluenti-rimosis. Germen sessile oblongo-conoideum, 2, 3-loculare, apice obtusatum v. truncatum; vertice conoideo summoque apice punctiformi-stigmatosum. Ovula in loculis plura orthotropa elongata e placenta apicali descendentia; micropyle infera. Fructus compositi baccæ 2, 3-loculares; seminibus paucis pendulis muco gummoso nidulantibus; micropyle fimbriato-arillato; albumine carnoso; embryone axili. — Herbæ perennes (paludosæ) aromaticæ; rhizomate ramoso repente; radicibus adventivis inferioribus crebris. Folia basilaria disticha, basi vaginante equitantia, ensiformia v. subgraminea, longitudinaliter nervata. Pedunculi basilares erecti folii-

1. Spec. 1. *L. kamtschatcense* SCHOTT. — *L. japonicum* SCHOTT, in *Ann. Mus. lugd.-bat.*, I, 93. — FR. et SAV., *En. pl. jap.*, II, 9. — *Dracontium kamtschatcense* L. — *Pothos kamtschaticus* SPRENG. — *Symplocarpus kamtschaticus* SALISB. — BONG., in *Mém. Acad. Pétersb.*, sér. 6, II, 168. — SCHOTT, *Melet.*, I, 22. — *Aretiodracon kamtschaticum* A. GRAY. — *A. japonicum* A. GRAY. Spatha dicitur flava v. lutescens.

formi-compressi; spatha obsoleta v. pedunculi margini adnata ultraque spadicem ensiformi-producta; floribus in spadice cylindraceo inappendiculato crebris spiraliter dispositis sursumque apertis. (*Hemisph. bor. reg. temp.*) — *Vid. p.* 445.

96. **Gymnostachys** R. BR[1]. — Flores (fere *Acori*) hermaphroditi fertiles omnes; perianthii foliolis 4, 2-seriatis; lateralibus extimis. Stamina totidem opposita hypogyna; filamentis latis complanatis; antherarum brevium connectivum superantium loculis ellipsoideis divergentibus, extrorsum rimosis. Germen oblongum, 1-loculare, apice pulvinari-stigmatosum. Ovulum 1, orthotropum, sub apice loculi insertum descendens; micropyle infera. Fructus ellipsoidei apiculati baccati; semine pendulo ovoideo; integumento tenui; albumine copioso duro; embryone axili. — Herba perennis, fusiformi-tuberosa caulem 4-gonum gracilem post folium proferens. Folia basilaria longa angusta (graminea) longitudinaliter nervata; foliis caulinis brevioribus carinatis. Spadices apicem versus 1-pauci graciles inappendiculati; pedunculis paucivaginatis; fructiferis nutantibus; floribus[2] crebris remotis spiraliter insertis. (*Australia or.*[3])

97. **Anthurium** SCHOTT[4]. — Flores (fere *Acori*) hermaphroditi; sepalis lateralibus imbricatis 2, apice subtruncato fornicatis. Petala (?) alterna 2, similia imbricata. Stamina hypogyna 4, perianthii foliolis opposita; antheris extrorsis. Germen 2-loculare; loculis lateralibus; stylo brevi v. brevissimo exserto, apice stigmatoso truncato v. plus minus dilatato. Ovula in loculis 1, 2, adscendentia, anatropa v. hemitropa; micropyle extrorsum infera. Fructus baccati[5], demum e perianthio protrusi[6]. Semina oblonga, sæpe plano-convexa, muco gummoso immersa, rugosa v. verrucosa; albumine carnoso; embryone axili carnoso[7]. — Herbæ perennes v. frutices, erecti v. scandentes; foliis alternis, integris, lobatis v. partitis, coriaceis; petiolo

1. *Prodr.*, 337. — ENDL., *Gen.*, n. 1707. — K., *Enum.*, III, 86. — PAYER, *Organog.*, 688, t. 139, fig. 14-25. — SCHOTT, *Melet.*, 1, 22; *Gen. Ar.*, t. 97; *Prodr. Ar.*, 577. — ENGL., in *N. Act. nat. cur.*, XXXIX, 171, t. 1, fig. 3 (ramif.); *Arac.*, 218; *Pflanzenfam.*, 118. — B. H., *Gen.*, III, 100, n. 98.

2. Viridulis, parvis.

3. Spec. 1. *G. anceps* R. BR. — BENTH., *Fl. austral.*, VII, 157.

4. In *Wien. Zeitschr.*, III, 828; *Ic. Ar.*, t. 11-20; *Gen. Ar.*, t. 94; *Prodr. Ar.*, 436; *Melet.*, I. 22. — ENDL., *Gen.*, n. 1702. — K., *Enum.*, III, 67. — ENGL., *Arac.*, 103; *Pflanzenfam.*, 115, fig. 73, A. — B. H., *Gen.*, III, 998, n. 94. — H. BN, in *Bull. Soc. Linn. Par.*, 1181.

5. Virides, aurantiaci, coccinei v. purpurascentes.

6. Ad fila 2 e petalis soluta sæpe demum appensi.

7. Albo v. nunc ad basin virescente.

vario, sæpe ad apicem geniculato, basi breviter vaginante. Spadices inappendiculati; pedunculo sæpe longo; axi supra spatham sessili v. stipitato, cylindrico v. conico, recto, arcuato v. torto, nunc longissimo, sursum florente et fructifero sæpius aucto. Spatha[1] linearis, lanceolata, elliptica v. ovata, nunc nervosa venosaque, explanata, cucullata v. torta, nunc in pedunculum decurrens, sæpius persistens accrescensve. (*America trop.*[2])

98. **Pothos** L.[3] — Flores (*Anthurii*) hermaphroditi fertiles omnes; sepalis 3 petalisque totidem alternis similibus imbricatis, apice fornicatis, persistentibus. Stamina 6, hypogyna, perianthii foliolis 2-seriatim opposita; filamentis brevibus v. elongatis exsertis, linearibus v. compresso-dilatatis; antheris terminalibus extrorsis; loculis verticalibus v. obliquis brevibus, connectivum superantibus, longitudinaliter rimosis. Germen superum, depressum, ovoideum, obovoideum v. oblongum, 1-3-loculare; stylo in laminam stigmatiferam planam v. hemisphæricam a basi dilatato peltiformi. Ovula 3, v. rarius (*Pothoidium*[4]) 1, adscendentia v. suberecta anatropa; micropyle extrorsum infera; funiculo brevi. Fructus baccati, 1-3-spermi. Semina ellipsoidea v. ovoidea, teretia v. compressa, exalbuminosa; hilo laterali; embryone macropodo carnoso. — Frutices scandentes ramosi radicantes, ramulis summis gracilibus patentibus; gemmis axillaribus vaginam folii perforantibus. Folia disticha, lineari-, ovato- v. 3-angulari-lanceolata; limbo nunc minimo (v. 0); petiolo plus minus elongato, basi vaginante, apice varie truncato v. dilatato, geniculato v. auriculato; spadicibus inappendiculatis brevibus, sphæricis, ovoideis, clavatis v. rarius cylindraceis, sursum florentibus; pedunculis

1. Viridis v. varie colorata indeque nunc valde decora.

2. Spec. ad 160. VELL., *Fl. flum.*, Atl., IX, t. 121-126 (*Pothos*). — JACQ., *St. amer.*, t. 153; *Ic. rar.*, III, t. 609-611; *Fragm.*, t. 1 (*Pothos*). — HOOK., *Exot. Fl.*, t. 55, 122, 210, 211 (*Pothos*). — H. B. K., *Nov. gen. et spec.*, I, t. 18-20 (*Pothos*). — PŒPP. et ENDL., *Nov. gen. et spec.*, III, t. 293, 294. — ENGL., in *Mart. Fl. bras.*, III, II, t. 7-15. — SAUND., *Ref. bot.*, t. 14, 257, 265-281. — LODD., *Bot. Cab.*, t. 567, 632, 1301, 1673 (*Pothos*). — REG., *Gartenfl.*, t. 482, 501, 508, 519, 540, 558, 681, 702, 719, 720, 723, 873. — PEYR., *Ar. Maxim.*, t. 4-11. — LEME, in *Ill. hort.*, t. 283 (*Alocasia*), 314; (1873), t. 128; (1877), t. 271. — MAST., in *Gardn. Chron.* (1876), II, fig. 139, 140; (1879), II, fig. 47. — O. K., *Revis.*, 738. — HEMSL., *Bot. centr.-amer.*, III, 429. — E. BERGM., in *Journ. Soc. centr. hort. Fr.* (1886), 83. — GRISEB., *Symb. Fl. argent.*, 283. — *Bot. Reg.*, t. 1635. — *Bot. Mag.*, t. 2801, 2953, 2987 (*Pothos*), 5319, 5848, 6261, 6339, 6616, 6833, 6968, 7297.

3. *Amœn.*, I (1747); *Gen.*, ed. VI, n. 1031. — J., *Gen.*, 24. — K., *Enum.*, III, 65 (part.). — ENDL., *Gen.*, n. 1700. — SCHOTT, *Ar.*, I, 22, t. 31; *Gen. Ar.*, t. 95; *Prodr. Ar.*, 558. — ENGL., *Arac.*, 78; *Pflanzenfam.*, 113, fig. 71, A-G; in *Nov. Act. nat. cur.*, XXXIX, 162 (ramif.). — B. H., *Gen.*, III, 999, n. 95.

4. SCHOTT, *Ar.*, I, 26, t. 57; *Gen. Ar.*, t. 96; *Prodr. Ar.*, 576. — ENGL., *Arac.*, 94; *Pflanzenfam.*, 114. — B. H., *Gen.*, III, 999, n. 96.

axillaribus v. infra-axillaribus, simplicibus v. ramosis, foliosis, vaginatis; v. nudis sæpe decurvis; spatha[1] parva, conchoidea, ovata v. oblonga decurva; floribus dissitis v. contiguis, nunc raro (*Goniurus*[2]) ob axin contortum spiraliter dispositis. (*Asia et Oceania calid.*, *Malacassia*[3].)

99. **Amydrium** Schott[4]. — Flores (fere *Anthurii*) hermaphroditi nudi : masculi 4-andri ; staminibus hypogynis ; filamento lineari complanato ; antherarum terminalium loculis ovoideis, inferne divergentibus, extrorsum rimosis. Germen obpyramidato-4-gonum, vertice depressum; stylo centrali brevissime conico, apice stigmatoso obtusato. Ovula in loculis 2 solitaria adscendentia; funiculo brevi imæ placentæ adnato; micropyle extrorsum infera. — Herba perennis prorepens parva; rhizomate tenui. Folia alterna ovata v. cordata penninervia dite reticulato-venosa; petiolo apice geniculato. Spadix brevis inappendiculatus; pedunculo erecto petiolo breviore; spatha conchiformi apiculata; floribus crebris spiraliter dispositis. (*Arch. Malayan.*[5])

100. **Heteropsis** K.[6] — Flores (fere *Anthurii*) hermaphroditi v. nunc ex parte fœminei, nudi. Stamina 4, v. rarius 1-3 ; filamentis hypogynis brevibus latis compressis; antheris connectivo acuminato longioribus; loculis brevibus, apice hiantibus. Germen obpyramidatum, vertice lato deplanatum; loculis 2, completis v. incompletis; stylo apicali minute conico lineari stigmatoso; loculis 2, 2-ovulatis; ovulis adscendentibus; funiculo longo; micropyle extrorsum infera. Fructus...? — Frutices scandentes; ramulis flexuosis radicantibus; foliis alternis ellipticis v. lanceolatis acuminatis coriaceis penninerviis; nervis crebris tenuissimis; petiolo brevi v. subnullo, basi vaginante semi-amplexicauli. Spadices axillares breviter pedunculati;

1. Viridi, persistente v. accrescente.

2. Presl, *Epim.*, 244.

3. Spec. ad 30. Roxb., *Fl. ind.*, I, 430. — Wight, *Ic.*, t. 775. — De Vr., *Pl. Jungh.*, I, 103. — Hook. et Arn., *Beech. Voy. Bot.*, 220. — Schott, in *Œstr. Bot. Wochenbl.* (1855), 18; in *Bonplandia* (1857), 45; in *Ann. Mus. lugd.-bat.*, I, 131. — Engl., in *Bull. Soc. ortic. Tosc.* (1879), 266; in *Becc. Males.*, I, 261, t. 16-18; 264 (*Pothoidium*). — Hook., *Ic.*, t. 133, 175. — F. Muell., *Fragm. phyt. Austral.*, I, 62. — Benth., *Fl. austral.*, VII, 157. — Miq., *Fl. ind. bat.*, III, 177, t. 38. — Hook. f., *Fl. brit. Ind.*, VI, 551. — Thw., *En. pl. Zeyl.*, 337. — *Bot. Reg.*, t. 133. — Dur. et Schinz, *Consp. Fl. afric.*, V, 471. — Walp., *Ann.*, III, 501 ; V, 909.

4. In *Miq. Ann. Mus. lugd.-bat.*, I, 127. — Engl., *Arac.*, 100; *Pflanzenfam.*, 115.

5. Spec. 1. *A. humile* Schott.

6. *Enum.*, III, 50. — Schott, *Aroid.*, I, 27, t. 60; *Gen. Ar.*, t. 76; *Prodr. Ar.*, 374. — Engl., *Arac.*, 98; *Pflanzenfam.*, 115. — B. H., *Gen.*, III, 991, n. 75.

spatha brevi rostrata convoluta, cito decidua; spadice incluso brevi recto stipitato inappendiculato; floribus sessilibus spiraliter insertis invicem compressis; infimis fœmineis. (*Brasilia, Guiana*[1].)

101. **Anadendron** SCHOTT[2]. — Flores (fere *Anthurii*) hermaphroditi; perianthio (?) brevissimo urceolari. Stamina hypogyna 3-6; filamentis linearibus v. quadratis brevibus; antheris 2-locularibus; loculis arcuatis discretis connectivum superantibus, extrorsum rimosis. Germen obpyramidatum, 1-loculare, vertice deplanatum; stylo subnullo depresse stigmatoso. Ovulum 1, basilare anatropum; funiculo adscendente brevi; micropyle infera. Baccæ[3] sphæricæ v. turbinatæ remotæ. Semen subsphæricum v. subturbinatum exalbuminosum; embryone carnoso macropodo. — Fruticuli sarmentosi v. repentes radicantes; ramis gracilibus; foliis distichis ovato-oblongis v. lanceolatis, integris, pinnatifidis v. pertusis; petiolo brevi v. longo, basi vaginante, apice geniculato; vaginis persistentibus v. deciduis. Spadices inappendiculati terminales 1-plures pedunculati; spatha spadicem cylindraceum longe stipitatum densiflorum includente naviculari ovato-oblonga rostrata decidua. (*Asia et Oceania calid.*[4])

102. **Zamioculcas** SCHOTT[5]. — Flores (fere *Anthurii*) monœci; sepalis 4, apice truncato incrassatis imbricatis. Stamina 3, sepalis opposita (in flore fœmineo sterilia v. 0[6]); filamentis hypogynis compressis v. subclavatis, plus minus coalitis v. connatis; antheris terminalibus muticis extrorsis; loculis brevibus, apice rimulosis. Germen ovoideum v. oblongum (in flore masculo effœtum), 2-loculare; stylo brevi, apice stigmatoso pulvinari; ovulo in loculis 1, adscendente hemitropo[7]; micropyle extrorsum infera. Fructus...? — Herbæ perennes; rhizomate brevi v. longiore, inferne tuberifero. Folia basilaria petiolata imparipinnata; pinnis alternis deciduis, 6-8-jugis; v. (*Gonatopus*[8]) 2, 3-pinnata; pinnis cum rhachi articulatis; petiolo basi tumente, vix v. brevissime vaginante, supra medium repente

1. Spec. 4, 5. ENGL., in *Mart. Fl. bras.*, III, II, 47, t. 6.
2. In *Bonplandia* (1857), 45; *Gen. Ar.*, t. 78; *Prodr. Ar.*, 389. — ENGL., *Arac.*, 95; *Pflanzenfam.*, 115. — B. H., *Gen.*, III, 901, n. 76.
3. Rubræ, pisiformes.
4. Spec. ad 4. MIQ., *Fl. ind. bat.*, III, 189, t. 39 (*Scindapsus*); Suppl., 596 (*Pothos*). — SCHOTT, in *Ann. Mus. lugd.-bat.*, I, 283. — HOOK. F., *Fl. brit. Ind.*, VI, 539. — ENGL., in *Becc. Males.*, I, 265. — RIDL., in *Trans. Linn. Soc.*, ser. II, *Bot.*, III, 395.
5. *Syn. Ar.*, 71; *Prodr. Ar.*, 214. — ENGL., *Arac.*, 207; in *N. Act. nat. cur.*, XXXIX, 201, t. 6, fig. 24 (ramif.); *Pflanzenfam.*, 117, fig. 75. — B. H., *Gen.*, III, 993, n. 82.
6. In sectione *Gonatopo*.
7. Muco gummoso involuto.
8. ENGL., *Arac.*, 208; *Pflanzenfam.*, 117. (Genus, e cl. auct., distinctum.)

nodoso-incrassato. Pedunculus brevis v. gracilis basilaris; spatha lanceolata v. cymbiformi, dorso supra apicem cornuta horizontali, recurva v. reflexa; tubo ovoideo involuto. Spadix supra spatham sessilis eaque brevior, inappendiculatus, inter flores fœmineos inferos superioresque masculos contiguos numerosiores constrictus. (*Africa trop. or.*[1])

103. **Culcasia** PAL.-BEAUV.[2] — Flores monœci nudi : masculi 3, 4-andri; antheris obpyramidatis subsessilibus; connectivo apice crasso truncato; loculis contiguis longitrorsum adnatis, apice rimulosis[3]. Floris fœminei germen breve sessile, 1, 2-loculare, apice peltato-dilatatum pulvinato-stigmatosum. Ovula in loculis solitaria adscendentia incomplete anatropa; micropyle extrorsum infera. Fructus baccatus sphæricus ; semine 1, ovoideo, dite albuminoso ; embryone axili parvo. — Frutices scandentes; ramis flexuosis radicantibus; foliis alternis oblongo- v. ovato-lanceolatis acuminatis, nunc basi cordatis, coriaceis, tenuiter nervatis v. reticulatis; petiolo longo, nunc vaginante. Spadices 2-sexuales inappendiculati, axillares, solitarii v. fastigiati ; floribus fœmineis inferioribus ; masculis autem numerosioribus; spatha parva erecta, plus minus involuta, decidua. (*Africa trop.*[4])

VIII. PISTIEÆ.

104. **Pistia** L. — Flores monœci nudi : masculi 2-andri; staminibus in massam sessilem oblongam compressiusculam sub-4-lobam connatis; loculis invicem oppositis, rimulis brevibus demumque extensis extrorsum dehiscentibus; connectivo haud producto. Floris fœminei germen ovoideo-conicum ; basi obliqua subverticali ; 1-loculare et in stylum plus minus arcuatum apiceque stigmatosum attenuatum. Ovula ∞, placentæ basilari depressæ inserta orthotropa

1. Spec. 2. LODD., *Bot. Cab.*, t. 1408 (*Caladium*). — DCNE, in *Bull. Soc. bot. Fr.*, XVII, 320. — HOOK. F., *Bot. Mag.*, t. 5985, 6926. — DUR. et SCHINZ, *Consp. Fl. afric.*, V, 472.

2. *Fl. owar. et ben.*, 1, 3, t. 3. — ENDL., *Gen.*, n. 1689. — K., *Enum.*, III, 46. — SCHOTT, *Gen. Ar.*, t. 50; *Syn. Ar.*, 115; *Prodr. Ar.*, 218. — ENGL., *Arac.*, 101; *Pflanzenfam.*, 116, fig. 74, H-O. — B H., *Gen.*, III, 280, n. 45. — *Denhamia* SCHOTT, *Melet.*, I, 19.

3. Gynæcei rudimentum nunc tenue.

4. Spec. ad 2. W., *Spec.*, IV, 489 (*Caladium*). — SCHOTT, in *Seem. Journ.* (1865), 35. — HOOK., *Niger Fl.*, 527. — KOTSCH., *Pl. Tinn.*, n. 59. — ENGL., *Bot. Jahrb.* (1893), 447. — DUR. et SCHINZ, *Consp. Fl. afric.*, V, 471.

erecta; funiculo brevi; micropyle apicali. Fructus subbaccatus; pericarpio tenui indehiscente. Semina pauca v. ∞, erecta; micropyle supera umbonata; integumento 3-plici; intermedio testaceo crasso; albumine copioso farinoso; embryone axili breviusculo apicali. — Herba perennis natans; caule brevi radicifero stolonifero. Folia rosulata sessilia obovato-cuneata; nervis flabellatis subtus prominulis. Spathæ herbaceæ puberulæ, medio utrinque plicatæ; flore fœmineo inferiore laterali basi spathæ adnato; axi altius adnato apiceque libero brevi staminigero, organis neutris dilatatis squamulaque decidua instructo. (*Orbis utriusque reg. trop. aquæ dulces.*) — *Vid. p.* 448.

TABLE DES GENRES ET SOUS-GENRES

CONTENUS DANS LE TREIZIÈME VOLUME[1]

1. Pour les genres conservés par nous, cette table renvoie toujours à la caractéristique latine du *Genera*. Là, le lecteur trouvera un autre renvoi à la page où le genre est, s'il y a lieu, analysé et discuté.

FIN DE LA TABLE DES GENRES ET SOUS-GENRES DU TREIZIÈME VOLUME

19982 — L.-Imprimeries réunies, rue Mignon, 2, Paris.

HISTOIRE DES PLANTES

PAR M. H. BAILLON

Chaque monographie se vend séparément.

TOME Ier

(Ce volume ne se vend plus qu'avec la collection complète.)

Renonculacées, 114 fig. (*épuisé*).
Dilléniacées, 50 fig........................ 3 fr.
Magnoliacées, 55 fig........................ 3 fr.
Anonacées, 86 fig........................ 6 fr.
Monimiacées, 64 fig........................ 3 fr. 50
Rosacées, 153 fig........................ 6 fr.

1 vol. in-8° broché, 25 fr.

TOME II

Connaracées et Légumineuses-Mimosées, 37 fig. 4 fr.
Légumineuses-Cæsalpiniées, 100 fig.......... 6 fr.
Légumineuses-Papilionacées, 61 fig.......... 10 fr.
Protéacées, 30 fig........................ 2 fr. 50
Lauracées, Élæagnacées et Myristicacées, 66 fig. 4 fr.

1 vol. in-8° broché, 25 fr.

TOME III

Ménispermacées et Berbéridacées, 73 fig...... 4 fr.
Nymphéacées, 34 fig........................ 2 fr.
Papavéracées et Capparidacées, 84 fig........ 4 fr.
Crucifères, 120 fig........................ 8 fr.
Résédacées, Crassulacées et Saxifragacées, 144 fig........................ 10 fr.
Pipéracées et Urticacées, 55 fig.............. 3 fr.

1 vol. in-8° broché, 25 fr.

TOME IV

Nyctaginacées et Phytolaccacées, 77 fig...... 3 fr.
Malvacées, 115 fig........................ 6 fr.
Tiliacées, Diptérocarpacées, Chlænacées et Ternstrœmiacées, 115 fig.............. 5 fr.
Bixacées, Cistacées et Violacées, 90 fig....... 5 fr.
Ochnacées et Rutacées, 152 fig.............. 7 fr.

1 vol. in-8° broché, 25 fr.

TOME V

Géraniacées, Linacées, Trémandracées, Polygalacées et Vochysiacées, 141 fig............ 7 fr.
Euphorbiacées, 116 fig........................ 8 fr.
Térébinthacées et Sapindacées, 168 fig....... 8 fr.
Malpighiacées et Méliacées, 58 fig........... 5 fr.

1 vol. in-8° broché, 25 fr.

TOME VI

Célastracées et Rhamnacées, 57 fig.......... 5 fr.
Pénæacées, Thyméléacées et Ulmacées, 88 fig. 7 fr.
Castanéacées, Combrétacées et Rhizophoracées, 132 fig........................ 4 fr.
Myrtacées, Hypéricacées, Clusiacées, Lythrariacées, Onagrariacées et Balanophoracées, 212 fig........................ 10 fr.

1 vol. in-8° broché, 25 fr.

TOME VII

Mélastomacées, Cornacées et Ombellifères, 222 fig........................ 14 fr.
Rubiacées, Valérianacées et Dipsacacées, 210 fig........................ 14 fr.

1 vol. in-8° broché, 25 fr.

TOME VIII

Composées, 131 fig........................ 18 fr.
Campanulacées, Cucurbitacées, Loasacées, Passifloracées et Bégoniacées, 221 fig.......... 10 fr.

1 vol. in-8° broché, 25 fr.

TOME IX

Aristolochiacées, Cactacées, Mésembryanthémacées et Portulacacées, 100 fig........... 4 fr.
Caryophyllacées, Chénopodiacées, Élatinacées et Frankéniacées, 145 fig.............. 8 fr.
Droséracées, Tamaricacées, Salicacées, Batidacées, Podostémonacées, Plantaginacées, Solanacées, Scrofulariacées, 349 fig............ 14 fr.

1 vol. in-8° broché, 25 fr.

TOME X

Bignoniacées et Gesnériacées, 87 fig.......... 5 fr.
Gentianacées et Apocynacées, 69 fig.......... 5 fr.
Asclépiadacées, Convolvulacées, Polémoniacées et Boraginacées, 145 fig.................. 10 fr.
Acanthacées, 34 fig........................ 5 fr.

1 vol. in-8° broché, 25 fr.

TOME XI

Labiées, Verbénacées, Éricacées et Ilicacées, 213 fig........................ 12 fr.
Ébénacées, Oléacées et Sapotacées, 97 fig.... 4 fr.
Primulacées, Utriculariacées, Plombaginacées, Polygonacées, Juglandacées, Loranthacées, 264 fig........................ 12 fr.

1 vol. in-8° broché, 25 fr.

TOME XII

Conifères, Gnétacées, Cycadacées, Alismacées, Triuridacées, Typhacées, Najadacées et Centrolépidacées, 221 fig.................. 8 fr.
Graminées, 119 fig........................ 12 fr.
Cypéracées, Restiacées et Ériocaulacées, 34 fig. 4 fr.
Liliacées, 180 fig........................ 12 fr.

1 vol. in-8° broché, 30 fr.

TOME XIII

Amaryllidacées, Broméliacées, Iridacées, 106 fig. 10 fr.

Sous presse : *Monographie des Taccacées, Burmanniacées et Hydrocharidacées.*

15404. — Imprimeries réunies, rue Mignon, 2, Paris.

15404 — L.-Imprimeries réunies, rue Mignon, 2. Paris.

HISTOIRE DES PLANTES

MONOGRAPHIE

DES

PALMIERS

PAR

H. BAILLON

PROFESSEUR D'HISTOIRE NATURELLE MÉDICALE A LA FACULTÉ DE MÉDECINE DE PARIS
DIRECTEUR DU JARDIN BOTANIQUE DE LA FACULTÉ, PRÉSIDENT DE LA SOCIÉTÉ LINNÉENNE DE PARIS

ILLUSTRÉE DE 68 FIGURES DANS LES TEXTES

DESSINS DE FAGUET

PARIS
LIBRAIRIE HACHETTE ET Cie
BOULEVARD SAINT-GERMAIN, 79
LONDRES, 18, KING WILLIAM STREET, STRAND

1895

Librairie HACHETTE et Cie, boulevard Saint-Germain, 79, à Paris.

HISTOIRE DES PLANTES

PAR M. H. BAILLON

Chaque monographie se vend séparément.

TOME Ier

(Ce volume ne se vend plus qu'avec la collection complète.)

Renonculacées, 114 fig. (*épuisé*).
Dilléniacées, 50 fig. .... 3 fr.
Magnoliacées, 55 fig. .... 3 fr.
Anonacées, 86 fig. .... 6 fr.
Monimiacées, 64 fig. .... 3 fr. 50
Rosacées, 153 fig. .... 6 fr.

1 vol. in-8° broché, 25 fr.

TOME II

Connaracées et Légumineuses-Mimosées, 37 fig. 4 fr.
Légumineuses-Cæsalpiniées, 100 fig. .... 6 fr.
Légumineuses-Papilionacées, 61 fig. .... 10 fr.
Protéacées, 30 fig. .... 2 fr. 50
Lauracées, Élæagnacées et Myristicacées, 66 fig. 4 fr.

1 vol. in-8° broché, 25 fr.

TOME III

Ménispermacées et Berbéridacées, 73 fig. .... 4 fr.
Nymphéacées, 34 fig. .... 2 fr.
Papavéracées et Capparidacées, 84 fig. .... 4 fr.
Crucifères, 120 fig. .... 8 fr.
Résédacées, Crassulacées et Saxifragacées, 144 fig. .... 10 fr.
Pipéracées et Urticacées, 55 fig. .... 3 fr.

1 vol. in-8° broché, 25 fr.

TOME IV

Nyctaginacées et Phytolaccacées, 77 fig. .... 3 fr.
Malvacées, 115 fig. .... 6 fr.
Tiliacées, Diptérocarpacées, Chlænacées et Ternstrœmiacées, 115 fig. .... 5 fr.
Bixacées, Cistacées et Violacées, 90 fig. .... 5 fr.
Ochnacées et Rutacées, 152 fig. .... 7 fr.

1 vol. in-8° broché, 25 fr.

TOME V

Géraniacées, Linacées, Trémandracées, Polygalacées et Vochysiacées, 141 fig. .... 7 fr.
Euphorbiacées, 116 fig. .... 8 fr.
Térébinthacées et Sapindacées, 168 fig. .... 8 fr.
Malpighiacées et Méliacées, 58 fig. .... 5 fr.

1 vol. in-8° broché, 25 fr.

TOME VI

Célastracées et Rhamnacées, 57 fig. .... 5 fr.
Pénæacées, Thyméléacées et Ulmacées, 88 fig. 7 fr.
Castanéacées, Combrétacées et Rhizophoracées, 132 fig. .... 4 fr.
Myrtacées, Hypéricacées, Clusiacées, Lythrariacées, Onagrariacées et Balanophoracées, 212 fig. .... 10 fr.

1 vol. in-8° broché, 25 fr.

TOME VII

Mélastomacées, Cornacées et Ombellifères, 222 fig. .... 14 fr.
Rubiacées, Valérianacées et Dipsacacées, 210 fig. .... 14 fr.

1 vol. in-8° broché, 25 fr.

TOME VIII

Composées, 131 fig. .... 18 fr.
Campanulacées, Cucurbitacées, Loasacées, Passifloracées et Bégoniacées, 221 fig. .... 10 fr.

1 vol. in-8° broché, 25 fr.

TOME IX

Aristolochiacées, Cactacées, Mésembryanthémacées et Portulacacées, 100 fig. .... 4 fr.
Caryophyllacées, Chénopodiacées, Élatinacées et Frankéniacées, 145 fig. .... 8 fr.
Droséracées, Tamaricacées, Salicacées, Batidacées, Podostémonacées, Plantaginacées, Solanacées, Scrofulariacées, 349 fig. .... 14 fr.

1 vol. in-8° broché, 25 fr.

TOME X

Bignoniacées et Gesnériacées, 87 fig. .... 5 fr.
Gentianacées et Apocynacées, 69 fig. .... 5 fr.
Asclépiadacées, Convolvulacées, Polémoniacées et Boraginacées, 145 fig. .... 10 fr.
Acanthacées, 34 fig. .... 5 fr.

1 vol. in-8° broché, 25 fr.

TOME XI

Labiées, Verbénacées, Éricacées et Ilicacées, 213 fig. .... 12 fr.
Ébénacées, Oléacées et Sapotacées, 97 fig. ... 4 fr.
Primulacées, Utriculariacées, Plombaginacées, Polygonacées, Juglandacées, Loranthacées, 264 fig. .... 12 fr.

1 vol. in-8° broché, 25 fr.

TOME XII

Conifères, Gnétacées, Cycadacées, Alismacées, Triuridacées, Typhacées, Najadacées et Centrolépidacées, 221 fig. .... 8 fr.
Graminées, 119 fig. .... 12 fr.
Cypéracées, Restiacées et Ériocaulacées, 34 fig. 4 fr.
Liliacées, 180 fig. .... 12 fr.

1 vol. in-8° broché, 30 fr.

TOME XIII

Amaryllidacées, Broméliacées, Iridacées, 106 fig. 10 fr.
Taccacées, Burmanniacées, Hydrocharidacées, Commelinacées, Xyridacées, Mayacacées, Phylidracées et Rapatéacées, 68 fig. .... 6 fr.
Palmiers, 68 fig. .... 10 fr.

Sous presse : *Monographie des Pandanacées, des Cyclanthacées et des Aroidacées.*

15404. — L.-Imprimeries réunies, rue Mignon, 2. Paris.

HISTOIRE DES PLANTES

MONOGRAPHIE

DES

PANDANACÉES
CYCLANTHACÉES
ET
ARACÉES

PAR

H. BAILLON

PROFESSEUR D'HISTOIRE NATURELLE MÉDICALE A LA FACULTÉ DE MÉDECINE DE PARIS
DIRECTEUR DU JARDIN BOTANIQUE DE LA FACULTÉ, PRÉSIDENT DE LA SOCIÉTÉ LINNÉENNE DE PARIS

ILLUSTRÉE DE 85 FIGURES DANS LES TEXTES

DESSINS DE FAGUET

PARIS

LIBRAIRIE HACHETTE ET CIE

BOULEVARD SAINT-GERMAIN, 79

LONDRES, 18, KING WILLIAM STREET, STRAND

—

1895

HISTOIRE DES PLANTES

PAR M. H. BAILLON

Chaque monographie se vend séparément.

TOME Ier

(Ce volume ne se vend plus qu'avec la collection complète.)

Renonculacées, 114 fig. (*épuisé*).
Dilléniacées, 50 fig. .... 3 fr.
Magnoliacées, 55 fig. .... 3 fr.
Anonacées, 86 fig. .... 6 fr.
Monimiacées, 64 fig. .... 3 fr. 50
Rosacées, 153 fig. .... 6 fr.

1 vol. in-8° broché, 25 fr.

TOME II

Connaracées et Légumineuses-Mimosées, 37 fig. 4 fr.
Légumineuses-Cæsalpiniées, 100 fig. .... 6 fr.
Légumineuses-Papilionacées, 61 fig. .... 10 fr.
Protéacées, 30 fig. .... 2 fr. 50
Lauracées, Élæagnacées et Myristicacées, 66 fig. 4 fr.

1 vol. in-8° broché, 25 fr.

TOME III

Ménispermacées et Berbéridacées, 73 fig. .... 4 fr.
Nymphéacées, 34 fig. .... 2 fr.
Papavéracées et Capparidacées, 84 fig. .... 4 fr.
Crucifères, 120 fig. .... 8 fr.
Résédacées, Crassulacées et Saxifragacées, 144 fig. .... 10 fr.
Pipéracées et Urticacées, 55 fig. .... 3 fr.

1 vol. in-8° broché, 25 fr.

TOME IV

Nyctaginacées et Phytolaccacées, 77 fig. .... 3 fr.
Malvacées, 115 fig. .... 6 fr.
Tiliacées, Diptérocarpacées, Chlænacées et Ternstrœmiacées, 115 fig. .... 5 fr.
Bixacées, Cistacées et Violacées, 90 fig. .... 5 fr.
Ochnacées et Rutacées, 152 fig. .... 7 fr.

1 vol. in-8° broché, 25 fr.

TOME V

Géraniacées, Linacées, Trémandracées, Polygalacées et Vochysiacées, 141 fig. .... 7 fr.
Euphorbiacées, 116 fig. .... 8 fr.
Térébinthacées et Sapindacées, 168 fig. .... 8 fr.
Malpighiacées et Méliacées, 58 fig. .... 5 fr.

1 vol. in-8° broché, 25 fr.

TOME VI

Célastracées et Rhamnacées, 57 fig. .... 5 fr.
Pénæacées, Thyméléacées et Ulmacées, 88 fig. 7 fr.
Castanéacées, Combrétacées et Rhizophoracées, 132 fig. .... 4 fr.
Myrtacées, Hypéricacées, Clusiacées, Lythrariacées, Onagrariacées et Balanophoracées, 212 fig. .... 10 fr.

1 vol. in-8° broché, 25 fr.

TOME VII

Mélastomacées, Cornacées et Ombellifères, 222 fig. .... 14 fr.
Rubiacées, Valérianacées et Dipsacacées, 210 fig. .... 14 fr.

1 vol. in-8° broché, 25 fr.

TOME VIII

Composées, 131 fig. .... 18 fr.
Campanulacées, Cucurbitacées, Loasacées, Passifloracées et Bégoniacées, 221 fig. .... 10 fr.

1 vol. in-8° broché, 25 fr.

TOME IX

Aristolochiacées, Cactacées, Mésembryanthémacées et Portulacacées, 100 fig. .... 4 fr.
Caryophyllacées, Chénopodiacées, Élatinacées et Frankéniacées, 145 fig. .... 8 fr.
Droséracées, Tamaricacées, Salicacées, Batidacées, Podostémonacées, Plantaginacées, Solanacées, Scrofulariacées, 349 fig. .... 14 fr.

1 vol. in-8° broché, 25 fr.

TOME X

Bignoniacées et Gesnériacées, 87 fig. .... 5 fr.
Gentianacées et Apocynacées, 69 fig. .... 5 fr.
Asclépiadacées, Convolvulacées, Polémoniacées et Boraginacées, 145 fig. .... 10 fr.
Acanthacées, 34 fig. .... 5 fr.

1 vol. in-8° broché, 25 fr.

TOME XI

Labiées, Verbénacées, Éricacées et Ilicacées, 213 fig. .... 12 fr.
Ébénacées, Oléacées et Sapotacées, 97 fig. ... 4 fr.
Primulacées, Utriculariacées, Plombaginacées, Polygonacées, Juglandacées, Loranthacées, 264 fig. .... 12 fr.

1 vol. in-8° broché, 25 fr.

TOME XII

Conifères, Gnétacées, Cycadacées, Alismacées, Triuridacées, Typhacées, Najadacées et Centrolépidacées, 221 fig. .... 8 fr.
Graminées, 119 fig. .... 12 fr.
Cypéracées, Restiacées et Ériocaulacées, 34 fig. 4 fr.
Liliacées, 180 fig. .... 12 fr.

1 vol. in-8° broché, 30 fr.

TOME XIII

Amaryllidacées, Broméliacées, Iridacées, 106 fig. 10 fr.
Taccacées, Burmanniacées, Hydrocharidacées, Commelinacées, Xyridacées, Mayacacées, Phylidracées et Rapatéacées, 68 fig. .... 6 fr.
Palmiers, 68 fig. .... 10 fr.
Pandanacées, Cyclanthacées et Aracées, 85 fig. 7 fr.

1 vol. in-8° broché, 30 fr.

Sous presse : *Monographie des Lemnacées*

10982. — L.-Imprimeries réunies, rue Mignon, 2, Paris.

www.ingramcontent.com/pod-product-compliance
Ingram Content Group UK Ltd.
Pitfield, Milton Keynes, MK11 3LW, UK
UKHW020437200726
13857UKWH00002B/467